高等职业教育
智能化教材系列

INTELLIGENT TEXTBOOK SERIES FOR
HIGHER VOCATIONAL EDUCATION

天津市高校课程思政示范课程配套教材

DRAWING AND CAD

制图与CAD

主 编 杨 雪
副主编 闫 放
参 编 刘玉俊 穆凤芸 凌桂琴 褚文玮

内容提要

工程制图是工程技术中的一个重要过程，“制图与CAD”也是高等工科院校的一门重要基础必修课。它主要专注于空间思维和形体表达，目的在于实现徒手绘图、尺规绘图和计算机辅助绘图。本书介绍了制图的基本知识，投影体系，点、直线、面的投影，立体的投影，轴测投影，组合体，机件的表达方法，标准件和常用件，零件图和装配图，计算机辅助制图AutoCAD基础，绘制二维图形，绘制三维图形等内容。本书还充分利用电子课件、视频、动画等资源，以最大限度地调动学生学习的主动性和积极性。

本书可以满足高职高专工科机械类、电气类以及非机类等专业学生的使用要求，也可以作为相关专业人员的自学教材。

图书在版编目(CIP)数据

制图与CAD / 杨雪主编 ； 闫放副主编. -- 天津：
天津大学出版社，2022.2
高等职业教育智能化教材系列　天津市高校课程思政
示范课程配套教材
ISBN 978-7-5618-7110-2

Ⅰ.①制…　Ⅱ.①杨… ②闫…　Ⅲ.①机械制图－
AutoCAD软件－高等职业教育－教材　Ⅳ.①TH126

中国版本图书馆CIP数据核字(2022)第004362号

ZHITU YU CAD

出版发行　天津大学出版社
地　　址　天津市卫津路92号天津大学内(邮编:300072)
电　　话　发行部:022-27403647
网　　址　www.tjupress.com.cn
印　　刷　廊坊市海涛印刷有限公司
经　　销　全国各地新华书店
开　　本　185mm×260mm
印　　张　19
字　　数　480千
版　　次　2022年2月第1版
印　　次　2022年2月第1次
定　　价　78.00元

前言

本书根据国家对高等职业教育教学体系迈向智能化教育的发展要求，立足于高等教育“四个服务”的发展方向和高技能型人才培养体系建设，以培养具有“家国情怀、国际视野、创新思维、工匠精神”的高素质应用型专门人才与行业精英为目标，同时聚焦新工科，对标“工程创新能力与适应变化能力”的核心需求，以“鼓励创新、彰显个性，培养‘厚基础、宽口径’工程科技人才”为导向，结合高等职业院校的教育要求和办学特点而编写。

根据《教育部办公厅关于开展课程思政示范项目建设工作的通知》（教高厅函〔2021〕11号）的精神，本书编写团队负责的“工程制图与CAD”入选2021年天津市课程思政示范课程，本书为该门课程的配套教材。

本书编者综合考虑了后疫情时代教师和学生状况，将教学内容和线上综合资源相结合，力求在不增加教师和学生负担的前提下，充分利用电子课件、视频、动画等资源，最大限度地调动学生学习的主动性和积极性，从而使“工程图学”的教学从以“知识、技能”为主导的理念，向“知识、技能、方法、能力、素养”综合培养的教育方向转化。

本书内容包含手绘制图及AutoCAD制图两大部分，共分为13章。绪论部分介绍了工程图学的发展及成就；手绘制图部分包括制图的基本知识，投影体系，点、直线、面的投影，立体的投影，轴测投影，组合体，机件的表达方法，标准件和常用件以及零件图和装配图等；AutoCAD制图部分包括计算机辅助制图Auto CAD基础，绘制二维图形以及绘制三维图形等。

在编写过程中，编者努力按照“保证基础、精选内容、利于教学、加强应用”的要求，组织本书的章节编排、文字叙述和插图、电子课件、视频资源等内容。本书可以满足高职高专工科机械类、电气类以及非机类等专业学生的使用要求，也可以作为相关专业人员的自学教材。

参加本书编写的人员都是多年从事“工程制图与 CAD”教学的教师与工程技术人员。本书主编为杨雪，副主编为闫放，参编教师为刘玉俊、穆凤芸、凌桂琴、褚文玮。

在本书的编写过程中，编者参考了有关资料和文献，在此向其作者表示衷心的感谢！由于编者水平有限，书中难免有疏漏和不足之处，恳请读者批评指正。

编者

2021 年 8 月

目录

第 1 章　绪论

1.1　工程图学发展历史及成就

扫一扫:PPT- 第 1 章

工程图学专注于空间思维和形体表达,目的在于实现徒手绘图、尺规绘图和计算机辅助绘图;旨在培养学生心有精诚、手有精艺的匠心精神,认真负责的工作态度和严谨细致的工作作风。绘图者只有热爱本职、脚踏实地、精益求精,才能成就一番事业,提升人生价值和拓宽视野。

1.1.1　中国工程图学发展史及成就

工程图学是一门历史悠久、应用广泛的学科,它以图形来描述信息,图样是人们表达设计思想、进行技术交流、组织生产与施工的重要工具之一,几乎涉及工程技术的每一个领域。工程图学是自然界不断演化的产物,是人们对自然界认识不断深化的成果,与社会生产的发展密切相关,也是工程技术发展的必然产物。在几千年的变化发展过程中,图样经历了从简单到复杂、由平面到立体、从无规则到有规则的变化过程。

工程图学是工程界的语言,广泛应用于科学技术的各个领域。图样和文字、数学公式相同,具有表达、交流思想的作用。但图样更加形象,对物体的表达和描述是语言文字无法比拟的。与其他学科一样,在人类认识自然和改造自然的长期社会实践中,图样从最初的简单形式发展成为一门独立的自成体系的学科——工程图学。工程图学的形成及发展过程无不体现了辩证唯物主义的物质运动及人们认识自然的规律。

1. 中国古代工程图学的发展

图学是人类文明的里程碑,也是我们衡量和评价一个民族开化程度和文化发展程度的重要标尺。人类用平面图形表达空间形体有着悠久的历史。从出土文物考证,在新石器时代(约 1 万年前),生活在中国大地上的人类就能绘制一些几何图形、花纹,具有简单的图示能力。

我国较早记载工程上使用工程图的文献是《尚书》,其中记载公元前 1059 年,周公曾画了一幅建筑区域平面图送给周成王用于营造城邑。

先秦时期,特别是春秋时期以来,人们的社会物质生产日益增长,图学之用已肇其端。由于生产事件上的需要和生产中的观察,以及从生产中长期所积累的丰富经验的综合,工程图学日臻成熟。在春秋时期的一部技术著作《周礼·考工记》中,有画图工具"规、矩、绳、墨、悬、水"的记载,其中图学的运用,所载甚多,它是中国图学史上的里程碑,图 1-1 所示为其中对城市的规划。

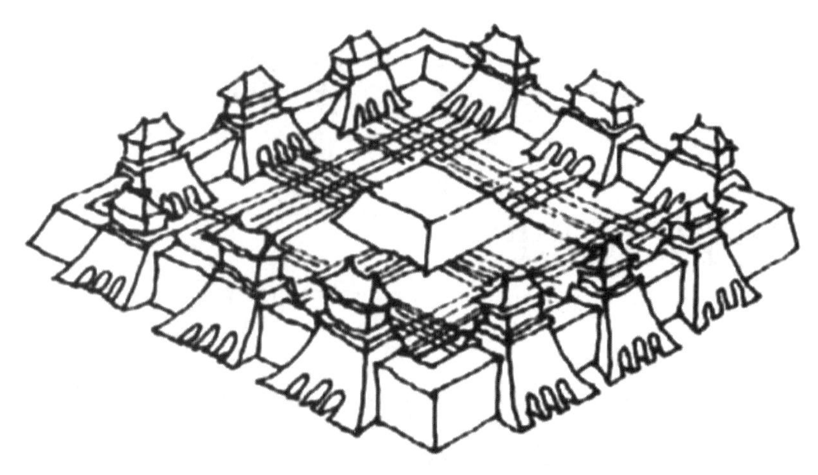

图 1-1 《周礼·考工记》中对城市的规划

在战国时期,我们的先人就已运用设计图(有确定的绘图比例,酷似用正投影法画出的建筑规划平面图)来指导工程建设,距今已有 2 200 多年的历史。"图"在人类社会的文明进步和推动现代科学技术的发展中起到了重要作用。1977 年冬出土的中山王墓"兆域图"铜板,是一幅用金、银线条镶嵌,并注有文字的建筑平面图,也是公元前 4 世纪中山王墓建筑设计的总体规划图。该图采用正投影法绘制,采用 1∶500 的比例尺,有明确的方法概念,并注有尺寸;图中的线条分粗实线和细实线,其绘制技术达到了十分完备的地步,如图 1-2 和图 1-3 所示。

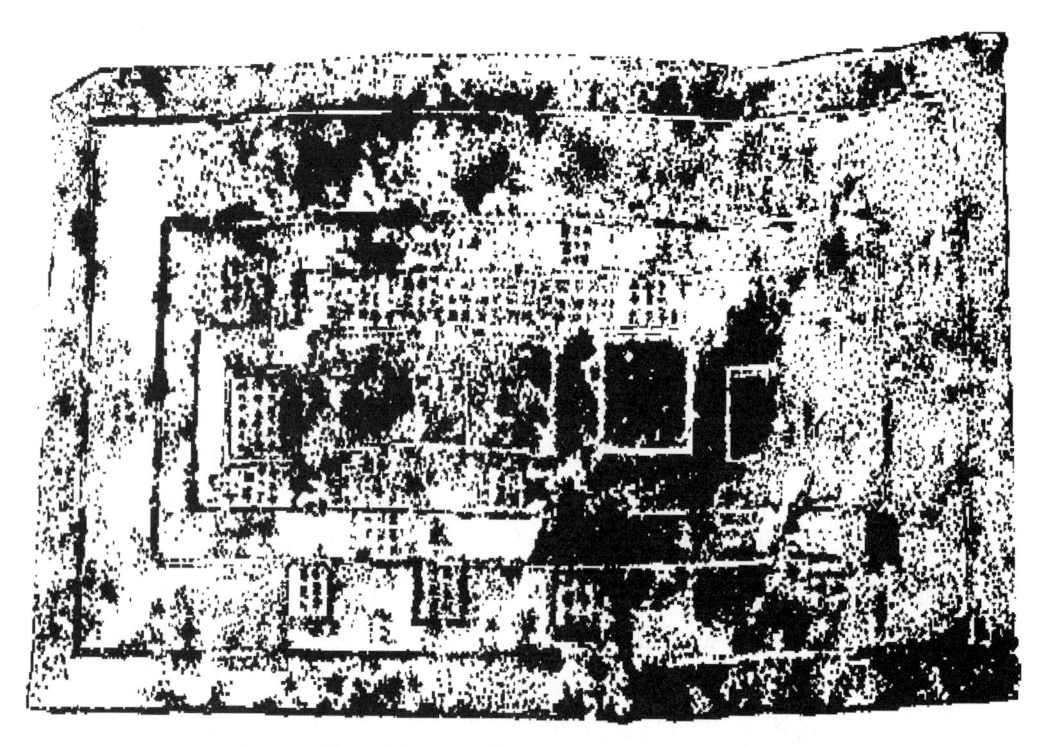

图 1-2 战国时期中山王墓建筑规划平面图——铜板原型

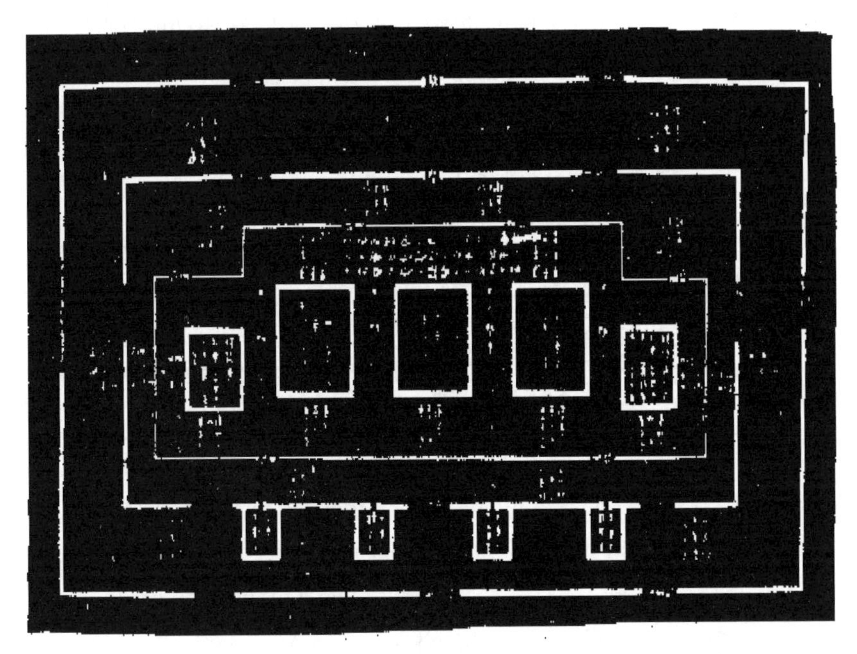

图 1-3　战国时期中山王墓建筑规划平面图——按 1∶500 绘制

自秦汉时期起，中国就已出现图样的史料记载，那时的人就能根据图样建筑宫室。

魏晋南北朝时期，工程图学虽多湮灭，但余下的更加精益求精，为我们留下了丰富的文化遗产，该时期的图学思想和图学理论在中国工程图学史上占有十分重要的地位。南朝刘宋时宗炳所著《画山水序》，论述了绘画作图透视方法及绘画规律，如图 1-4 所示。

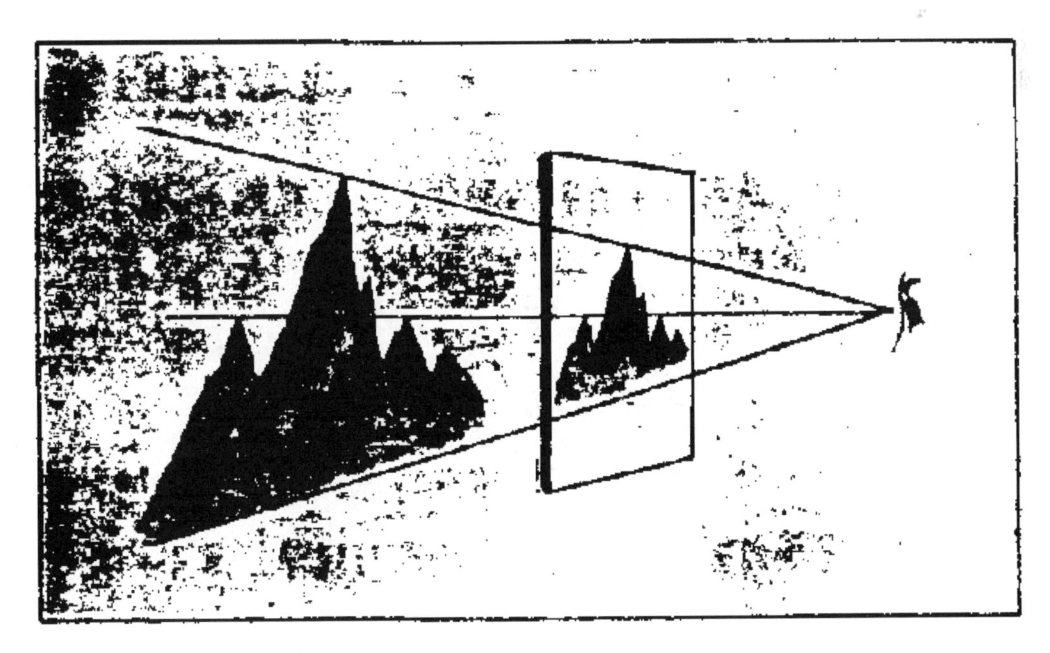

图 1-4　南朝刘宋时宗炳所著《画山水序》投影原理图

隋唐时期是中国古代工程图学发展的重要时期,创作于隋至唐初的《宫苑图》就是今天所称的建筑画。《宫苑图》是中国古代绘画发展史上的重要标志,对推动中国工程图学的进步起到了积极的作用,并对古代建筑设计及其建筑图的完备产生了巨大的影响。图 1-5 为敦煌壁画中的建筑图样。

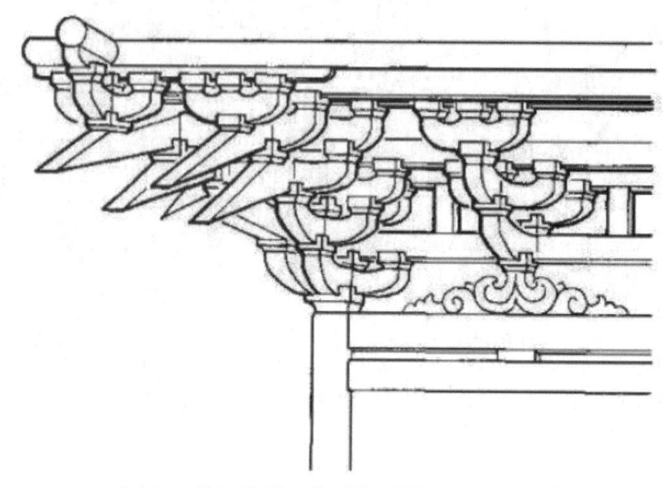

图 1-5 敦煌壁画中的建筑图样——唐代斗拱

宋代是中国古代工程图学发展的全盛时期,当时的机械制图、建筑制图等达到了前所未有的技术水平。宋代的科学技术专著较之前代,最大的特点是具有大量的图样,且绘图精致、体系完整。代表宋代图学成就的科学技术专著有《营造法式》《新仪象法要》等,这些科学技术专著中的图样,在表达方式和绘制水平方面接近于现在的工程图。

北宋李诫所著《营造法式》一书共 36 卷,附图就占了 6 卷,其中有平面图、立体图和断面图等图样,画法上运用正投影、轴测投影和透视投影等多种投影法表达了复杂的建筑结构,这在当时是极为先进的,如图 1-6 所示。该书是中国古代文献中最完善的一部建筑技术专著,是研究宋代乃至中国古代建筑及其标准的一部必不可少的历史文献。《营造法式》充分证明了我国工程图学技术很早以前就已达到了较高水平。

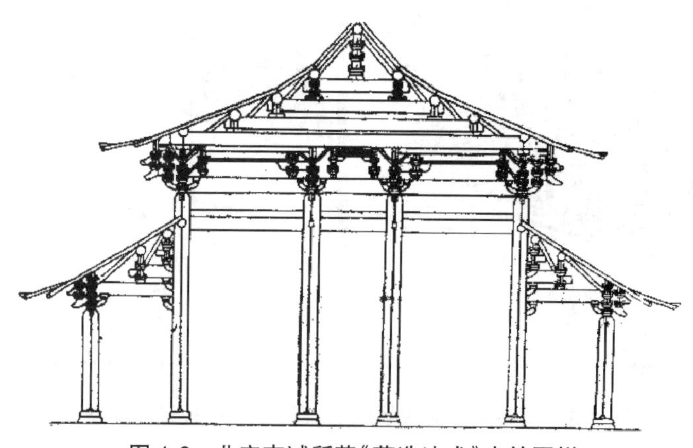

图 1-6 北宋李诫所著《营造法式》中的图样

而宋代苏颂所著《新仪象法要》中的图样更加规范，表达方式也更加成熟和完善，接近于轴测图的表达形式。《新仪象法要》中的图样还打破了传统的一器一图的表现手法，按实际需要将外部形状与内部形状分别表达，反映出宋代投影概念的变化和图示方法的进步。《新仪象法要》中的机械图反映了中国古代机械制图技术的全貌，无论是制图方法、绘制技术，还是制图标准，都达到了这一历史时期的最高水平，取得了空前的科学成就，如图 1-7 所示。

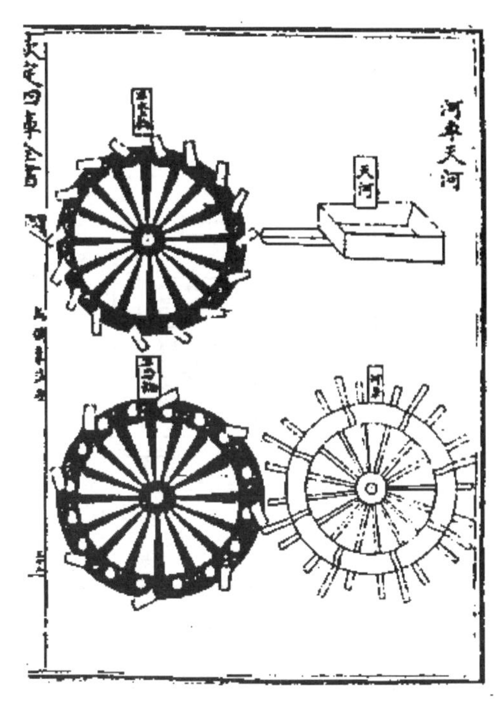

图 1-7　宋代苏颂所著《新仪象法要》中的机械图

元代工程图学在宋代的基础上有所发展。元代工程制图成就当推薛景石所著《梓人遗制》与王祯所著《农书》。《梓人遗制》中的纺机装配图、零件图与现代的制图表现形式极为相似，如图 1-8 所示。而《农书》是我国古代附有图谱的农书中最有影响力的科技文献之一，书中绘制的各种机械图样、插图、示意图，以及有关图样应用的论述等，不仅为研究元代工程制图提供了实物例证，也为探讨元代工程图学思想提供了文献资料，使得元代工程图学在中国科学技术发展史上占有极重要的地位，如图 1-9 所示。

纵观中国古代工程图学发展的历史进程可以看出，宋元时期是我国古代工程图学发展的高峰，其主要特征是图学已形成了自己的学术体系；就工程制图理论、绘图技术、应用范围而言，较之前代有了更大的发展；就机械制图而论，出现了与现代制图形式相近的正视图、俯视图等组合视图；而且轴测图、装配图、零件图也均已大量涌现。

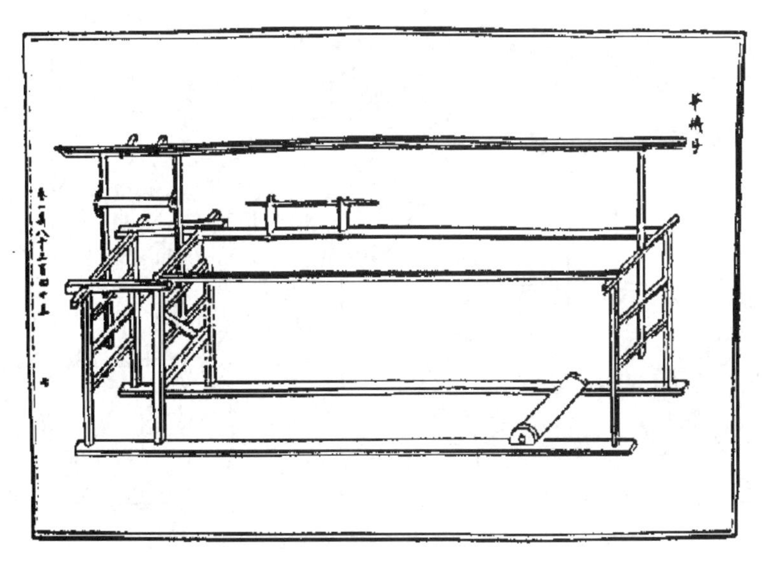

图 1-8　元代薛景石所著《梓人遗制》中的纺织机械图

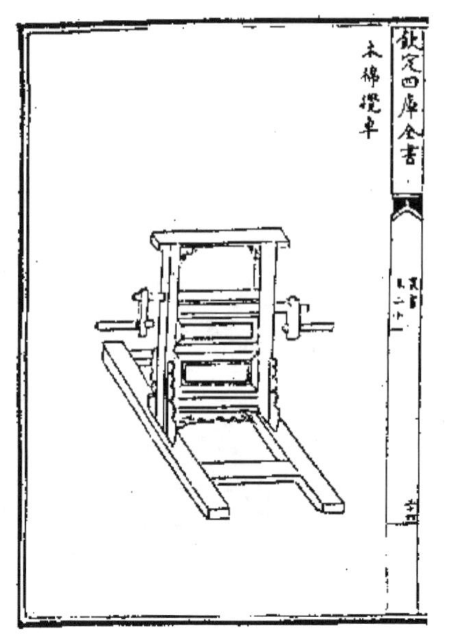

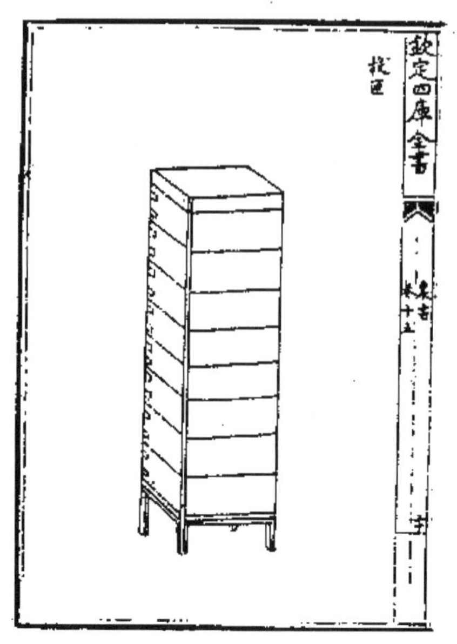

图 1-9 元代王祯所著《农书》中的农业机械图

明代中后期出现了如徐光启所著《农政全书》、宋应星所著《天工开物》等极具图学价值的科学技术巨著。《农政全书》中的农器图样，大都采用直观图的形式，也有的采用近似轴测图的测绘方法绘制，包括构造细部和详图，并附有详细的尺寸和制造技术的注解，如图 1-10 所示。而《天工开物》中的图样虽多以直观图的形式给出，但从工程图学的角度考察，它已超出一般插图和示意图的范围，具有工程用图的实际价值，如图 1-11 所示。

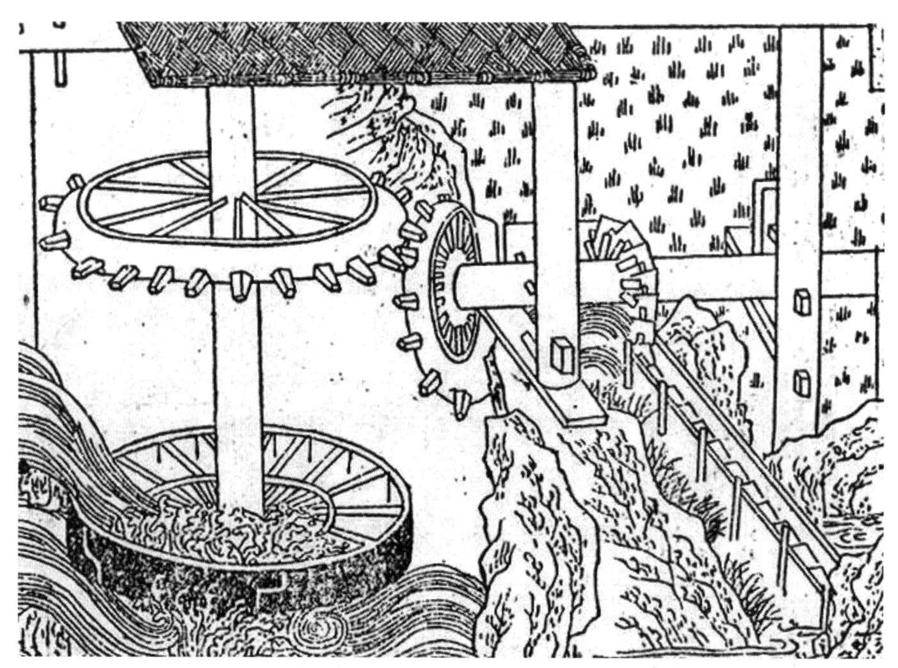

图 1-10 明代徐光启所著《农政全书》中的图样

清代的图学家一方面从事古代图学思想、绘图技术的整理与阐发，另一方面也对西方工程图学加以研究和介绍，在中外工程图学知识的整理上作出了重要贡献，产生了诸如《视学》《器象显真》这样划时代的工程图学巨著。这些巨著不仅反映了中国工程图学的成就，也介绍了西方工程图学的基本内容，极大地丰富了当时人们的图学知识，推动了中国工程图学迅速走向近现代的历程。

图 1-11　明代宋应星所著《天工开物》中的图样

2. 中国近代工程图学的发展

新中国成立前的 100 多年，半封建半殖民地状态的中国处于民族危亡之时，与此同时，中国科学技术江河日下，致使工程图学停滞不前、发展缓慢。在以“自强”“求富”为目标的洋务运动时期，洋务派首先认识到自强必先制器，将工程图学理论与自强运动同举，创办工业技术学校，“先从图学入手”，使得学校成为图学教育和传播的主要课堂，中国近代工程图学教育始肇其端，这对中国近代的科学化运动有着重要的贡献。

20 世纪 50 年代，我国著名学者赵学田教授就简明而通俗地总结了三视图的投影规律——长对正、高平齐、宽相等。

新中国成立以后，我国的机械工业发展迅速，1956 年原第一机械工业部颁布了第一个部颁标准《机械制图》，1959 年国家科学技术委员会颁布了第一个国家标准《机械制图》，随后又颁布了国家标准《建筑制图》，使全国工程图样标准得到了统一，这标志着我国工程图学的发展进入了一个崭新的阶段。

随着科学技术的发展和工业水平的提高，技术规范不断修改和完善，我国先后于 1970 年、1974 年、1984 年、1993 年修订了国家标准《机械制图》，并颁布了一系列《技术制图》与《机械制图》等新标准。

截至 2003 年底，1985 年实施的四类 17 项《机械制图》国家标准中已有 14 项被修改替代。此外，在改进制图工具和图样复制方法、研究图学理论和编写出版图学教材等方面我国也取得了可喜的成绩。

3. 现代工程图学的发展

现代工程图学的发展始于其与计算机技术的结合。工程图学在“实践—认识—再认识—再实践—再认识”的过程中不断成熟，计算机技术的发展与普及为工程图学注入了新鲜的血液。随着计算机技术的发展与普及，计算机图学作为工程图学的一个分支，正以惊人的速度快速成熟和发展起来，这也是工程图学的一次重大变革和飞跃。

工程图学与计算机技术的结合，使得这门古老的学科焕发出勃勃生机，充满新的光彩。工程图学除了理论图学、图样技术等传统的基础理论之外，还引出了计算机图形学、分形图形学、高维图形等新的内容，工程图学成为一门快速发展的前沿学科。

自然界在永恒的流动和循环中运动，未来工程图学也将会向更高一层迈进，将会有更广泛的应用领域和更系统的理论体系。伴随着计算机技术及工程技术的发展，工程图学将会有更加蓬勃的未来。

4. 中国工程图学的成就

中国是一个具有丰富图学传统的国家，工程图学是中国科学技术之荦荦大端。中国图学源远流长，无论是机械制图，还是建筑制图，都有着悠久的历史。中国古代大量的工程图学史料，为研究中国科技史提供了重要线索。

中国古代工程图学的形成和发展经历了漫长的岁月，随着科学技术的不断进步而向前发展。它在每个时代所达到的技术水平，反映了当时科学技术发展的水平。对于中国古代工程图样，无论是《营造法式》，还是《新仪象法要》等图谱专著，都体现了中国古代工程图样绘制技术的完备化和系统化，既能保证图面质量，又能准确地表现物体的形状。

从先秦至明清，中国工程图学绵亘数千载，这在中国乃至世界科技史上都是罕见的。中国古代的图学家们创造了人类文明史上堪称凿空之举的成就，无论是图学思想、图学理论，还是制图技术，都取得了斐然可观的科学成就。工程图学是中国古代最具特色的学科之一，在几千年的文化演进过程中，我们的前人留下了极为丰富的图学遗产，这些遗产犹如汪洋大海，使任何一种文明在它的面前都相形见绌。

1.1.2 西方工程图学发展史及成就

在西方，工程图学的发展经历了同样的过程。16 世纪以后，近代科学技术在西方蓬勃兴起，其成就和发展，对整个人类的物质与精神生活形成了一股巨大的支配力量。作为科学技术发展重要因素的工程制图得到了迅速发展，其理论、方法不断涌现。

文艺复兴时期，一些西方学者在工程制图的研究中引用了一系列的基本概念，如投影中心、画面、距离、主点、地平线、远距点等，使画法几何学进入了历史上新的发展阶段。这一时期，人们已经基本上弄清了透视理论的基本原则，为透视理论的数学论证打下了基础。

17 世纪，法国数学家和建筑师笛沙格在他的研究中首次应用了坐标法作透视图，从而为画法几何的轴测投影奠定了基础。

意大利图学家波梭在 1693—1698 年印行的《建筑透视图》中论述了透视作图法，即以物体的两个正投影为主作透视图，并介绍了两个正投影图所表示的建筑图样。

法国著名科学家加斯帕·蒙日创立了画法几何学这门独立学科，将工程图学长期积累的理论，特别是在平面上绘制空间物体图像的理论和实践系统化，将工程制图中的实际问题归纳为为数不多的几个基本的纯几何问题，并于 1798 年出版了第一部著作《画法几何学》，这是第一部系统叙述在平面上绘制空间形体图形的一般方法的著作。在这部著作中，蒙日循序渐进地介绍了投影法、曲线、曲面及透视理论等内容。该著作是工程图学史上的里程碑，为图学理论的形成提供了严密系统的理论基础。

蒙日的《画法几何学》是在各方面都迫切要求探求制图理论的情况下出现的。因此，它作为工程制图的理论基础，立即在欧洲工业技术学校中占据了重要地位，并成为工业技术学校教学计划中的主要课程之一。这大大促进了工程制图的社会化，使之更快地得到传播和应用，当时大量出版的画法几何教材，都具有论述全面而又系统性强的特点。

纵观东西方工程图学发展的历史可以看出，尽管西方近代工程图学的起步较晚，但在西方近代科学兴起后，由于基础理论研究方面的进步和数学方法的完善，工程图学在 18 世纪至 19 世纪得到了更快的发展，且进步异常迅速。

1.2　制图课程的性质和地位

1.2.1　制图课程的性质

制图课程是机械制造类等专业的一门既有基本系统理论又有较强实践性的技术基础课，它的基础内容是人才素质教育必不可少的内容。人类世界是一个有形的世界，世间万物千姿百态、五彩缤纷。语言、文字、图形是描述信息的三种方式。在工程技术领域，产品和工程项目包含大量的信息。怎样表达这些信息是设计和制造过程必须解决的信息传递和交换问题，尤其是形状、结构、位置和大小信息必须直观、形象、精确地表达，所以图形是表达这些信息最理想的工具。

图形（Graphic）、图样（Drawing）、图像（Image）、图画（Picture）统称为图。在工程技术中，用以准确地表达产品或工程的形状、结构及尺寸大小和技术要求的图称为工程图样。近代一切机器、仪器和工程建筑都是根据图样进行制造和建设的。设计者通过图样来描述设计对象，表达其设计意图；制造、建造者通过图样来了解设计要求，组织制造和施工；使用者通过图样来了解使用对象的结构和性能，进行保养和维修。因此，图样被称为工程界的技术语言。

1.2.2　制图课程的地位

随着科学技术的进步，尤其是计算机科学技术的迅速发展，计算机图形（Computer Graphics，CG）和计算机辅助设计（Computer Aided Design，CAD）已经在世界各国的航空航天、船舶、机械、电子、建筑、轻纺等行业广泛应用。人们在设计过程中可以借助 CAD 系统建立表述对象的模型，进行对象的仿真，生成表达对象的图形，代替手工绘图，提高设计的效率和质量，科学计算可视化、信息可视化、虚拟现实的研究和应用日益增加。人们对图形信息的要求越来越多，图形应用领域涉及工程技术、科学研究以及人们社会生活的许多方面。

21 世纪是信息和知识经济的时代，工程科技人员每天需要接收和处理的图形信息比过去要多得多，这就要求工程科技人员具备很好的图形素质和图形表达及图形识别能力。因此，无论过去、现在还是将来，高等工科院校培养工程科技人才的教学计划都把工程制图作为一门必修的课程。制图课程是一门实践性很强的技术基础课程，是工程图学的重要组成部分，可为机械设计等后续课程和课程设计、毕业设计及今后工作中的设计绘图奠定必要的技术基础，培养学生严谨的作风和负责的精神。

1.3 制图课程的任务和要求

制图课程的主要任务是培养学生绘图、读图和查阅国家标准的基本能力，空间分析、投影分析、二维图形与三维图形相互转换的能力，手工绘图和计算机绘图的专业技能；在此基础上，培养学生认真负责、严谨细致、一丝不苟的工作态度和工作作风，提高学生工程文化素养，展现大国工匠精神。

制图课程的要求是通过制图课程的学习，使学生掌握正投影的基本理论和作图方法，正确使用绘图工具，掌握绘图技巧和方法，具有描绘空间几何形体和图解空间几何问题的能力，初步掌握计算机绘图的基本知识；达到既具有工程基础又有较高的工程文化素质，既有丰实的工程设计绘图基础知识、基本理论，又有较熟练的绘图和读图能力，还有较敏捷的灵活思维和创新意识，视野开阔、善于自学、创新思变，跟上时代的步伐，自觉按照国家标准用各种手段较快、准确地绘制、阅读中等复杂程度的机械图样。

1.4 制图课程的学习方法

工程制图是按照正投影方法，并遵照国家标准的规定用图样来表达已经存在或正在我们头脑中设计构思的机器或工程及其零部件。作为课程，它是各类工程设计系列课程中的先修课，可以为学习机械设计、土木建筑设计等后续课程打下读图和绘图的基础，学习制图必须熟悉机械设计和机械制造工艺的知识。所以，工程制图是一门理论性和实践性都很强的技术基础课。学习本课程必须理论联系实际，在认真学习正投影理论的同时，通过大量的绘图和读图练习，不断地由物画图、由图想物，分析和想象空间形体与平面图形之间的对应关系，才能逐步提高形象思维和空间构思分析能力，掌握本课程的基本内容。

做习题时，无论徒手绘草图或用仪器工具绘图，还是用计算机绘图，都应在掌握有关理论和思路的基础上，采用正确的作图方法和步骤，并严格遵守国家标准的有关规定。制图作业应该做到：视图选择与配置恰当，投影正确，图线分明，尺寸完整，字体工整，图面整洁。学生要充分利用认识、实践、现场参观和实习等机会，尽量多接触机械、机械零部件和工程结构，增强感性认识，逐步熟悉零件的结构和工艺，为制图与设计相结合打下初步基础；在后续的相关设计课程、课程设计和毕业设计中还要继续深入学习和提高，达到工程技术人员应具备的设计制图的能力和素质要求。

由于图样是产品生产和工程建设中表达设计意图的最重要的技术文件，绘图和读图的差错都会带来损失，所以在做工程图学习题时，要与设计联系起来，尽量考虑生产实际要求，从开始制图就应该注意培养工程设计人员必须具备的认真负责的工作态度和细致严谨的工作作风。

1.5　工程制图课程的主要内容

工程制图是研究图、数、形的关系及转换的学科，即研究如何用图形表达空间的形体和信息，以及怎样根据图形形象表达空间形体的形状、结构和大小，或者识别所表达信息的学科。工程制图课程的内涵丰富，在产品和工程的设计制造（施工）过程中，设计人员进行的下列工作是以工程图学为基础的。

（1）设计（Design），即进行设计对象的形体构思，建立其几何模型。

（2）描述（Representation），即设计对象的数字化定义，建立其数字模型。

（3）表达（Render），即生成表示设计对象的工程图样或真实感图形。

工程制图课程有其自身的理论体系、方法体系和应用技术体系，例如投影理论、几何建模理论、曲线和曲面理论、分形理论；图样画法与制图标准、几何造型方法、图形处理算法、可视化方法、虚拟现实；机械设计制图、建筑设计制图、工业设计等，故它是工程图学学科人才培养计划中的一门基础课程。

本课程内容包括制图基础、形体的几何造型、形体的图形表达和工程图样的绘制与阅读几部分，按形体的几何造型—形体的图形表达—形体的图样画法—绘图技术—常用工程图样的逻辑关系展开介绍，以几何造型、投影制图、工程图样绘制和阅读为重点，计算机绘图、徒手绘图、仪器绘图贯穿整个教学过程，通过课堂教学、课后练习、实验和实践的结合，使学生奠定扎实的投影理论基础、构型设计基础、表达方法基础、绘图能力基础及制图规范基础。

制图基础部分主要介绍绘制工程图样的基本方法、基本技能以及国家标准《机械制图》的基本规定，目的是使学生能正确地使用绘图工具和仪器绘图，掌握常用的几何作图方法，做到作图准确、字体工整、图面整洁美观，会分析和标注平面图形尺寸，掌握徒手绘图的技巧，掌握用计算机绘图软件绘制平面图形的方法。

形体的几何造型部分介绍形体分析的方法、形体描述的数学基础、形体的几何造型方法、典型的计算机辅助几何造型设计软件的使用，及将该软件用于形体的几何造型设计。形体的图形表达部分介绍投影法的基本理论和知识，研究三维空间点、直线、平面，常用曲线、曲面和立体的投影，使学生能运用形体分析和线面分析方法，进行组合体的画图、读图和尺寸标注，掌握各种视图、剖视图、断面图的画法及常用的简化和其他规定画法，做到视图选择和配置恰当，投影正确，尺寸齐全、清晰，通过学习和实践，培养其空间逻辑思维和形象思维能力。

工程图样的绘制与阅读部分包括标准件、常用件、零件图、装配图和其他工程图等内容，目的是使学生了解零件图、装配图的作用、内容，掌握视图选择方法、规定画法，学习极限与配合及有关零件结构设计和加工工艺的知识和合理标注尺寸的方法，培养学生绘制和阅读机械零件图、装配图的基本能力。

计算机绘图是实现计算机辅助设计和设计自动化的一项新技术，它与用工具、仪器绘图及徒手绘图都是工程技术人员必须熟练掌握的绘图方法，所以三种方法始终贯穿本课程教学的全过程。

本章小结

本章介绍了中国古代和近现代工程图学发展史、西方工程图学发展史及各自在工程图学发展过程中取得的成就，明确了制图课程的性质和地位，使学生了解中国古代人民对工程制图发展所做出的伟大贡献，增强学生的文化自信和民族自豪感；同时了解本门课程的主要学习内容及重要性，为后续章节的学习培养兴趣。

技能与素养

1. 绘图人才职业道德素养

在工程实践中，工程图样的绘制质量直接影响工程的质量。所绘制的图纸要符合国家标准以及相应的设计规范。

（1）新时代的绘图人才，需及时更新信息，突破自身局限性，了解当前行业的发展动态，通过互联网等多种渠道，查阅相关的国家标准和设计技术规范。

（2）具备收集、消化、处理信息和主动构建自身知识体系的能力，不断学习新的制图技能。

（3）在实践中培养安全规程操作意识、团队合作精神、创新精神和认真负责的工作态度、一丝不苟的敬业精神、精益求精的工匠精神，以形成较好的综合职业素养，提高综合能力。

（4）习总书记曾经说过“关键核心技术是要不来、买不来、讨不来的”，绘图人才更需具备家国情怀，为提高我国的科技水平、实现中华民族的伟大复兴，作出自己的贡献。

2. 职业道德素养的意义

（1）有利于提高个人的职业道德素质。

（2）有利于发挥职业道德的社会功能。

（3）有利于行业的职业道德建设。

（4）有利于中华民族优良道德传统的弘扬。

3. 航天人的工匠精神

2013 年 12 月 2 日，“嫦娥三号”成功升空；13 天后，安装在着陆器上的地形地貌相机拍摄、回传了“玉兔”号月球车上清晰的中国国旗彩色照片，拍摄这张中国国旗在地外天体上首张“留影”的镜头，就是坐落在天津的中国航天科工集团三院第 8358 所设计制造的。

思考练习题

为自己成为绘图人才做一个规划。

第2章　制图的基本知识

2.1　制图的相关标准

扫一扫:PPT-第2章

图样是现代工业生产的重要文件,是人们表达设计思想、进行技术交流、组织生产与施工的重要工具之一,是工程技术人员的“语言”。国家标准对工程图样有详细规定,绘图时必须严格遵守。

2.1.1　制图的国家标准

机械图样是现代设计和制造机械零件与设备过程中的重要技术文件,为便于生产、管理和进行技术交流,国家技术监督局依据国际标准化组织制定的国际标准,制定并颁布了《技术制图》《机械制图》等一系列国家标准(简称“国标”或“GB”),其中对图样内容、画法、尺寸注法等都做了统一规定。《技术制图》是一项基础技术标准,在内容上具有统一性和通用性等特点,涵盖机械、建筑、水利、电气等行业,处于制图标准体系中的最高层次;《机械制图》则是机械类的专业制图标准。这两个国标是机械图样绘制和使用的准则,生产和设计部门的工作人员都必须严格遵守,并牢固树立标准化的观念。

每一个国标都有标准代号,如GB/T 4457.4—2002,其中“GB”为国标代号,即“国家标准”的汉语拼音缩写,“T”表示推荐性标准(如果不带“T”,则表示国家强制性标准);“4457.4”表示该标准的编号;“2002”表示该标准是2002年颁布的,以前有用两位数表示的,如GB/T 14689—93。

2.1.2　图纸幅面

1. 图幅

图幅是指图纸长度和宽度组成的图面。为了使图纸幅面统一,便于装订和保管,并符合缩微复制原件的要求,绘制技术图样时,应按以下规定选用图纸幅面:应优先采用基本幅面(表2-1),基本幅面共有五种,其尺寸关系如图2-1所示;必要时,也允许选用加长幅面,但加长后幅面的尺寸必须是由基本幅面的短边成整数倍增加后得出的。

表2-1　图纸幅面　(单位:mm)

幅面代号	A0	A1	A2	A3	A4
$B \times L$	841×1 189	594×841	420×594	297×420	210×297
c	10			5	

续表

幅面代号	A0	A1	A2	A3	A4
a	25				
e	20		10		

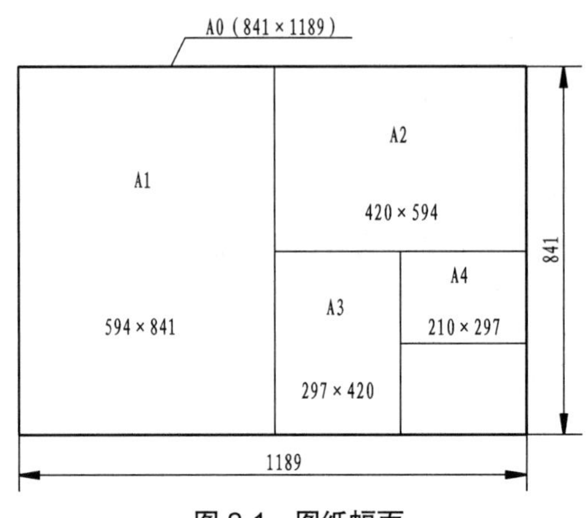

图 2-1　图纸幅面

2. 图框格式

图框是指图纸上限定绘图区域的线框，图框为粗实线，其格式分为不留装订边和留装订边两种，但同一产品的图样只能采用一种格式。两种图框格式如图 2-2 所示，尺寸按表 2-1 的规定。

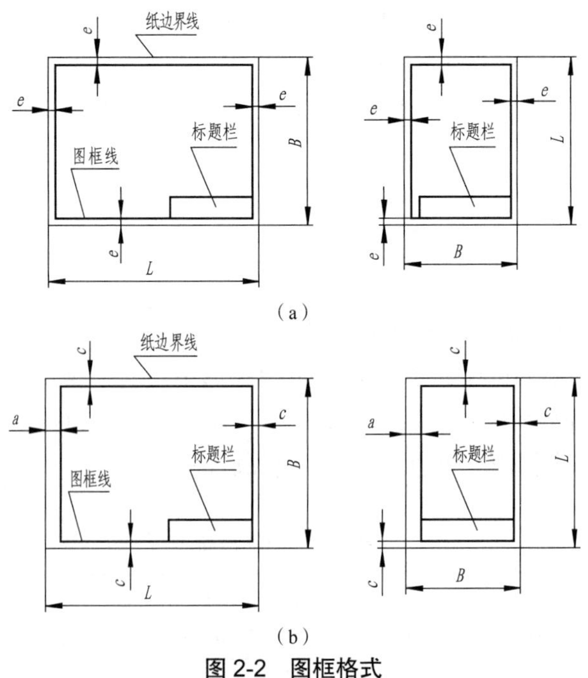

图 2-2　图框格式

(a)不留装订边　(b)留装订边

3. 标题栏

每张图纸的右下角应绘出标题栏，其格式和尺寸在《技术制图 标题栏》（GB/T 10609.1—2008）中已有规定。用于学生作业的标题栏可参考如图2-3所示的格式。

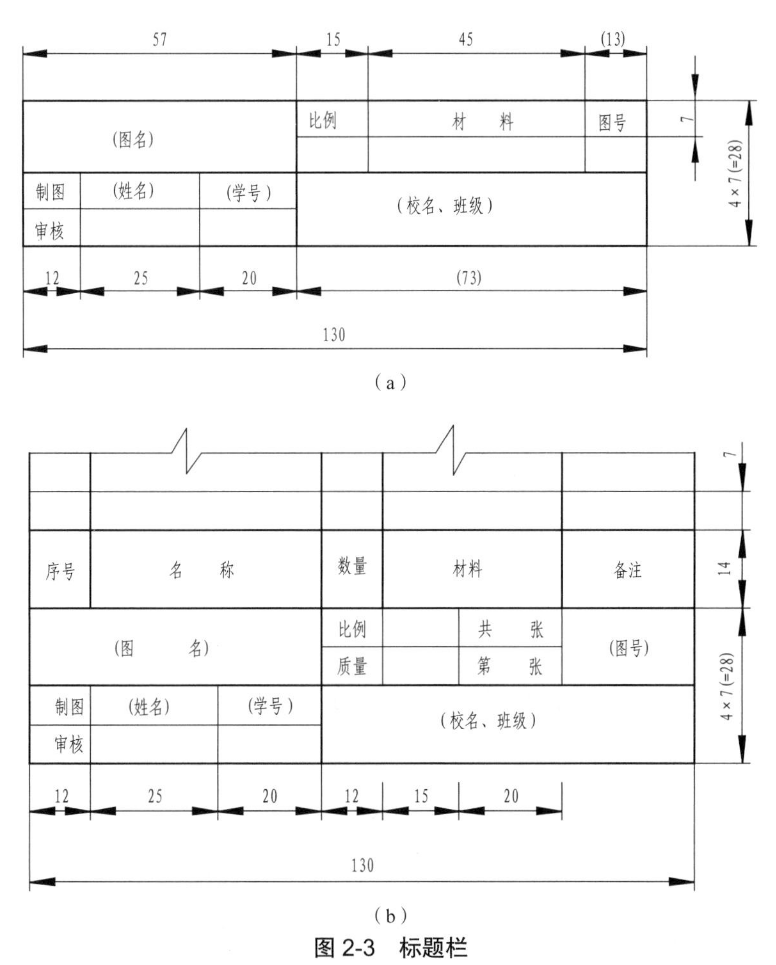

图2-3　标题栏

（a）零件图标题栏　（b）装配图标题栏

2.1.3　绘图比例

1. 术语

（1）比例：图中图形与实物相应要素的线性尺寸之比。

（2）原值比例：比值为1的比例，即1∶1。

（3）放大比例：比值大于1的比例，如2∶1等。

（4）缩小比例：比值小于1的比例，如1∶2等。

2. 比例系列

为了在图样上直接反映出实物的大小，绘图时应尽量采用原值比例。因各种实物的大小与结构千差万别，绘图时应根据实际需要选取放大比例或缩小比例。

绘制图样时应在表 2-2 规定的比例系列中选取适当的比例，尽量使用优先选择系列，必要时允许选用允许选择系列。

表 2-2 比例系列

<table>
<tr><th colspan="2">种类</th><th>比例</th></tr>
<tr><td colspan="2">原值比例</td><td>1 : 1</td></tr>
<tr><td rowspan="2">优先选择系列</td><td>放大比例</td><td>5 : 1　2 : 1　5 × 10^n : 1　2 × 10^n : 1　1 × 10^n : 1</td></tr>
<tr><td>缩小比例</td><td>1 : 2　1 : 5　1 : 10　1 : 2 × 10^n　1 : 5 × 10^n　1 : 1 × 10^n</td></tr>
<tr><td rowspan="2">允许选择系列</td><td>放大比例</td><td>4 : 1　2.5 : 1　4 × 10^n : 1　2.5 × 10^n : 1</td></tr>
<tr><td>缩小比例</td><td>1 : 1.5　1 : 2.5　1 : 3　1 : 4　1 : 6
1 : 1.5 × 10^n　1 : 2.5 × 10^n　1 : 3 × 10^n　1 : 4 × 10^n　1 : 6 × 10^n</td></tr>
</table>

注：n 为正整数。

3. 标注方法

（1）比例符号应以“ : ”表示，比例的表示方法为 1 : 1、1 : 2、5 : 1 等。

（2）比例一般应标注在标题栏中的比例栏内。

2.1.4 图线

1. 图线形式及应用

绘制图样时，应采用《机械制图 图样画法 图线》（GB/T 4457.4—2002）规定的绘制图样时常用的线型及名称，具体见表 2-3，其应用示例如图 2-4 所示。

表 2-3 线型及名称（GB/T 4457.4—2002）

代码	名称	机械图常用线型	线宽（d）	应用及说明
01.1	细实线		$d/2$	尺寸线及尺寸界线、剖面线、过渡线、引出线
	波浪线		$d/2$	断裂处的边界线、视图与剖视图的分界线等
	双折线		$d/2$	断裂处的边界线、视图与剖视图的分界线等
01.2	粗实线		d	可见轮廓线、可见相贯线
02.1	细虚线		$d/2$	不可见轮廓线、不可见相贯线
02.2	粗虚线		d	允许表面处理的表示线
04.1	细点画线		$d/2$	轴线、对称中心线、剖切线、轨迹线
04.2	粗点画线		d	限定范围的表示线
05.1	细双点画线		$d/2$	极限位置的轮廓线、相邻辅助零件轮廓线、假想投影轮廓线、中断线

机械类图线有粗线、细线之分，粗细线的宽度比例为 2 : 1。建筑类图线有粗线、中粗线和细线之分，三者宽度比例为 4 : 2 : 1。

图线的宽度应根据图纸幅面的大小和所表达对象的复杂程度，在 0.13，0.18，0.25，0.35，0.5，0.7，1，1.4，2 mm 数系中选取（常用的为 0.25，0.35，0.5，0.7，1 mm）。在同一图样中，同类图线的宽度应一致。

2. 图线的应用示例

图线的应用示例如图 2-4 所示。

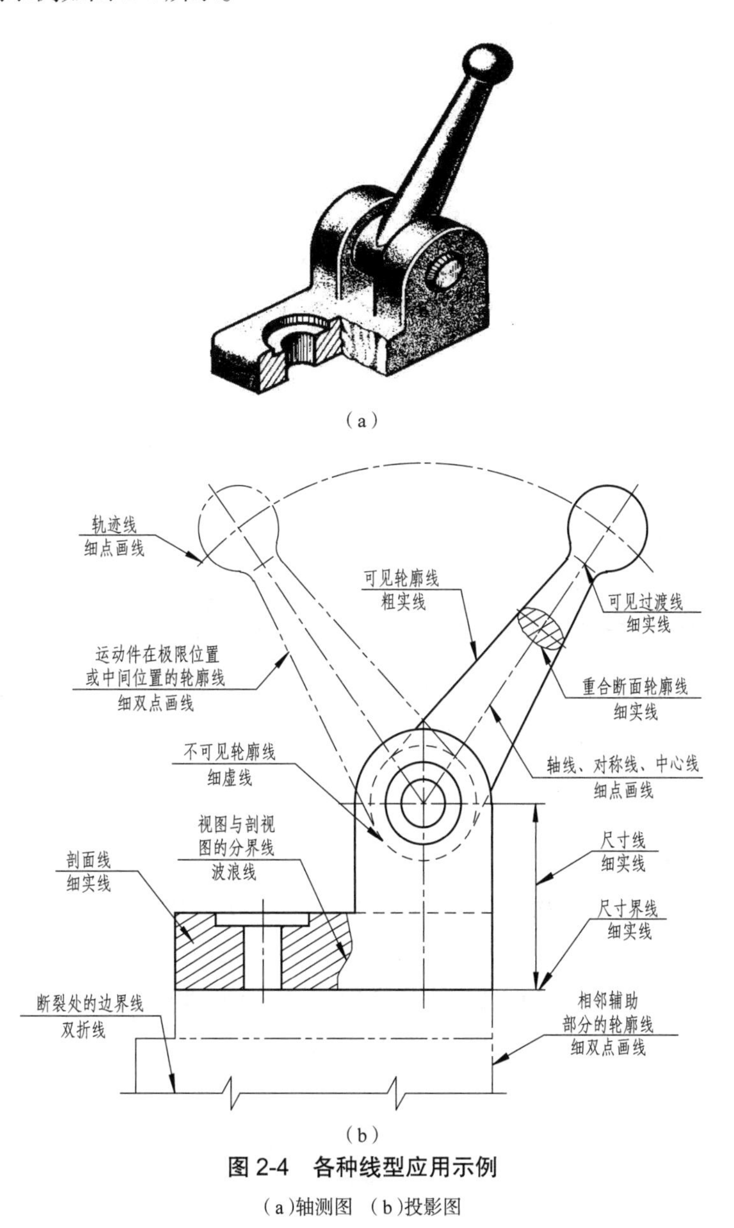

图 2-4　各种线型应用示例

（a）轴测图　（b）投影图

2.1.5 字体

1. 基本要求

（1）在图样中书写的汉字、数字和字母，都必须做到“字体工整、笔画清楚、间隔均匀、排列整齐”。

（2）字体高度（用 h 表示）的公称尺寸系列为 1.8，2.5，3.5，5，7，10，14，20 mm。如需要书写更大的字，其字体高度应按 $\sqrt{2}$ 的比率递增。字体高度代表字体的号数，如 10 号字的高度为 10 mm。

（3）汉字应写成长仿宋体字，并应采用国家正式公布的简化字。汉字的高度 h 不应小于 3.5 mm，其字宽一般为 $h/\sqrt{2}$。书写长仿宋体字的要领：横平竖直、注意起落、结构均匀、填满方格。初学者应打格子书写。首先，应从总体上分析字形及结构，以便书写时布局恰当，一般部首所占的位置要小一些。其次，书写时，笔画应一笔写成，不要勾描。另外，由于字形特征不同，切忌一律追求满格，对笔画少的字尤应注意，如“月”字不可写得与格子同宽，“工”字不要写得与格子同高，“图”字不能写得与格子同大。

（4）字母和数字分 A 型和 B 型。A 型字体的笔画宽度（d）为字高（h）的 1/14，B 型字体的笔画宽度（d）为字高（h）的 1/10。在同一图样上，只允许选用一种形式的字体。

（5）字母和数字可写成斜体和直体。斜体字字头向右倾斜，与水平基准线成 75°。

2. 部分常用字体示例

（1）长仿宋体汉字示例：

字体工整、笔画清楚、间隔均匀、排列整齐

横 平 竖 直 注 意 起 落 结 构 均 匀 填 满 方 格 字 体 工 整

技术要求石油化工机械电子汽车航空井坑纺织焊接设备工艺

螺纹齿轮端子接线飞行指导驾驶舱位挖填施工引水通风闸阀坝棉麻化纤

（2）拉丁字母示例。

斜体： *ABCDEFGHIJKLMNOPQRSTUVWXYZ*

abcdefghijklmnopqrstuvwxyz

直体： ABCDEFGHIJKLMNOPQRSTUVWXYZ

abcdefghijklmnopqrstuvwxyz

（3）阿拉伯数字示例。

斜体： *1234567890*

直体： 1234567890

（4）罗马数字示例。

斜体： *I II III IV V VI VII VIII IX X*

直体：　　Ⅰ Ⅱ Ⅲ Ⅳ Ⅴ Ⅵ Ⅶ Ⅷ Ⅸ Ⅹ

（5）希腊字母示例：

αβχδεφγηικλμνοπθρστυωξψζ

2.1.6　尺寸标注

1. 组成尺寸的要素

组成尺寸的要素包括：尺寸界线、尺寸线、尺寸线终端、尺寸数字，如图 2-5 所示。

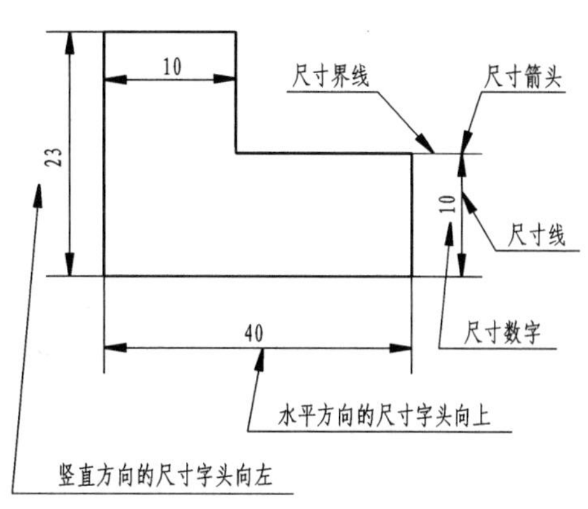

图 2-5　组成尺寸的要素

（1）尺寸界线为细实线，并应由轮廓线、轴线或对称中心线处引出，也可用这些线代替。

（2）尺寸线为细实线，一端或两端带有终端符号（箭头或细斜线）。尺寸线不能用其他图线代替，也不得与其他图线重合或画在其延长线上。尺寸线必须与所标注线段平行。

（3）尺寸线终端为箭头或细斜线。同一图样中只能采用一种尺寸线终端形式。当尺寸很小无法画箭头时，可用圆点表示，且注意箭头画法，如图 2-6 所示。

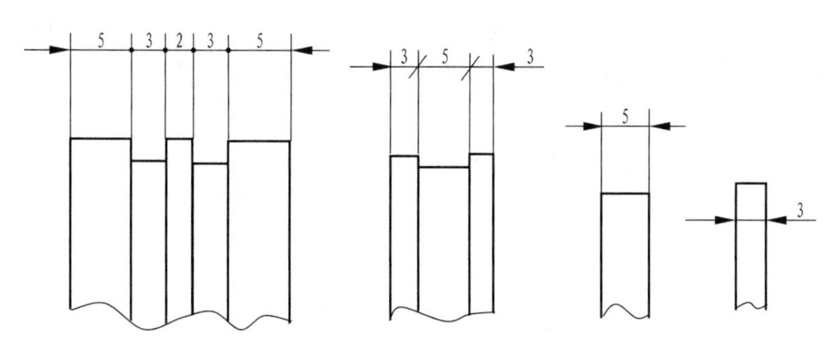

图 2-6　尺寸线终端形式

（4）尺寸数字一般应注在尺寸线的上方、左方或尺寸线的中断处。尺寸数字应按国标要求书写，并且水平方向字头向上，竖直方向字头向左，字高 3.5 mm，且尺寸数字不能被任何图线通过，否则必须将该图线断开，如图 2-7 所示。

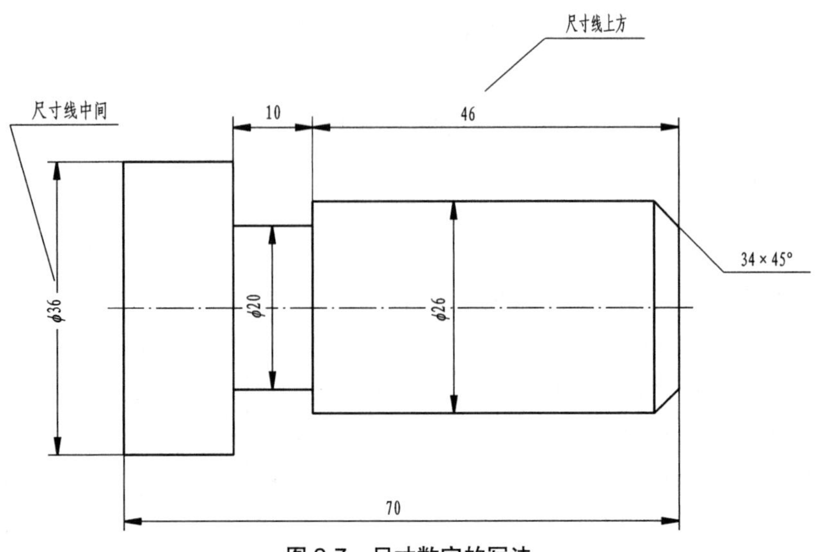

图 2-7 尺寸数字的写法

2. 基本原则

(1)尺寸数值为机件的真实大小,与绘图比例及绘图的准确度无关。

(2)图样中的尺寸,以毫米为单位,如采用其他单位,则必须注明单位名称。

(3)图中所注尺寸为零件加工完成后的尺寸,否则应另加说明。

(4)每个尺寸一般只标注一次,并应标注在最清晰地反映该结构特征的视图上。

(5)标注尺寸时,应尽可能使用符号和缩写词。常用的符号和缩写词见表 2-4。

表 2-4 标注尺寸的常用符号及缩写词

序号	含义	符号及缩写词	序号	含义	符号及缩写词
1	直径	ϕ	8	深度	↧
2	半径	R	9	沉孔或锪平	⌴
3	球直径	$S\phi$	10	埋头孔	⌵
4	球半径	SR	11	均布	EQS
5	厚度	t	12	弧长	⌒
6	正方形	□	13	斜度	∠
7	45° 倒角	C	14	锥度	◁

3. 常见的尺寸标注样式

1)线性尺寸标注

线性尺寸按图 2-8(a)所示方向标注,且不要标注在图中 30° 范围内;当尺寸线在 30° 范围内时,可按图 2-8(b)所示方式标注。

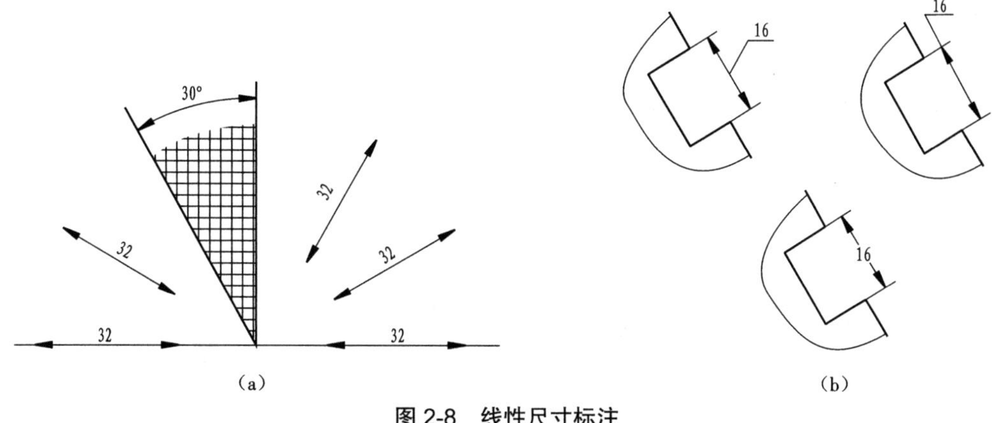

图 2-8　线性尺寸标注

(a)30° 范围外　(b)30° 范围内

2)角度尺寸标注

(1)角度尺寸界线沿径向引出。

(2)角度尺寸线画成圆弧,圆心是该角的顶点。

(3)角度尺寸数字一律写成水平方向,角度尺寸必须注明单位,如图 2-9 所示。

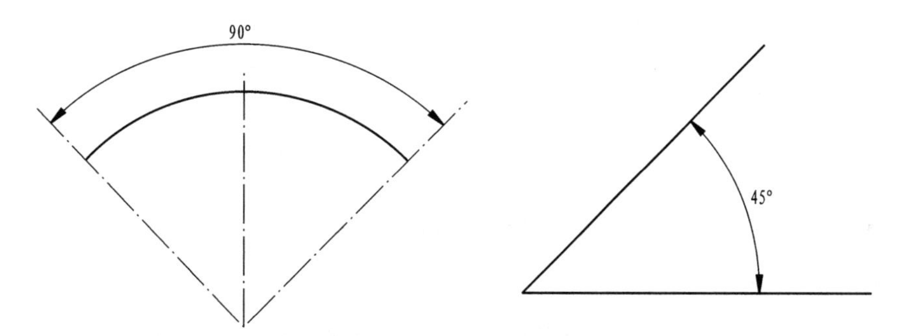

图 2-9　角度尺寸标注

3)直径标注

(1)直径尺寸应在尺寸数字前加注符号 ϕ。

(2)直径尺寸线应通过圆心,其终端画成箭头。

(3)整圆或大于半圆应注直径。

(4)标注球面直径时,应在符号 ϕ 前加注符号 S,且直径尺寸可以标注在非圆视图上,如图 2-10 所示。

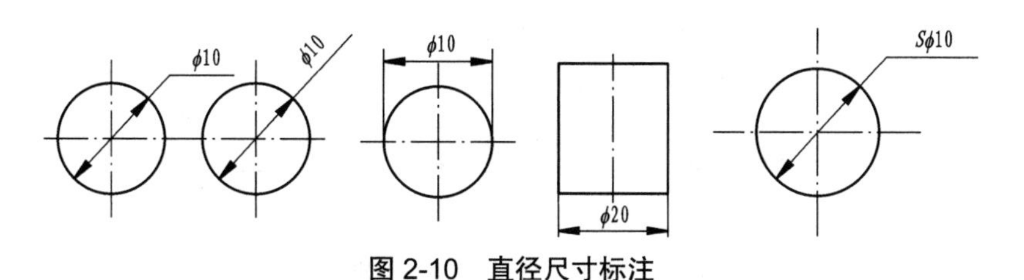

图 2-10　直径尺寸标注

4)圆弧半径标注

(1)半径尺寸应在尺寸数字前加注符号 *R*。

(2)半径尺寸必须注在投影为圆弧的视图上。

(3)小于或等于半圆的圆弧应注半径。

(4)标注球面半径时,应在符号 *R* 前加注符号 *S*,如图 2-11 所示。

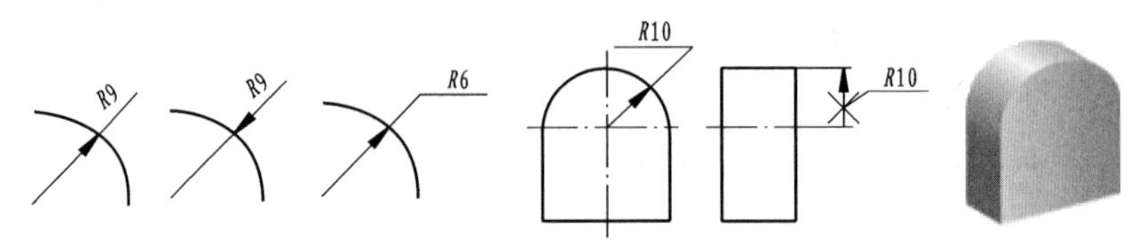

图 2-11 圆弧半径标注

5)大圆弧半径标注

在图纸范围内无法标出圆心位置时,可以按图 2-12 所示进行标注。

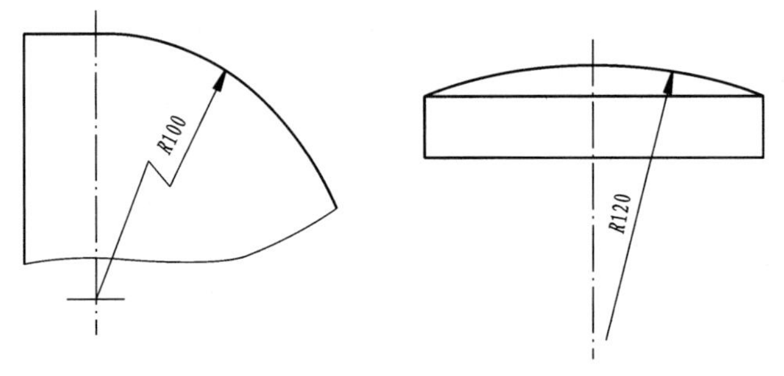

图 2-12 大圆弧半径标注

6)狭小位置、小直径、小半径标注

当没有足够位置画箭头或注写数字时,可按图 2-13 所示的形式注写。

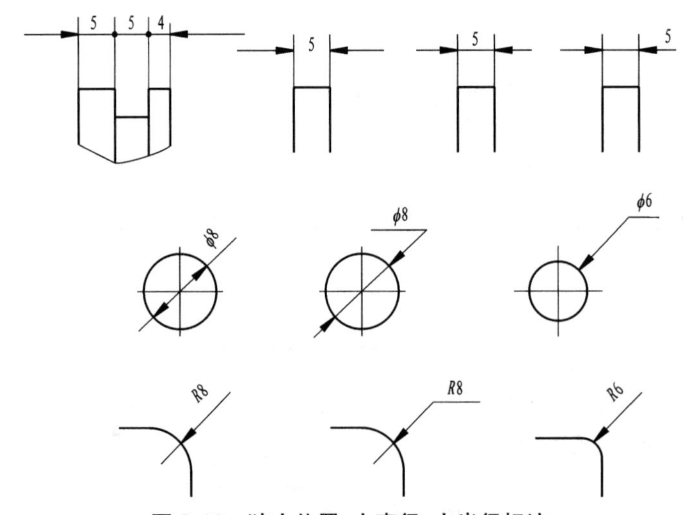

图 2-13 狭小位置、小直径、小半径标注

7)板类零件标注

标注板类零件的厚度时,可在尺寸数字前加注符号 t,而不必另画视图表示厚度,如图 2-14 所示。

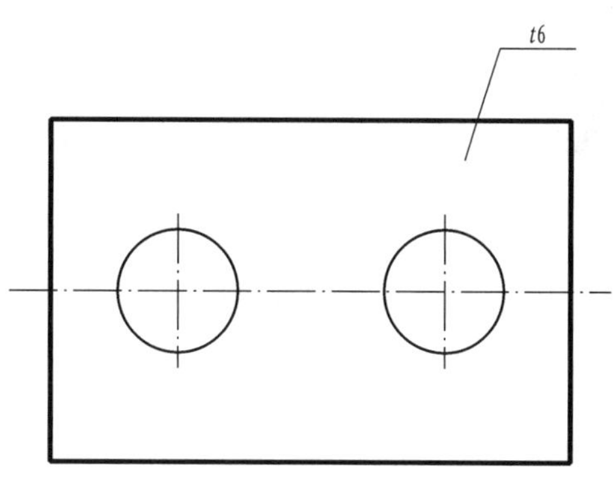

图 2-14　板类零件标注

8)沿圆周均匀分布的孔标注

当图中孔的定位与分布已明确时,可省略角度标注和 EQS,如图 2-15 所示。

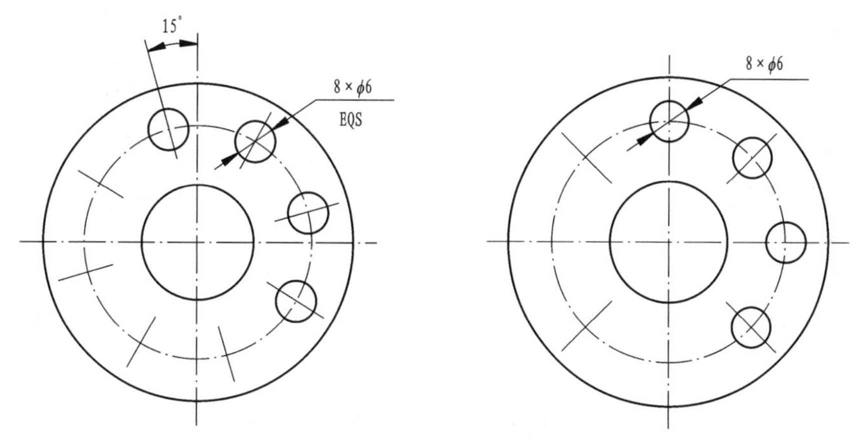

图 2-15　沿圆周均匀分布的孔标注

2.2　平面图形的画法

扫一扫:绘图工具的使用方法

2.2.1　几何作图

1. 常用的绘图工具

正确地使用和维护绘图工具是保证绘图质量和加快绘图速度的一个重要方面,因此必须养成正确使用、维护绘图工具和用品的良好习惯。

1)图板

图板是供铺放、固定图纸用的矩形木板,如图 2-16 所示。板面要求平整光滑,左侧为导边,必须平直。使用时,应注意保持图板整洁完好。

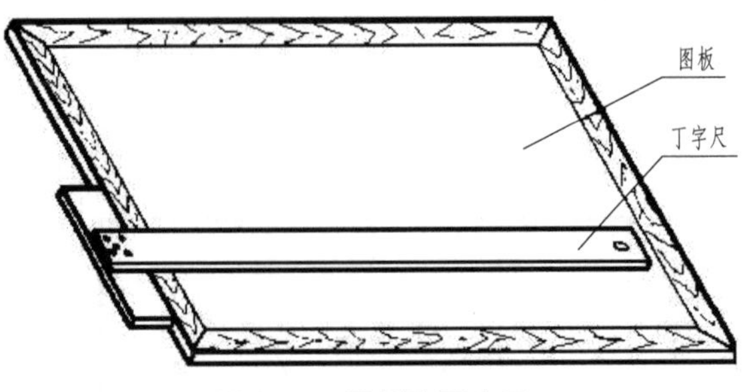

图 2-16 图板和丁字尺

2)丁字尺

丁字尺由尺头和尺身构成,主要用来画水平线。使用时,尺头内侧必须靠紧图板的导边,用左手推动丁字尺上下移动,移动到所需位置后,改变手势,压住尺身,用右手由左至右画水平线或由下至上画垂线,如图 2-17 和图 2-18 所示。

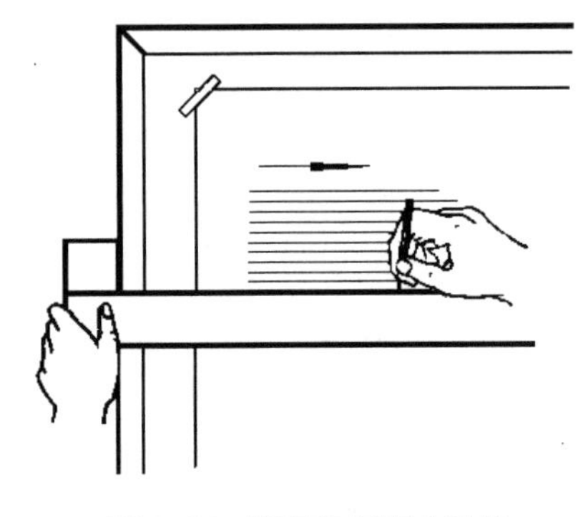

图 2-17 用丁字尺画水平线

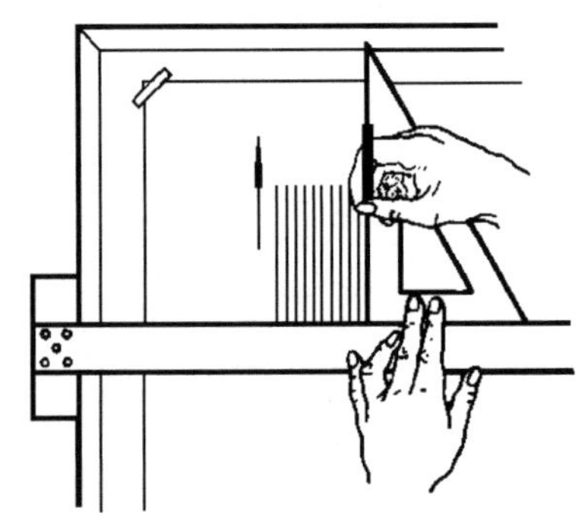

图 2-18 用丁字尺画垂直线

3)三角板

三角板由 45° 和 30°(60°)两块合成为一副。将三角板和丁字尺配合使用,可画出垂直线、倾斜线和一些常用的特殊角度,如 15°、75°、105° 等,如图 2-19 所示。

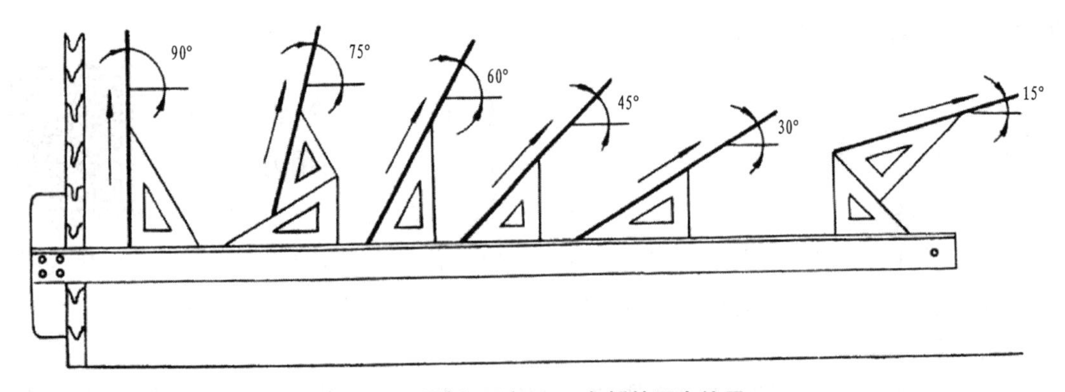

图 2-19 图板、丁字尺、三角板的配合使用

4)圆规

圆规主要用来画圆或圆弧,圆规的附件有钢针插脚、铅芯插脚、延伸插脚杆、鸭嘴插脚等。圆规的使用方法如图 2-20 和图 2-21 所示。

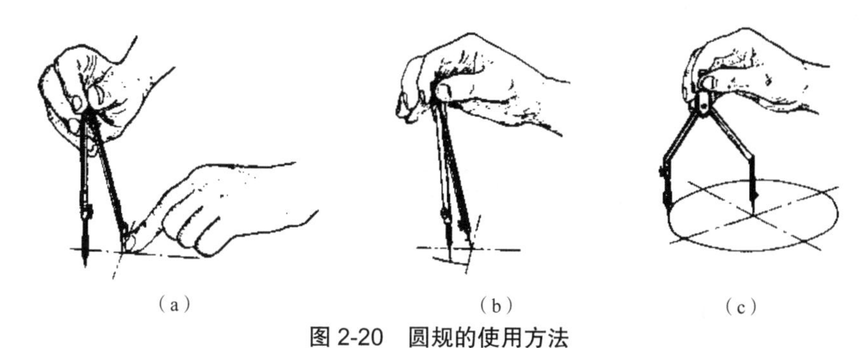

(a)　(b)　(c)

图 2-20　圆规的使用方法

(a)针尖扎入圆心纸面　(b)圆规向画线方面倾斜　(c)画大圆时圆规两脚垂直于纸面

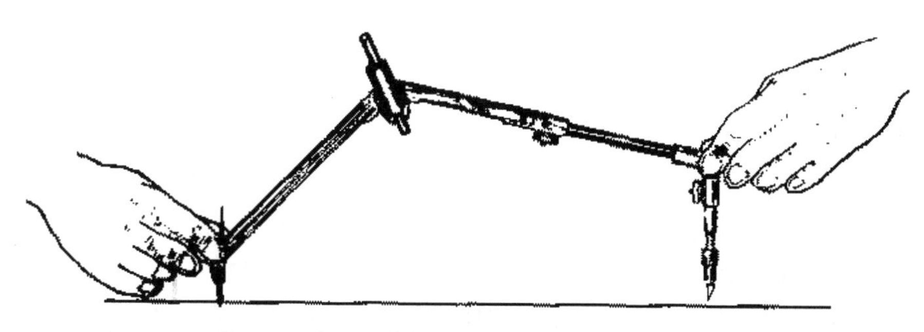

图 2-21　加入延伸插脚杆用双手画较大半径的圆

5)分规

分规是用来截取尺寸、等分线段和圆周的工具。分规的两个针尖并拢时应对齐,如图 2-22 所示;调整分规两针尖间距离的方法,如图 2-23 所示;用分规截取尺寸的方法,如图 2-24 所示。

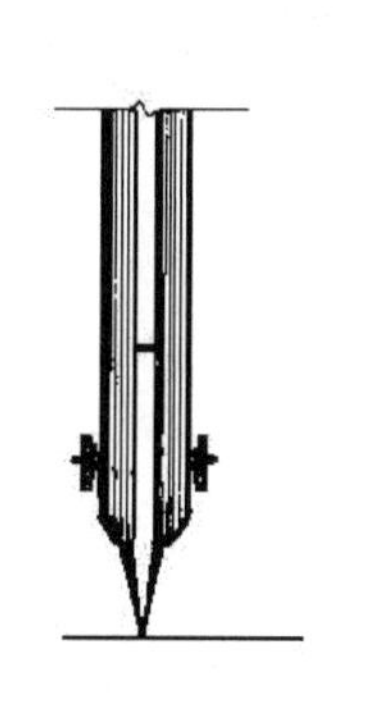

图 2-22　分规两针尖对齐

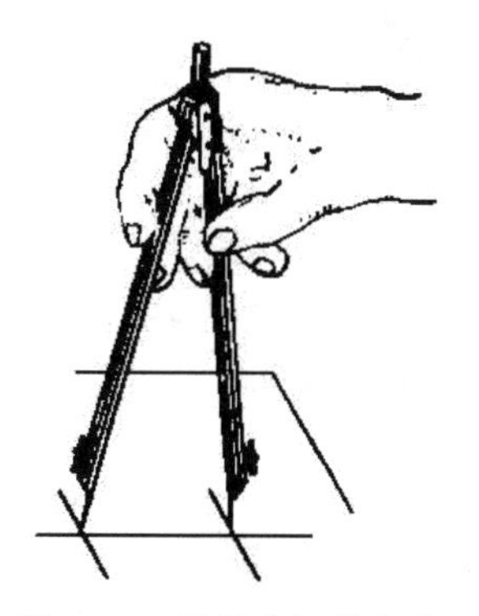

图 2-23　调整分规的方法

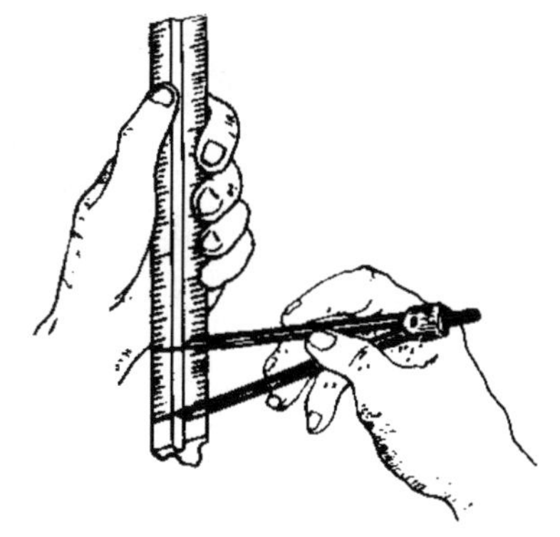

图 2-24　用分规截取尺寸的方法

6)曲线板

曲线板用于绘制不规则的非圆曲线。使用曲线板作图时,应先徒手将曲线上各点轻轻地依次连成光滑的曲线,然后在曲线板上找出足够的点,如图 2-25 所示至少可使曲线板通过 1、2、3 点,在画出 1、2、3 点后,再移动曲线板,使其重新与 3、4、5 点相吻合,并画出 3 至 4 乃至 5 点间的曲线,以此类推,完成整个非圆曲线的作图。

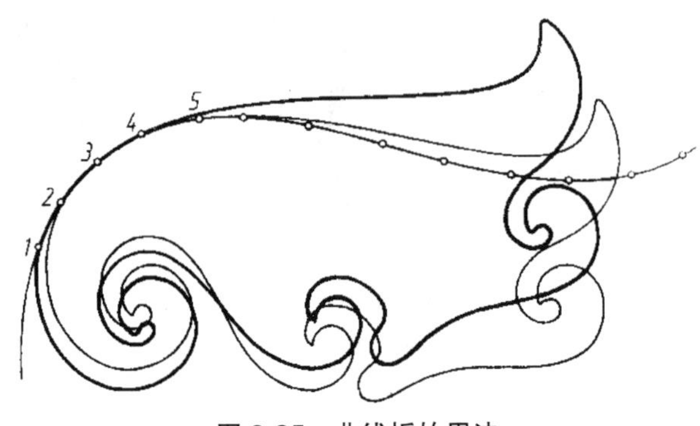

图 2-25 曲线板的用法

描画对称曲线时,最好先在曲线板上标上记号,然后翻转曲线板,便能方便地按记号的位置描画对称曲线的另一半。

7)铅笔

铅笔分硬、中、软三种,标号有 6H、5H、4H、3H、2H、H、HB、B、2B、3B、4B、5B 和 6B 等 13 种。其中,6H 为最硬,HB 为中等硬度,6B 为最软。加深粗实线时,使用 2B 铅笔,并将笔尖磨成矩形;绘制图形底稿时,建议采用 2H 或 3H 铅笔,并将笔尖削成尖锐的圆锥形,如图 2-26 所示。

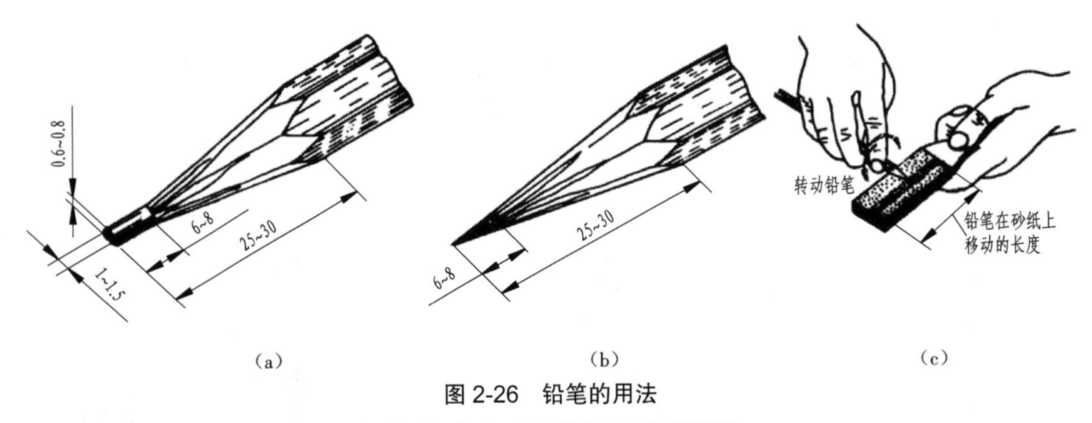

图 2-26 铅笔的用法

(a)磨成矩形 (b)磨成锥形 (c)铅笔的磨法

2. 尺规几何作图

用几何作图的方法来表现物体轮廓形状的各种平面几何图形是制图的基本技能。为了能够迅速、准确地画出各种简单或复杂的平面图形,需要将几何知识和必要的作图技巧相结合,并熟练掌握各种几何图形的作图原理和方法。

1)过已知点作已知直线的平行线

先将三角板的斜边与已知直线对齐,并将丁字尺(或直尺)紧靠三角板的直角边,按住丁字尺(或直尺),顺着丁字尺(或直尺)方向平移三角板,使三角板的斜边通过已知点画线即得,如图 2-27(a)所示。

2)过已知点作已知直线的垂直线

先将三角板的斜边与已知直线对齐,并将丁字尺(或直尺)紧靠三角板的直角边,按住丁字尺(或直尺),将三角板的另一直角边靠住丁字尺(或直尺)(也可翻转三角板)并通过已知点画线即得,如图 2-27(b)所示。

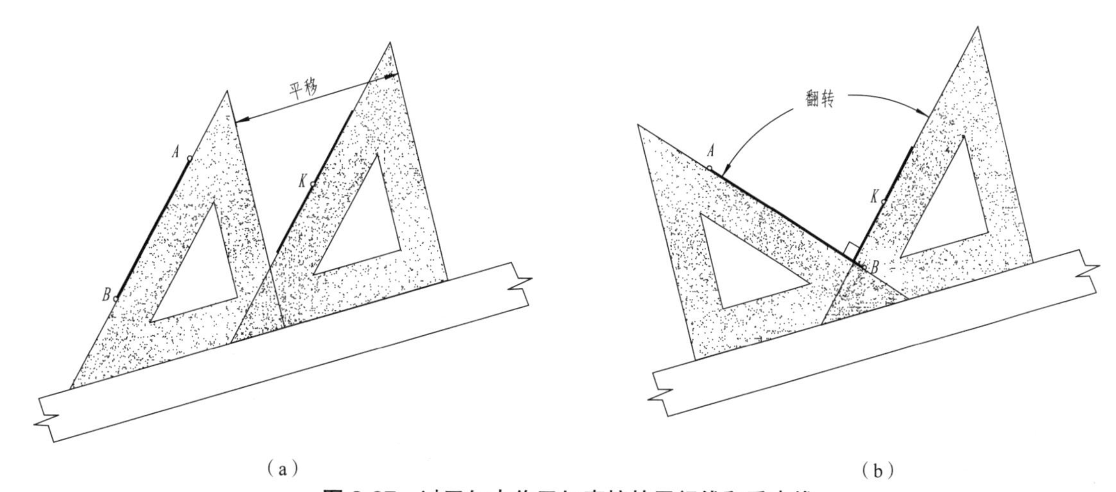

图 2-27　过已知点作已知直接的平行线和垂直线

(a)过已知点作已知直接的平行线　(b)过已知点作已知直接的垂直线

3)圆弧连接

Ⅰ. 用半径为 R 的圆弧连接两已知直线

扫一扫:圆弧连接动画

(1)作两条辅助线分别与两已知直线平行且相距 R,交点 O 即为连接圆弧的圆心。

(2)由点 O 分别向两已知直线作垂线,垂足即切点。

(3)以点 O 为圆心,R 为半径画连接圆弧,如图 2-28 所示。

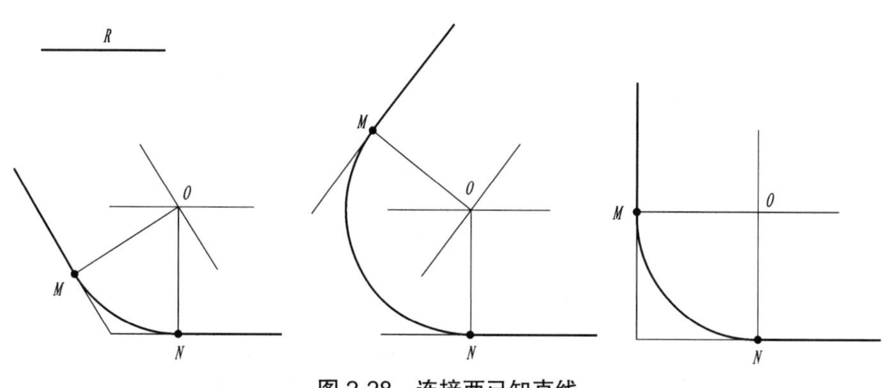

图 2-28　连接两已知直线

Ⅱ. 用半径为 R 的圆弧连接两已知圆弧（内连接）

（1）以 O_1 为圆心，$R-R_1$ 为半径画圆弧。

（2）以 O_2 为圆心，$R-R_2$ 为半径画圆弧。

（3）分别连接 O_1 和 O、O_2 和 O，并延长求得两个切点。

（4）以 O 为圆心，R 为半径画连接圆弧，如图 2-29 所示。

Ⅲ. 用半径为 R 的圆弧连接两已知圆弧（外连接）

（1）以 O_1 为圆心，R_1+R 为半径画圆弧。

（2）以 O_2 为圆心，R_2+R 为半径画圆弧。

（3）分别连接 O_1 和 O、O_2 和 O，求得两个切点。

（4）以 O 为圆心，R 为半径画连接圆弧，如图 2-30 所示。

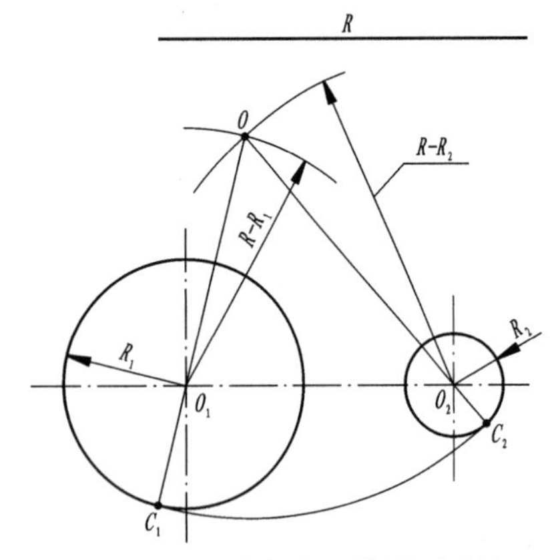

图 2-29 用半径为 R 的圆弧连接两已知圆弧（内连接）

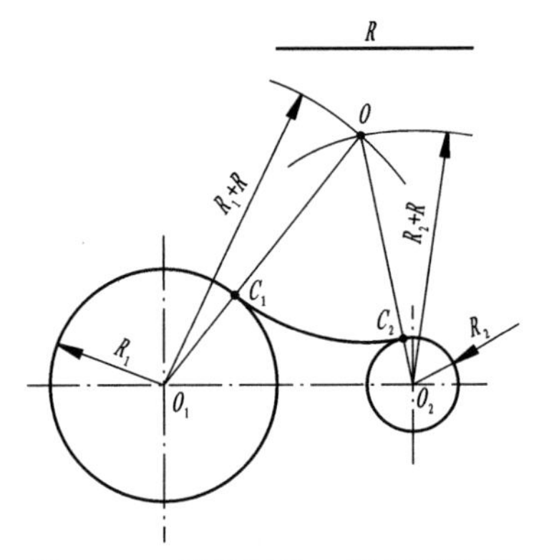

图 2-30 用半径为 R 的圆弧连接两已知圆弧（外连接）

Ⅳ. 用半径为 R 的圆弧外连接已知圆弧和直线

（1）以 O_1 为圆心，R_1+R 为半径作圆弧。

（2）作与已知直线平行且相距 R 的直线。

（3）连接 O_1 和 O，求得与已知圆弧的切点。

（4）由 O 向已知直线作垂线，求得与已知直线的切点。

（5）以 O 为圆心，R 为半径画连接圆弧，如图 2-31 所示。

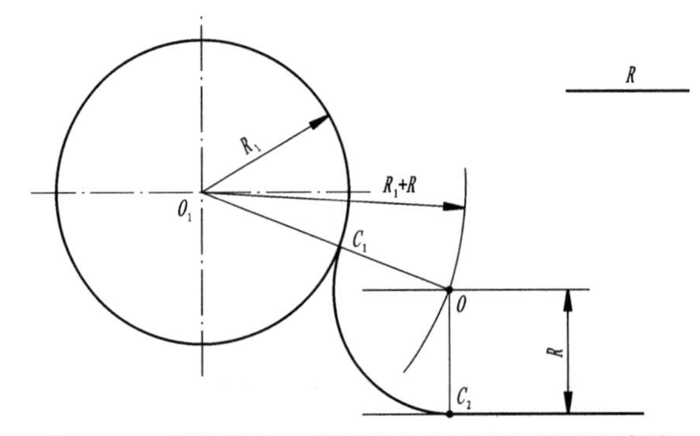

图 2-31 用半径为 R 的圆弧外连接已知圆弧和直线

4）椭圆的画法

已知相互垂直且平分的长轴 AB 和短轴 CD，其椭圆的近似画法如图 2-32 所示。

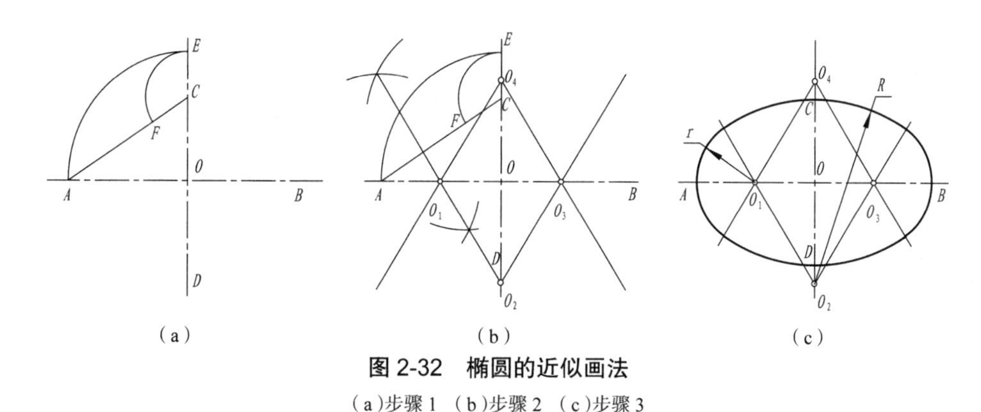

图 2-32　椭圆的近似画法

（a）步骤 1 （b）步骤 2 （c）步骤 3

作图步骤：

（1）画出长轴 AB 和短轴 CD，连接 A、C，并在 AC 上截取 CF，使其等于 AO 与 CO 之差 CE，如图 2-32（a）所示；

（2）作 AF 的垂直平分线，使其分别交 AO 和 OD（或其延长线）于 O_1 和 O_2 点，以 O 为对称中心，找出 O_1 的对称点 O_3 及 O_2 的对称点 O_4，O_1、O_2、O_3、O_4 各点即为所求的四圆心，连接 O_1 和 O_2、O_2 和 O_3、O_4 和 O_1、O_4 和 O_3，如图 2-32（b）所示；

（3）分别以 O_2（或 O_4）为圆心，O_2C（或 O_4D）为半径画两弧，再分别以 O_1（或 O_3）为圆心，O_1A（或 O_3B）为半径画两弧，使所画四弧的接点分别位于 O_2O_1、O_2O_3、O_4O_1 和 O_4O_3 的延长线上，即得所求的椭圆，如图 2-32（c）所示。

5）等分作图

Ⅰ. 等分线段（分割一线段为 n 等份）

作图步骤：

（1）过已知线段的一端点任作一条射线，由此端点起在射线上依次截取 n 等份；

（2）将射线上 n 等份的末端与已知线段的另一端点连线，并过射线上各等分点作此连线的平行线与已知直线相交，交点即为所求，如图 2-33 所示。

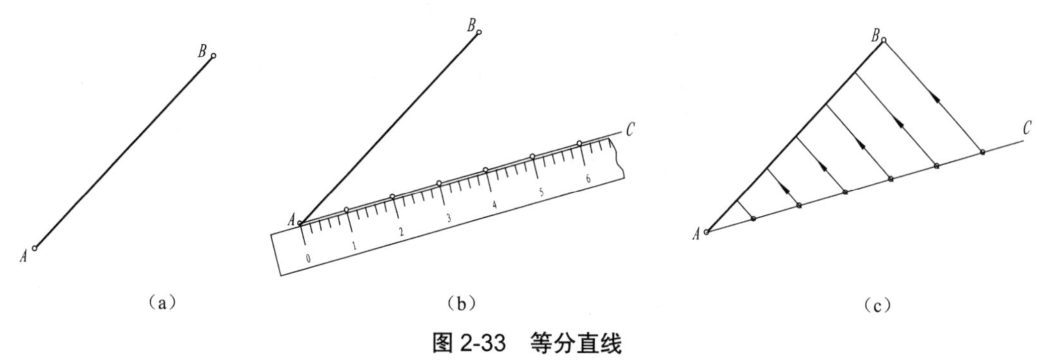

图 2-33　等分直线

（a）步骤 1 （b）步骤 2 （c）步骤 3

Ⅱ. 等分两平行线间的距离

作图步骤：

（1）将刻度尺的 0 点置于一直线上，摆动尺身，使刻度 n（或 n 的倍数）点落在另一直线上，并标记这 n 个等分点；

（2）过各等分点作已知直线的平行线即为所求，如图 2-34 所示。

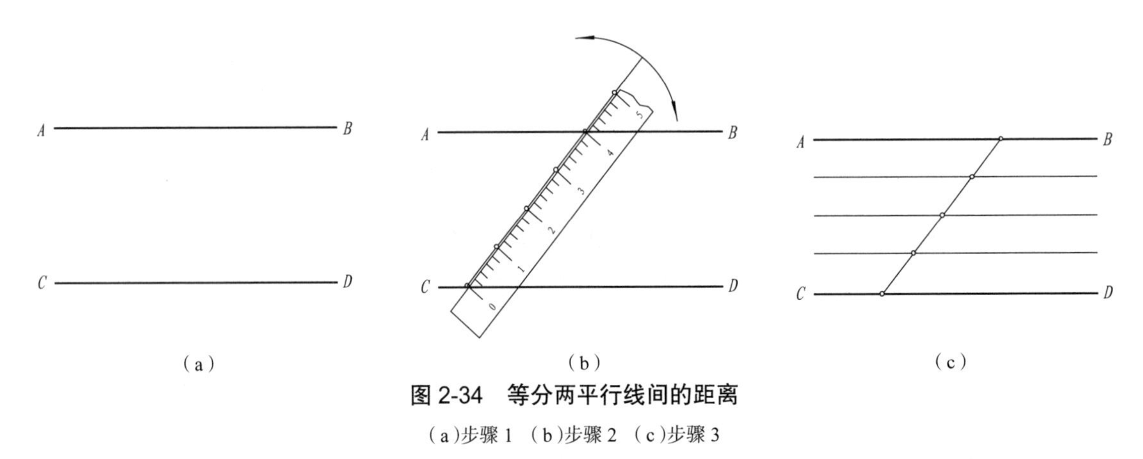

图 2-34　等分两平行线间的距离

（a）步骤 1　（b）步骤 2　（c）步骤 3

Ⅲ. 等分圆周和作正多边形

（1）圆周的四、八等分：用 45° 三角板和丁字尺配合作图，可直接对圆周进行四、八等分，将各等分点依次连线，即可分别作出圆的内接四边形或八边形，如图 2-35 所示。

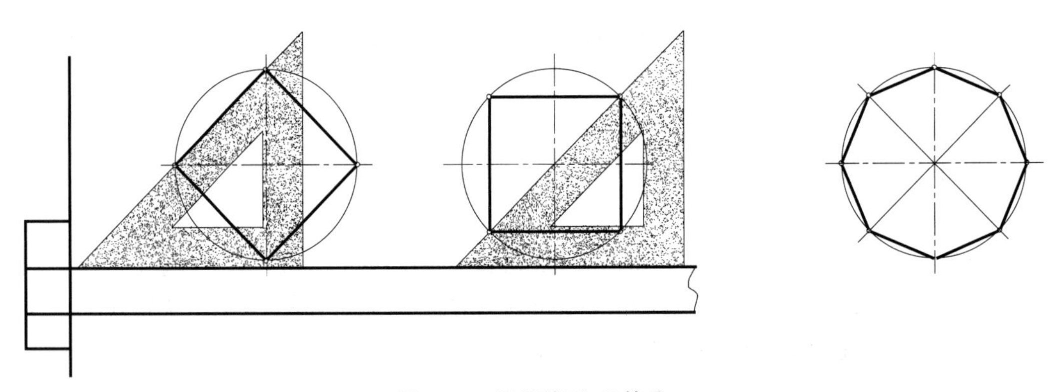

图 2-35　圆周的四、八等分

（2）圆周的三、六、十二等分：可以用圆规或 30°（60°）三角板和丁字尺配合作图，如图 2-36 所示。在图 2-37 中，将各等分点依次连接，即可分别作出圆的内接正三角形、正六边形和正十二边形。如需改变正三角形和正六边形的方位，可通过调整圆心的位置或三角板的放置方法来实现。

（3）圆周的五等分，作图步骤：

①作半径 OB 的等分点 M，以 M 为圆心，MC 为半径画圆弧交水平直线于 N；

②以 NC 为半径，截取圆周为五等分，如图 2-38 所示。

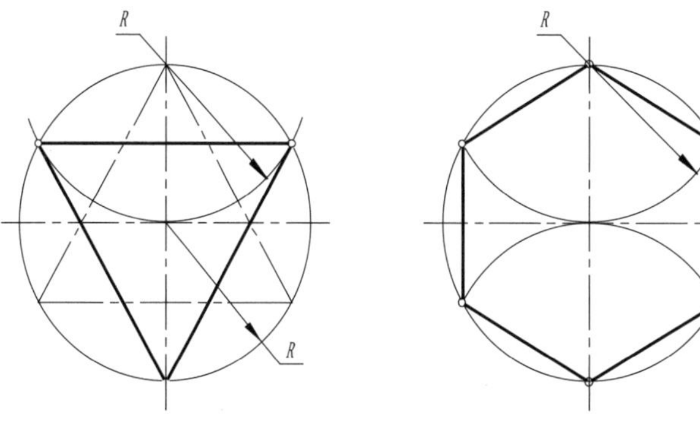

图 2-36　用圆规三、六、十二等分圆周

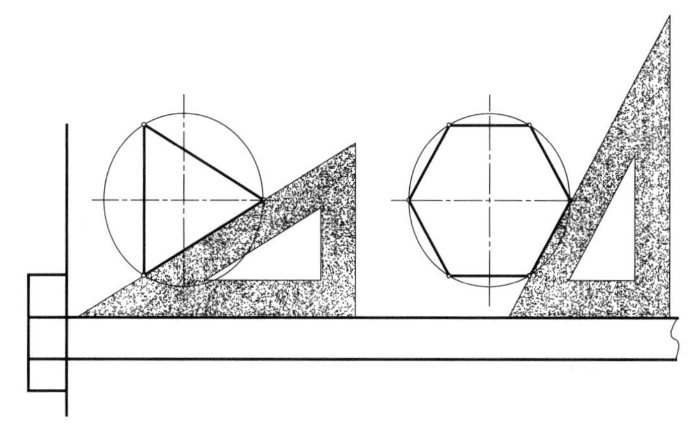
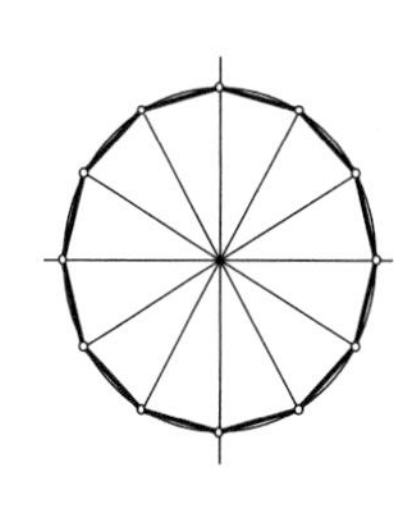

图 2-37　用三角板三、六、十二等分圆周

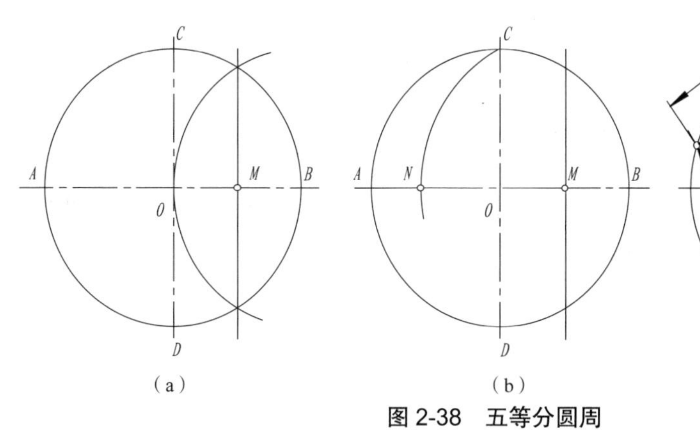

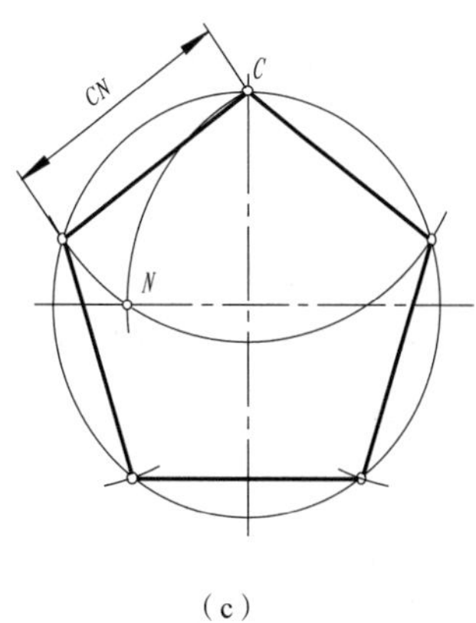

（a）　（b）　（c）

图 2-38　五等分圆周

（a）步骤 1　（b）步骤 2　（c）步骤 3

2.2.2　平面图形的分析

平面图形是由若干段直线段和曲线封闭连接组合而成的，而线段的形状与大小是根据给定的尺寸确定的。画平面图形前，首先要对平面图形进行尺寸分析和线段性质分析，然后才能

正确画出平面图形并进行平面图形的尺寸标注。现以图 2-39 所示的平面图形为例,说明尺寸与线段的关系。

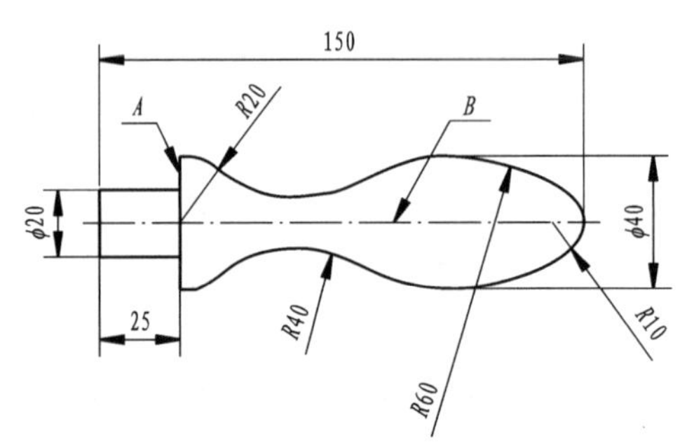

图 2-39 平面图形的绘制

1. 平面图形的尺寸分析

1)尺寸基准

尺寸基准是标注尺寸的起点。平面图形的长度方向和高度方向都要确定一个尺寸基准。尺寸基准常常选用图形的对称线、底边、侧边、图中圆周或圆弧的中心线等。在图 2-39 所示的平面图形中,水平中心线 *B* 是高度方向的尺寸基准,端面 *A* 是长度方向的尺寸基准。

2)定形尺寸和定位尺寸

定形尺寸是确定平面图形各组成部分大小的尺寸,如图 2-39 中的 *R*60、*R*40、*R*20、*R*10、*φ*20 等;定位尺寸是确定平面图形各组成部分相对位置的尺寸,如图 2-39 中的 *φ*40、长度 25 等,该图中有的定位尺寸需经计算后才能确定,如半径为 10 的圆弧,其圆心在水平中心线 *B* 上,且到端面 *A* 的距离为 150−(25+10)=115。从尺寸基准出发,通过各定位尺寸,可确定图形中各组成部分的相对位置;通过各定形尺寸,可确定图形中各组成部分的大小。

3)尺寸标注的基本要求

平面图形的尺寸标注要做到正确、完整、清晰。尺寸标注应符合国标的规定;标注的尺寸应完整、清晰、明显,并标注在便于看图的地方。

2. 平面图形的线段分析

在绘制有连接作图的平面图形时,需要根据尺寸的条件进行线段分析。平面图形的圆弧连接处的线段,根据尺寸是否完整可分为以下三类。

1)已知线段

根据给出的尺寸可以直接画出的线段称为已知线段,即这个线段的定形尺寸和定位尺寸都完整。如图 2-39 中圆心位置由尺寸 25、150−(25+10)=115 确定的半径为 20、10 的两个圆弧是已知线段(也称为已知弧)。

2)中间线段

有定形尺寸,缺少一个定位尺寸,需要依靠两端相切或相接的条件才能画出的线段称为中间线段。如图 2-39 中 *R*60 的圆弧是中间线段(也称为中间弧)。

3)连接线段

如图 2-39 中 *R*40 的圆弧圆心,其两个方向的定位尺寸均未给出,而需要用与两侧相邻线段的连接条件来确定其位置，这种只有定形尺寸而没有定位尺寸的线段称为连接线段（也称为连接弧）。

2.2.3 绘图的方法和步骤

1. 用绘图工具和仪器绘制图样

为了保证绘图的质量，提高绘图的速度，除正确使用绘图仪器、工具，熟练掌握几何作图方法和严格遵守国家制图标准外，还应注意下述的绘图步骤和方法。

1）准备工作

（1）收集、阅读有关的文件资料，对所绘图样的内容及要求进行了解，在学习过程中，对作业的内容、目的、要求，要了解清楚，在绘图之前做到心中有数。

（2）准备好必要的制图仪器、工具和用品。

（3）将图纸用胶带纸固定在图板上，位置要适当。一般将图纸粘贴在图板的左下方，图纸左边至图板边缘 3~5 cm，图纸下边至图板边缘的距离略大于丁字尺的宽度。

2）画底稿

（1）按制图标准的要求，先把图框线及标题栏的位置画好。

（2）根据图样的数量、大小及复杂程度选择比例，安排图样位置，定好图形的中心线。

（3）画图形的主要轮廓线，再由大到小、由整体到局部，直至画出所有轮廓线。

（4）画尺寸界线、尺寸线以及其他符号等。

（5）最后进行仔细的检查，擦去多余的底稿线。

3）用铅笔加深

（1）当直线与曲线相连时，先画曲线后画直线。加深后的同类图线，其粗细和深浅要保持一致。加深同类线型时，要按照水平线从上到下，垂直线从左到右的顺序一次完成。

（2）各类线型的加深顺序是中心线、粗实线、虚线、细实线。

（3）加深图框线、标题栏及表格，并填写相关内容及说明。

4）描图

为了满足生产上的需要，常常要用墨线把图样描绘在硫酸纸上作为底图，再用来复制成蓝图。描图的步骤与铅笔加深基本相同。但描墨线图，线条画完后要等一定的时间，墨才会干透。因此，要注意画图步骤，否则容易弄脏图面。

5）注意事项

（1）画底稿的铅笔用 2H 或 3H，线条要轻而细。

（2）加深粗实线的铅笔用 2B，加深细实线的铅笔用 H 或 2H，写字的铅笔用 H 或 HB，加深圆弧时所用的铅芯应比加深同类型直线所用的铅芯软一号。

（3）加深或描绘粗实线时，要以底稿线为中心线，以保证图形的准确性。

（4）修图时，如果是用绘图墨水绘制的，应等墨线干透后，用刀片刮去需要修整的部分。

2. 用铅笔绘制草图

用绘图仪器画出的图，称为仪器图；不用仪器，徒手画出的图，称为草图。草图是技术人员交谈、记录、构思、创作的有力工具。技术人员必须熟练掌握徒手作图的技巧。草图的“草”字只是指徒手作图，并没有允许潦草的含义。草图上的线条也要粗细分明，基本平直，方向正确，长短大致符合比例，线型符合国家标准。画草图的铅笔要软些，例如 B 或 2B，画水平线、垂直线和斜线的方法，如图 2-40 所示。

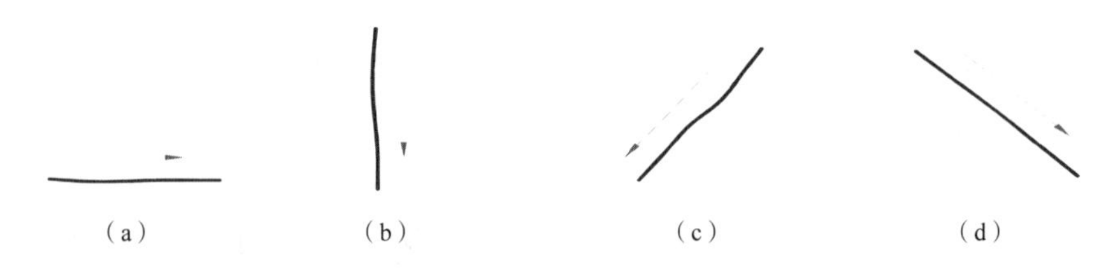

图 2-40　徒手画直线

(a)画水平线　(b)画垂直线　(c)向左画斜线　(d)向右画斜线

画草图要手眼并用，作垂直线、等分线段或圆弧、截取相等的线段等，都是靠眼睛估计决定的。徒手画角度的方法与步骤如图 2-41 所示；徒手画圆的方法与步骤如图 2-42 所示；徒手画椭圆的方法与步骤如图 2-43 所示。

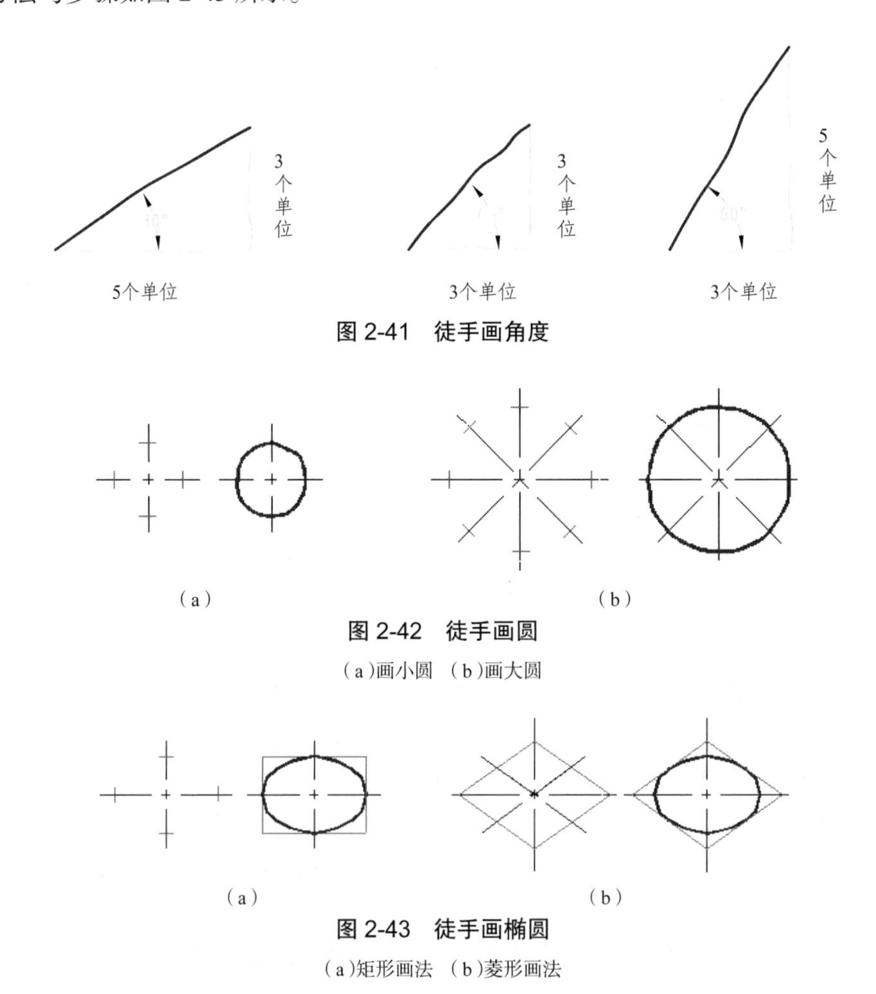

图 2-41　徒手画角度

图 2-42　徒手画圆

(a)画小圆　(b)画大圆

图 2-43　徒手画椭圆

(a)矩形画法　(b)菱形画法

徒手画平面图形时，其步骤与仪器绘图的步骤相同。不要急于画细部，要先考虑大局，即要注意图形的长与高的比例、图形的整体与细部的比例是否正确，要尽量做到直线平直、曲线光滑、尺寸完整。初学画草图时，最好画在方格（坐标）纸上，图形各部分之间的比例可借助方格数的比例来确定，如图 2-44 所示。熟练后可逐步脱离方格纸，而在空白的图纸上画出工整的草图。

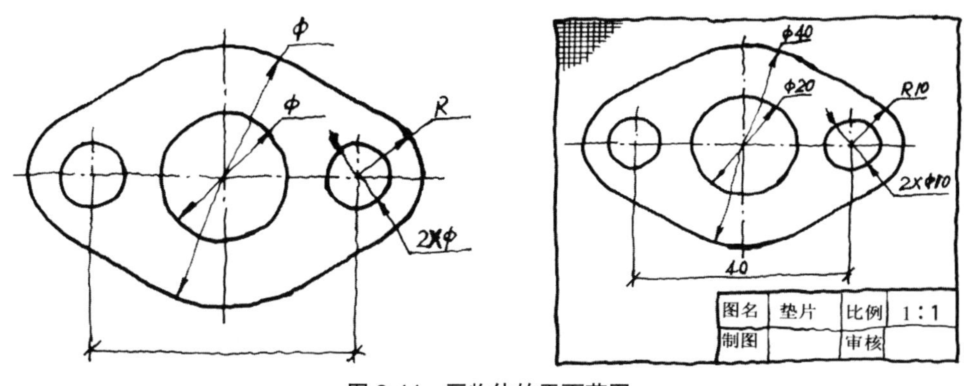

图 2-44　画物体的平面草图

2.3　平面图例

扫一扫：绘制简单平面图形

2.3.1　手柄的绘制

首先，对手柄平面图形（图 2-45）进行尺寸分析和线段分析，找出尺寸基准和圆弧连接的线段，拟订作图顺序。其次，选定比例，画底稿，即先画平面图形的对称线、中心线或基线，再顺次画出已知线段、中间线段、连接线段，并画尺寸线和尺寸界线，校核修正底稿，清理图面。最后，按规定加深图线，标注尺寸数字，并再次校核修正。具体作图步骤：

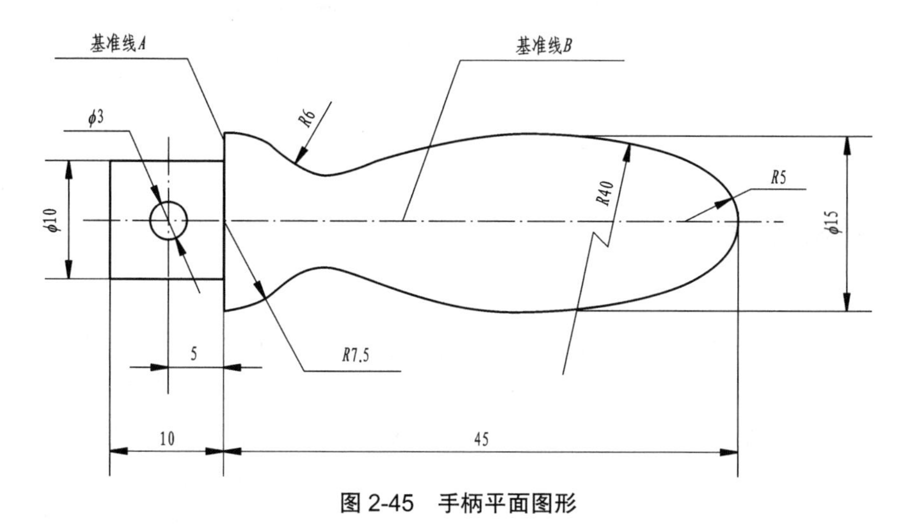

图 2-45　手柄平面图形

(1)画出基准线,并根据定位尺寸画出定位线,如图 2-46(a)所示;

(2)画出已知线段,如图 2-46(b)所示;

(3)画出中间线段,如图 2-46(c)所示;

(4)画出连接线段,如图 2-46(d)所示;

(5)加深图线,标注尺寸,如图 2-46(e)所示。

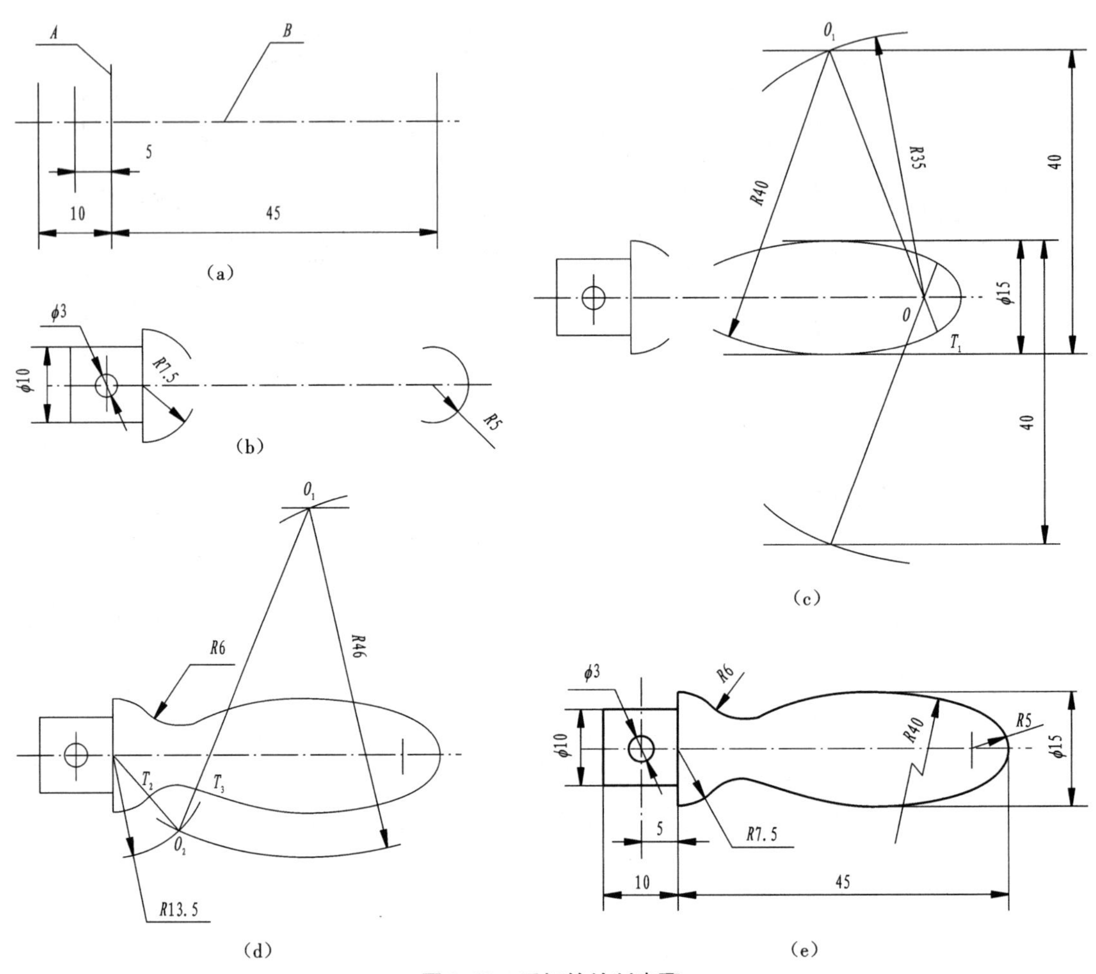

图 2-46 手柄的绘制步骤

2.3.2 吊钩的绘制

1. 准备工作

(1)尺寸基准:分析尺寸时,首先要查找尺寸基准。通常以图形的对称轴线、较大圆的中心线、图形轮廓线作为尺寸基准。一个平面图形具有两个坐标方向的尺寸,每个方向至少要有一个尺寸基准。尺寸基准常常也是画图的基准。画图时,要从尺寸基准开始画。

(2)定形尺寸:决定平面图形形状的尺寸,如图 2-47 中的 20、$\phi27$、$R32$ 等。

(3)定位尺寸:决定平面图形中各组成部分与尺寸基准之间相对位置的尺寸,如图 2-47 中的尺寸 6、10、60。

（4）线段分析：直线的作图比较简单，只分析圆弧的性质。画圆和圆弧，需知道半径和圆心位置尺寸，根据图 2-47 中所给定的尺寸，圆弧分为以下三类。

①已知圆弧：半径和圆心位置的两个定位尺寸均为已知的圆弧，根据图中所注尺寸能直接画出，如图 2-47 中的 ϕ27、*R*32。

②中间圆弧：半径和圆心的一个定位尺寸已知的圆弧。它需要在与其一端相连接的线段画出后，才能确定其圆心位置，如图 2-47 中的 *R*15、*R*27。

③连接圆弧：只已知半径尺寸，而无圆心的两个定位尺寸的圆弧。它需要在与其两端相连接的线段画出后，通过作图才能确定其圆心位置，如图 2-47 中的 *R*3、*R*28、*R*40。

尺寸分析完成后，如图 2-48 所示。

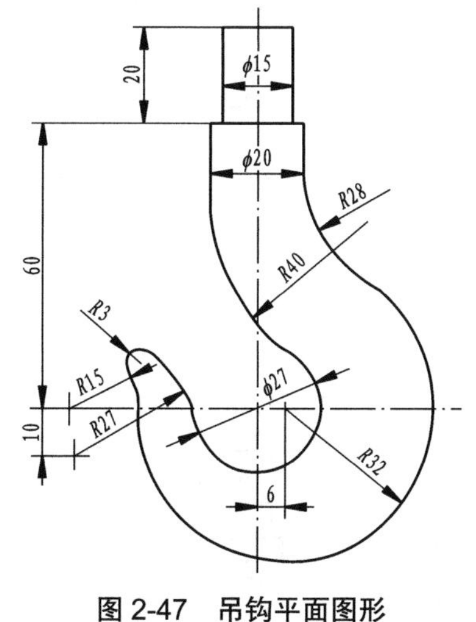

图 2-47　吊钩平面图形

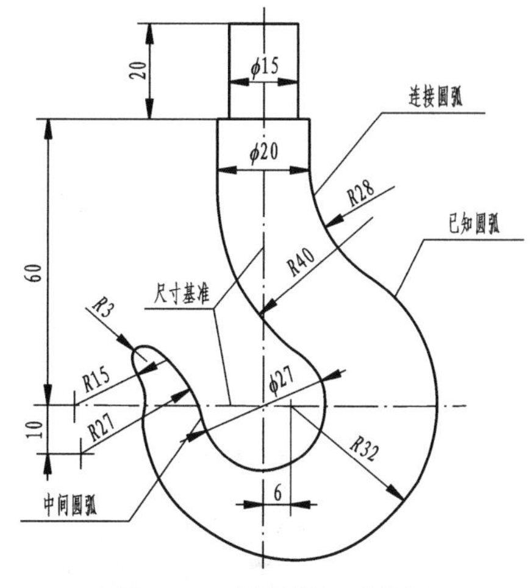

图 2-48　吊钩的尺寸分析

2. 绘制底稿的注意事项

（1）画底稿用 3H 铅笔，铅芯要保持尖锐。

（2）底稿上各种线型均暂不分粗细，且要画得很轻很细。

（3）作图力求准确。

3. 铅笔描深描粗底稿

（1）先粗后细：一般应先描深全部粗实线，再描深全部细虚线、细点画线及细实线等。这样可以提高绘图效率，还可以保证同一线型在全图中粗细一致，不同线型之间的粗细也符合比例关系。

（2）先曲后直：在描深同一种线型（特别是粗实线）时，应先描深圆弧和圆，然后描深直线，以保证连接圆滑。

（3）先水平、后竖斜：先用丁字尺自上而下画出全部相同线型的水平线，再用三角板自左向右画出全部相同线型的垂直线，最后画出倾斜的直线。

（4）画箭头，填写尺寸数字、标题栏等，可将图纸从图板上取下来进行此步骤。

4. 绘制吊钩的方法与步骤

(1)画出基准线,如图 2-49(a)所示。

(2)画已知线段,如图 2-49(b)所示。

(3)画中间线段,如图 2-49(c)所示。

(4)画连接线段,如图 2-49(d)所示。

(5)修饰全图并标注尺寸,如图 2-49(e)所示。

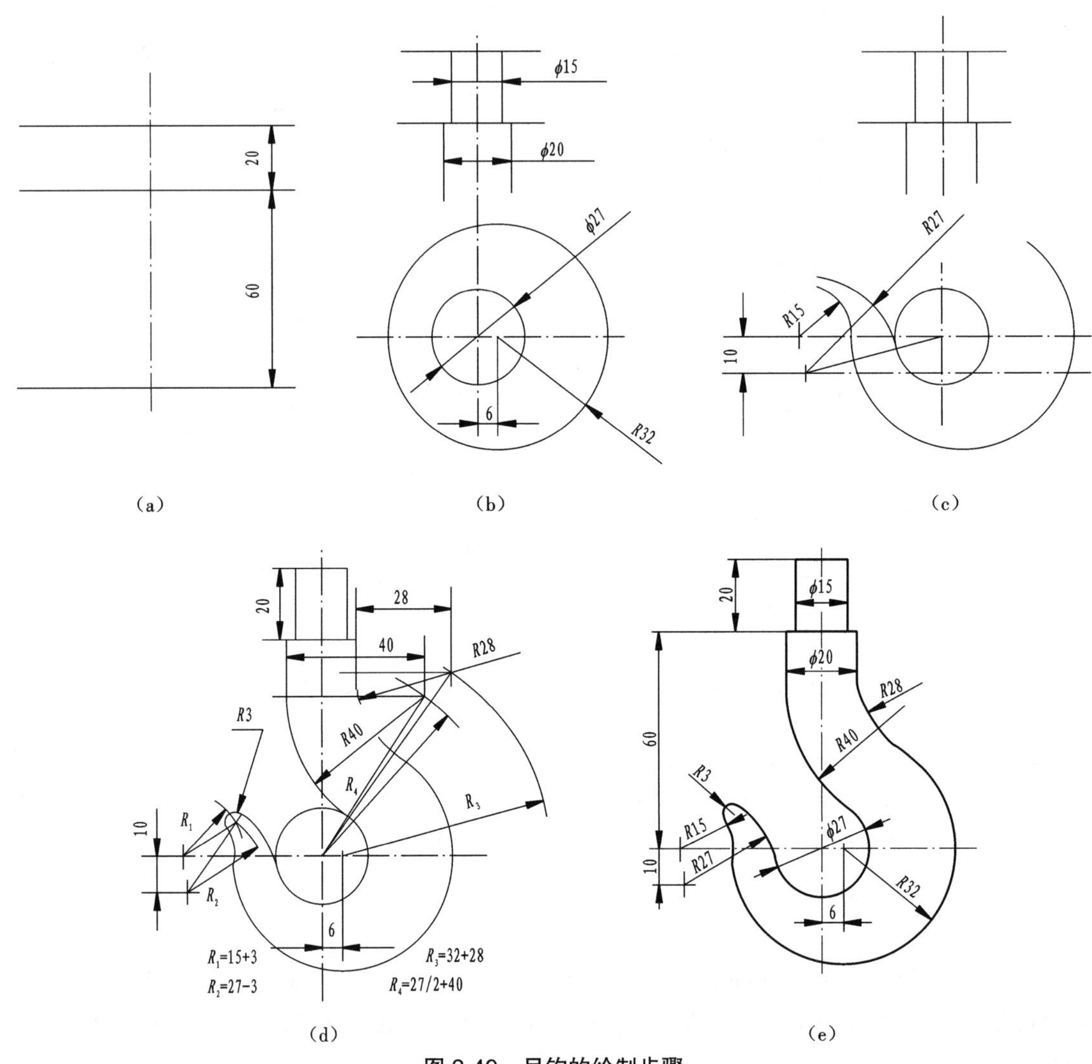

图 2-49 吊钩的绘制步骤

本章小结

本章介绍了制图的基本知识、平面图形的画法,学生通过学习手柄与吊钩的绘制,可了解和掌握国标的相关规定以及绘图仪器及工具的使用,学习线和圆的等分、圆弧连接等几何作图方法，其中绘制圆弧连接的关键是找到连接圆弧的圆心和切点。

通过本章的学习，要求学生掌握国家标准《机械制图》中的相关规定，掌握平面图形的画法，具备平面图形尺寸标注的能力，具备徒手绘图的能力，并养成认真负责的工作态度和一丝不苟的工作作风。

技能与素养

工匠精神是一种职业精神，它是职业道德、职业能力、职业品质的体现，是从业者的一种职业价值取向和行为表现。工匠精神的基本内涵包括敬业、精益、专注、创新等方面的内容。

在本章内容的学习中，学生要秉持“工匠精神”，通过学习国家制图标准的规定，了解法制、诚信的重要性，养成严格遵守各种标准规定的习惯，培养尊重知识产权的诚信精神，增强遵纪守法意识，严格遵守日常的行为准则、职业规范与职业道德；在绘图、标注的过程中注重细节，一丝不苟，做到精益求精，树立诚实守信、严谨负责的职业道德观，具有新时代的设计思想、爱岗敬业的工匠精神、认真负责的工作态度和一丝不苟的工作作风，爱护教具用品，按规定摆放各类工具，及时清理场地。

思考练习题

（1）图纸幅面的代号有几种？其尺寸分别有何规定？各不同幅面代号的图纸边长之间有何规律？

（2）在图样中书写文字，必须做到哪些要求？各个字号的长仿宋字的高与宽之间有何关系？

（3）一个完整的尺寸标注，一般应包括哪几个组成部分？分别有哪些基本规定？

（4）在作圆弧连接时，为何必须准确作出连接圆弧的圆心和切点？在各种不同场合下，如何分别用平面几何的作图方法准确地作出连接圆弧的圆心和切点？

（5）什么是平面图形的尺寸基准、定形尺寸和定位尺寸？通常按哪几个步骤标注平面图形的尺寸？

（6）平面图形的圆弧连接处的线段可分为哪三类？它们是根据什么区分的？在作图时应按什么顺序画这三类线段？

第 3 章　投影体系

3.1　投影法

扫一扫:PPT- 第 3 章

在日常生活中,投影现象是我们随处可见的一个自然现象。当物体被阳光或灯光照射时,在地面或墙壁上便会出现物体轮廓的影子,这就是投影的基本现象。人们通过长期的观察、实践和研究,找出了光线、物体及其影子之间的关系和规律,总结出了现在较为科学的投影理论和方法。

投影法:就是投射线通过物体,向选定的面投影,并在该面上得到图形的方法,如图 3-1 所示。

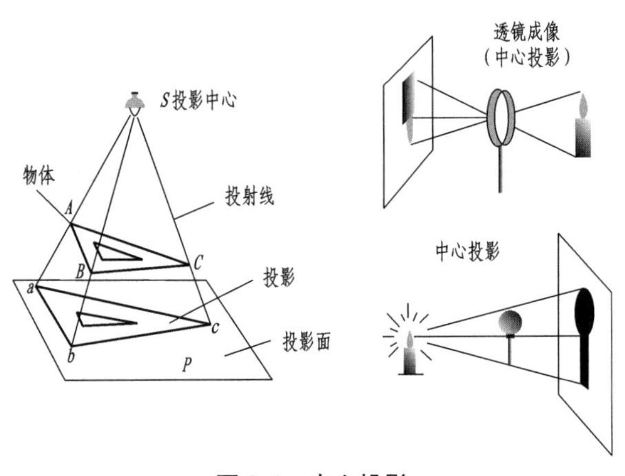

图 3-1　中心投影

投影:根据投影所得到的图形。

投影面:投影法中得到投影的面。

投影法的分类: 中心投影法和平行投影法。

3.1.1　中心投影法

如图 3-1 所示,将空间形体三角板 *ABC* 放置在点光源 *S*(又称投影中心)和投影面 *P* 之间。从点光源发出的经过三角板 *ABC* 上点 *A* 的光线(投射线)与 *P* 平面相交于点 *a*,则点 *a* 便是点 *A* 在 *P* 平面上的投影。用同样的方法,可在 *P* 平面上得出点 *B*、*C* 的投影点 *b*、*c*。依次连接 *a* 和 *b*、*b* 和 *c*、*c* 和 *a*,即可得到三角板 *ABC* 在 *P* 平面上的投影△ *abc*。这种所有的投射线都汇交于一点的投影方法,称为中心投影法。

中心投影法得到的投影具有较强的立体感,但一般不反映形体的真实大小,没有度量性。

因此,中心投影法常用于建筑工程的外形设计,而机械图样中较少使用。

3.1.2　平行投影法

假设将图 3-1 中的投影中心 *S* 移到无穷远处,则所有投射线相互平行。这种投射线相互平行的投影方法,称为平行投影法,如图 3-2 所示。

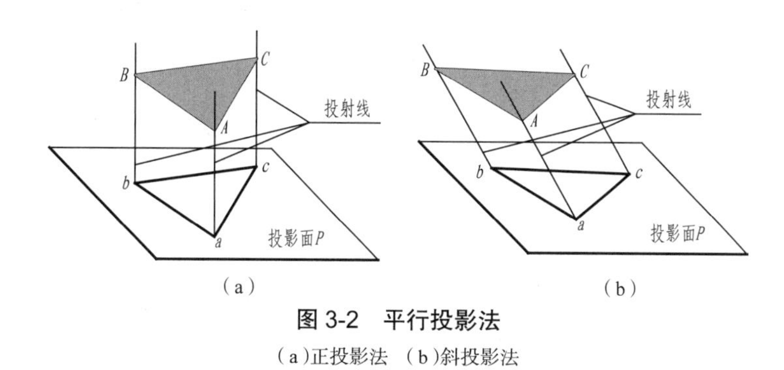

(a)　(b)

图 3-2　平行投影法

(a)正投影法　(b)斜投影法

3.2　正投影图

根据投射线与投影面的关系,平行投影法又分为正投影法和斜投影法。

(1)正投影法:投射线垂直于投影面的平行投影法,所得投影称为正投影,如图 3-2(a)所示。

(2)斜投影法:投射线倾斜于投影面的平行投影法,所得投影称为斜投影,如图 3-2(b)所示。

多面正投影图是采用正投影法,将物体分别投影在几个相互垂直的投影面上所得到的,即采用多个正投影图同时表示同一物体。这种投影图能完整、准确地表示物体的真实形状和大小,度量性好且作图简便,在工程图样中被广泛应用。本课程主要研究多面正投影图,为方便起见,后续章节中未特别指明的"投影"均指"正投影"。

正投影的基本性质如下。

(1)点的投影实质上就是自该点向投影面所作垂线的垂足,如图 3-3 所示。显然,点的投影仍然是点。

(2)直线的投影是直线上点的投影的集合。两点决定一条直线,所以直线段上两端点投影的连线就是该直线段的投影。直线的投影一般情况下仍为直线,特殊情况下变为一点,如图 3-4 所示。

(3)平面图形的投影一般情况下仍为平面图形,特殊情况下变为一条直线,如图 3-5 所示。

由图 3-4 和图 3-5 可以看出,直线和平面的投影具有以下特性。

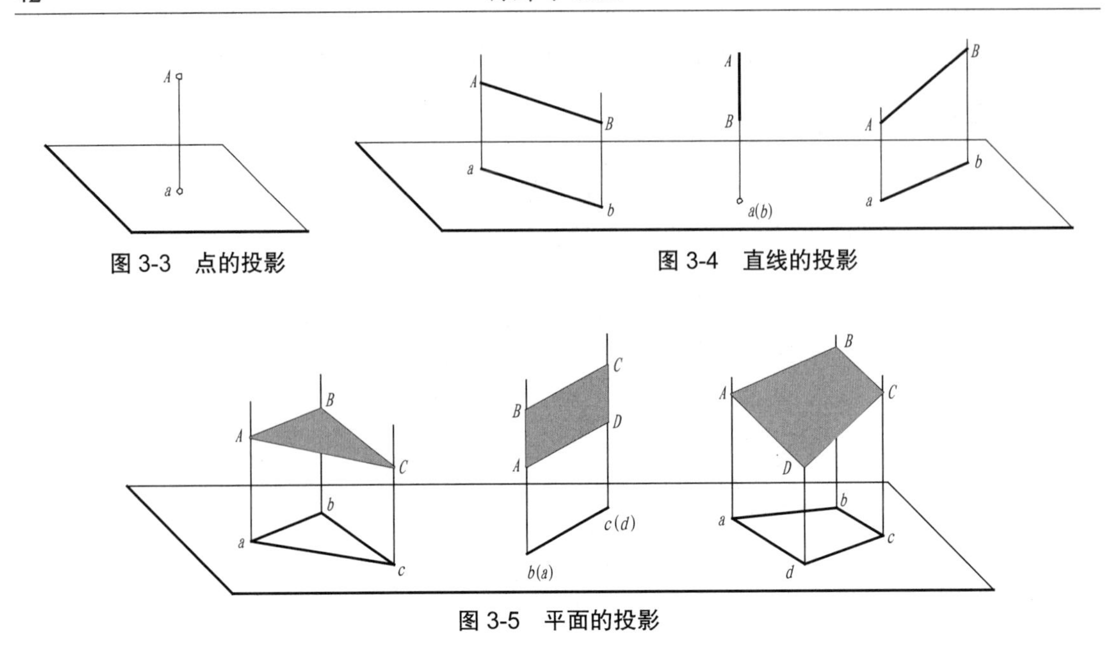

图 3-3　点的投影

图 3-4　直线的投影

图 3-5　平面的投影

（1）实形性：当直线或平面与投影面平行时，则直线的投影为实长，平面的投影为实形，如图 3-6（a）所示。

（2）积聚性：当直线或平面与投影面垂直时，则直线的投影积聚为一点，平面的投影积聚成一条直线，如图 3-6（b）所示。

（3）类似性：当直线或平面与投影面倾斜时，则直线的投影小于直线的实长，平面的投影是小于平面实形的类似形，如图 3-6（c）所示。

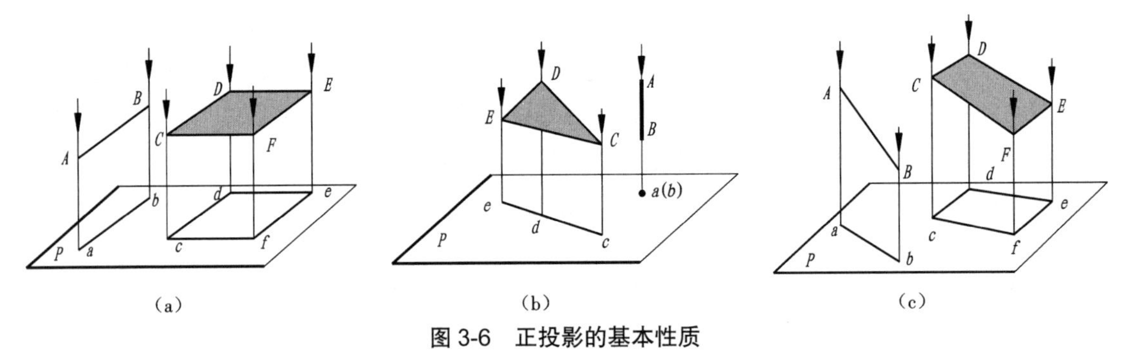

（a）　　（b）　　（c）

图 3-6　正投影的基本性质

（a）投影的实形性　（b）投影的积聚性　（c）投影的类似性

3.3　三视图实例

空间物体具有长、宽、高三个方向的形状，而物体相对投影面正放时所得的单面正投影图只能反映物体两个方向的形状。如图 3-7 所示，三个不同物体的投影相同，说明物体的一个投影不能完全确定其空间形状。

为了完整地表达物体的形状，常设置两个或三个相互垂直的投影面，将物体分别向这些投影面进行投影,几个投影综合起来,便能将物体三个方向的形状表示清楚。

三个相互垂直的投影面,称为三面投影体系,如图 3-8 所示。

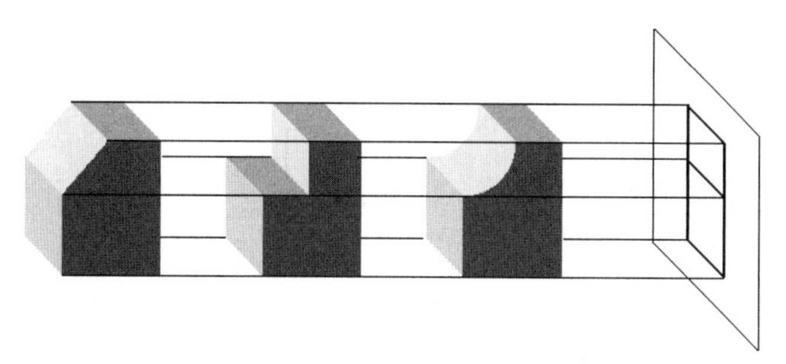

图 3-7 不同的物体具有相同的投影图

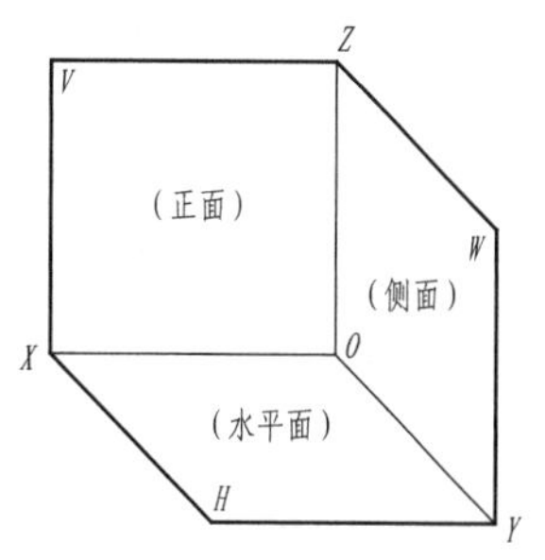

图 3-8 三面投影体系

3.3.1 三视图的形成

1. 三面投影体系的建立

直立在观察者正对面的投影面称为正立投影面,简称正面,用 V 表示;处于水平位置的投影面称为水平投影面,简称水平面,用 H 表示;右边分别与正面和水平面垂直的投影面称为侧立投影面,简称侧面,用 W 表示,如图 3-9(a)所示。

三个投影面的交线 OX、OY、OZ 称为投影轴,三条投影轴的交点 O 称为原点;OX 轴(简称 X 轴,是 V 面与 H 面的交线)方向代表长度尺寸和左右位置(正向为左);OY 轴(简称 Y 轴,是 H 面与 W 面的交线)方向代表宽度尺寸和前后位置(正向为前);OZ 轴(简称 Z 轴,是 V 面与 W 面的交线)方向代表高度尺寸和上下位置(正向为上),如图 3-9(a)和(b)所示。

2. 三面投影的展开

为了作图和表示的方便,在三个投影面上作出物体的投影后,将空间三个投影面展开摊平在一个平面上。展开方法:V 面保持不动,将 H 面绕 OX 轴向下旋转 90°,将 W 面绕 OZ 轴向右旋转 90°,使 H 面和 W 面均与 V 面处于同一平面内,即得如图 3-9(c)所示的三面投影图。

应注意,H 面和 W 面旋转时,OY 轴被分为两处,分别用 OY_H(在 H 面上)和 OY_W(在 W 面上)表示。

根据国家标准规定,用正投影法绘制出的物体的图形,称为视图。

(1)物体的正面投影,也就是由前向后投影所得的视图,称为主视图。

(2)物体的水平投影,也就是由上向下投影所得的视图,称为俯视图。

(3)物体的侧面投影,也就是由左向右投影所得的视图,称为左视图。

这与人们正视、俯视、左视物体时所见到的形状相同。由于物体的形状只和它的视图(如主视图、俯视图、左视图)有关,而与投影面的大小及各视图与投影轴的距离无关,故在画物体三视图时不画投影面边框及投影轴,如图 3-10 所示。

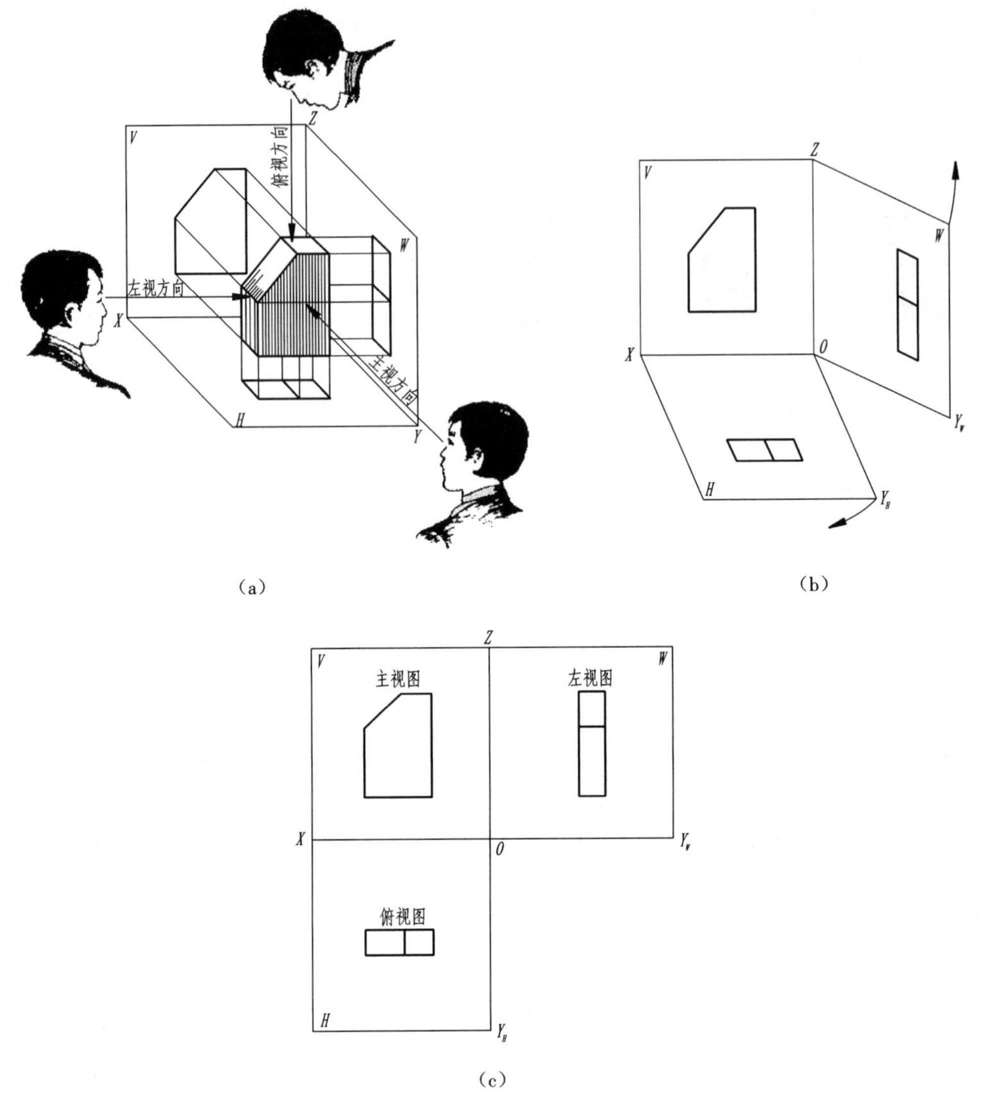

图 3-9 三视图的形成及展开

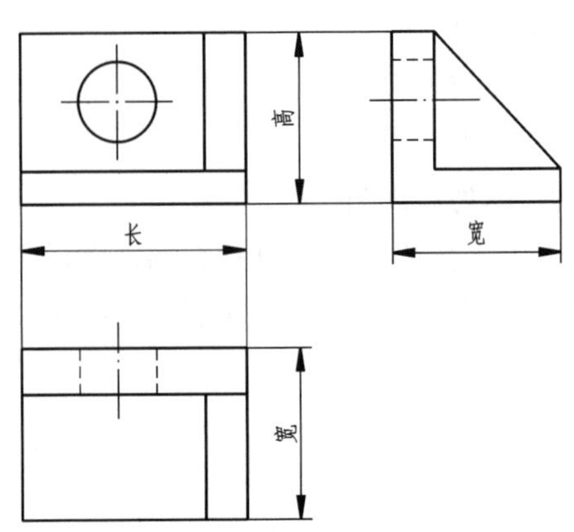

图 3-10 三视图的投影规律

3.3.2 三视图之间的对应关系

1. 三视图的投影规律

主、俯视图同时反映物体的长度——“长对正”，主、左视图同时反映物体的高度——“高平齐”，俯、左视图同时反映物体的宽度——“宽相等”，如图 3-10 所示。

2. 三视图与物体的方位关系

物体有左和右、前和后、上和下六个方位，即物体的长度、宽度和高度。从图 3-11 中可以看出，每个视图只能反映物体两个方向的位置关系：

（1）主视图反映物体的左、右和上、下；

（2）俯视图反映物体的左、右和前、后；

（3）左视图反映物体的上、下和前、后。

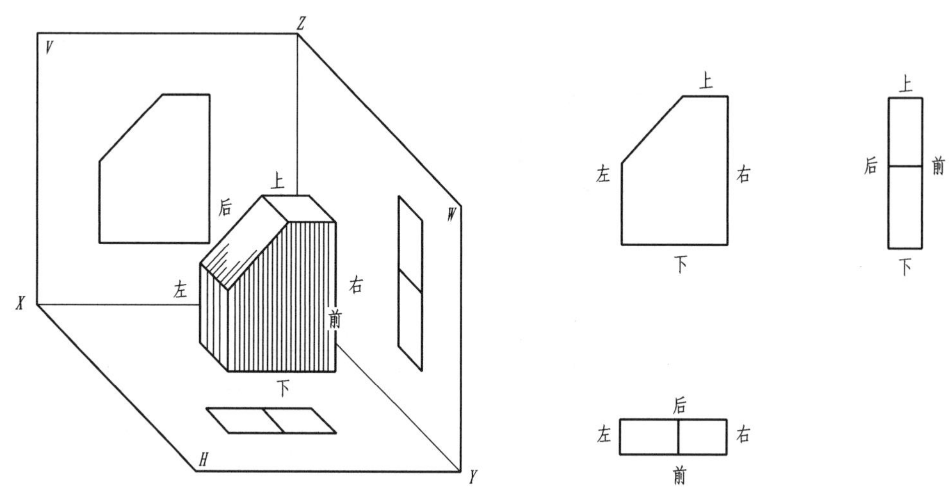

图 3-11　三视图与物体的方位关系

3. 画三视图的方法和步骤

实际画形体的三视图时，并不需要真的将形体置于一个三面投影体系中进行投影，只要确定了形体的放置方位，再按相应的投影方向去观察形体，即可获得形体的三视图。

三视图的画图步骤一般如下。

（1）选择主视图：形体要放正，即应使其上尽量多的表面与投影面平行或垂直；并选择主视图的投影方向，使之能较多地反映形体各部分的形状和相对位置。

（2）画基准线：选定形体长、宽、高三个方向上的作图基准，分别画出它们在三个视图中的投影，通常以形体的对称面、底面或端面为基准，如图 3-12（a）所示。

（3）画底稿：如图 3-12（b）和（c）所示，一般先画主体，再画细部，这时一定要注意遵循“长对正、高平齐、宽相等”的投影规律，特别是俯、左视图之间的宽度尺寸关系和前、后方位关系要正确。

（4）检查、改错，擦去多余图线，描深图形，如图 3-12（d）所示。

画三视图时还需注意遵循国家标准关于图线的规定，将可见轮廓线用粗实线绘制，不可见轮廓线用虚线绘制，对称中心线或轴线用细点画线绘制。如果不同的图线重合在一起，应按粗实线、虚线、细点画线的优先顺序绘制。

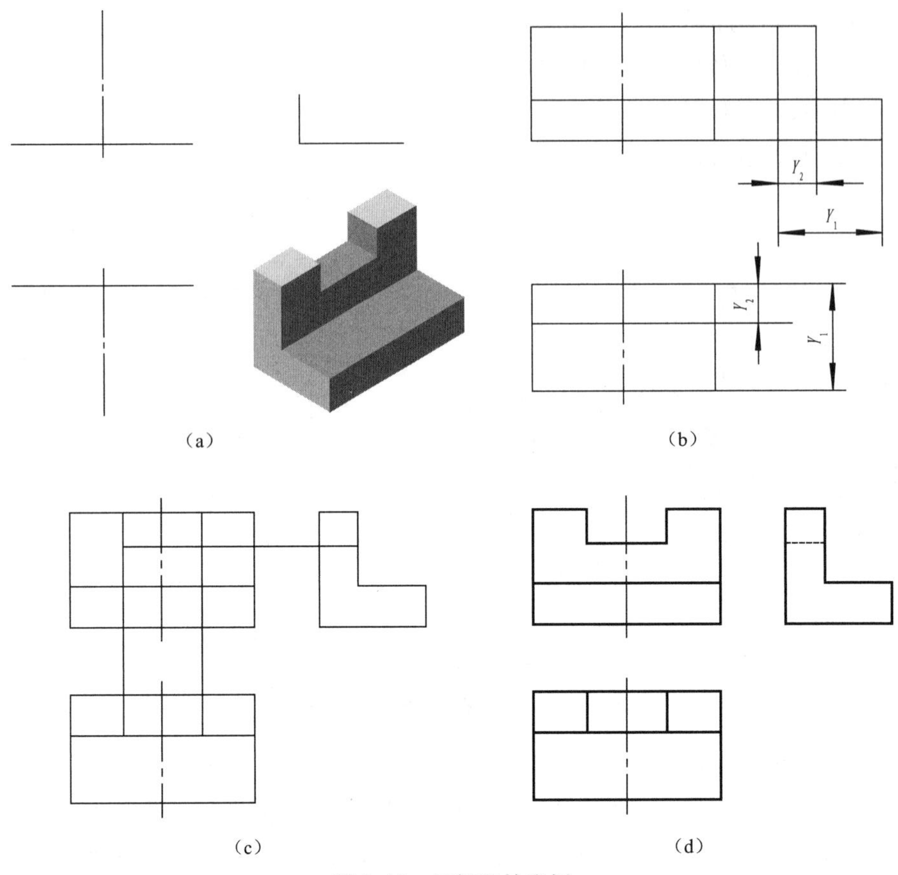

图 3-12 三视图的实例

本章小结

(1)正投影具有以下特性。

①实形性:当直线或平面与投影面平行时,则直线的投影为实长,平面的投影为实形。

②积聚性:当直线或平面与投影面垂直时,则直线的投影积聚为一点,平面的投影积聚成一条直线。

③类似性:当直线或平面与投影面倾斜时,则直线的投影小于直线的实长,平面的投影是小于平面实形的类似形。

(2)三面投影体系的建立:三个相互垂直的投影面,称为三面投影体系。

(3)三视图的投影规律:

①主、俯视图同时反映物体的长度——“长对正”;

②主、左视图同时反映物体的高度——“高平齐”;

③俯、左视图同时反映物体的宽度——“宽相等”。

(4)三视图与物体的方位关系:

①主视图反映物体的左、右和上、下;

②俯视图反映物体的左、右和前、后；

③左视图反映物体的上、下和前、后。

(5)画三视图的方法和步骤：

①选择主视图；

②画基准线；

③画底稿；

④检查、改错，擦去多余图线，描深图形。

技能与素养

本章内容从树立坚定的责任意识、分清对错、诚信制图、一丝不苟、精益求精等方面，充分地将责任感、讲诚信和大国工匠意识等融入制图的学习中。"工匠精神"作为主线贯穿于整个授课过程中，要求读者在绘图、标注上注重细节，一丝不苟，做到精益求精，培养认真严谨的态度。

思考练习题

1. 填空题

(1)投影法分为____投影法和平行投影法，平行投影法又分为____投影法和____投影法。

(2)正投影具有的三个特性：_____，_____，_____。

(3)三视图与物体的方位关系：主视图反映物体的左、____和____、下；俯视图反映物体的左、右和_____、_____；左视图反映物体的_____、_____和前、后。

2. 判断题(在括号内打"√"或"×")

(1)主视图和俯视图都反映物体的左右关系，主视图和左视图都反映形体的上下关系，俯视图和左视图都反映物体的前后关系。(　　)

(2)"三等"规律指的是主视图和俯视图长相等，主视图和左视图高相等，俯视图和左视图宽相等。(　　)

(3)多面正投影图能完整、准确地表示物体的真实形状和大小，度量性好且作图简便，在工程图样中被广泛应用。(　　)

(4)轴测投影图能完整、准确地表示物体的真实形状和大小，度量性好且作图简便，在工程图样中被广泛应用。(　　)

3. 简答题

(1)在工程图样中为何广泛采用多面正投影图？

(2)轴测投影图为何常作为辅助图样使用？

(3)正投影图具有哪些性质？

(4)什么是三面投影体系？什么是投影轴？什么是原点？

第 4 章　点、直线、面的投影

4.1　点的投影

扫一扫:PPT- 第 4 章

4.1.1　点的两面投影

点、直线和平面是构成空间形体的基本几何元素，掌握这些几何元素的正投影规律，能为绘制和分析形体的投影图提供依据。下面就从点的投影规律开始学习投影的基本知识。

点在一个投影面上的投影仍然是点，而且是唯一的。如图 4-1（a）所示，过空间点 A 的投射线与投影面 P 的交点 a' 即为点 A 在 P 面上的投影。如图 4-1（b）所示，点在一个投影面上的投影 a、b' 不能确定点的空间位置，解决办法是采用多面投影。

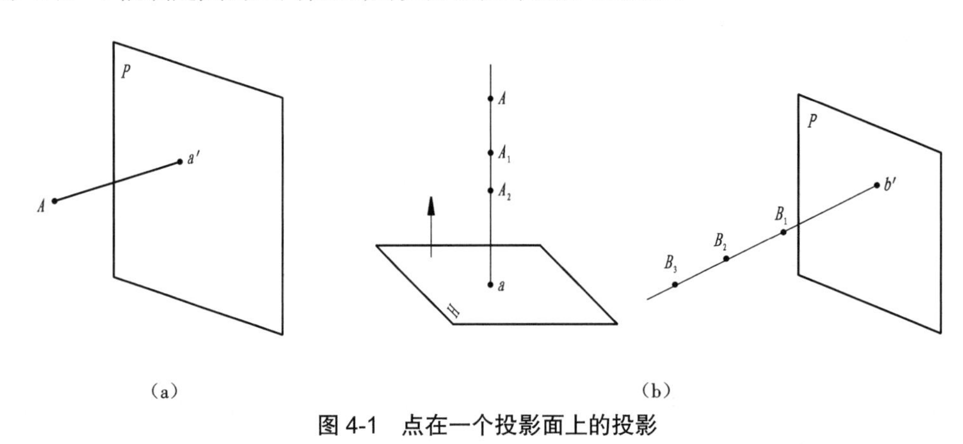

图 4-1　点在一个投影面上的投影

1. 两面投影体系

两面投影体系中，V 面为正立投影面，H 面为水平投影面，且 $V \perp H$，OX 为投影轴。如图 4-2 所示，a' 为点 A 的正面投影，a 为点 A 的水平投影。

根据点的两面投影可以唯一确定点的空间位置。

2. 点在两面投影体系中的投影规律（图 4-2）

（1）同一点的水平投影和正面投影的连线垂直于投影轴，即 $a'a \perp OX$。

（2）点的水平投影到 X 轴的距离反映该点到 V 面的距离，即 $a'a_X = Aa'$；正面投影到 X 轴的距离反映该点到 H 面的距离，即 $a'a_X = Aa$。

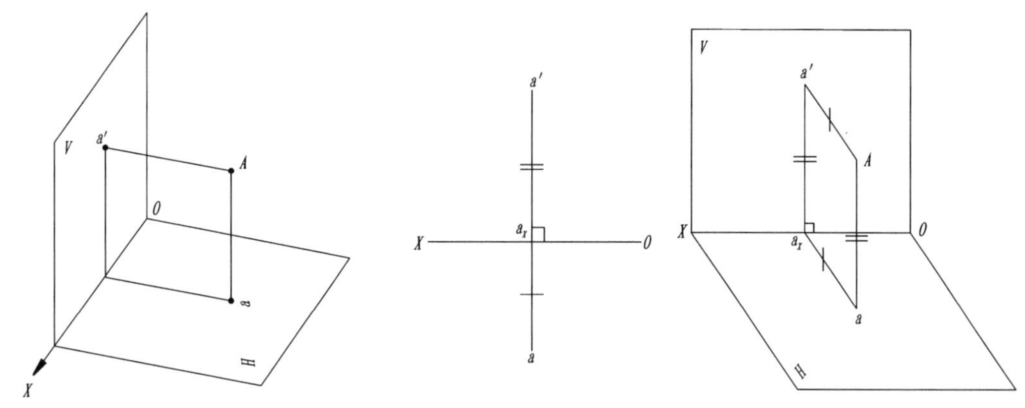

图 4-2　点的两面投影体系

4.1.2　点的三面投影及投影规律

为了能确定空间任意点的位置，可采用三面正投影法。

1. 点的三面投影

将 A 点置于三面投影体系中，自 A 点分别向三个投影面作垂线，并得三个垂足，即 a、a'、a''，分别为 A 点的 H、V 及 W 面投影，如图 4-3(a)所示。

作图规定：

(1)空间点用大写字母 A、B、C、……标记；

(2)H 面上的投影用同名小写字母 a、b、c、……标记；

(3)V 面上的投影用同名小写字母加一撇 a'、b'、c'、……标记；

(4)W 面上的投影用同名小写字母加两撇 a''、b''、c''、……标记。

取出空间点 A 的投影，展开投影面(图 4-3(b))，得到图 4-3(c)再去掉投影面的边框线，用细实线将点的两面投影连接起来，如 aa'（$\perp$ OX 轴），$a'a''$（$\perp$ OZ 轴）称为投影连线，a 与 a'' 不能直接相连，需借助于 45° 斜线来实现这个联系，便得到如图 4-4(a)所示的点的三面投影图。

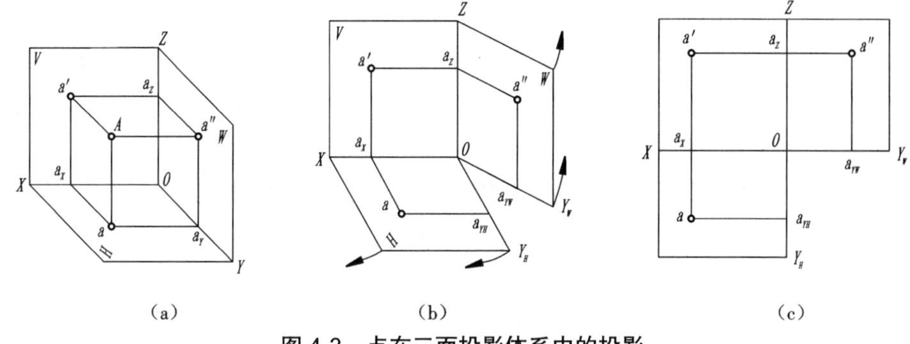

图 4-3　点在三面投影体系中的投影

实际画投影图时，不必画出投影面的边框，也可省略标注 a_X、a_{YH}、a_{YW} 和 a_Z，但需用细实线画出点的三面投影之间的连线，这些连线称为投影连线，如图 4-4 所示。

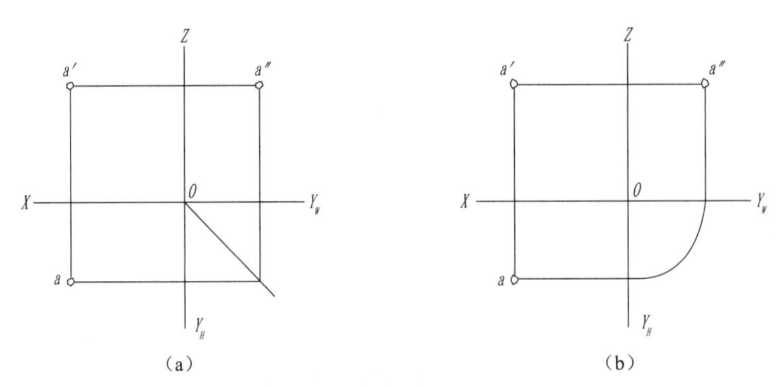

图 4-4　点的三面投影图画法

2. 点的三面投影规律

由图 4-4 可得出点的三面投影规律：

（1）点的水平投影与正面投影的连线垂直于 OX 轴，即 $a'a \perp OX$；

（2）点的正面投影和侧面投影的连线垂直于 OZ 轴，即 $a'a'' \perp OZ$；

（3）点的水平投影到 OX 轴的距离等于点的侧面投影到 OZ 轴的距离，即 $aa_X= a''a_Z$。

3. 点的三面投影与直角坐标的关系

若将三面投影体系当作空间直角坐标系，则其投影面、投影轴、原点分别可看作坐标面、坐标轴及坐标原点。这样，空间点到投影面的距离可以用坐标表示，点 A 的坐标值唯一确定相应的投影。由图 4-3 可得出，点 A 的坐标（x,y,z）与点 A 的投影（a,a',a''）之间有以下关系。

（1）点 A 到 W 面的距离等于点 A 的 x 坐标：$a_Za' = a_{YH} a = a''A = x$。

（2）点 A 到 H 面的距离等于点 A 的 z 坐标：$a_Xa' = a_{YW} a'' = aA = z$。

（3）点 A 到 V 面的距离等于点 A 的 y 坐标：$a_Xa = a_Za'' = a'A = y$。

所以，已知点 A 的坐标值（x,y,z）后，就能唯一确定它的三面投影。

【例 4-1】 已知点 A 的坐标（12,10,15），求作点 A 的三面投影图。

解　（1）量取坐标：$x =Oa_X=12$；$y=Oa_{YW}=Oa_{YH}=10$；$z=Oa_Z=15$，如图 4-5（a）所示。

（2）作出点 A 投影 a、a'、a''，如图 4-5（b）所示。

【例 4-2】 已知 A、B、C 三点的两面投影，求作第三面投影，如图 4-6（a）所示。

分析　点的任意两面投影必包含点的三个坐标（其中包含一对相同的坐标），故能够确定点在空间的位置，于是第三面投影可求，如图 4-6（b）所示。

解　（1）由 a' 和 a'' 求 a，依据 $a'a \perp OX$ 和 $aa_X=a''a_Z$，由 a'' 作 OY_W 的垂线与 45° 辅助线相交，自交点作 OY_H 的垂线，与自 a' 所作 OX 的垂线相交，交点即为 a。

（2）由 b' 和 b 求 b''，点的正面投影由 x、z 坐标决定，由于 b' 在 X 轴上，即 B 点的 z 坐标为零，由 b 可知 B 点的 x、y 坐标不为零，则 B 点为 H 面上一点，并和其水平投影重合，故 b'' 必在 OY_W 上，依据 $bb_X=b''b_Z$，由 b 作 OY_H 的垂线与 45° 辅助线相交，自交点作 OY_W 的垂线，垂足即为 b''。

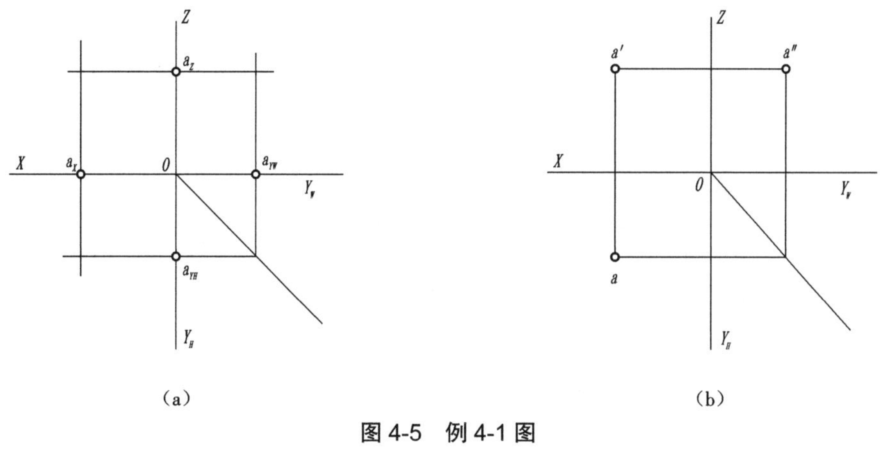

(a)　　(b)

图 4-5　例 4-1 图

(a)量取坐标　(b)作投影

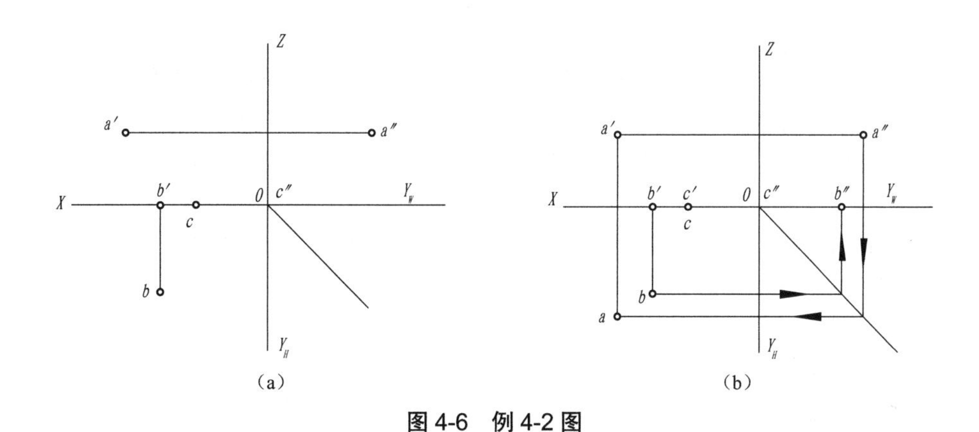

(a)　　(b)

图 4-6　例 4-2 图

(3)C 点的侧面投影和原点重合，容易想象到 C 点在 X 轴上，而 X 轴是 V 面和 H 面的交线，则空间点 C 和其正面投影 c' 均与水平投影 c 重合。

4.1.3　两点的相对位置及可见性

1. 两点的相对位置

空间两个点的相对位置是指这两点在空间的左右(X 轴)、前后(Y 轴)、上下(Z 轴)三个方向上的相对位置。

要在投影图上判断空间两点的相对位置，应根据其坐标值确定，判断时以投影面作为基准：距 V 面远者在前，近者在后；距 W 面远者在左，近者在右；距 H 面远者在上，近者在下。

如图 4-7 所示，已知 A、B 两点的三面投影，它们的相对位置如下：

(1)从 V、W 面投影可看出，A 点比 B 点距 H 面远，故 A 点在 B 点之上；

(2)从 V、H 面投影可看出，B 点比 A 点距 W 面远，故 B 点在 A 点之左；

(3)从 H、W 面投影可看出，B 点比 A 点距 V 面远，故 B 点在 A 点之前。

结论：A 点在 B 点的右后上方；B 点在 A 点的左前下方。

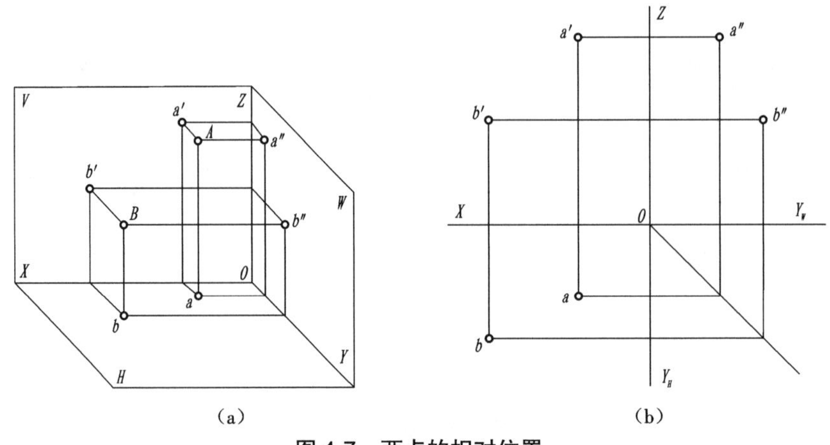

图 4-7 两点的相对位置

(a)直观图 (b)投影图

2. 重影点及可见性

在某一个投影面上投影重合的两个点叫作重影点。如图 4-8 所示，A、B 两点的水平投影 a (b)重合为一点。因为水平投影的投影方向是由上向下，点 A 在点 B 的正上方，即 $z_A>z_B$，因此点 A 的水平投影可见，B 点被遮盖，其水平投影不可见。通常规定，把不可见点的投影加上括弧，如(b)。

结论：如果两个点的某面投影重合，则对该投影面的投影坐标值大者为可见，小者为不可见。

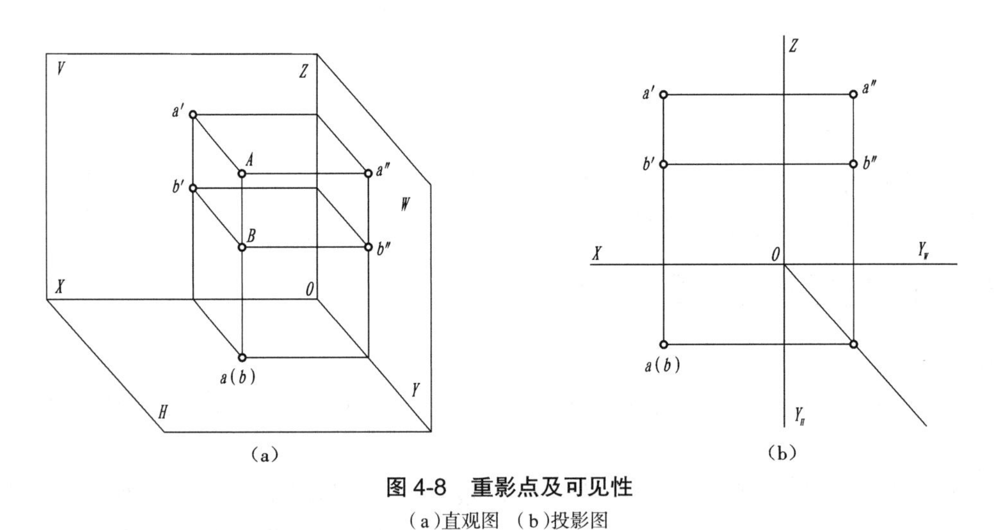

图 4-8 重影点及可见性

(a)直观图 (b)投影图

4.2 直线的投影

4.2.1 直线的投影特性

1. 直线的投影

从投影原理可知，直线的投影一般仍是直线，在特殊情况下，直线的投影可积聚为一点。

根据几何原理可知，空间任意两点可以确定空间的一条直线。因此，直线的投影是直线上两点同面投影的连线。

如图4-9(a)所示，分别作出直线上两点(通常是线段的两个端点)的三面投影之后，用直线连接其同面投影，ab、$a'b'$ 、$a''b''$ 即为直线的三面投影，如图4-9(b)所示。

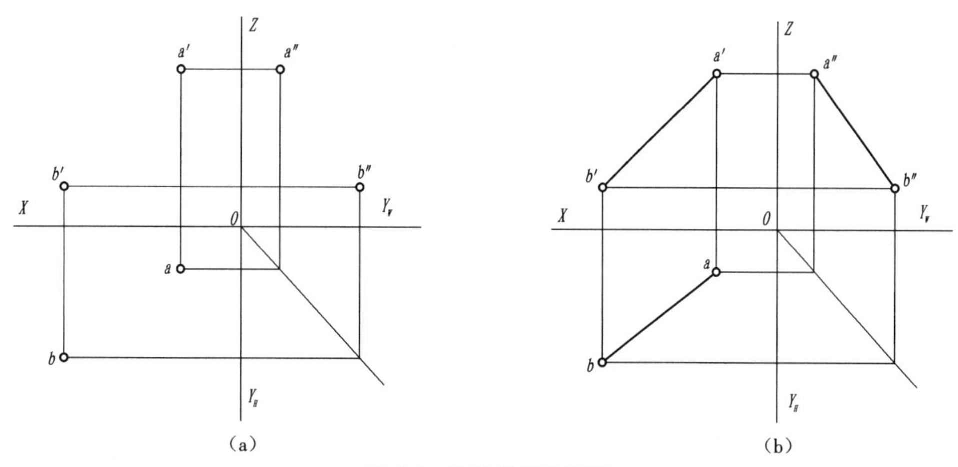

图4-9　直线的三面投影

(a)端点投影　(b)直线投影

2. 各种位置直线的投影特性

直线相对于投影面的位置有三种类型：投影面平行线、投影面垂直线和投影面倾斜线，如图4-10所示。前两类直线称为特殊位置的直线，后一类直线称为一般位置的直线。它们具有不同的投影特性，下面将分别介绍。

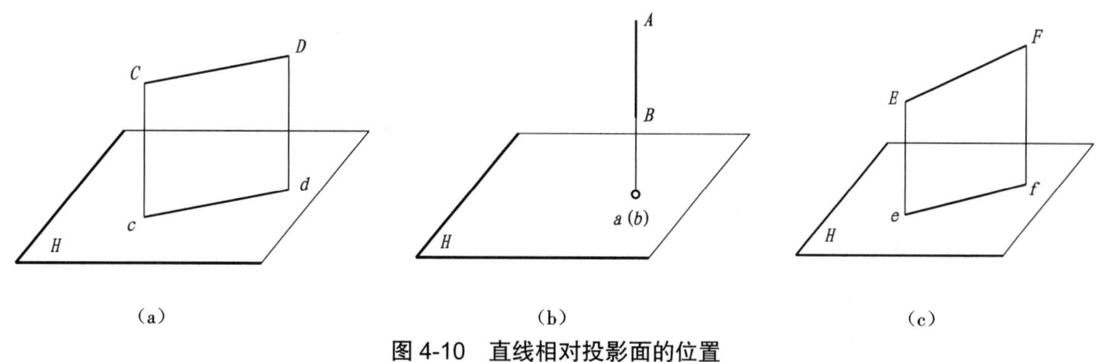

图4-10　直线相对投影面的位置

(a)投影面平行线　(b)投影面垂直线　(c)投影面倾斜线

1)投影面平行线的投影特性

投影面平行线是指平行于一个投影面，而与另外两个投影面倾斜的直线。

投影面平行线有以下三种情况：

(1)水平线——平行于 H 面，而与 V、W 面倾斜的直线；

(2)正平线——平行于 V 面，而与 H、W 面倾斜的直线；

(3)侧平线——平行于 W 面，而与 H、V 面倾斜的直线。

它们的投影特性见表 4-1。

表 4-1 投影面平行线的投影特性

名称	水平线（$/\!/ H$，对 V、W 倾斜）	正平线（$/\!/ V$，对 H、W 倾斜）	侧平线（$/\!/ W$，对 H、V 倾斜）
直观图	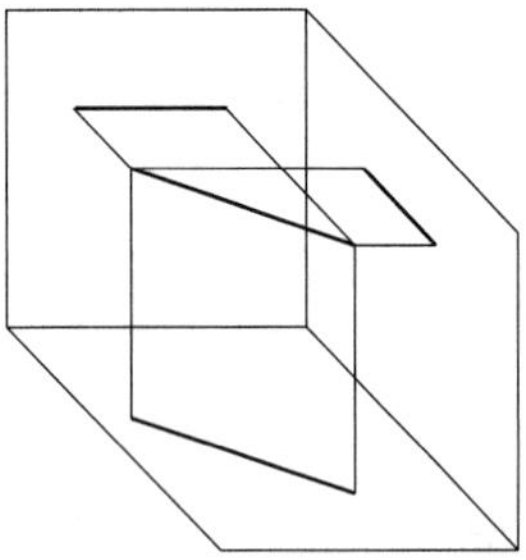	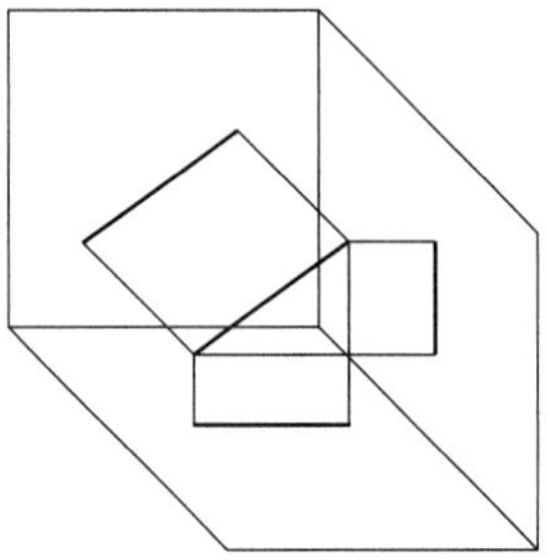	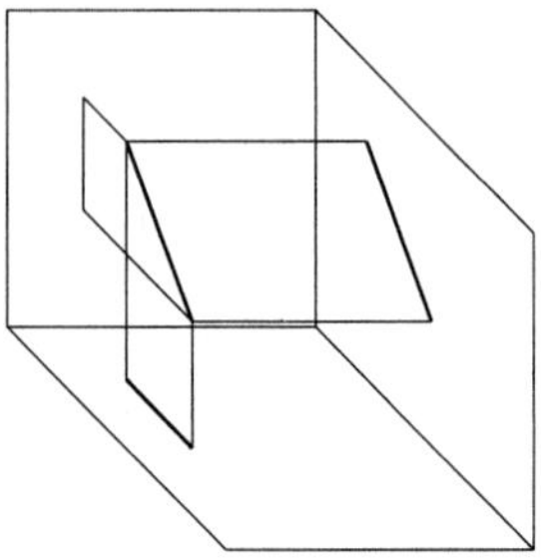
投影图	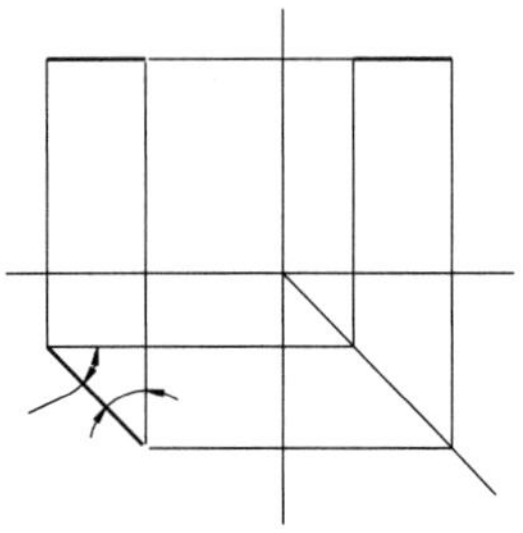	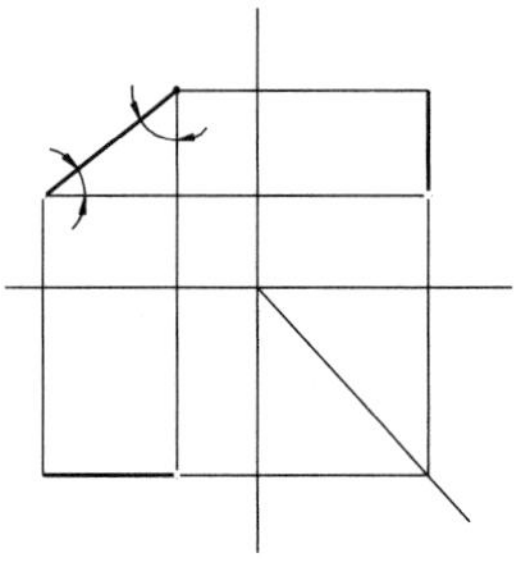	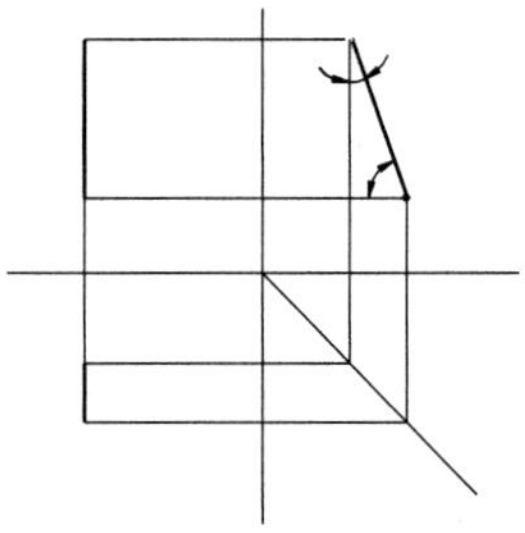
投影特性	①直线的水平投影反映实长和实际倾角； ②正面投影和侧面投影小于实长，且分别平行于 OX、OY_W 轴	①直线的正面投影反映实长和实际倾角； ②水平投影和侧面投影小于实长，且分别平行于 OX、OZ 轴	①直线的侧面投影反映实长和实际倾角； ②正面投影和水平投影小于实长，且分别平行于 OZ、OY_H 轴
	结论： ①直线在所平行的投影面上的投影反映实长； ②反映实长的投影与投影轴所夹的角度等于空间直线对相应投影面的倾角； ③其他两投影平行于相应的投影轴，投影的长度小于实长		

2）投影面垂直线的投影特性

投影面垂直线是指垂直于一个投影面，与另外两个投影面平行的直线。

投影面垂直线有以下三种情况：

（1）铅垂线——垂直于 H 面的直线；

（2）正垂线——垂直于 V 面的直线；

（3）侧垂线——垂直于 W 面的直线。

它们的投影特性见表 4-2。

表 4-2　投影面垂直线的投影特性

名称	铅垂线(⊥ H, // V 和 W)	正垂线(⊥ V, // H 和 W)	侧垂线(⊥ W, // H 和 V)
直观图	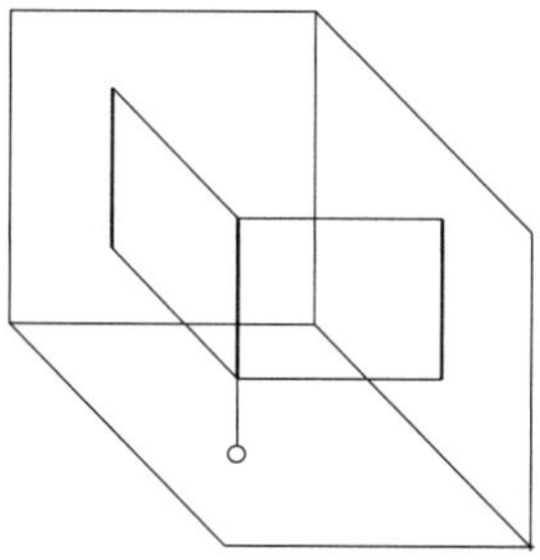	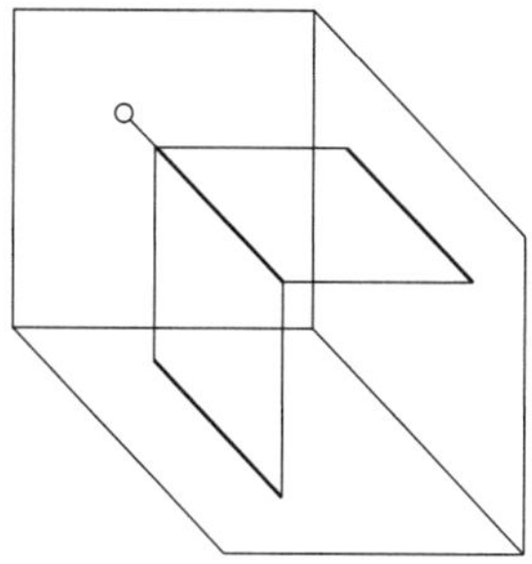	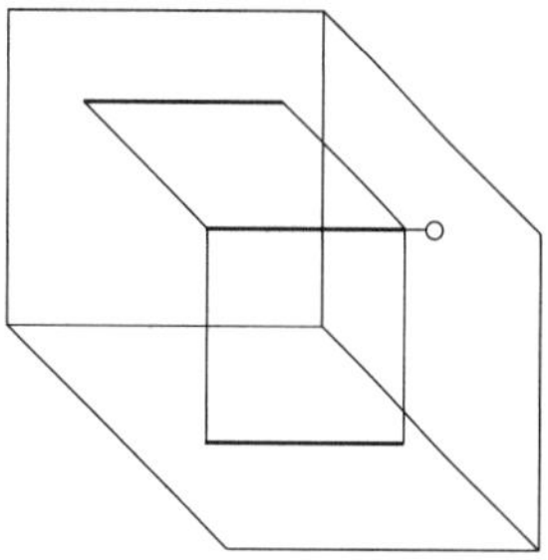
投影图	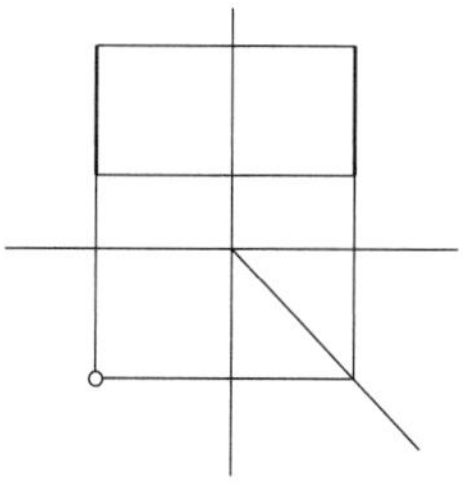	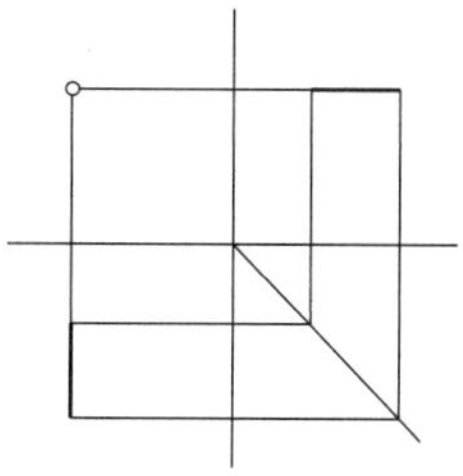	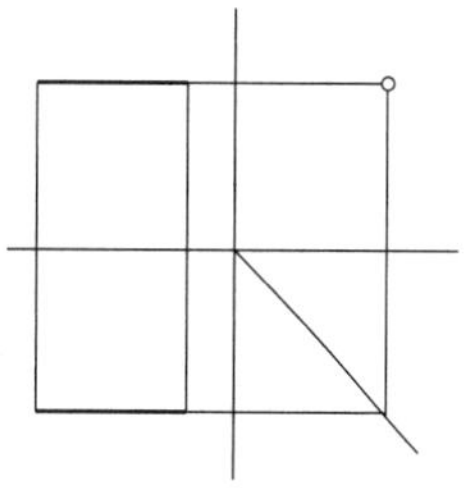
投影特性	①直线的水平投影积聚成一点； ②正面投影和侧面投影反映实长，且分别垂直于 OX、OY_W 轴	①直线的正面投影积聚成一点； ②水平投影和侧面投影反映实长，且分别垂直于 OX、OZ 轴	①直线的侧面投影积聚成一点； ②正面投影和水平投影反映实长，且分别垂直于 OZ、OY_H 轴
	结论： ①直线在所垂直的投影面上的投影积聚成一点； ②其余投影反映实长，且垂直于投影轴		

3. 一般位置直线的投影特性

一般位置直线是指对三个投影面都成倾斜状态的直线。该直线与其投影之间的夹角为直线对该投影面的倾角。直线对 H、V、W 面的倾角分别用 α、β、γ 表示，如图 4-11 所示。

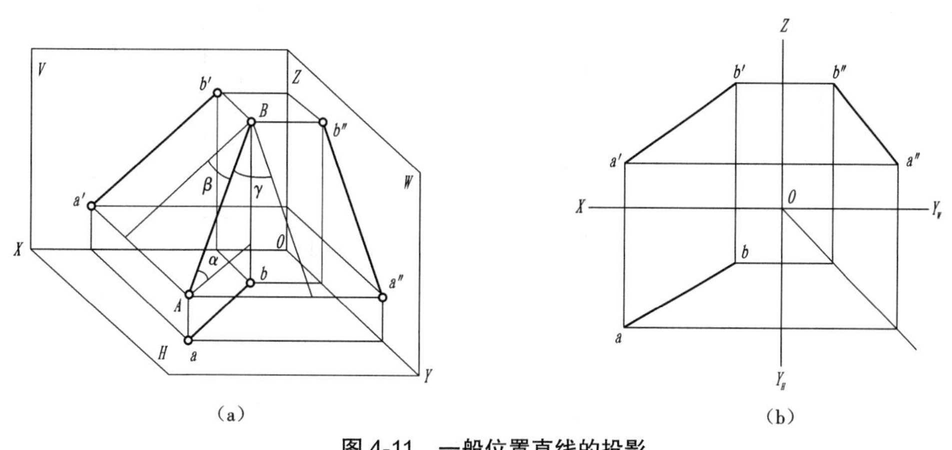

(a)　(b)

图 4-11　一般位置直线的投影

(a)直观图　(b)投影图

一般位置直线的投影特性:直线的三个投影都是直线,不反映实长(均小于实长),且均与投影轴倾斜,其与投影轴的夹角不反映该线对投影面倾角的真实大小。

4.2.2 直线与点的相对位置

直线上的点的投影特性。

(1)从属性:点在直线上,则点的各面投影必在该直线的同面投影上,并且满足点的投影特性,如图 4-12 所示 *K* 点在直线 *AB* 上。

(2)定比性:直线上的点分割直线的长度之比,在投影后保持不变。

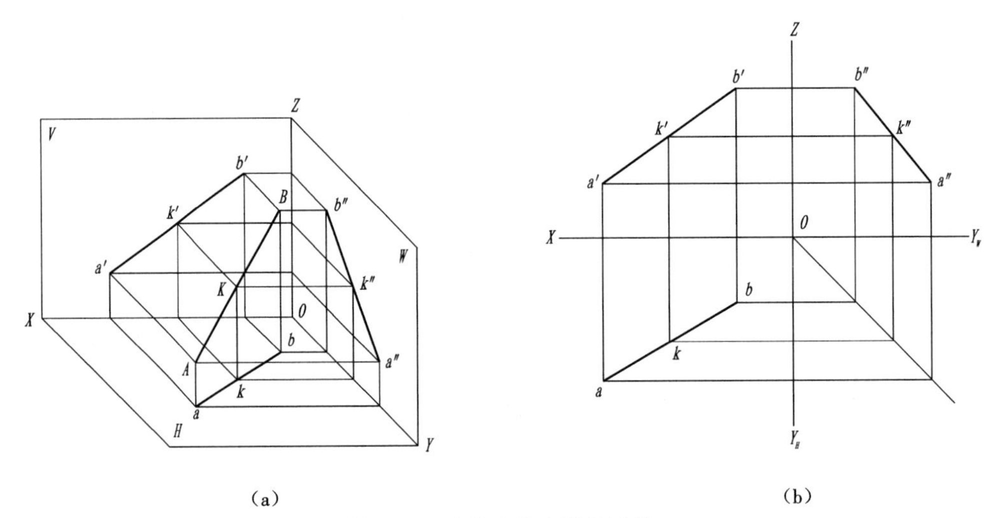

图 4-12 直线上的点的从属性

(a)直观图 (b)投影图

【例 4-3】 已知直线 *AB* 和 *K* 点的两面投影,试判断 *K* 点是否在直线 *AB* 上,如图 4-13(a)所示。

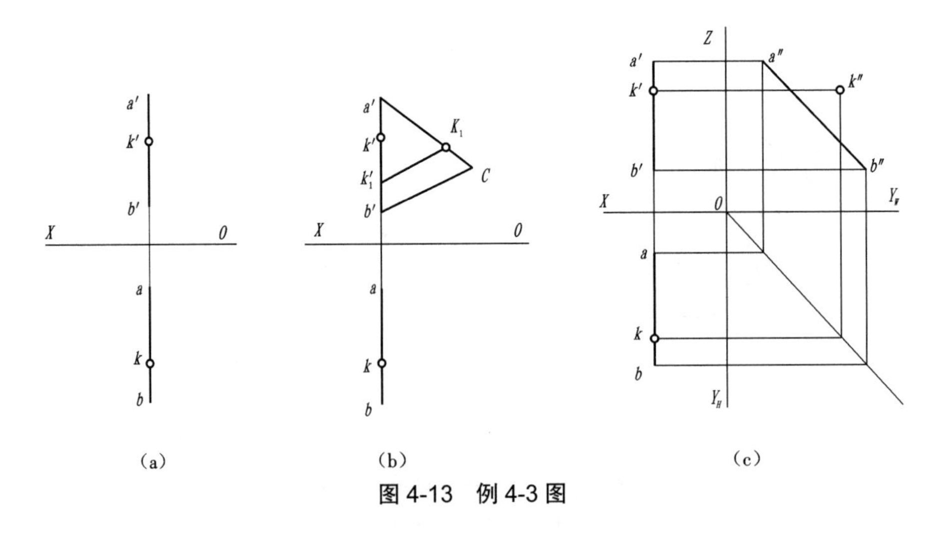

图 4-13 例 4-3 图

解 1　根据直线上点的定比性求解，如图 4-13(b)所示。

过 a' 点取任意角度作一直线使 $a'C=a'b'$，$a'K_1=ak$，连接 b' 和 C，过 K_1 作 $b'C$ 的平行线与 $a'b'$ 交于 k_1'，因为 k_1' 与 k' 不重合，所以 K 点不在直线 AB 上。

解 2　根据直线上点的从属性求解，如图 4-13(c)所示。

作直线 AB 的侧面投影和点 K 的侧面投影，由作图知点 K 的侧面投影 k'' 不在 $a''b''$ 上，所以 K 点不在直线 AB 上。

4.2.3　两直线的相对位置

空间两直线的相对位置有三种情况：平行、相交和交叉。

当空间两直线平行和相交时，两直线位于同一平面内，称为共面直线；而交叉时，两直线不在同一平面内，称为异面直线。下面分别介绍它们的投影特性。

1. 空间两直线平行

空间两直线平行，其同面投影必定平行，如图 4-14(a)所示；反之，如两直线的两个同面投影都互相平行，则两直线在空间也一定平行，如图 4-14(b)所示。

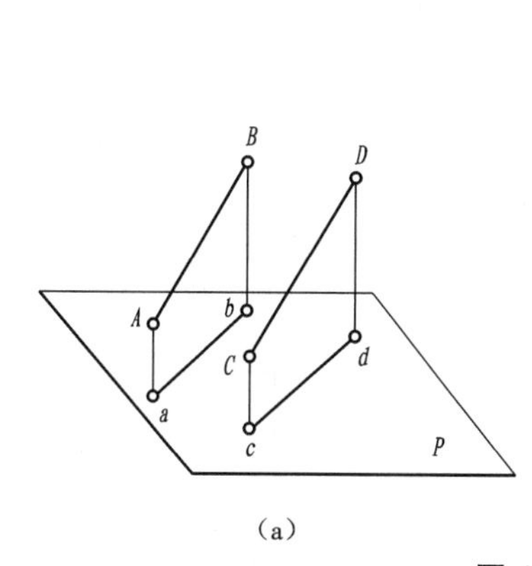

(a)　　(b)

图 4-14　空间两直线平行

(a)直观图　(b)两面投影图

一般情况下，只要检查任意两个同面投影便可作出正确判断。

2. 空间两直线相交

空间两直线相交，其同面投影一定相交，并且交点符合点的投影规律。

如图 4-15 所示，直线 AB 与 CD 相交于 K 点，则在投影图中 $a'b'$ 与 $c'd'$，ab 与 cd 也一定相交，而且它们的交点的投影 k' 与 k 的连线必垂直于 OX 轴。

由此可得，空间两直线相交，只能交于一点，该点为两直线的共有点，且交点的投影连线垂直于投影轴。

3. 空间两直线交叉

在空间既不平行又不相交的两直线，称为两直线交叉。

交叉两直线的同面投影，有时可能相交，但各投影面的交点，绝不会符合同一点的投影规律。如图 4-16(a)所示,投影点 1′(2′)、3(4)为重影点。

交叉两直线的同面投影,有时可能平行,但绝不会各同面投影都平行,如图 4-16(b)所示。

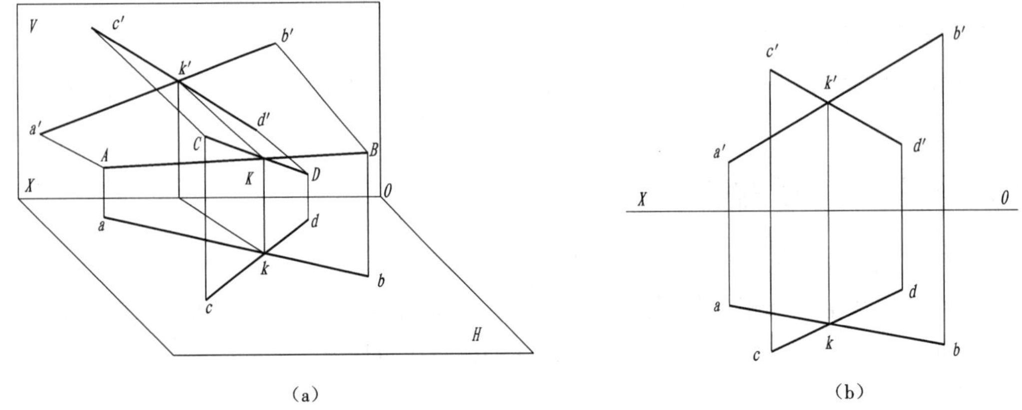

图 4-15 空间两直线相交

(a)直观图 (b)两面投影图

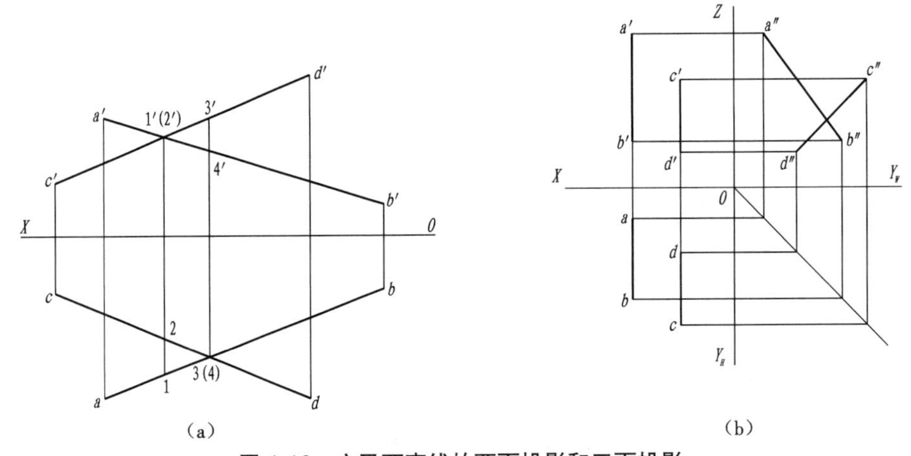

图 4-16 交叉两直线的两面投影和三面投影

(a)两面投影 (b)三面投影

4.3 面的投影

4.3.1 平面的表示方法

由几何学可知,不在同一直线上的三点可确定一个平面。根据此公理,在投影图上可以用下列任意一组几何元素的投影表示平面的投影:

(1)不在同一直线上的三点,如图 4-17(a)所示;

(2)一直线和直线外一点,如图 4-17(b)所示;

(3)两相交直线,如图 4-17(c)所示;

(4)两平行直线,如图 4-17(d)所示;

(5)平面图形,如图 4-17(e)所示。

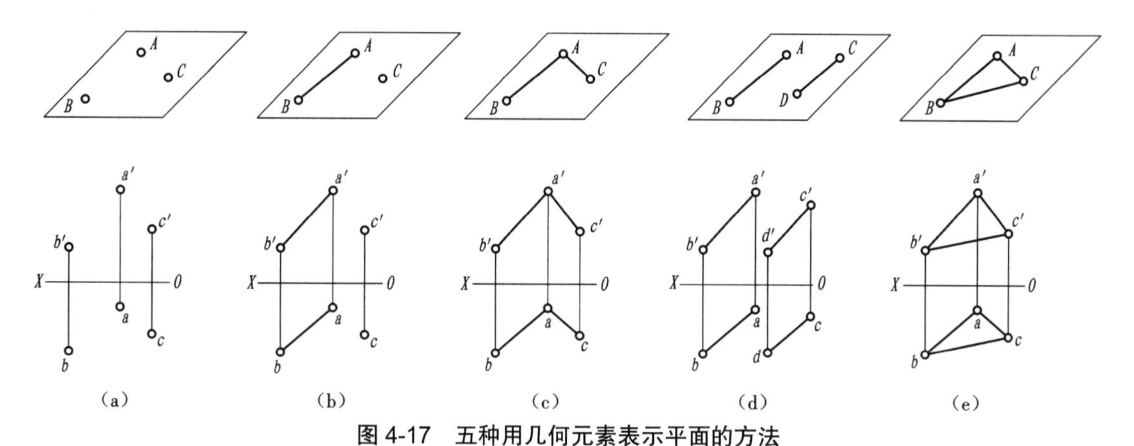

图 4-17　五种用几何元素表示平面的方法

4.3.2　平面的投影特性

平面对投影面的相对位置有三种类型:投影面垂直面、投影面平行面和一般位置平面。前两种为特殊位置平面。

1. 投影面垂直面

投影面垂直面是指在三面投影体系中,垂直于一个投影面,而与另外两个投影面倾斜的平面。

投影面垂直面有以下三种类型:

(1)铅垂面——垂直于 H 面,而与 V、W 面倾斜的平面;

(2)正垂面——垂直于 V 面,而与 H、W 面倾斜的平面;

(3)侧垂面——垂直于 W 面,而与 H、V 面倾斜的平面。

投影面垂直面的投影特性见表 4-3。

表 4-3　投影面垂直面的投影特性

名称	铅垂面(⊥ H,对 V 和 W 倾斜)	正垂面(⊥ V,对 H 和 W 倾斜)	侧垂面(⊥ W,对 H 和 V 倾斜)
直观图	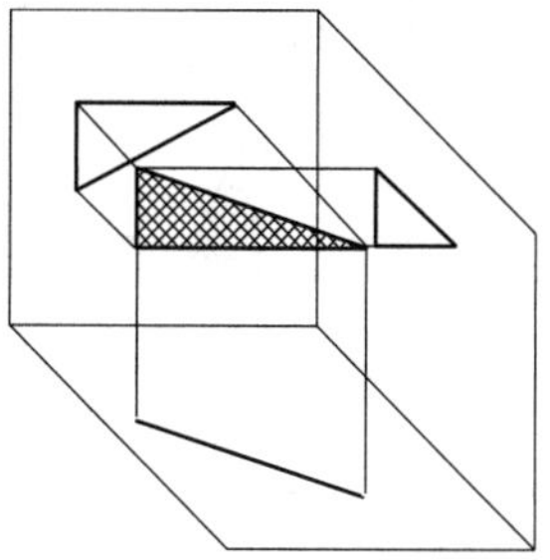	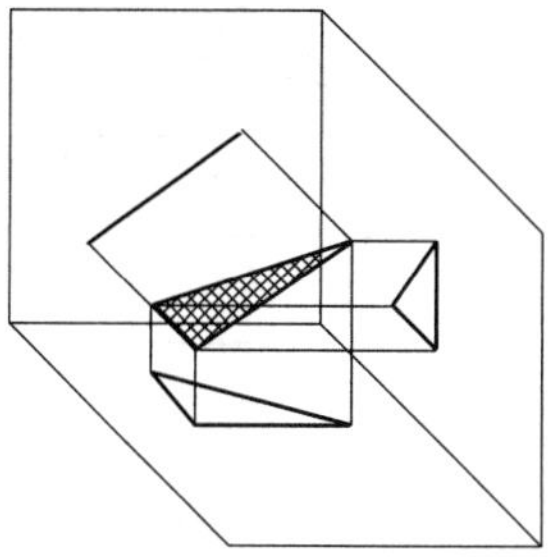	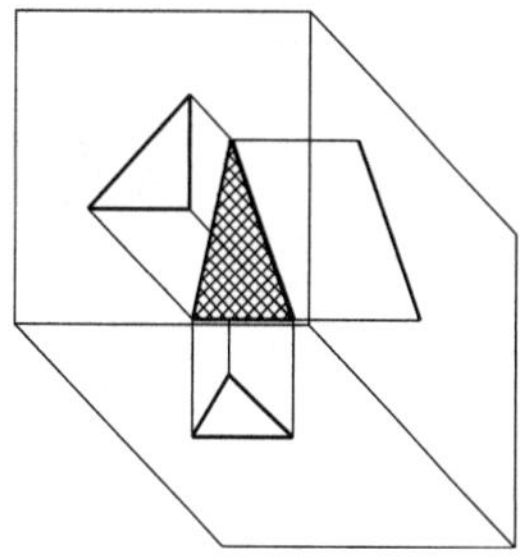

续表

名称	铅垂面（⊥ H，对 V 和 W 倾斜）	正垂面（⊥ V，对 H 和 W 倾斜）	侧垂面（⊥ W，对 H 和 V 倾斜）
投影图	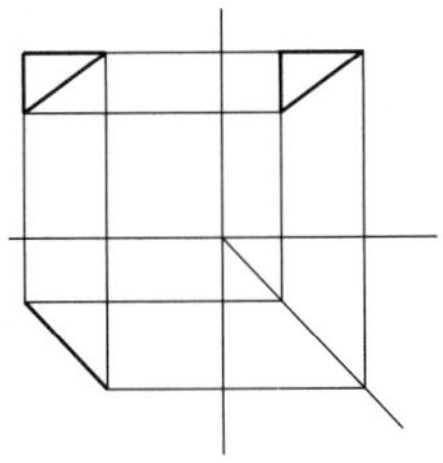	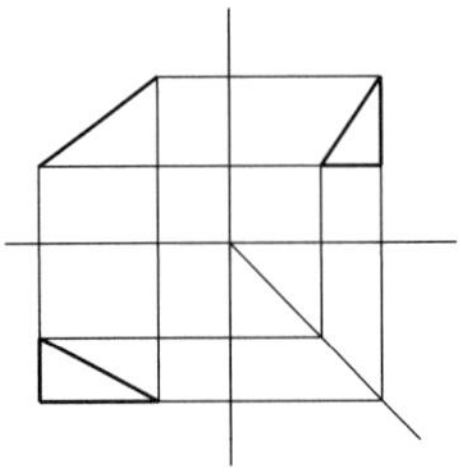	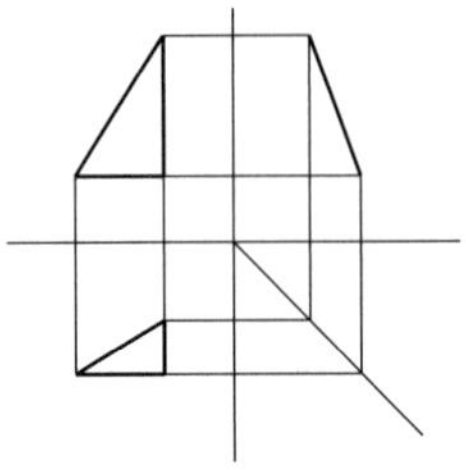
投影特性	①水平投影积聚成一直线，并反映真实倾角 β、γ； ②正面投影和侧面投影为类似形，面积缩小	①正面投影积聚成一直线，并反映真实倾角 α、γ； ②水平投影和侧面投影为类似形，面积缩小	①侧面投影积聚成一直线，并反映真实倾角 β、α； ②正面投影和水平投影为类似形，面积缩小
	结论： 1. 投影面垂直面在所垂直的投影面上的投影积聚成一直线； 2. 其余两投影为类似形； 3. 具有积聚性的投影与投影轴的夹角分别反映平面与相应投影面的倾角		

2. 投影面平行面

投影面平行面是指在三面投影体系中，平行于一个投影面，并必垂直于另外两个投影面的平面。

投影面平行面有以下三种类型：

（1）水平面——平行于 H 面，而与 V、W 垂直的平面；

（2）正平面——平行于 V 面，而与 H、W 垂直的平面；

（3）侧平面——平行于 W 面，而与 H、V 垂直的平面。

投影面平行面的投影特性见表4-4。

表4-4 投影面平行面的投影特性

名称	水平面（// H，⊥ V 和 W）	正平面（// V，⊥ H 和 W）	侧垂线（// W，⊥ H 和 V）
直观图	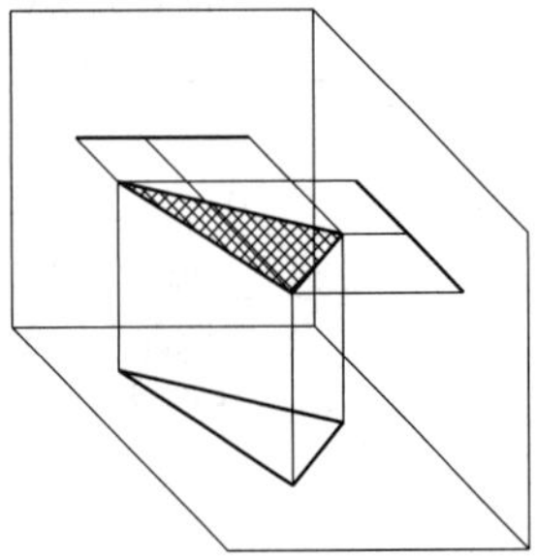	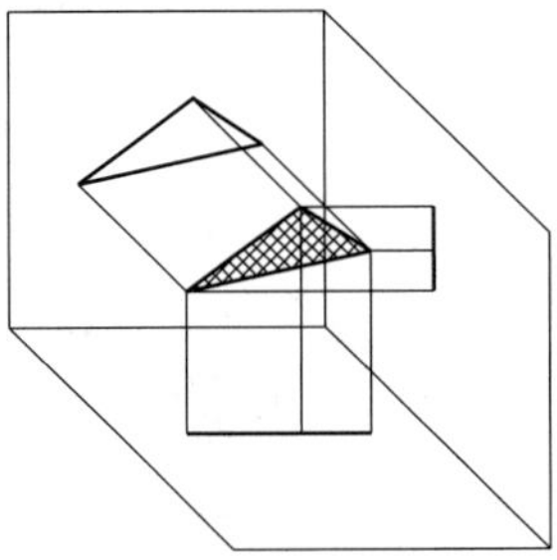	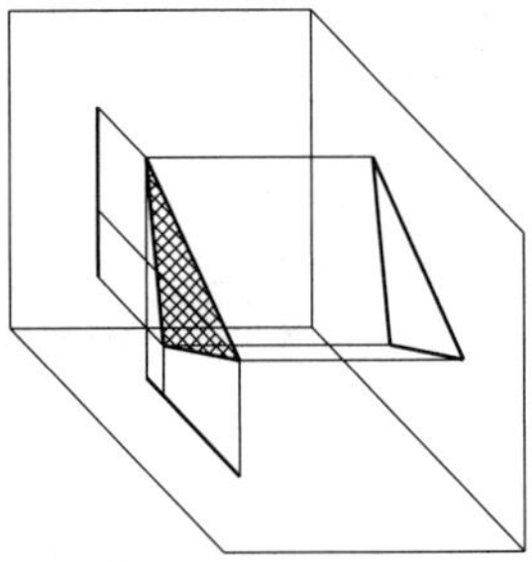

续表

名称	水平面（∥*H*，⊥ *V* 和 *W*）	正平面（∥*V*，⊥ *H* 和 *W*）	侧垂线（∥*W*，⊥ *H* 和 *V*）
投影图	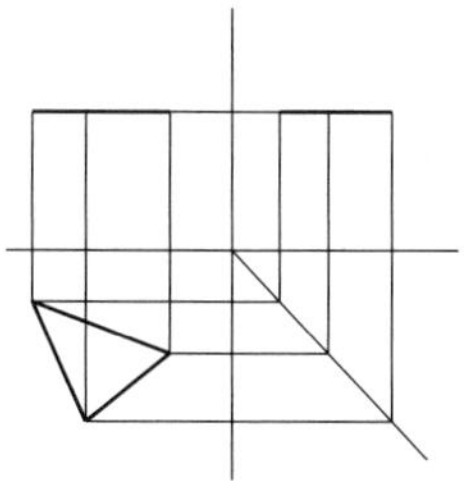	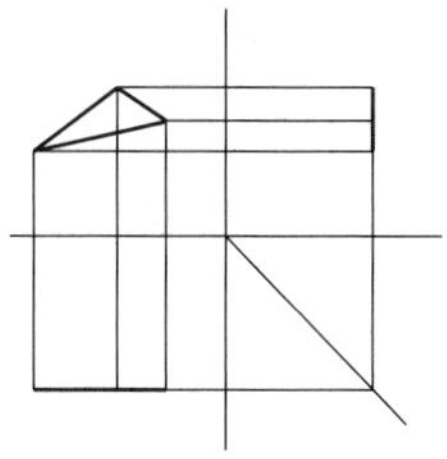	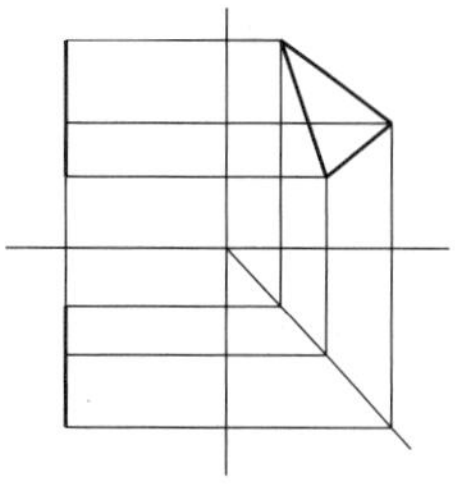
投影特性	①水平投影反映实形； ②正面投影积聚为直线，且平行于 *OX* 轴； ③侧面投影积聚为直线，且平行于 OY_W 轴	①正面投影反映实形； ②水平投影积聚为直线，且平行于 *OX* 轴； ③侧面投影积聚为直线，且平行于 *OZ* 轴	①侧面投影反映实形； ②正面投影积聚为直线，且平行于 *OZ* 轴； ③水平投影积聚为直线，且平行于 OY_H 轴
	结论： （1）投影面平行面在所平行的投影面上的投影反映实形； （2）其余两投影积聚为直线，且平行于相应的投影轴		

3. 一般位置平面

一般位置平面是指对三个投影面都倾斜的平面，如图 4-18 所示。

一般位置平面的投影特性：三个投影都不能积聚为直线，均为空间平面的类似形，不反映该平面的实形，也不反映该平面对投影面的倾角。

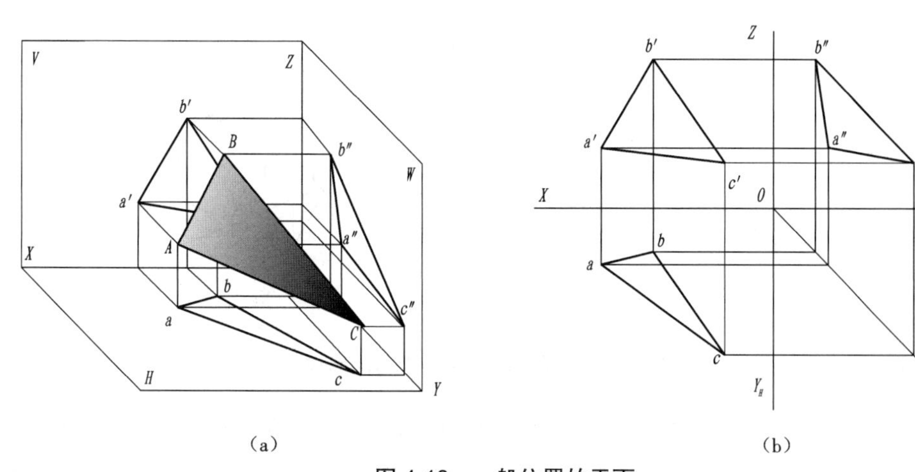

图 4-18　一般位置的平面

（a）直观图　（b）投影图

4.3.3 平面上的点和直线

1. 平面内的点

点在平面内的几何条件:点在平面内的直线上,则该点必在平面内。因此,在平面内取点,必须先在平面内取一直线,然后再在该直线上取点。这是在平面的投影图上确定点所在位置的依据。如图 4-19 所示,两相交直线 AB、BC 确定一平面 P,点 M 取自直线 AB,所以点 M 必在平面 P 内。

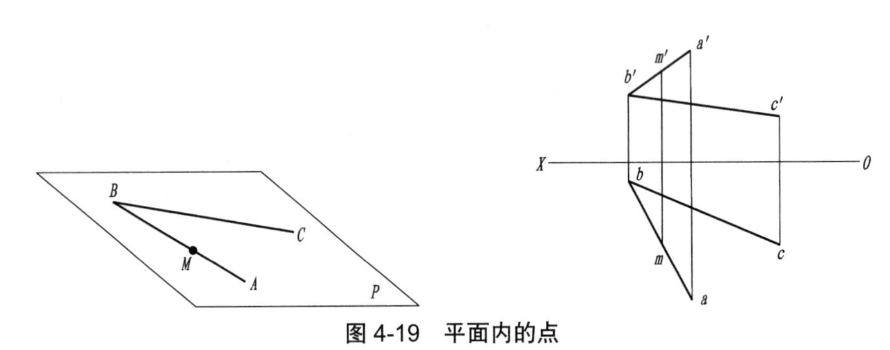

图 4-19 平面内的点

2. 平面内的直线

直线在平面内的几何条件如下。

(1)若直线过平面内的两点,则此直线必在该平面内。如图 4-20(a)所示,两相交直线 AB 与 BC 构成一平面 P,在 AB、BC 上各取一点 M 和 N,则过 M、N 两点的直线一定在该平面内。其投影图作法如图 4-20(b)所示。

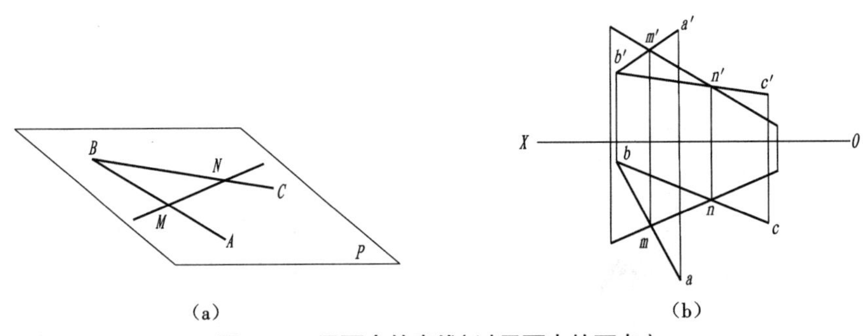

图 4-20 平面内的直线(过平面内的两点)

(2)若一直线过平面内的一点,且平行于该平面内的一直线,则此直线必在该平面内。如图 4-21(a)所示,两相交直线 AB 和 BC 构成一平面 P,过直线 AB 上点 M,作直线 $LK/\!/BC$,则直线 LK 一定在该平面内。其投影图作法如图 4-21(b)所示。

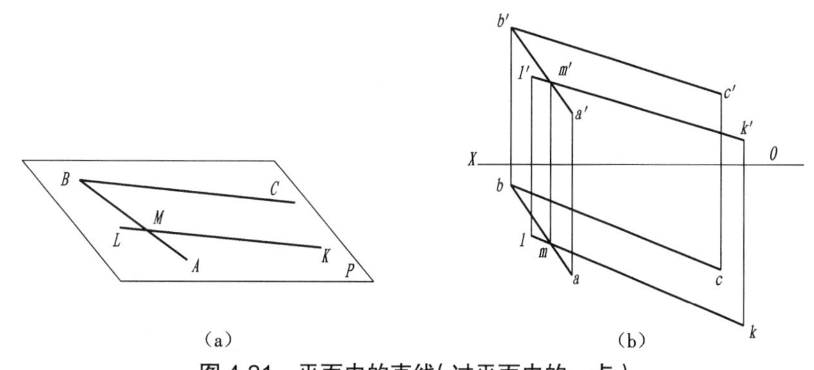

(a)　　(b)

图 4-21　平面内的直线(过平面内的一点)

4.4　直线与平面及平面与平面之间的相对位置

直线与平面及平面与平面之间的相对位置包括平行、相交和垂直。

4.4.1　平行

1. 平面内的投影面平行线

凡在平面上且平行于某一投影面的直线称为平面内的投影面平行线，它的投影应符合投影面平行线的投影特性和满足平面上直线的投影条件。若一直线平行于平面上的某一直线，则该直线与此平面必相互平行。

平面内的投影面平行线可分为以下三种情况：

(1)平面内的水平线——在平面内，又平行于水平面的直线；

(2)平面内的正平线——在平面内，又平行于正面的直线；

(3)平面内的侧平线——在平面内，又平行于侧面的直线。

【例 4-4】 如图 4-22(a)所示，已知△ *ABC* 的两面投影，过 *C* 点在△ *ABC* 上作一水平线。

解　水平线在 *H* 面的投影反映实长，在 *V* 面的投影平行于 *OX* 轴。

作图过程如图 4-22(b)所示：过 c' 作 $c'd'/\!/OX$ 轴，交 $a'b'$ 于 d'，由 d' 在 ab 上作出 d，连接 c 和 d，则 CD 即为所求水平线。

2. 两平面平行

若一平面上的两相交直线对应平行于另一平面上的两相交直线，则这两平面相互平行；若两投影面垂直面相互平行，则它们具有积聚性的那组投影必相互平行，如图 4-23 所示。

4.4.2　相交

1. 直线与平面相交

直线与平面相交，其交点是直线与平面的共有点。求直线与平面的交点，或判别两者之间的相互遮挡关系，即判别可见性。我们只讨论直线与平面中至少有一个处于特殊位置的情况。

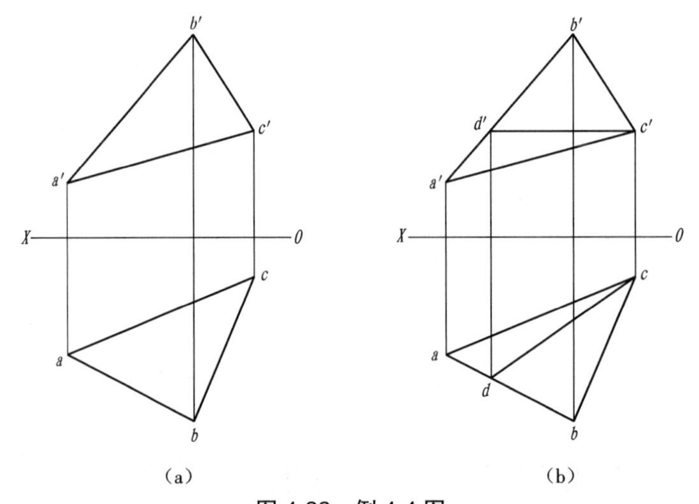

图 4-22 例 4-4 图

(a)已知 (b)作图过程

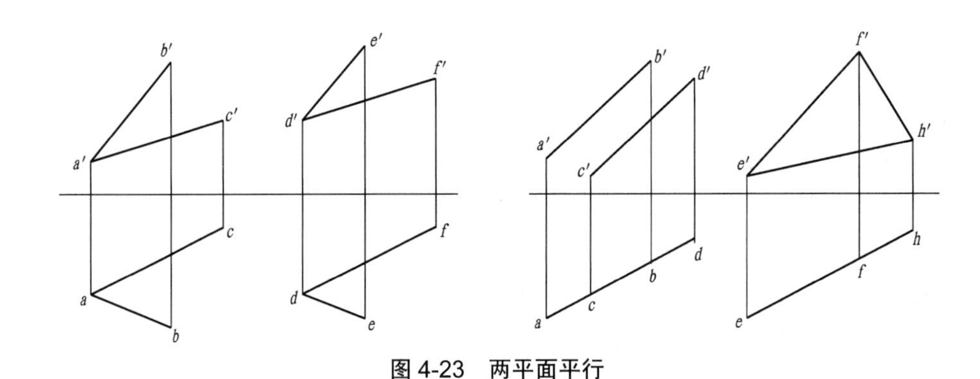

图 4-23 两平面平行

【例 4-5】 求直线 *MN* 与平面 *ABC* 的交点 *K*,并判别可见性,如图 4-24 所示。

空间及投影分析 平面 *ABC* 是一铅垂面,其水平投影积聚成一直线,该直线与 *mn* 的交点即为 *K* 点的水平投影。

作图 (1)求交点。

(2)判别可见性:由水平投影可知, *KN* 段在平面前,故正面投影上 *k′n′* 为可见;还可通过重影点判别可见性。

2. 平面与平面相交

两平面相交,其交线为直线,交线是两平面的共有线,同时交线上的点都是两平面的共有点。

【例 4-6】 求两平面的交线 *MN*,并判别可见性,如图 4-25 所示。

空间及投影分析 平面 *ABC* 与 *DEF* 都为正垂面,它们的正面投影都积聚成直线,两者交线必为一正垂线,只要求得交线上的一个点便可作出交线的投影。

作图 (1)求交点。

(2)判别可见性:从正面投影上可以看出,在交线左侧,平面 *ABC* 在上,其水平投影可见。

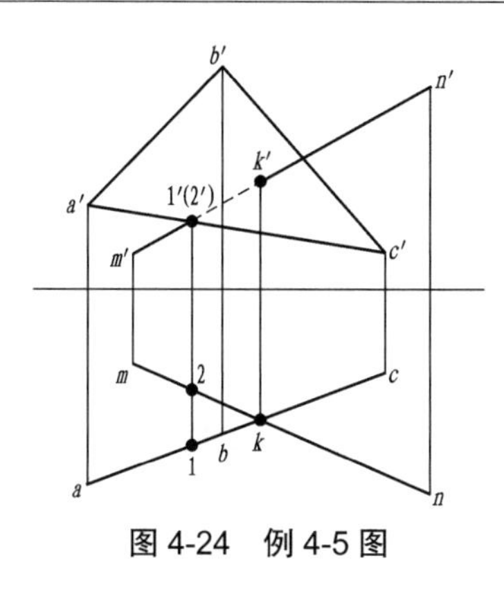

图 4-24　例 4-5 图

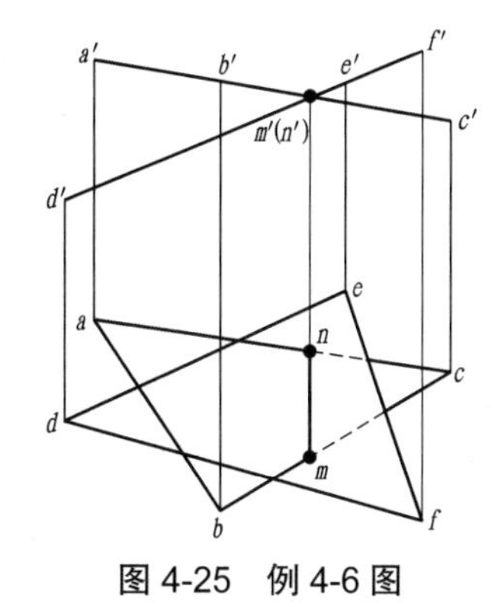

图 4-25　例 4-6 图

4.4.3　垂直

1. 直线与平面垂直

直线垂直于平面,则直线必垂直于平面内的一对相交直线;反之亦然。

推论:直线垂直于平面,直线的正面投影垂直于平面的正平线的正面投影,直线的水平投影垂直于平面的水平线的水平投影;反之亦然,如图 4-26 所示。

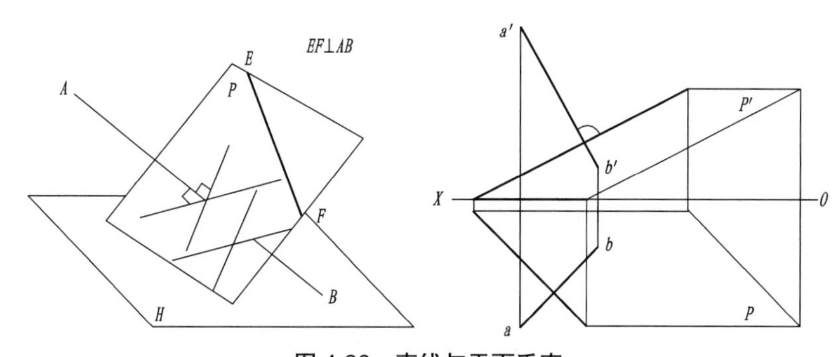

图 4-26　直线与平面垂直

2. 两平面垂直

直线垂直于一平面,则包含该直线的任一平面都垂直于该平面;两平面垂直,过一平面上一点,向另一平面作垂线,则该直线在该平面内,如图 4-27 所示。

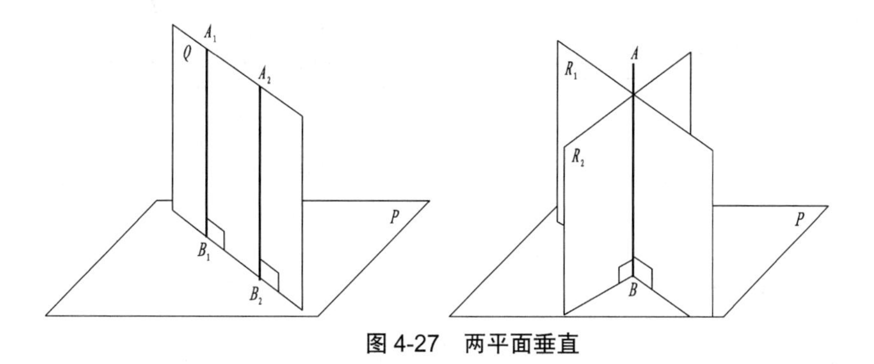

图 4-27　两平面垂直

【例 4-7】 求作直线与平面垂直以及两平面垂直,如图 4-28 所示。

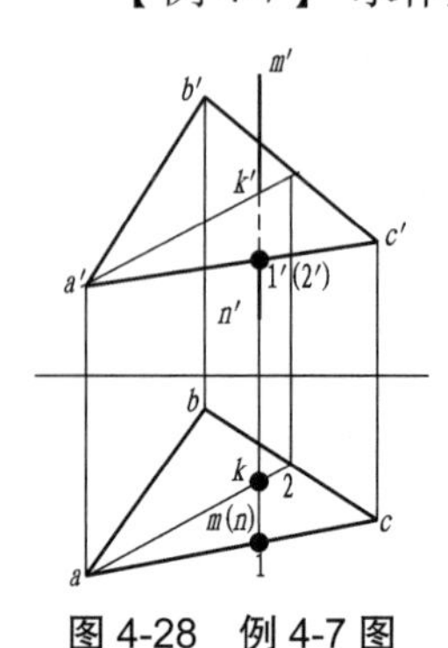

图 4-28 例 4-7 图

利用交点的共有性和平面的积聚性直接求解;利用特殊位置平面的积聚性找出两平面的两个共有点,即求出交线。

空间及投影分析 直线 *MN* 为铅垂线,其水平投影积聚成一点,故交点 *K* 的水平投影也积聚在该点上。

作图 (1)求交点。

(2)判别可见性:采用平面上取点法,点Ⅰ位于平面上,在前;点Ⅱ位于 *MN* 上,在后,故 *k*′2′ 不可见。

【例 4-8】 已知正三棱锥表面上点 *M* 的正面投影 *m*′,求作 *M* 的三面投影。

作图 (1)连接 *s*′ 和 *m*′ 并延长,与 *a*′ *c*′ 交于 2′,如图 4-29 所示。

(2)在投影 *ac* 上求出Ⅱ点的水平投影 2,如图 4-30 所示。

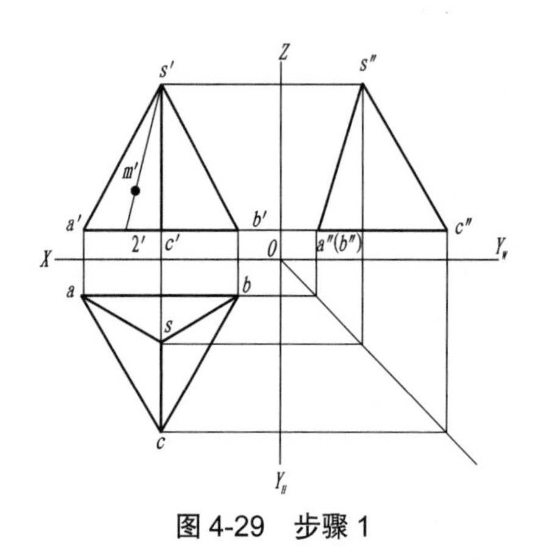

图 4-29 步骤 1

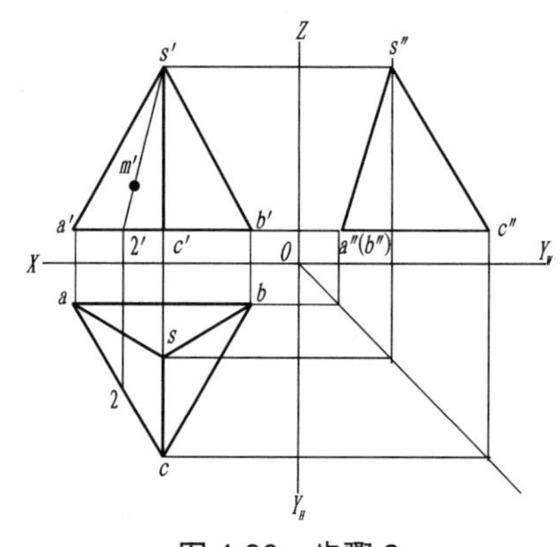

图 4-30 步骤 2

(3)连接 *s* 和 2,即求出直线 *S*Ⅱ的水平投影,如图 4-31 所示。

(4)根据在直线上的点的投影规律,求出 *M* 点的水平投影 *m*,如图 4-32 所示。

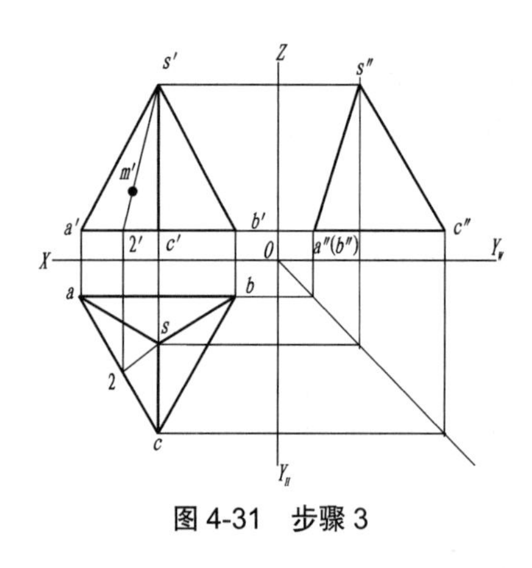

图 4-31 步骤 3

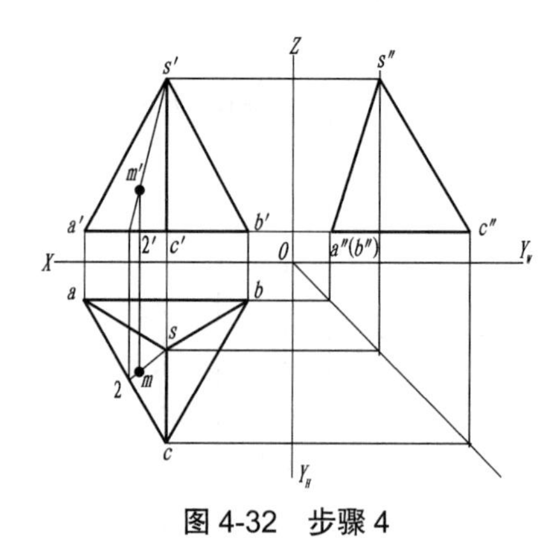

图 4-32 步骤 4

(5)根据点的三视图投影方法,求出 *m*″,完成三视图,如图 4-33 所示。

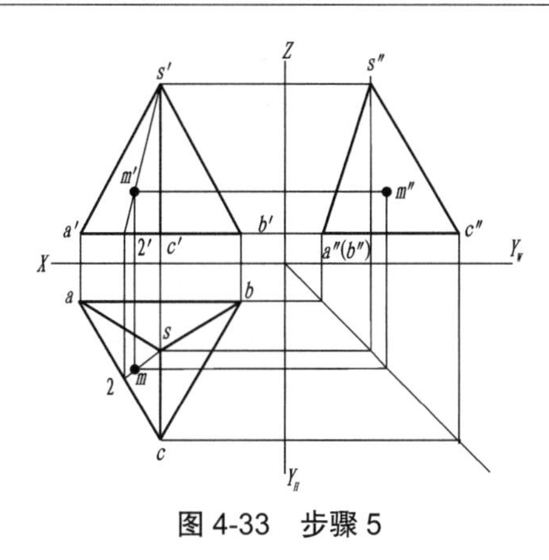

图 4-33　步骤 5

本章小结

（1）点、线、平面的投影特性，尤其是特殊位置线、平面的投影特性。

（2）确定直线上点，平面上直线和点。

（3）点的投影仍然是点，而且是唯一的。

（4）点的三面投影规律：

①点的水平投影与正面投影的连线垂直于 OX 轴，即 $a'a \perp OX$。

②点的正面投影和侧面投影的连线垂直于 OZ 轴，即 $a'a'' \perp OZ$。

③点的水平投影到 OX 轴的距离等于点的侧面投影到 OZ 轴的距离，即 $aa_X = a''a_Z$。

（5）按直线在三面投影体系中的位置，直线相对于投影面的位置有三种类型：投影面平行线、投影面垂直线和一般位置直线。

投影面平行线有三种情况：

①水平线——平行于 H 面，而与 V、W 面倾斜的直线；

②正平线——平行于 V 面，而与 H、W 面倾斜的直线；

③侧平线——平行于 W 面，而与 H、V 面倾斜的直线。

投影面垂直线有三种情况：

①铅垂线——垂直于 H 面的直线；

②正垂线——垂直于 V 面的直线；

③侧垂线——垂直于 W 面的直线。

一般位置直线的投影特性：直线的三个投影都是直线，不反映实长（均小于实长），且均与投影轴倾斜，其与投影轴的夹角不反映该线对投影面倾角的真实大小。

（6）空间两直线的相对位置有三种情况：平行、相交和交叉。

（7）按平面在三面投影体系中的位置，平面对投影面的相对位置有三种类型：投影面垂直面、投影面平行面和一般位置平面。前两种为特殊位置平面。

投影面垂直面有三种类型：

①铅垂面——垂直于 H 面，而与 V、W 面倾斜的平面；

②正垂面——垂直于 V 面,而与 H、W 面倾斜的平面;

③侧垂面——垂直于 W 面,而与 H、V 面倾斜的平面。

投影面平行面有三种类型:

①水平面——平行于 H 面,而与 V、W 垂直的平面;

②正平面——平行于 V 面,而与 H、W 垂直的平面;

③侧平面——平行于 W 面,而与 H、V 垂直的平面。

一般位置平面的投影特性:三个投影都不能积聚为直线,均为空间平面的类似形,不反映该平面的实形,也不反映该平面对投影面的倾角。

(8)点在平面内的几何条件:点在平面内的直线上,则该点必在平面内。

(9)直线在平面内的几何条件:

①若直线过平面内的两点,则此直线必在该平面内;

②若一直线过平面内的一点,且平行于该平面内的一直线,则此直线必在该平面内。

(10)平面内的投影面平行线有三种情况:

①平面内的水平线——在平面内,又平行于水平面的直线;

②平面内的正平线——在平面内,又平行于正面的直线;

③平面内的侧平线——在平面内,又平行于侧面的直线。

技能与素养

在解题过程中,通过对难点的分析,使读者学会用联系的、全面的、发展的观点看问题,正确对待人生发展中的顺境与逆境,处理好人生发展中的各种矛盾,培养健康向上的人生态度。通过视频及互动还能培养读者的自主学习能力和沟通能力。

思考练习题

1. 选择题

(1)点的 x 坐标表示空间点到(　　)的距离。

A. V 面　　B. H 面　　C. W 面　　D. X 轴

(2)点的 x 坐标越大,其位置越靠(　　)。

A. 左　　B. 右　　C. 前　　D. 后

(3)已知三点 A(50, 40, 15), B(20, 45, 30), C(45, 18, 37),则三点从高到低的顺序是(　　)。

A. A、B、C　　B. A、C、B　　C. C、B、A　　D. B、C、A

(4)已知直线 AB 两端点的坐标分别是 A(45, 60, 30), B(45, 5, 30),则此直线应是(　　)。

A. 铅垂线　　B. 正垂线　　C. 水平线　　D. 一般位置直线

(5)关于直线的投影,下列叙述中正确的是(　　)。

A. 空间的直线投影在投影平面上,其投影必定是直线

B. 必须有直线的三个投影,才能确定各种直线的空间位置

C. 空间直线在投影平面上的投影一般为直线,特殊情况下可能在两个投影面上都反映为一点(即有重影点)

D. 直线的投影一般为直线,特殊情况下可能(只能在一个投影平面上)成为一点

(6)点在 H 面上的投影反映其(　　)坐标。

A. x 和 y　　B. y 和 z　　C. z 和 x　　D. z

(7)当直线倾斜于投影面时,直线在该投影面上的投影(　　)。

A. 反映实长

B. 积聚成一点

C. 为一直线,长度变短

D. 为一直线,长度可能变短,也可能变长

(8)当平面平行于投影面时,平面在该投影面上的投影(　　)。

A. 反映实形

B. 积聚成一直线

C. 为一形状类似但缩小了的图形

D. 积聚成一条曲线

(9)右图中的直线 AB 应是(　　)。

A. 水平线

B. 侧平线

C. 正垂线

D. 侧垂线

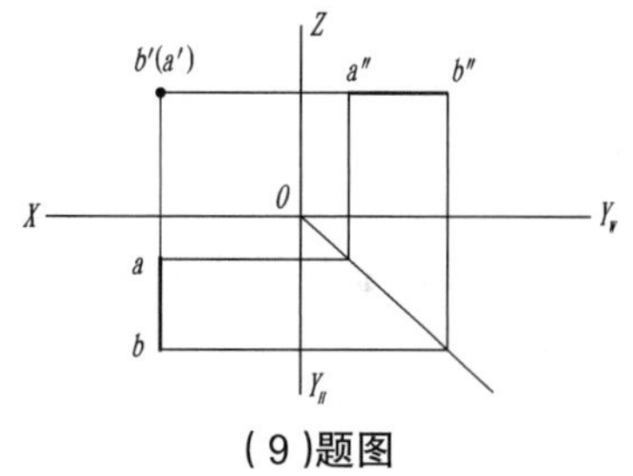

(9)题图

(10)由点 A 作一水平线,方向自点 A 向左向后,长为 10 cm,下面画得正确的是(　　)。

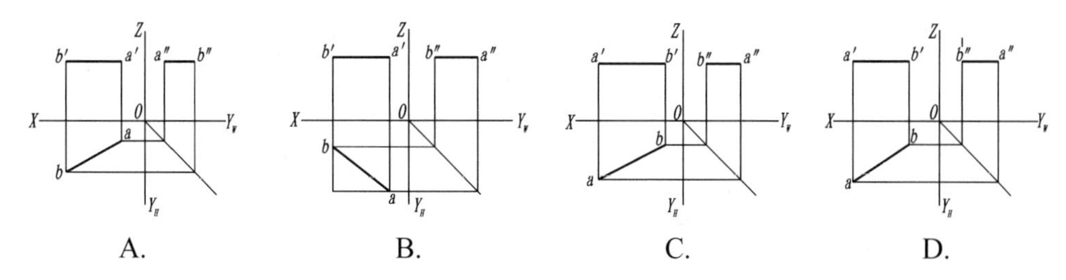

A.　　B.　　C.　　D.

(11)下图所示平面是(　　)。

A. 正平面　　B. 侧平面　　C. 铅垂面　　D. 侧垂面

(12)下图中△ABC 平面是(　　)。

A. 正垂面　　B. 侧平面　　C. 水平面　　D. 一般位置平面

（11）题图　（12）题图

2. 绘图题

（1）已知直线 *AB* 两端点 *A*、*B* 的两面投影，求作 *AB* 的三面投影和轴测图。

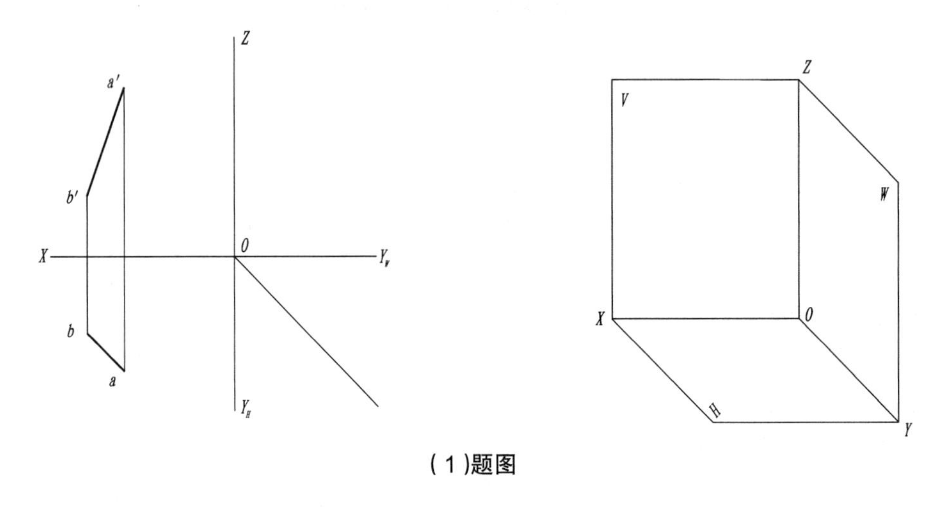

（1）题图

（2）已知水平线 *AB* 的水平投影 *ab* 及 *A* 点的正面投影 *a′*，求作 *a′b′* 和 *a″b″*。

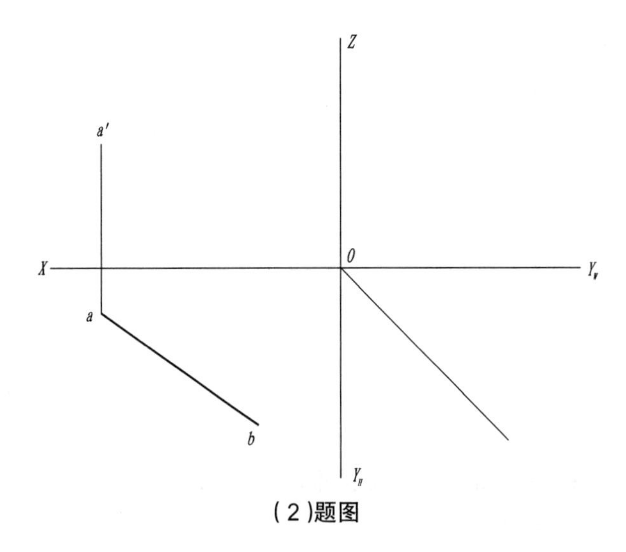

（2）题图

（3）已知正平线 *AB* 端点 *A* 的两面投影，端点 *B* 在端点 *A* 的左上方，$\alpha=45°$，*AB* 长 20 mm，求作 *AB* 的三面投影。

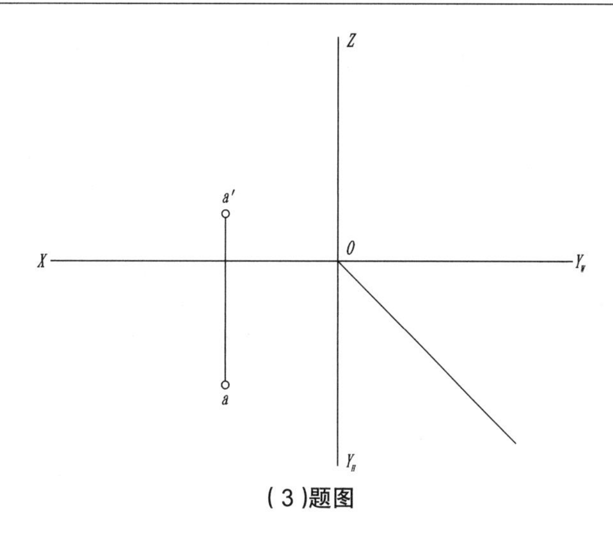

(3)题图

(4)已知平面的两面投影,求作三面投影。

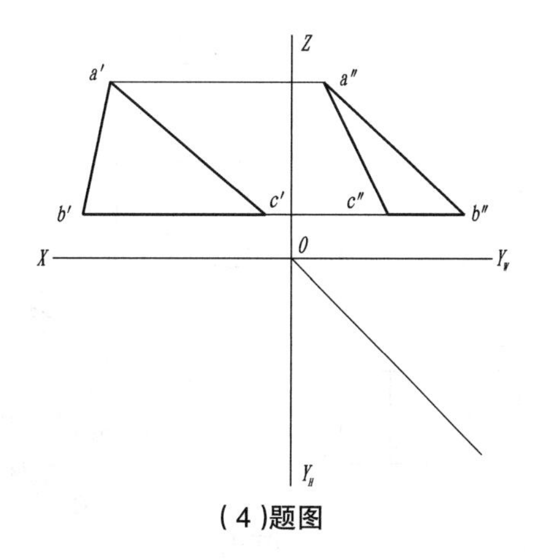

(4)题图

(5)已知水平面△*ABC* 的水平投影和顶点 *A* 的正面投影,求作平面的三面投影。

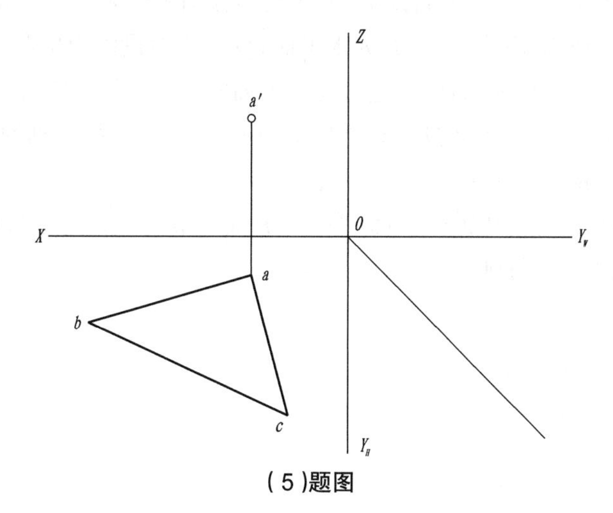

(5)题图

（6）已知△*ABC* 上 *K* 点的水平投影和△*DEF* 上 *M* 点的正面投影，求作 *K*、*M* 的三面投影。

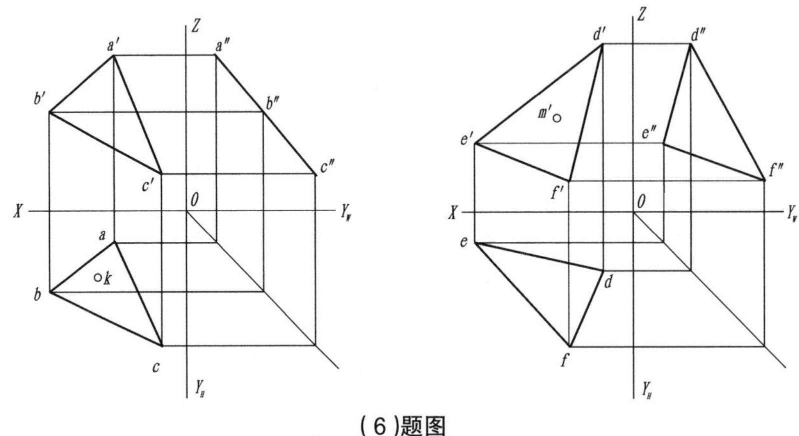

（6）题图

3. 识图题

（1）分析判断下图中 *P*、*Q*、*R* 三个平面的空间位置。

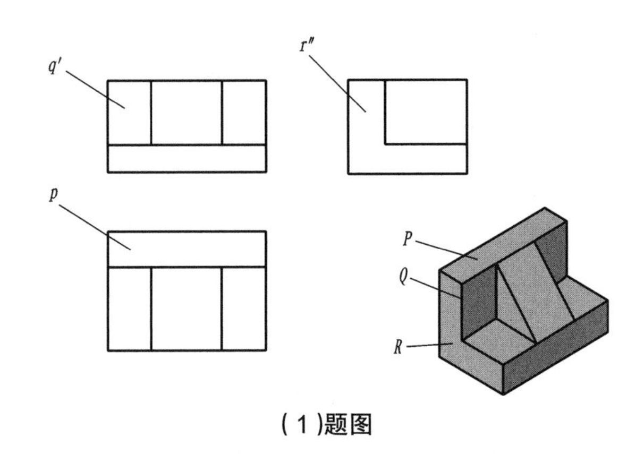

（1）题图

分析　*P* 面水平投影为矩形，正面投影、侧面投影分别积聚为平行于 *X*、*Y* 投影轴的直线，这符合水平面所具有的投影特性，故 *P* 面为水平面；*Q* 面正面投影为矩形，水平投影、侧面投影分别积聚为平行于 *X*、*Z* 投影轴的直线，这符合正平面所具有的投影特性，故 *Q* 面为正平面；*R* 面侧面投影为 L 形，水平投影、正面投影分别积聚为平行于 *Y*、*Z* 投影轴的直线，这符合侧平面所具有的投影特性，故 *R* 面为侧平面。

例如，*P* 面与 *V* 面<u>垂直</u>，*P* 面与 *H* 面<u>平行</u>，*P* 面与 *W* 面<u>垂直</u>，*P* 面是<u>水平</u>面，*P* 面的三投影中<u>*H* 面反映</u>实形；则：

Q 面与 *V* 面______，

Q 面与 *H* 面______，

Q 面与 *W* 面______，

Q 面是______面，

Q 面的三投影中______实形；

R 面与 V 面______，

R 面与 H 面______，

R 面与 W 面______，

R 面是______面，

R 面的三投影中______实形。

（2）根据下图中的立体图和投影图判断 A、B 平面各是何种位置平面。

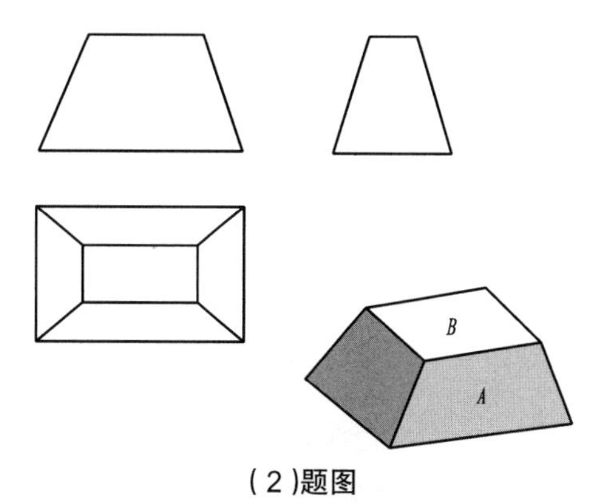

（2）题图

A 面与 V 面______，

A 面与 H 面______，

A 面与 W 面______，

A 面是______面，

A 面的三投影中______实形。

B 面与 V 面______，

B 面与 H 面______，

B 面与 W 面______，

B 面是______面，

B 面的三投影中______实形。

第 5 章　立体的投影

零件的形状虽是多种多样的,但都可以看成是由一些简单的几何体组成。如图 5-1 所示的六角头螺栓毛坯,就可看成是由正六棱柱和正圆柱组成的。这些简单的几何体统称为基本几何体,简称基本体。图 5-2 是一些常见的基本体示例。基本体分为平面体和曲面体两类。表面均由平面构成的立体称为平面体,常见的平面体有棱柱、棱锥和棱台等。表面由曲面或由平面和曲面构成的立体称为曲面体,如圆柱、圆锥、圆台、球等。

扫一扫:PPT- 第 5 章

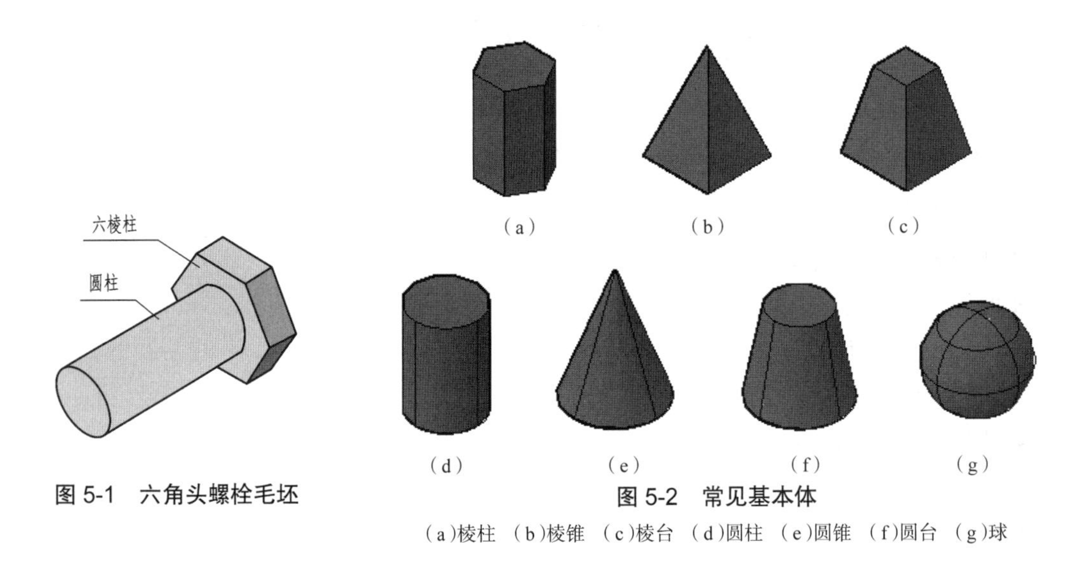

图 5-1　六角头螺栓毛坯

图 5-2　常见基本体

(a)棱柱　(b)棱锥　(c)棱台　(d)圆柱　(e)圆锥　(f)圆台　(g)球

5.1　平面体的投影

5.1.1　棱柱

表面中有两个面互相平行,其余每相邻两个面的交线都互相平行的平面体,称为棱柱。两个互相平行的平面多边形称为棱柱的底面,其余表面称为棱柱侧面,相邻侧面的交线称为侧棱。侧棱与底面垂直的棱柱称为直棱柱。底面为正多边形的直棱柱称为正棱柱。下面以正六棱柱为例加以分析。

1. 正六棱柱的几何特点

如图 5-3(a)所示, 正六棱柱的顶面和底面为两个形状、大小完全相同的互相平行的正六边形, 其余六个侧面均为垂直于上、下底面的矩形。

2. 投影分析

图 5-3(a)所示为一个正六棱柱的投影。它的顶面和底面为水平面,水平投影反映实形,正面投影和侧面投影积聚为平行于投影轴的直线;六个矩形侧面中,前后面为正平面,正面投影反映实形,水平投影和侧面投影积聚为平行于投影轴的直线;左右四个侧面为铅垂面,水平投影积聚为直线,另外两个面投影为类似形;六条棱线为铅垂线,水平投影积聚为点,另外两个面投影为反映实长的直线,即棱柱高度。

3. 正六棱柱三视图的画法

画正六棱柱三视图就是画出各棱面、棱线或顶点的投影。

用对称中心线或基准线确定各视图的位置后,首先用细线画正六棱柱的水平面投影,即正六边形;再根据长对正的投影关系和正六棱柱的高度画出正面投影;然后由高平齐以及宽相等的投影关系画出其侧面投影;画完这些面和线的投影,最后检查并描粗,即得正六棱柱的三视图,如图 5-3(b)所示。

4. 正六棱柱三视图的阅读

如图 5-3(b)所示,俯视图的正六边形为正六棱柱的上、下底面的投影,反映实形;而正六边形的顶点及边则是六条棱线和六个有积聚性的侧面的投影。主视图由三个矩形线框组成,其中上、下两条边线是正六棱柱有积聚性的上、下底面的投影;三个线框是六个侧面的投影,位于中间的线框是正六棱柱前、后侧面的投影,反映实形,两旁的线框是其余侧面的投影,为类似形。左视图由两个线框组成,其中上、下两条边线是正六棱柱有积聚性的上、下底面的投影;两个线框是四个侧面的投影,为类似形;最前、最后的边线是两个有积聚性的侧面的投影。

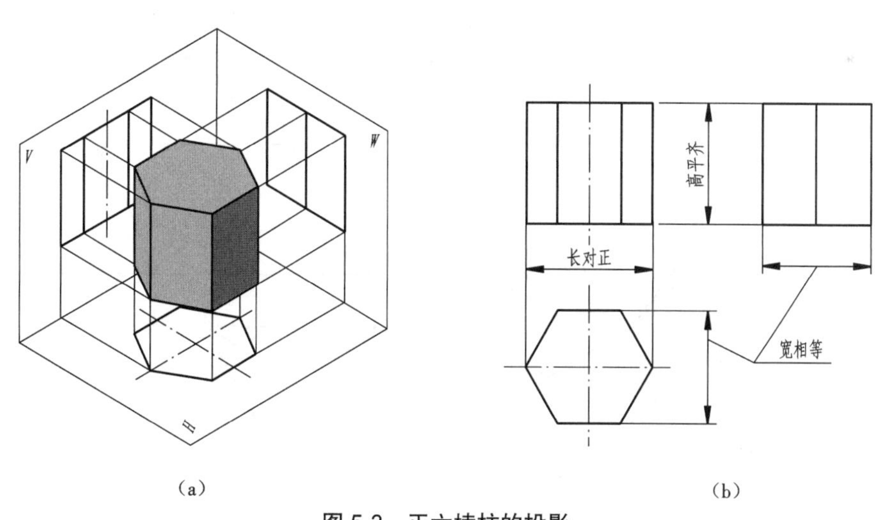

图 5-3 正六棱柱的投影

(a)直观图 (b)投影图

5.1.2 棱锥

平面体表面中有一个为多边形,其余各面是具有公共顶点的三角形平面,这样的平面体称为棱锥。平面多边形称为棱锥的底面,有公共顶点的三角形称为棱锥的侧面,相邻侧面的交线称为侧棱。下面以正棱锥为例说明棱锥三视图的表达方法。

1. 正棱锥的几何特点

正棱锥的底面为正多边形，各侧面均为过锥顶的、相同的等腰三角形。如图 5-4（a）所示，正三棱锥底面为正三角形，三个侧面均为过锥顶的全等等腰三角形。

2. 投影分析

如图 5-4（a）所示，正三棱锥的底面 *ABC* 为水平面，其水平投影 *abc* 为正三角形，反映实形，正面投影和侧面投影都积聚为一水平线段；棱面 *SAC* 为侧垂面，所以侧面投影积聚为直线，水平投影和正面投影都是类似形；棱面 *SAB* 和 *SBC* 为一般位置平面，三面投影都是类似形。

画完这些面的投影，即得正三棱锥的三视图，如图 5-4（b）所示。

3. 正三棱锥三视图的画法

（1）画三棱锥底面 *ABC* 的三面投影图。

（2）根据三棱锥的高度找出锥顶 *S* 的三面投影。

（3）分别连接锥顶 *S* 到锥底 *ABC* 的同面投影。

（4）检查、擦去多余线条，加深图线。

4. 正三棱锥三视图的阅读

如图 5-4（b）所示，俯视图中 $\triangle abc$ 为正三棱锥下底面的投影，$\triangle sab$、$\triangle sbc$、$\triangle sac$ 是全等三角形，分别为正三棱锥三个侧面的水平投影，*sa*、*sb*、*sc* 分别为正三棱锥三条侧棱的投影；主视图中 $\triangle s'a'b'$、$\triangle s'b'c'$ 分别为前面两个侧面的正面投影，$\triangle s'a'c'$ 是后侧面的正面投影，直线 $a'b'c'$ 是下底面的正面投影；左视图中 $\triangle s''a''b''$、$\triangle s''b''(c'')$ 为左、右两个侧面的投影，直线 $s''a''(c'')$ 是后侧面的投影，$a''(c'')b''$ 是下底面的投影。

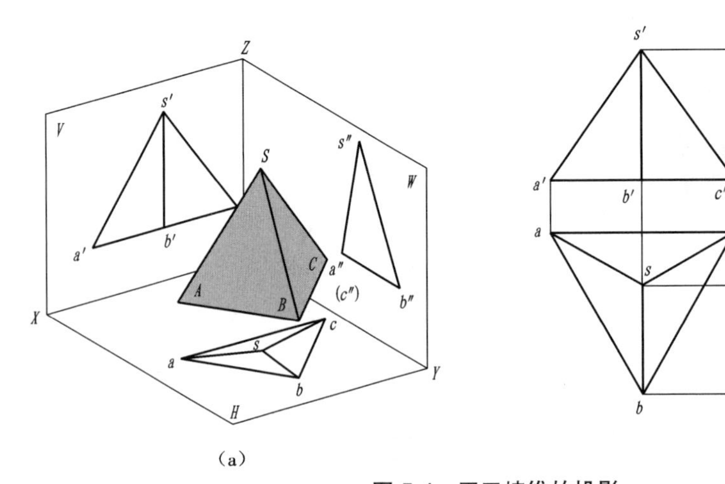

（a）　　（b）

图 5-4　正三棱锥的投影

（a）直观图　（b）投影图

5.2　曲面体的投影

5.2.1　圆柱

1. 圆柱面的形成

圆柱面可看成是一条直线绕与它平行的轴线回转而成。如图 5-5 所示，回转中心称为轴线，运动直线称为母线，任意位置的母线称为素线。

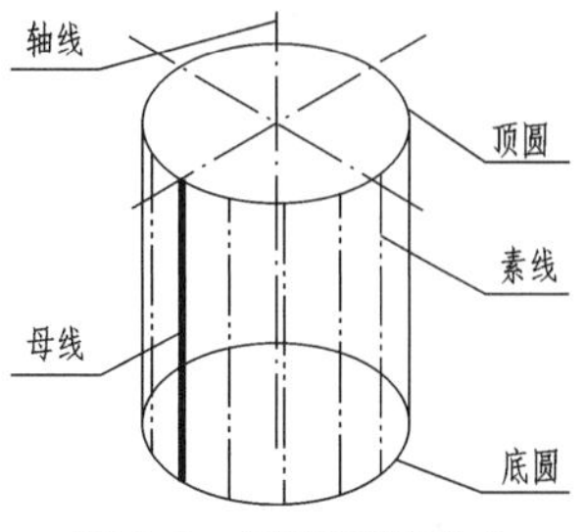

图 5-5　圆柱面的形成

2. 投影分析

如图 5-6(a)所示，圆柱上、下底面为水平面，其水平投影反映实形，正面投影与侧面投影积聚成一直线。由于圆柱轴线与水平投影面垂直，圆柱面的水平投影积聚为一圆周(重合在上、下底面圆的实形投影上)，其正面投影和侧面投影为形状、大小相同的矩形。画完这些面的投影，即得圆柱的三视图，如图 5-6(b)所示。

3. 圆柱三视图的画法

作图时应先画圆的中心线和圆柱轴线的各面投影，然后从投影具有积聚性的圆的视图画起，再根据投影规律和圆柱的高度逐步完成其他视图，如图 5-6(b)所示。

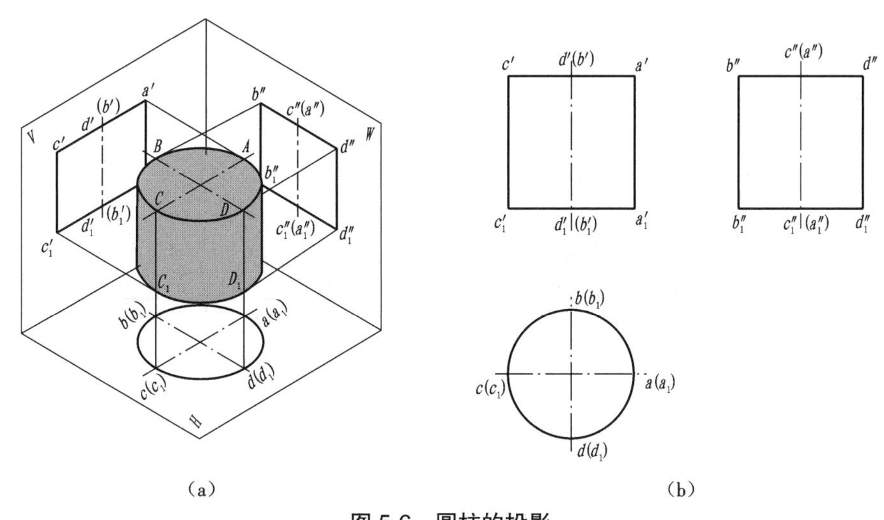

图 5-6　圆柱的投影

(a)直观图　(b)投影图

4. 圆柱三视图的阅读

如图 5-6(b)所示，俯视图中的圆平面为圆柱上、下底面的投影；圆周为圆柱曲面的投影；圆的对称线与圆周的四个交点 c、a、d、b 分别为最左、最右、最前、最后四条特殊位置素线的投影。主视图为一矩形线框，上、下两条线是圆柱上、下底面的投影，具有积聚性；矩形左、右两边 $c'c_1'$ 和 $a'a_1'$ 分别是圆柱面最左、最右素线的投影，这两条素线的侧面投影与圆柱轴线的投影重合(不必画出),同时也是前半个圆柱面与后半个圆柱面在主视图上可见与不可见的分界线,称为转向轮廓线。左视图为一矩形线框,上、下两条线是圆柱上、下底面的投影,具有积聚性;矩形左、右两边 $b''b_1''$ 和 $d''d_1''$ 分别是圆柱面最后、最前素线的投影,这两条素线的正面投影与圆柱轴线的投影重合(不必画出),同时也是左半个圆柱面与右半个圆柱面在左视图上可见与不可见的分界线,也称为转向轮廓线。

5.2.2 圆锥

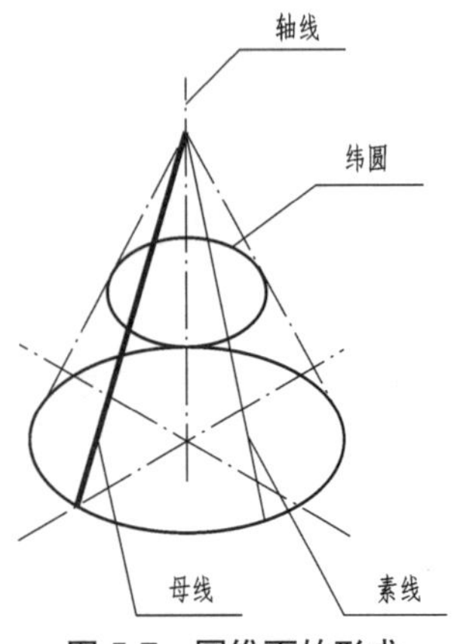

图 5-7 圆锥面的形成

1. 圆锥面的形成

圆锥面可看成是一条直线绕与它相交的轴线回转而成。如图 5-7 所示,母线上任一点的运动轨迹称为纬圆。

2. 投影分析

如图 5-8(a)所示,圆锥轴线垂直于水平面,底面位于水平位置,其水平投影反映实形,正面投影和侧面投影积聚成一直线;圆锥面在三个投影面中都没有积聚性,水平投影与底面圆的水平投影重合,正面投影和侧面投影为形状、大小相同的等腰三角形。

3. 圆锥三视图的画法

作图时应先画圆的中心线和圆锥轴线的各面投影,然后画投影为圆的视图,再根据投影规律和圆锥的高度逐步完成其他视图(两个全等三角形),如图 5-8(b)所示。

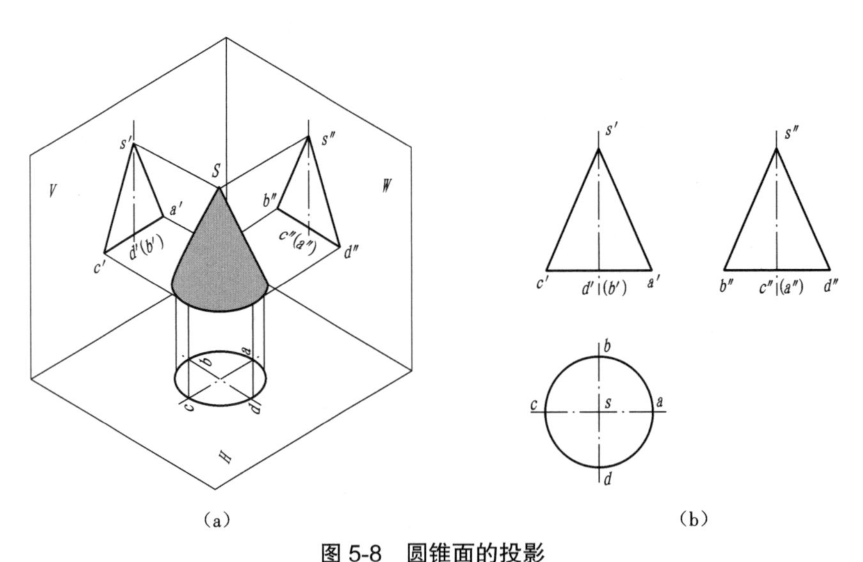

图 5-8 圆锥面的投影

(a)直观图 (b)投影图

4. 圆锥三视图的阅读

如图 5-8(b)所示,水平投影中,圆形为圆锥下底圆和圆锥曲面的投影,c、a、d、b 为圆锥最左、最右、最前、最后四条特殊位置素线与下底圆周的交点;正面投影中,左、右两边 $s'c'$、$s'a'$分别是圆锥面最左、最右素线的投影，这两条素线的侧面投影与圆锥轴线的投影重合，是前半个圆锥面与后半个圆锥面在主视图上可见与不可见的转向轮廓线；侧面投影中，左、右两边 $s''b''$ 、$s''d''$ 分别是圆锥面最后、最前素线的投影，这两条素线的正面投影与圆锥轴线的投影重合，是左半个圆锥面与右半个圆锥面在左视图上可见与不可见的转向轮廓线。

5.2.3　圆球

1. 球面的形成

圆球面可看成一个圆（母线）绕其直径回转而成，如图 5-9 所示。

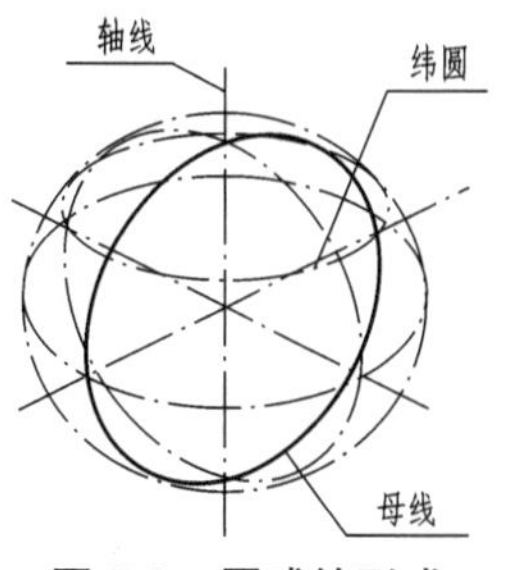

图 5-9　圆球的形成

2. 投影分析

如图 5-10（a）所示，圆球的三个视图都是与圆球直径相等的圆，均表示圆球面的投影，没有积聚性；这三个圆也分别表示圆球面上三个不同方向的转向轮廓线的投影。

3. 球体三视图的画法

作图时应先画圆的中心线的各面投影，然后画投影为圆的视图，如图 5-10（b）所示。

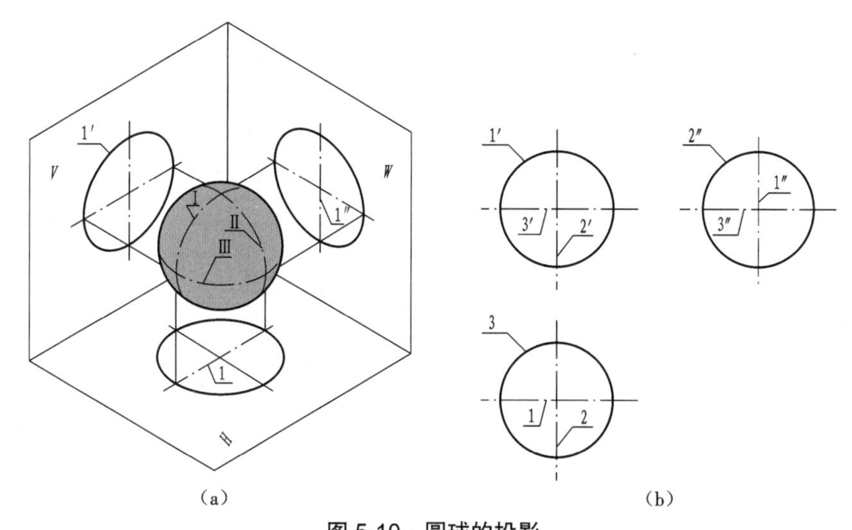

图 5-10　圆球的投影

（a）直观图　（b）投影图

4. 球体三视图的阅读

如图 5-10（b）所示，主视图中的圆 1′ 表示前、后半球的分界线，是平行于正面的前、后方向转向轮廓素线圆的投影，它在 *H* 和 *W* 面的投影与圆球的前、后对称中心线 1、1″ 重合；左视图中的圆 2″ 表示左、右半球的分界线，是平行于侧面的左、右方向转向轮廓素线圆的投影，它在 *V* 和 *H* 面的投影与圆球的左、右对称中心线 2′ 、2 重合；俯视图中的圆 3 表示上、下半球的分界线，是平行于水平面的上、下方向转向轮廓素线圆的投影，它在 *V* 和 *W* 面的投影与圆球的上、下对称中心线 3′ 、3″ 重合。

5.3 立体表面上点的投影

5.3.1 平面立体表面上点的投影

1. 棱柱表面上点的投影

如图 5-11(a)所示,已知正六棱柱三视图及其表面 *M*、*N* 两点的一个投影,求点 *M*、*N* 两点的另两面投影,并判别可见性。

分析:点 *M* 位于 *ABCD* 面内, *ABCD* 面为铅垂面,水平投影积聚为一条倾斜于投影轴的直线 *ad*,点 *M* 的水平投影位于 *ad* 上, *ABCD* 面的侧面投影可见,故 *m*″ 可见;点 *N* 位于正六棱柱上底面,上底面为水平面,正面投影和侧面投影均积聚为一条直线,点 *N* 的正面投影和侧面投影均在对应直线上。

作图步骤:

(1)过 *m*′ 作 *OX* 轴垂线,与 *ad* 的交点即为点 *M* 的水平投影 *m*;

(2)按已知点的两个投影求第三投影的方法,求出 *m*″,且可见;

(3)过 *n* 作 *OX* 轴垂线,与 *a*′*d*′ 的交点即为 *n*′ ;

(4)按已知点的两个投影求第三投影的方法,求出 *n*″,如图 5-11(b)所示。

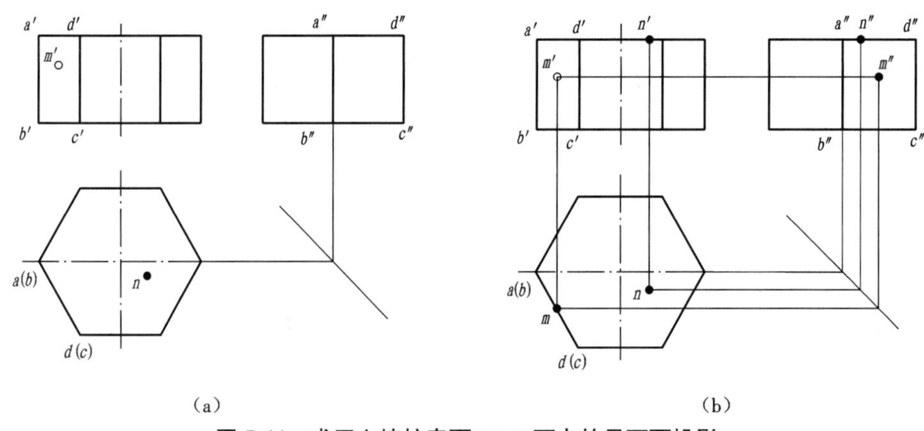

图 5-11 求正六棱柱表面 *M*、*N* 两点的另两面投影

(a)已知 *M*、*N* 两点的一个投影 (b)求 *M*、*N* 两点的另两面投影

2. 棱锥表面上点的投影

如图 5-12(a)所示,已知正三棱锥三视图及其表面 *M* 点的正面投影,求点 *M* 的另两面投影。

分析:根据已知条件分析,点 *M* 位于棱锥一般位置平面上,可以按平面上点的投影来求。

作图步骤:

(1)连接 *s*′ 和 *m*′ 并延长,与 *a*′*c*′ 交于 2′ ;

(2)在投影 *ac* 上求出Ⅱ点的水平投影 2;

(3)连接 *s* 和 2,即求出直线 *S*Ⅱ的水平投影;

（4）根据在直线上的点的投影规律，求出 M 点的水平投影 m；

（5）根据点的三面投影方法，求出 m''，完成三视图，如图 5-12（b）所示。

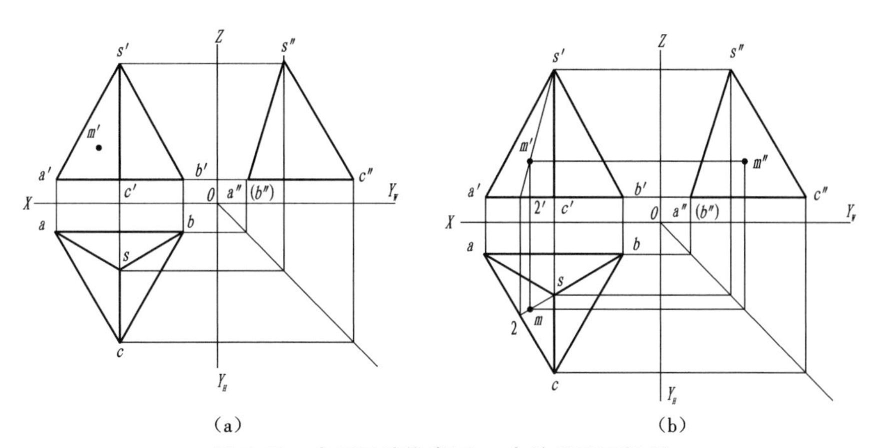

图 5-12　求正三棱锥表面 *M* 点的另两面投影

（a）已知点 M 正面投影　（b）求 M 点水平投影、侧面投影

5.3.2　曲面立体表面上点的投影

1. 圆柱表面上点的投影

如图 5-13（a）所示，当圆柱轴线垂直于侧面时，圆柱面的侧面投影具有积聚性，圆柱面上点的侧面投影一定重影在侧面圆周上，因此利用圆柱表面的积聚性就能求出圆柱表面上点的投影。

如图 5-13（b）所示，已知圆柱面上点 M 的正面投影 m' 和点 K 的水平投影（k），求另两面投影。由给定的 m' 的可见性位置分析，可判断点 M 在前半圆柱面的左半部。利用圆柱面的侧面投影的积聚性，m 就在前半圆柱面的左部，m'' 即可用投影规律求出；K 点水平投影位于轴线上且不可见，空间点则位于圆柱最下面素线上，侧面投影在对称线与圆交点处，正面投影在轮廓素线上，如图 5-13（b）所示。

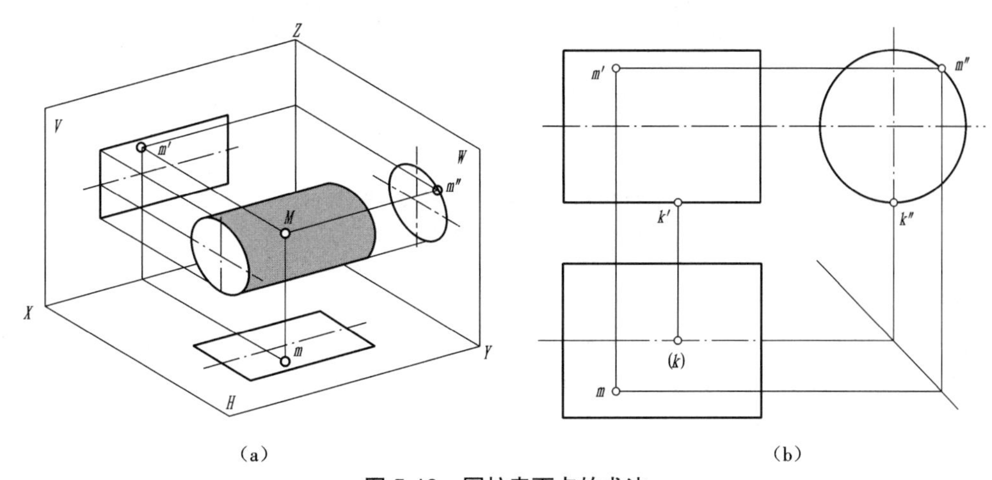

图 5-13　圆柱表面点的求法

（a）轴测图　（b）求点的两面投影

2. 圆锥表面上点的投影

如图 5-14 所示，已知圆锥面上点 M、N 的正面投影，求两点的另两面投影。

1）辅助线法求点的投影

如图 5-14（a）所示，用辅助线法求点的投影就是连接锥顶与圆锥表面点，并延长与下底圆相交，作出辅助素线，求出素线的三面投影，按“直线上点的投影”作图方法，作出圆锥表面点的其他投影。

作图步骤：过锥顶连接 s' 和 m'，并延长与下底圆正面投影交于 $1'$，过 $1'$ 作 X 轴的垂线与水平投影圆交于 1，交点 1 即为点 Ⅰ 的水平投影，连接 s 和 1，再过 m' 作 X 轴的垂线与 $s1$ 相交，交点即为点 M 的水平投影 m；按已知点的两个投影求第三投影方法，求出 m''，如图 5-14（b）所示。

可见性判断：由于点 M 位于左前方圆锥面上，故三面投影均可见。

2）辅助面法求点的投影

如图 5-14（a）所示，过点 M 在圆锥面上作垂直于圆锥轴线的水平辅助面，与圆锥面交线为水平圆；由于点 M 属于该圆，所以点 M 的投影在该辅助圆的投影上。过 m' 作水平线 $2'3'$，它的水平投影为一直径等于 $2'3'$ 的圆，圆心为 s，过 m' 作 X 轴的垂线，与辅助圆的交点即为 m，然后再按点的投影规律由 m' 和 m 作出 m''。

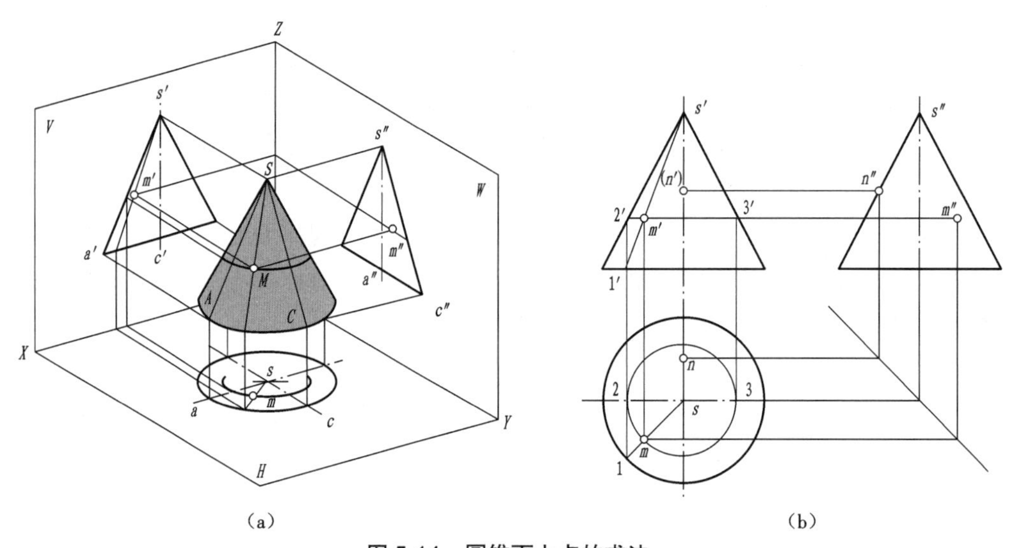

图 5-14 圆锥面上点的求法

（a）轴测图 （b）求点的两面投影

3）求点 N 的投影

根据 N 点正面投影（n'）判断其在圆锥的最后素线上，故不需用上述两种方法，直接根据点在直线上的投影原理便可求得。（注意判断 N 点投影的可见性）

3. 圆球表面上点的投影

如图 5-15（a）所示，投影应采用辅助圆法，即过点 M 在球面上作一平行于正投影面的辅助圆，由于点在辅助圆上，则点的投影也在该辅助圆的投影上，具体如图 5-15（b）所示。圆球面

上点 M 的投影可根据其位置判断可见性，即点 M 在球的左上部，则三面投影均可见。

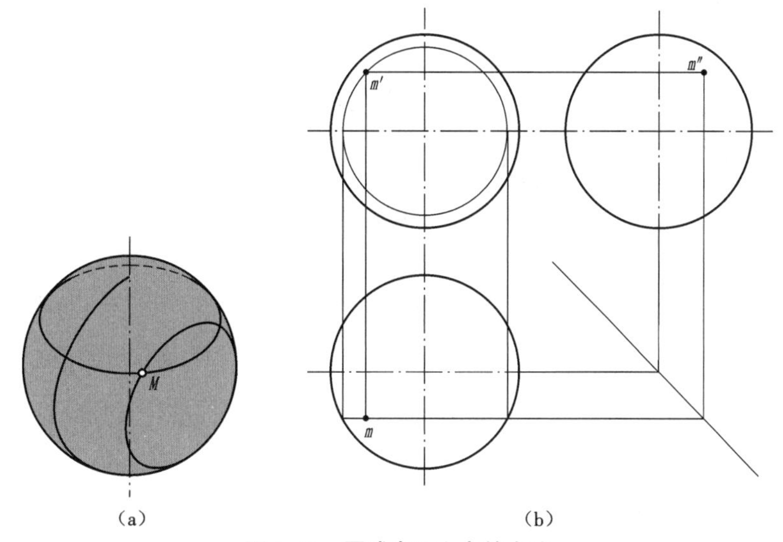

图 5-15　圆球表面上点的求法

(a)已知点 M 水平投影　(b)辅助圆法求 m' 和 m''

5.4　基本体尺寸标注

5.4.1　平面立体的尺寸标注

(1)对于棱柱及棱锥，除了标注确定其底面(或顶面)形状、大小的尺寸外，还要标注棱柱的高度尺寸，如图 5-16、图 5-17(a)和(b)所示。

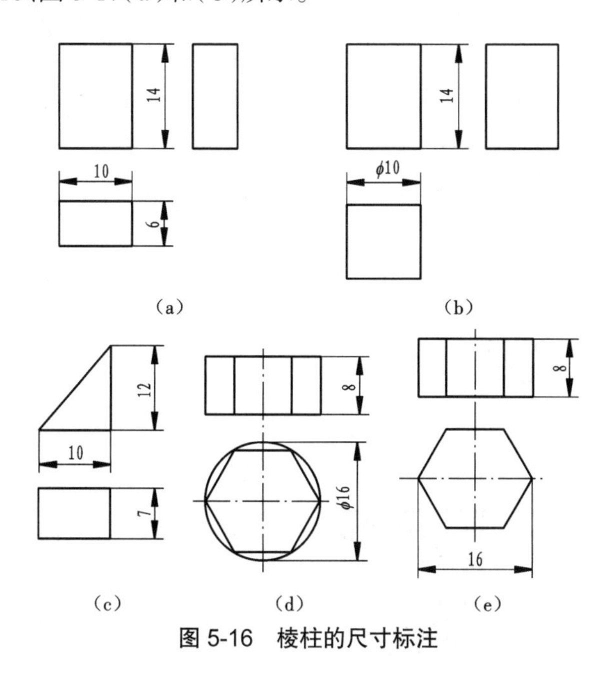

图 5-16　棱柱的尺寸标注

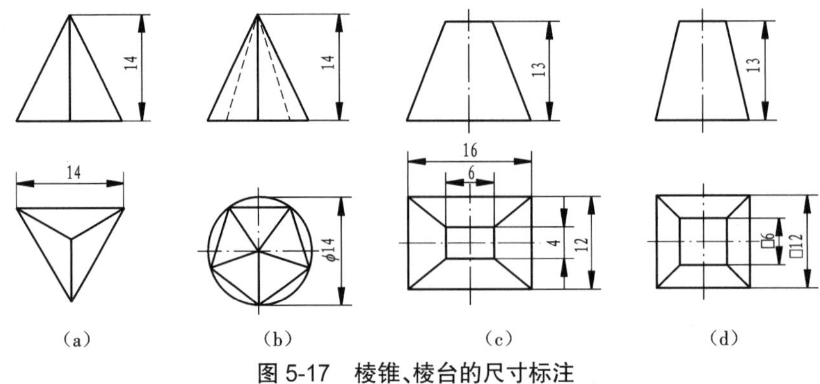

图 5-17 棱锥、棱台的尺寸标注

(2)对于棱台,除了标注确定其顶面和底面形状、大小的尺寸外,还要标注棱台的高度尺寸。为了便于看图,确定棱台顶面和底面形状、大小的尺寸,宜标注在其反映实形的视图上,如图 5-17(c)和(d)所示。

5.4.2 回转体的尺寸标注

(1)对于圆柱、圆锥和圆台,应标注底圆直径和高度尺寸,并在直径数字前加注“ϕ”,如图 5-18(a)至(c)所示。

(2)标注圆球尺寸时,在直径数字前加注球直径符号“$S\phi$”,如图 5-18(d)所示。

(3)直径尺寸一般标注在非圆视图上,当尺寸集中标注在一个非圆视图上时,一个视图即可表达清楚它们的形状和大小。

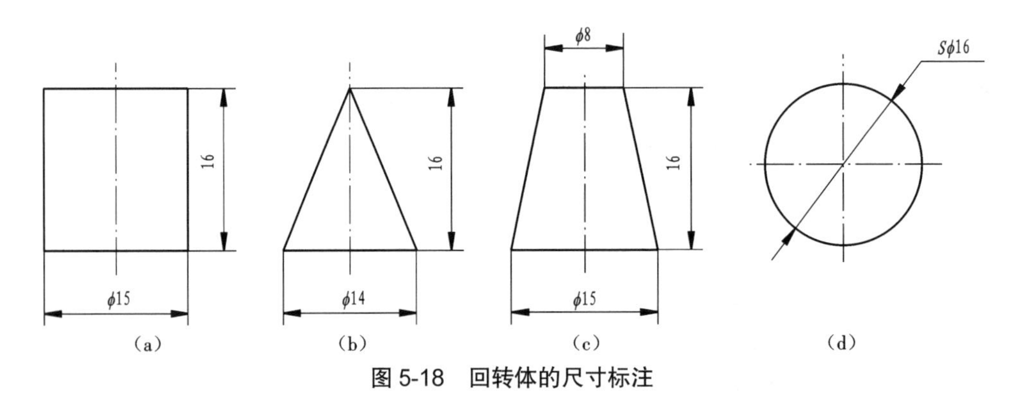

图 5-18 回转体的尺寸标注

5.5 立体表面交线

5.5.1 截交线

扫一扫:截交线的画法

工程上经常见到机件的某些部分是平面与立体相交形成的,这样会在立体的表面产生交线。平面与立体表面相交,可以认为是立体

被平面截切。图 5-19(a)为机床尾架的顶尖,它是由圆柱、圆锥组合后再切去一部分而成的。

如图 5-19(b)、(c)所示,平面切割圆柱及正六棱柱,该平面通常称为截平面;截平面与立体表面的交线称为截交线;截交线围成的平面图形称为截断面;被平面截切后的形体称为切割体(或称截断体)。

图 5-19　立体表面交线

图 5-19(c)所示为棱柱被平面截切,截交线为平面多边形,此平面多边形的作图方法是求出在平面体棱线上的多边形顶点,然后把它们依次连接起来;图 5-19(b)所示为平面截切曲面体,在曲面体表面形成的截交线为平面曲线,其作图方法是求作曲线上一系列的点,然后依次将其光滑连接。切割体的三视图是在原基本体三视图基础上,作出截交线的三面投影而成的,所以切割体三视图的绘制与阅读,关键是对截交线的分析。

截交线具有以下性质。

(1)封闭性:截交线为封闭的平面图形。

(2)共有性:截交线既在截平面上,又在立体表面上,因此截交线是截平面与立体表面的共有线,截交线上的点都是截平面与立体表面的共有点。所以,求作截交线就是求截平面与立体表面的共有点和共有线。

1. 平面立体的截交线

平面与平面立体相交形成的截交线空间形状取决于基本体的形状及截平面与基本体的相对位置,截交线的投影形状取决于截平面与投影面的相对位置。平面立体的截交线围成的图形必为平面多边形,其边数等于被截切表面的数量,多边形的顶点位于被截切的棱线上,多边形的边就是截平面与平面立体表面的交线。

求截交线的两种方法:

(1)求各棱线与截平面的交点,即棱线法;

(2)求各棱面与截平面的交线,即棱面法。

求截交线的步骤:

(1)分析截交线空间形状,即分析基本体的形状及截平面与基本体的相对位置,判断截交线空间形状;

(2)分析截交线投影,截交线的投影形状取决于截平面与投影面的相对位置;

(3)画出被截切前原基本体三视图;

（4）画出截交线的投影，分别求出截平面与棱面的交线，并连接成多边形，连线时必须是位于同一个棱面或底面上的两个点才能连接；

（5）检查、擦去多余图线，加深轮廓线。

1）平面与棱柱体相交

如图 5-20（a）和（b）所示，三棱柱被正垂面 P 截断，由于截平面 P 是正垂面，正面迹线 P_V 有积聚性，因此位于正垂面上的截交线正面投影必然位于截平面的正面迹线 P_V 上，而且三条棱线与 P_V 的交点 1′、2′、3′ 就是截交线的三个顶点。又由于三棱柱的棱面都是铅垂面，其水平投影有积聚性，因此位于三棱柱棱面上的截交线水平投影必然落在棱面的积聚投影上。至于截交线的侧面投影，只需通过 1′、2′、3′ 向右作投影连线即可在对应的棱线上找到 1″、2″、3″，将此三点依次连成三角形，就得到截交线的侧面投影。最后，擦去切掉部分图线（或用双点画线代替），即完成截断后三棱柱的三面投影，如图 5-20（c）所示。

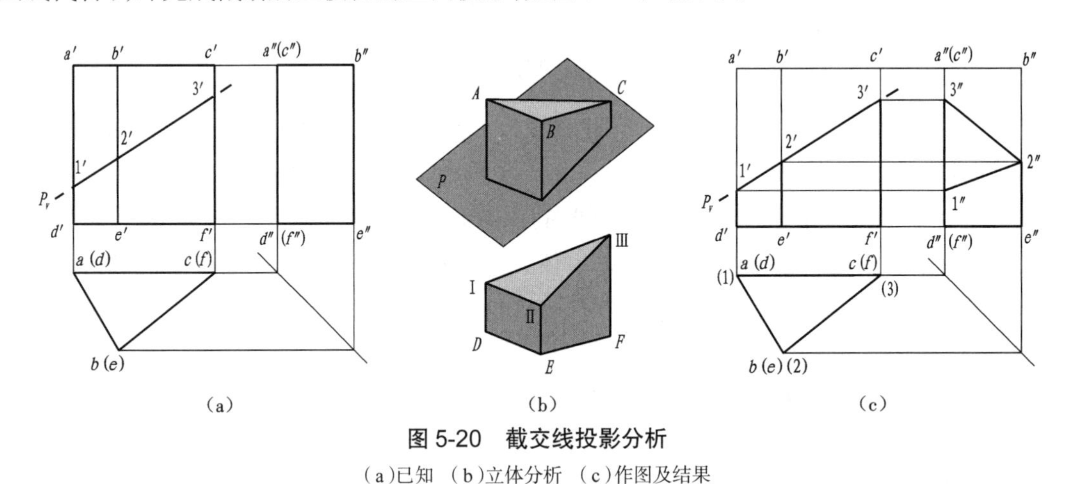

图 5-20 截交线投影分析

（a）已知 （b）立体分析 （c）作图及结果

下面以正棱柱、正棱锥被截切为例，说明平面切割体截交线的画法。

【例 5-1】 如图 5-21（a）所示，已知六棱柱被一正垂面所截，完成三视图。

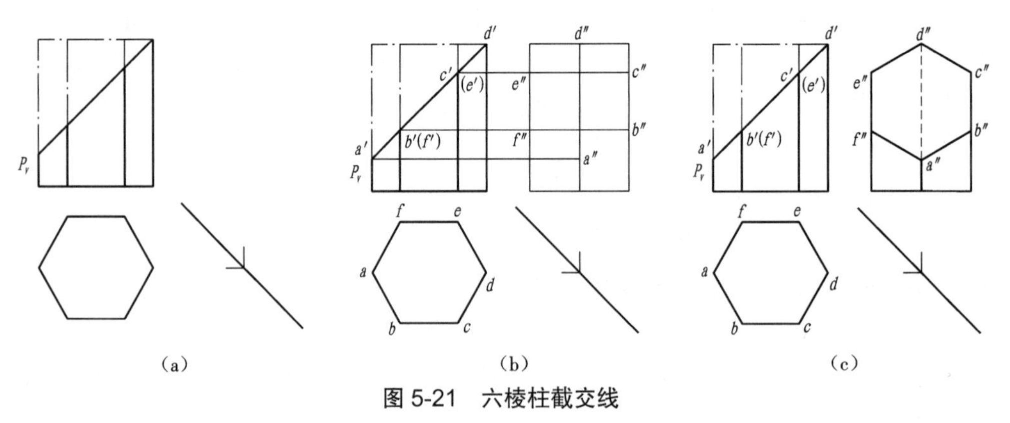

图 5-21 六棱柱截交线

（a）已知 （b）求交点的投影 （c）作图及结果

投影分析 如图所示，根据截平面与六棱柱的相对位置可知，截平面与六棱柱的六个棱面相交，所以形成的截交线为六边形，六边形六个顶点分别是棱线与截平面相交的交点。

作图　（1）求出完整六棱柱的左视图，再求出 *ABCDEF* 的投影，如图 5-21（b）所示。

（2）连接同面投影，完成被截断的六棱柱的三视图，如图 5-21（c）所示。

2）平面与棱锥体相交

Ⅰ. 分析截交线的空间形状

如图 5-22（a）和（b）所示是一个正三棱锥被正垂面 *P* 切割后产生的立体。截平面 *P* 与三棱锥的三条侧棱都相交，所以截交线构成一个三角形，三角形的顶点Ⅰ、Ⅱ、Ⅲ是各侧棱与截平面 *P* 的交点。

Ⅱ. 分析截交线的投影图

根据三视图判断，截断体为正三棱锥，被平面截切。根据平面投影特性，判断截平面为正垂面，截交线的正面投影积聚在 P_V 上。

Ⅲ. 作图步骤

找到各侧棱的正面投影 $s'a'$、$s'b'$、$s'c'$ 与 P_V 的交点 1′、2′、3′；根据线上取点的方法，求出水平投影 1、2、3 和侧面投影 1″、2″、3″，并将同面投影连线；检查并加深图线，擦去切掉部分的图线，完成作图，如图 5-22（c）所示。

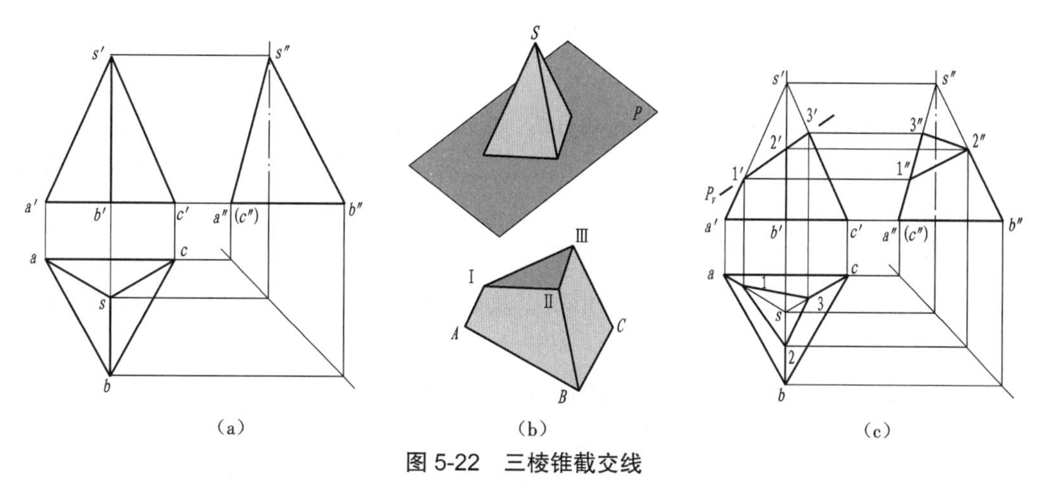

图 5-22　三棱锥截交线

（a）已知　（b）立体分析　（c）作图及结果

【例 5-2】 完成图 5-23（a）所示四棱锥切割体的水平投影和侧面投影。

分析　这是正四棱锥被两个平面截切形成的立体，如图 5-23（b）所示。其中，一个面为水平面，与四棱锥的一条棱线和两个侧面相交，水平投影反映截交线实形，另外两个投影积聚为平行投影轴的直线；另一个面为正垂面，与四棱锥的三条棱线和四个侧面相交，且与水平面相交，截交线围成五边形，正面投影积聚为一条倾斜于投影轴的直线，另外两个投影为五边形的类似形。

作图　（1）标出截交线正面投影的各交点投影 1′、2′、3′、4′、5′、6′。

（2）按投影规律求出各交点的水平投影 1、2、3、4、5、6 和侧面投影 1″、2″、3″、4″、5″、6″，并将同面投影连线。

（3）检查并加深图线，擦去切掉部分的图线，完成作图，如图 5-23（c）所示。

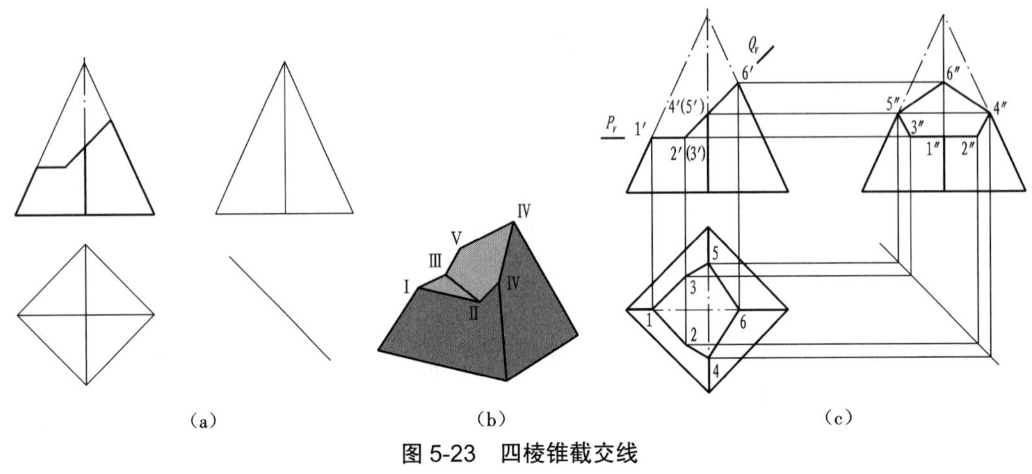

（a）　（b）　（c）

图 5-23　四棱锥截交线

（a）已知　（b）立体分析　（c）作图及结果

2. 曲面立体的截交线

平面与曲面立体相交所得截交线的空间形状取决于曲面立体表面的形状及截平面与曲面立体轴线的相对位置，可以是曲线围成的平面图形，或者曲线和直线围成的平面图形，也可以是平面多边形。

截交线是截平面与曲面立体表面的共有线，截交线上的点也都是它们的共有点。因此，求截交线的实质就是利用曲面立体表面定点的方法求出一系列共有点，然后把这些点的同面投影光滑地连接起来。

曲面立体截交线的求作方法与步骤如下。

（1）空间分析：分析曲面立体的几何形状以及截平面与曲面立体轴线的相对位置，确定曲面立体截交线的空间形状。

（2）投影分析：分析截平面与投影面的相对位置，明确截交线的投影特性，如积聚性、类似性等，找出截交线的已知投影，预见未知投影。

（3）投影作图：若截交线为非圆曲线或非直线段，运用曲面立体表面取点、取线方法，先作出截交线上的特殊点（特殊点指能确定截交线形状和范围的点，如最高、最低、最前、最后、最左、最右以及可见与不可见分界点等），在需要的地方补充一般点，然后用光滑曲线连接各点，并判断截交线的可见性。

（4）整理曲面立体轮廓线：检查曲面立体被截切后的轮廓素线。

1）平面与圆柱相交

平面与圆柱相交时，根据平面与圆柱轴线的相对位置不同，可将截交线分为矩形、圆和椭圆三种形式，见表 5-1。

表 5-1　圆柱体的截交线

截平面位置	与轴线平行	与轴线垂直	与轴线倾斜
轴测图	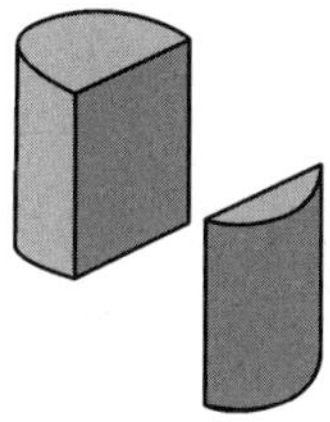	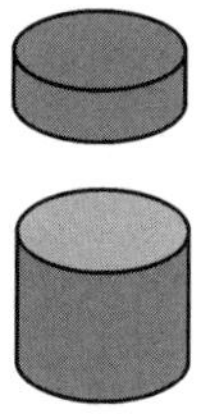	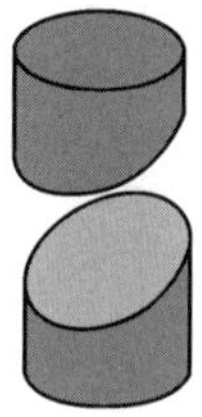
投影图	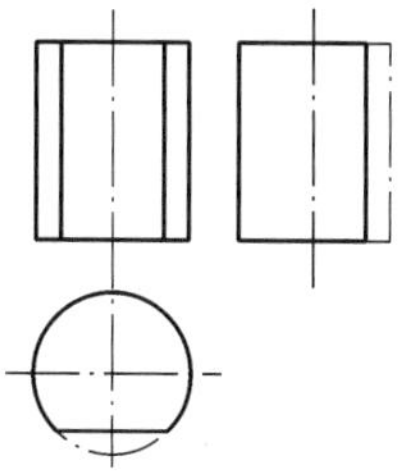	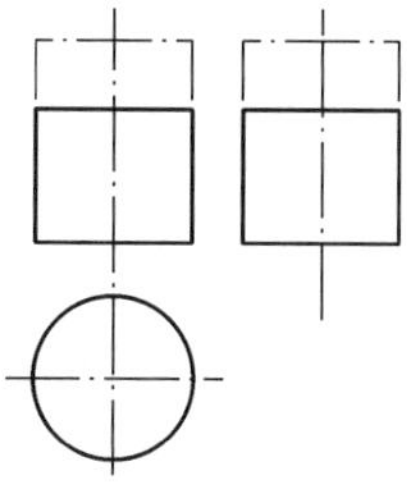	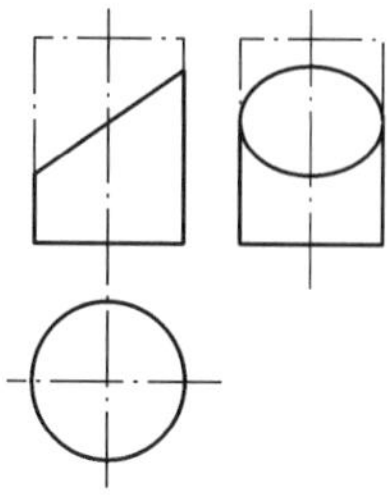
截交线形状	矩形	圆	椭圆

【例 5-3】 求图 5-24(a)所示正垂面与圆柱的截交线。

分析　如图 5-24(b)所示，圆柱被一个与轴线倾斜的平面截切，截交线为椭圆。由于截平面为正垂面，所以截交线正面投影积聚为倾斜于投影轴的直线，积聚在 P_V 上；圆柱面的水平投影有积聚性，截交线水平投影积聚在圆周上；截交线侧面投影为椭圆，先作出截交线上的特殊点，再补充一般点，然后用光滑曲线连接各点。

作图　(1)求特殊点。最左点Ⅰ、最右点Ⅱ是椭圆长轴的两端点，也是位于圆柱最左、最右素线上的点。点Ⅰ是最低点，同时也是最左点，点Ⅱ是最高点，同时也是最右点。最前点Ⅲ、最后点Ⅳ是椭圆短轴的两端点，也是位于圆柱最前、最后素线上的点。四个点的正面投影和水平投影可以直接作出，根据其正面投影 1′、2′、3′、4′和水平投影 1、2、3、4 作出侧面投影 1″、2″、3″、4″，如图 5-24(c)所示。

(2)求中间点。为了准确作图，还必须在特殊点之间作出适当数量的中间点，如Ⅴ、Ⅵ、Ⅶ、Ⅷ各点，先作出它们的正面投影 5′、6′、7′、8′和水平投影 5、6、7、8，再作出侧面投影 5″、6″、7″、8″，最后依次光滑连接 4″、6″、1″、5″、3″、7″、2″、8″，即为所求截交线椭圆的侧面投影，如图 5-24(d)所示。

(3)加深轮廓，擦去多余线段，完成作图，如图 5-24(e)所示。

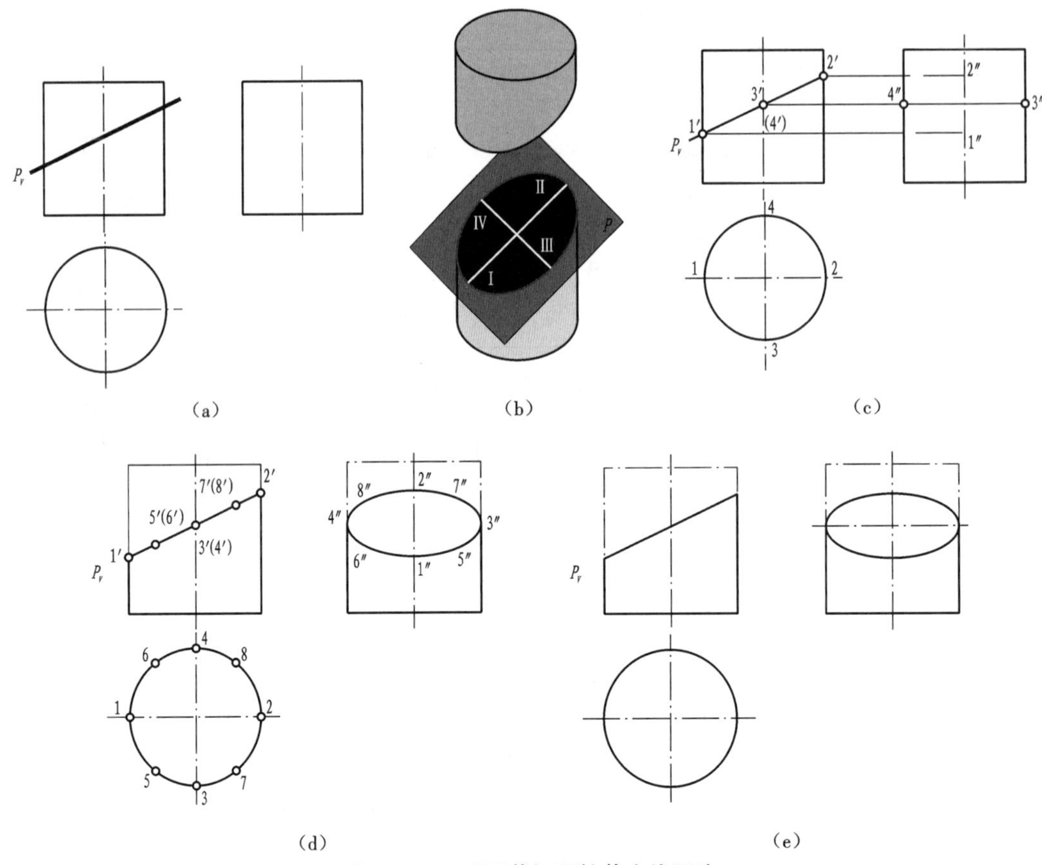

图 5-24 正垂面截切圆柱截交线画法

(a)已知 (b)立体分析 (c)求特殊点 (d)补充一般点 (e)作图结果

【例 5-4】 完成图 5-25 所示圆柱截切后的侧面投影。

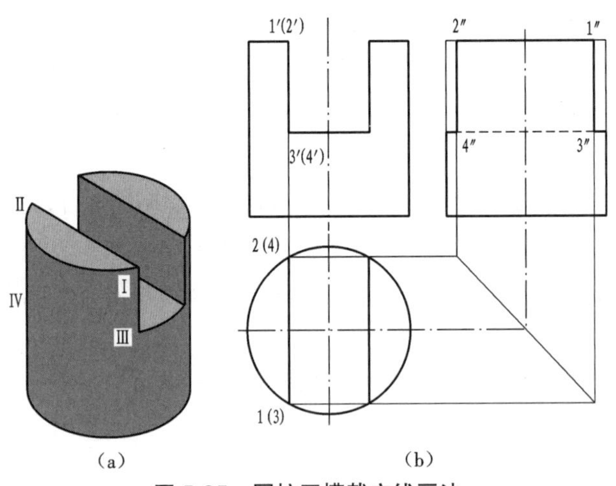

图 5-25 圆柱开槽截交线画法

(a)立体分析 (b)作图及结果

分析 圆柱开槽部分是由两个侧平面和一个水平面截切而成的,都分别位于被切出的各个平面上。由于这些面均为投影面平行面，其投影具有积聚性或实形性，因此截交线投影应依附于这些面的投影，不需另行求出，如图 5-25(a)所示。

作图　先画出完整圆柱的左视图；根据槽宽、槽深的正面投影和水平投影，按直线、平面的投影规律求出侧面投影，作图步骤如图 5-25(b)所示。

作图时，应注意以下两点：

(1)因圆柱的最前、最后素线均在开槽部位被切去，故左视图中的外形轮廓线，在开槽部位向内"收缩"，其收缩程度与槽宽有关；

(2)区分槽底面投影的可见性，槽底是由两段直线和两段圆弧构成的平面图形，其侧面投影积聚为一直线段，中间部分(3″4″)是不可见的。

2)平面与圆锥相交

平面与圆锥相交时，根据截平面与圆锥轴线的相对位置不同，截交线有五种形状，见表 5-2。

表 5-2　圆锥体的截交线

截平面的位置	与轴线垂直	过圆锥顶点	与轴线倾斜	与轴线平行	与任一素线平行
轴测图	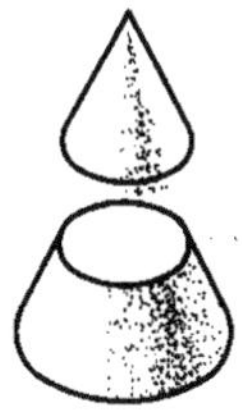		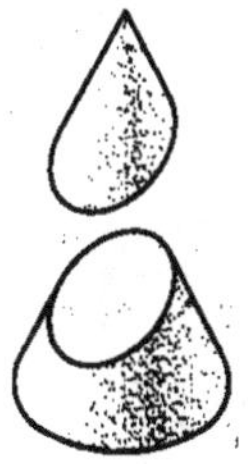	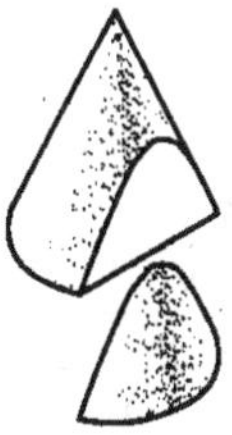	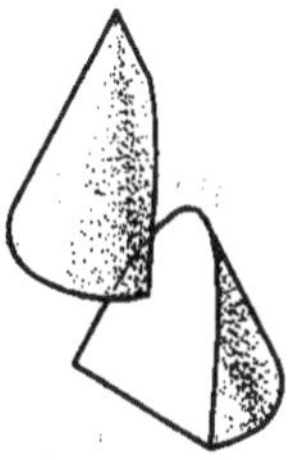
投影图	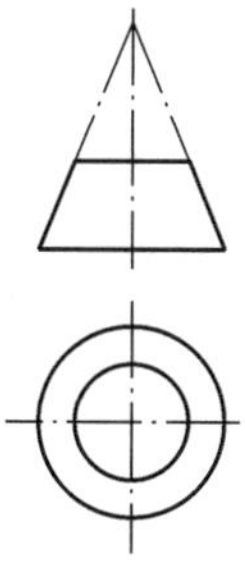	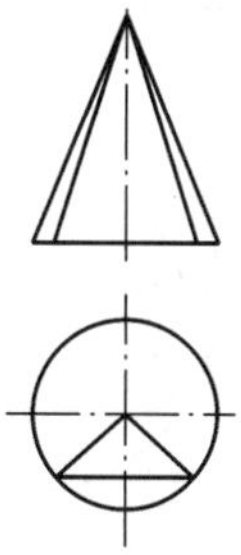	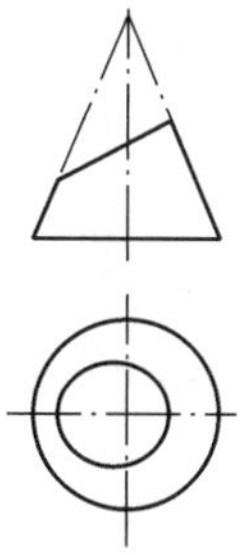	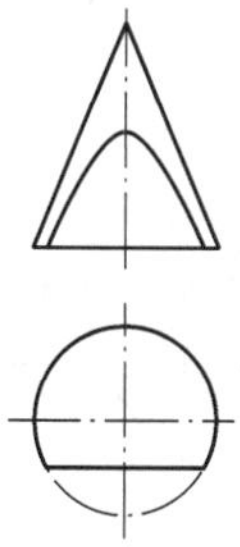	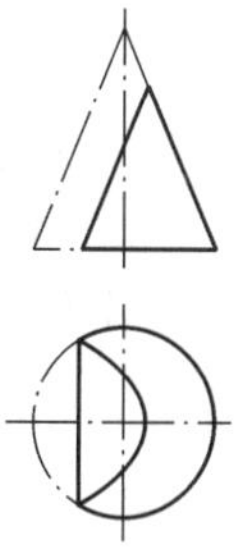
截交线的形状	圆	三角形	椭圆	双曲线	抛物线

【例 5-5】 如图 5-26(a)所示，完成各面投影。

分析　如图 5-26(b)所示，由于截平面与圆锥轴线倾斜，所以其截交线为一椭圆；截平面是正垂面，其正面投影积聚成一直线，水平投影和侧面投影均为椭圆。

作图　(1)求特殊点。如图 5-26(b)所示，椭圆长轴上的两个端点Ⅰ、Ⅱ分别是截交线上最左、最低点和最右、最高点，也是圆锥转向轮廓线上的点，可利用投影关系由 1′、2′ 求得 1、2 和 1″、2″；椭圆短轴上的两个端点Ⅲ、Ⅳ是截交线上的最前点、最后点，其正面投影 3′、4′ 重影于 1′2′ 的中点，利用纬圆法即可求得 3、4 和 3″、4″；椭圆上Ⅴ、Ⅵ点也是转向轮廓线上的点，由 5′、6′ 可求得 5、6 和 5″、6″，如图 5-26(c)所示。

(2)求中间点。用纬圆法在特殊点之间再作出若干中间点，如点Ⅶ、Ⅷ的投影，依次连接各点的水平投影和侧面投影，即为截交线的投影，如图 5-26(d)所示。

(3)将侧面投影中轮廓线画到 5″、6″，以上部分的转向轮廓线被切去不画，最后作图结果如图 5-26(e)所示。

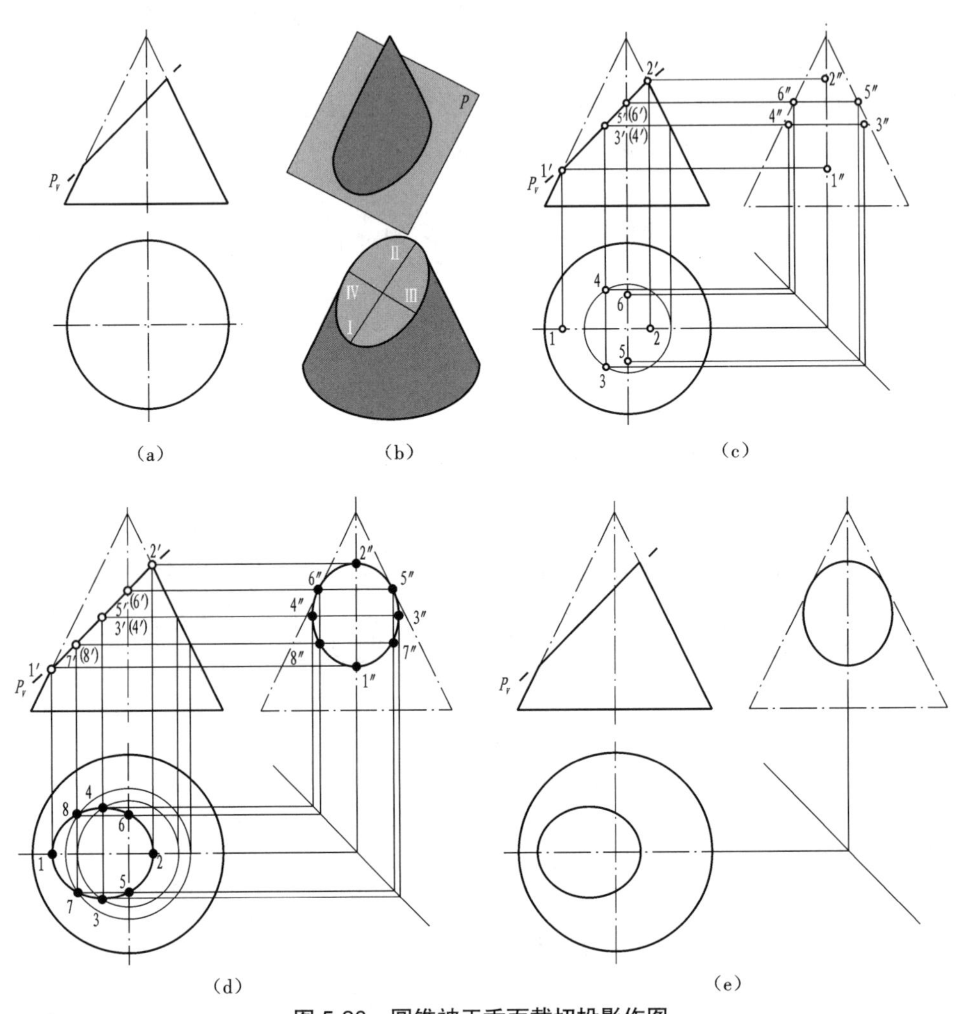

图 5-26　圆锥被正垂面截切投影作图

(a)已知　(b)立体分析　(c)求特殊点　(d)求一般点并光滑连接各点　(e)作图结果

【例 5-6】 如图 5-27(a)所示，完成圆锥切割体的水平投影和侧面投影。

分析　如图 5-27(b)所示，圆锥被两个面截切。其中，一个截平面为通过圆锥顶点的正垂面，截交线为直线组成的三角形，正面投影积聚为倾斜于投影轴的直线，水平投影和侧面投影为三角形类似形；另一截平面为与圆锥轴线垂直的水平面，截交线为圆曲线，水平投影反映实形，正面投影与侧面投影积聚为平行于投影轴的直线。截交线正面投影直接求出，关键是求水平投影和侧面投影。

作图　(1)作出圆锥侧面投影。

(2)求特殊点投影。求Ⅰ、Ⅱ、Ⅲ、S 正面投影 $1'$、$2'$、$3'$、s'，然后求水平投影 1、2、3、s 和侧面投影 $1''$、$2''$、$3''$、s''。

(3)直线连接 s 和 1、s 和 3、1 和 3(13 不可见，画虚线)、s'' 和 $1''$、s'' 和 $3''$；圆弧连接 123(反映实形)，侧面投影为连接最前、最后素线间的直线，如图 5-27(c)所示。

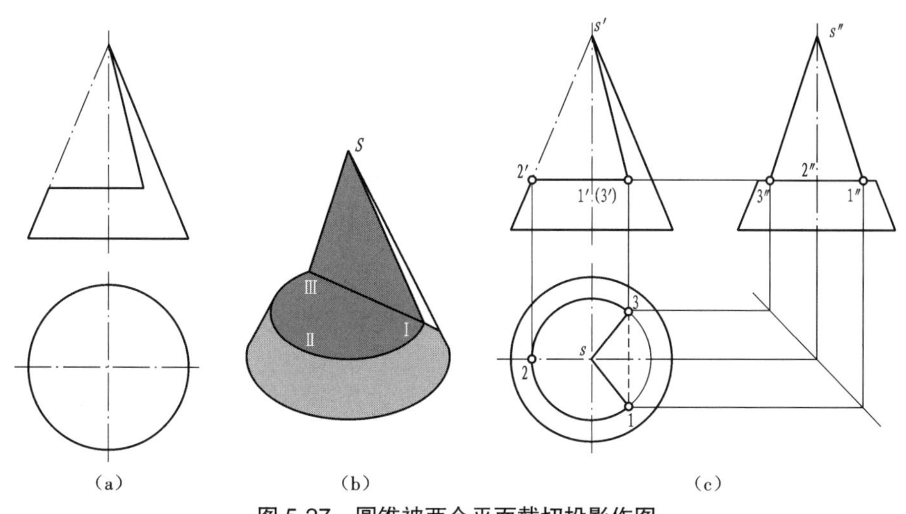

图 5-27　圆锥被两个平面截切投影作图

(a)已知　(b)立体分析　(c)作图及结果

3)平面与圆球相交

圆球被任意方向的平面截切，其截交线都是圆，如图 5-28(a)所示。

当截平面为投影面平行面时，在所平行的投影面上的投影为一圆，其余两面投影积聚为直线。该直线的长度等于圆的直径，其直径的大小与截平面至球心的距离 B 有关。如图 5-28(b)和(c)所示，截交线为水平圆，水平投影反映实形，正面投影与侧面投影积聚为平行于 X 轴的直线。

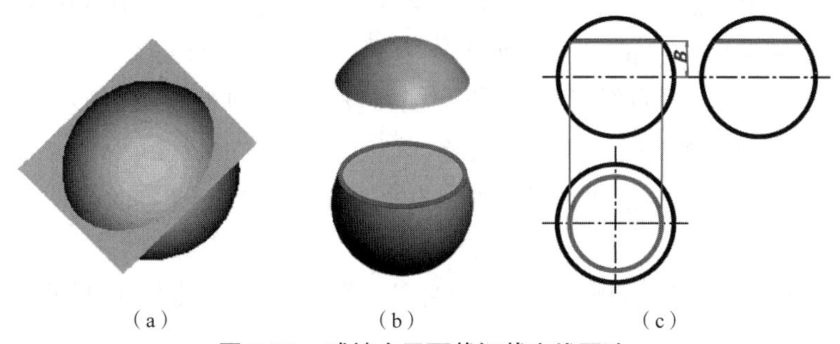

图 5-28　球被水平面截切截交线画法

(a)球被平面截切　(b)球被水平面截切　(c)作图及结果

【例 5-7】　如图 5-29 所示，画出半圆球开槽的俯视图与左视图。

分析　半圆球被两个侧平面和一个水平面截切，两个侧平面与球面截交线分别为一段平行于侧面的圆弧，在俯视图上积聚为直线；而水平面与球面截交线为两段水平的圆弧，在左视图上积聚为直线，如图 5-29(b)和(c)所示。两个侧平面与水平面交线的侧面投影不可见，画成虚线。

作图 (1)作完整半球体的侧面投影和水平投影。

(2)分段求出截交线上的点并光滑连线。

(3)加深轮廓线，注意判断可见性，擦去多余线条，结果如图 5-29(b)所示。

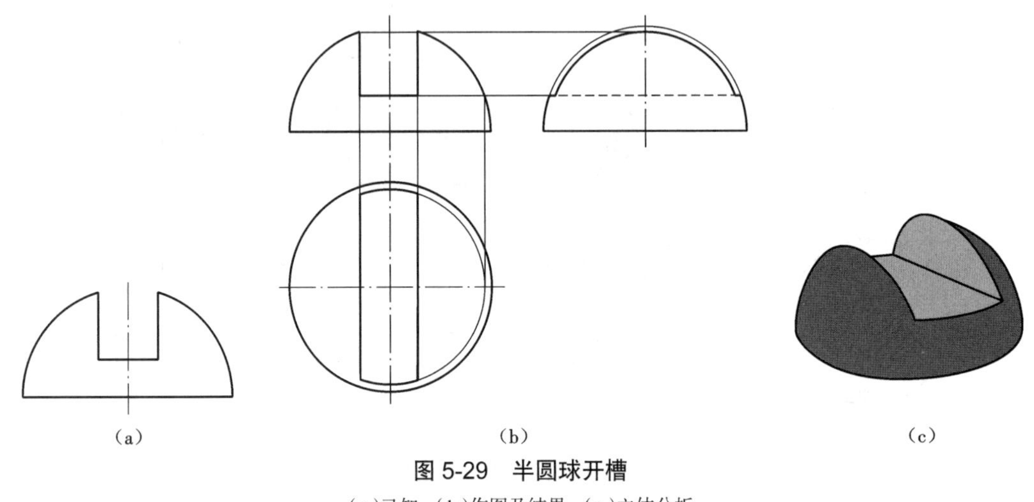

(a) (b) (c)

图 5-29 半圆球开槽

(a)已知 (b)作图及结果 (c)立体分析

4)平面与复合回转体相交

平面与复合回转体相交，首先要分析复合回转体的组成及连接关系，再分别求出各部分的截交线，并依次将其连接。

【例 5-8】 完成图 5-30(a)所示铣床顶针的三面投影图。

分析 由主视图观察可知，铣床顶针是由一个圆锥与两个圆柱叠加后，用两个平面截切形成的，一个剖切面与圆锥、圆柱轴线平行且为水平面，截交线空间形状分别为双曲线、直线；另一个剖切面与圆柱轴线倾斜且为正垂面，截交线为椭圆曲线，如图 5-30(b)所示。水平面的截交线，水平投影反映实形，正面投影和侧面投影为平行于投影轴的直线；正垂面的截交线，正面投影积聚为倾斜于投影轴的直线，水平投影和侧面投影为椭圆曲线类似形。截交线正面投影已知，关键是画出截交线水平投影和侧面投影。

作图 (1)作完整立体的侧面投影和水平投影，如图 5-30(c)所示。

(2)求圆锥截交线。

①求特殊点Ⅰ(最左点)、Ⅲ(最前点、最右点)、Ⅸ(最后点、最右点)的正面投影 1′、3′、9′，再求侧面投影 1″、3″、9″，根据点的正面投影和侧面投影求水平投影 1、3、9。

②补充一般点Ⅱ、Ⅹ投影。在 1′、3′间取点 2′(10′)，利用纬圆法求出 2″、10″，根据点的正面投影和侧面投影求水平投影 2、10。

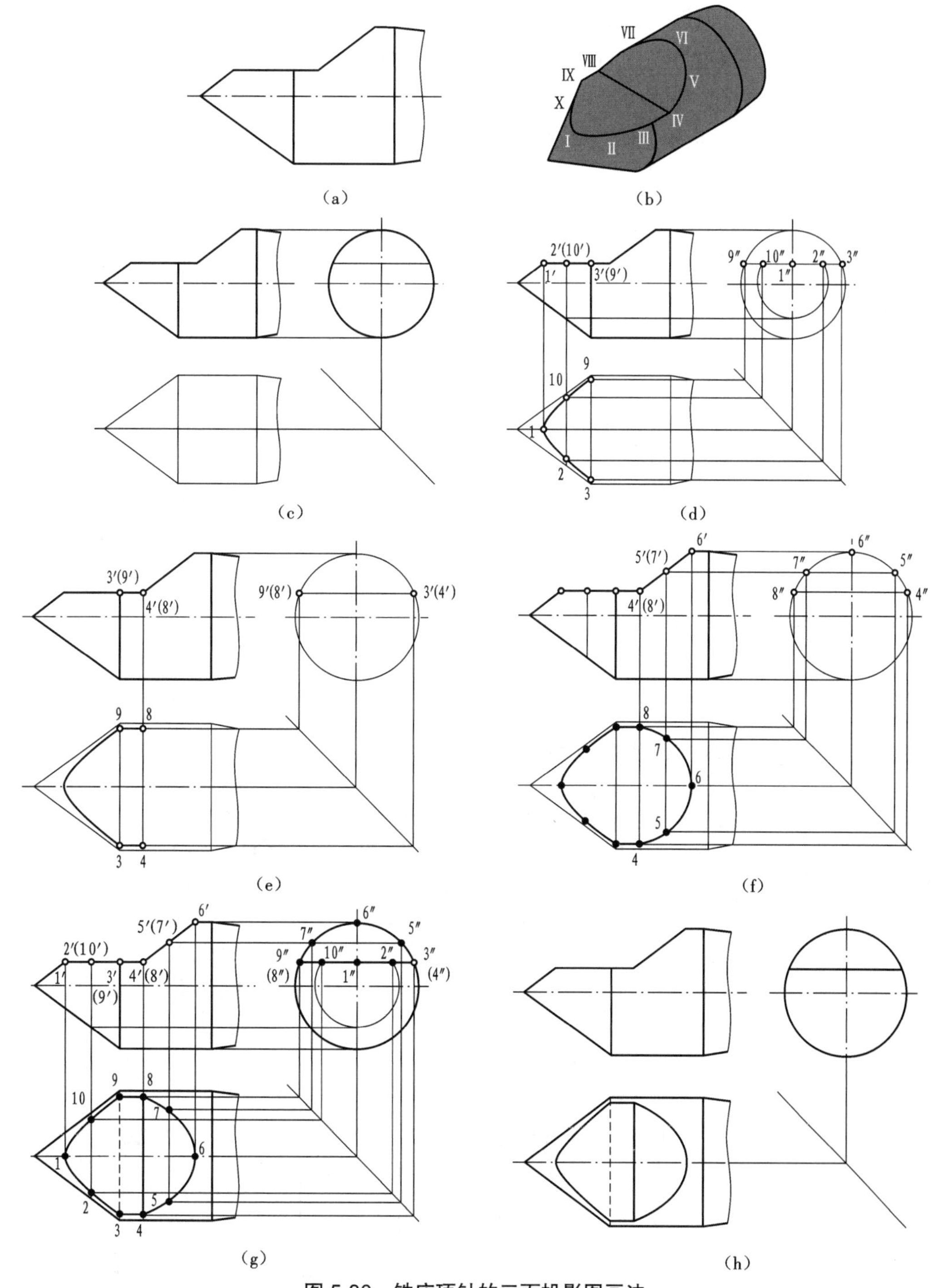

图 5-30　铣床顶针的三面投影图画法

(a)原图　(b)立体分析　(c)画侧面投影和水平投影　(d)画平面切割圆锥截交线　(e)画水平面截切圆柱截交线　(f)画正垂面截切圆柱截交线　(g)加深轮廓线,注意判断可见性　(h)擦去多余线条

③将3、2、1、10和9用光滑曲线连接,即为截交线水平投影,结果如图5-30(d)俯视图所示;直线连接3″、9″即为截交线侧面投影。

(3)求水平面截切圆柱截交线。

①求特殊点Ⅳ(最右点、最前点)、Ⅷ(最左点、最后点)的正面投影 4′ 、8′,再求侧面投影 4″ 、8″,根据点的正面投影和侧面投影求水平投影 4、8。

②直线连接 3 和 4、8 和 9,即为截交线水平投影;截交线侧面投影为 3″ 、9″ 连线,结果如图 5-30(e)所示。

(4)求正垂面截切圆柱截交线。

①求特殊点Ⅵ(最右点、最高点)的正面投影 6′,再求水平投影 6 和侧面投影 6″ 。

②补充一般点Ⅴ、Ⅶ。在 4′ 、6′ 间取点 5′(7′),利用纬圆法求出 5″ 、7″,根据点的正面投影和侧面投影求水平投影 5、7。

③用光滑曲线连接 4、5、6、7、8,即为截交线水平投影,如图 5-30(f)俯视图所示;圆柱曲面侧面投影具有积聚性,截交线侧面投影 4″ 5″ 6″ 7″ 8″ 落在圆周上,如图 5-30(f)左视图所示。

(5)加深轮廓线,注意判断可见性,擦去多余线条。

①截交线侧面投影可见,画粗实线;俯视图中,直线段 48 为水平截平面和正垂截平面的交线,可见,画粗实线;圆锥和圆柱分界线画粗实线,分界线在 3 和 9 之间以上部分被切除,下半条分界线在 3、9 之间不可见,画虚线;加深轮廓线,如图 5-30(g)所示。

②擦去多余线条,结果如图 5-30(h)所示。

3. 切割体的尺寸标注

切割体除了要标注基本体的尺寸外,还要标注切口(截切)位置尺寸,且在截交线上不能标注尺寸。常见切割体尺寸标注如图 5-31 所示。

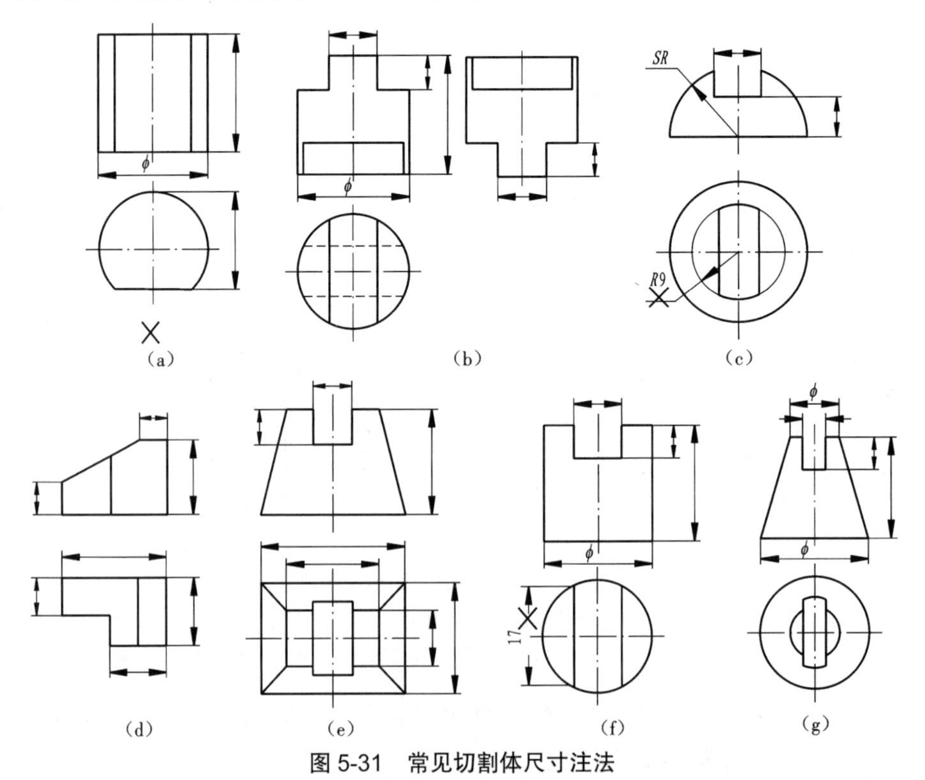

图 5-31 常见切割体尺寸注法

综上所述,平面与基本体表面相交,其截交线是封闭的平面图形。截交线由曲线围成,或者由曲线与直线围成,或者由直线段围成。画截交线时,要进行空间及投影分析,分析基本体的形状以及截平面的位置,以便确定截交线的空间形状;分析截平面与投影面的相对位置,明确截交线的投影特性,找出截交线的投影,从而想象截断体的空间形状。

5.5.2　相贯线

任何机件,不管其形状多么复杂,都可看成由棱柱、棱锥、圆柱、圆锥、圆球等单一几何形体(简称基本体)按一定方式组合而成。工程上经常见到机件的某些部分是立体与立体相交形成的。这样,在立体的表面会产生交线。

扫一扫:曲面体相贯线画法

两个基本体相交(又称相贯)得到的形体称为相贯体,两个基本体表面的交线称为相贯线。根据立体的几何性质不同可分为两平面立体相交、平面立体与曲面立体相交以及两曲面立体相交。在实际中,常见的是两曲面立体相交时求相贯线的问题。这里着重讨论圆柱、圆锥、圆球等回转体相交时相贯线的作图方法。

如图 5-32(b)所示为两圆柱相贯得到的相贯体。从图 5-32(a)中可以看出,求作相贯体的投影,主要是求作相贯线的投影。相贯线是两基本体表面的交线,只需作出一系列两基本体表面共有点的投影,并将它们光滑连接起来,即为相贯线的投影,如图 5-32(c)所示。因此,相贯体的三视图阅读,主要是对相贯线投影的分析。

曲面立体相贯时相贯线具有以下性质。

(1)共有性:相贯线是两曲面体表面的共有线,相贯线上所有的点是两曲面体表面的共有点。

扫一扫:相贯线动画

(2)封闭性:相贯线一般为封闭的空间曲线,特殊情况下为平面曲线或直线。

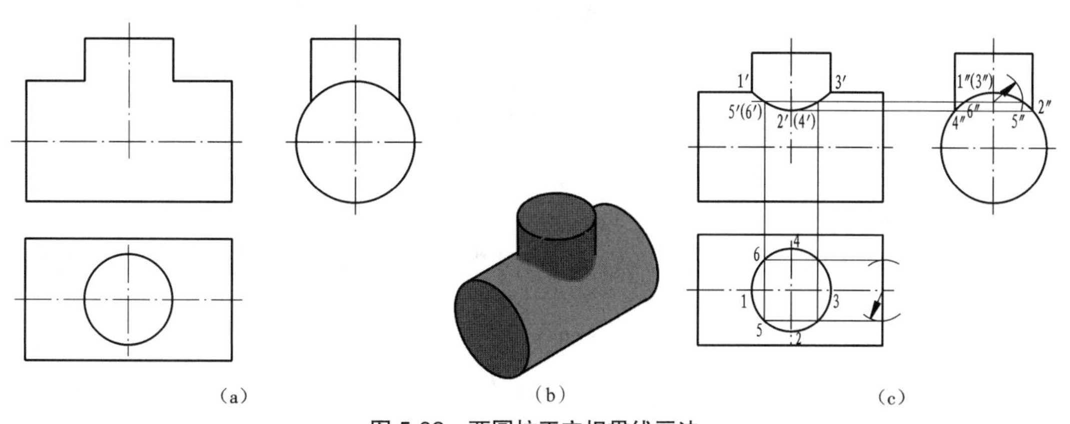

图 5-32　两圆柱正交相贯线画法

(a)已知　(b)立体分析　(c)作图及结果

1. 圆柱与圆柱正交

1)圆柱外表面相交

【例 5-9】 如图 5-32(a)所示,求两正交圆柱的相贯线。

分析 当两圆柱轴线正交时,相贯线为左右、前后对称的空间曲线,如图 5-32(b)所示。相贯线的水平投影和侧面投影具有积聚性,可直接求出。相贯线水平投影落在俯视图小圆上;侧面投影为左视图大圆柱与小圆柱投影公共部分的圆弧;正面投影可按表面取点的方法作出共有点的第三面投影,用光滑曲线连接各点。这种方法是利用投影的积聚性求相贯线。

作图 (1)求特殊点。点Ⅰ、Ⅲ分别为相贯线最左点(最高点)、最右点(最高点),又是大、小圆柱转向轮廓素线上的点,三面投影直接求出;点Ⅱ、Ⅳ为相贯线上最前点(最低点)、最后点(最低点),同时又是小圆柱最前、最后面素线上的点,由 2″、4″ 求出 2′、4′。

(2)求一般点。在俯视图上的 1、2 和 1、4 间分别取点 5 和 6(5、6 点前后对称),利用积聚性先求出 5″、6″,再按点的投影规律求出 5′(6′)。

(3)求出 5′(6′)右侧对称点的正面投影,用光滑曲线连接。该相贯体前、后对称,因此相贯线前(可见)、后(不可见)部分的正面投影重合,结果如图 5-32(c)所示。

2)圆柱外表面与圆柱内表面相交

如图 5-33(a)和(b)所示,在圆柱上穿孔就出现了圆柱外表面与圆柱内表面相交的相贯线。这种相贯线可以看成两圆柱相贯后,再把直立圆柱抽去形成。相贯线的形状及作图方法与前例相同,孔的不可见轮廓线画虚线,如图 5-33(c)所示。

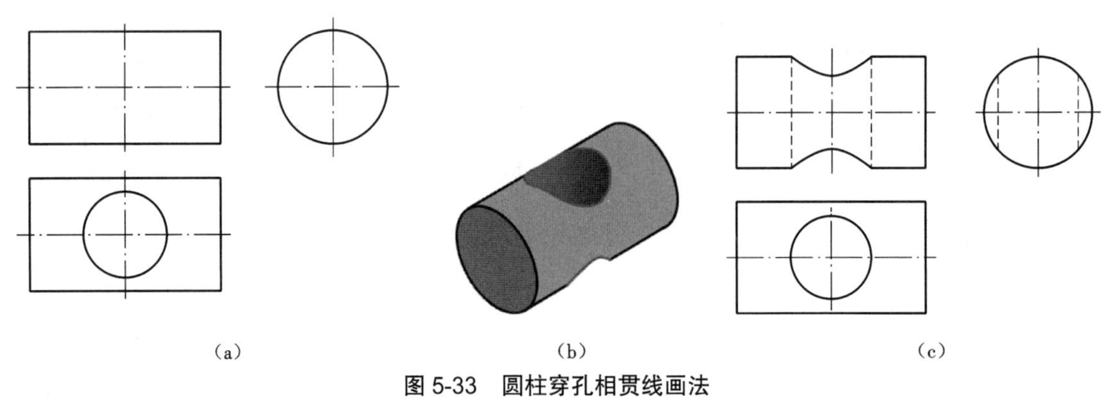

图 5-33 圆柱穿孔相贯线画法

(a)已知 (b)立体分析 (c)作图及结果

3)两圆柱内表面相交

两圆柱内表面相交,交线的形状及作图方法也与前例相同,但所求相贯线的可见性不同,如图 5-34 所示。

4)两圆柱正交

两圆柱正交时,相贯线的弯曲趋向及变化规律如图 5-35 所示,两正交圆柱的相对位置不变,而相对大小发生变化时,相贯线形状和位置也发生变化。

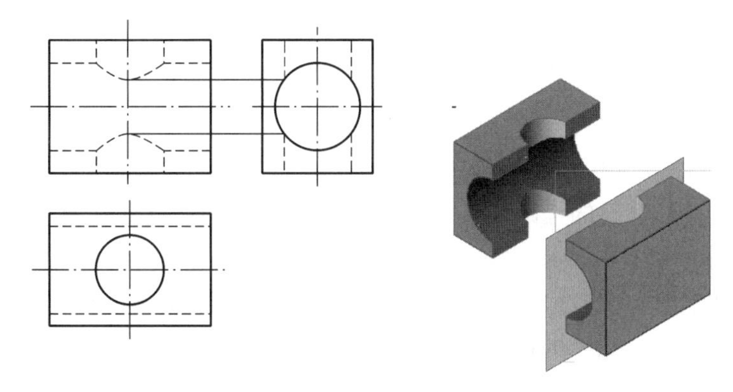

图 5-34　两圆柱内表面相交

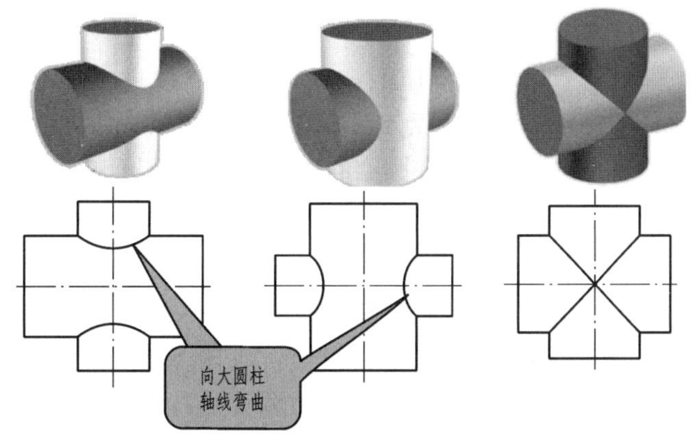

图 5-35　两圆柱正交相贯线的变化

2. 圆柱与圆锥正交

1）辅助平面法的原理

假设作一辅助平面与相贯的两回转体相交，得到两组截交线，这两组截交线均处于辅助平面内，它们的交点为辅助平面与两回转体表面的共有点（三面共点），即为相贯线上的点，如图 5-36 所示。

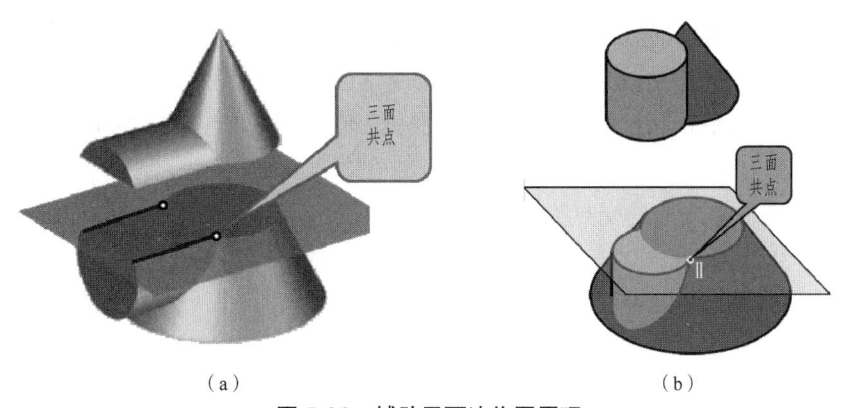

图 5-36　辅助平面法作图原理

（a）圆柱与圆锥轴线垂直　（b）圆柱与圆锥轴线平行

2)辅助平面的选取原则

应选取特殊位置平面作为辅助平面,并使辅助平面与两回转体的投影为最简图形(直线或圆)。

【例 5-10】 圆柱与圆锥正交,求作相贯线的投影。

分析 图 5-37(a)表达的是圆柱与圆锥垂直相交,圆锥的轴线垂直于水平面,锥顶面的水平面投影为圆。水平圆柱的轴线垂直于侧面,其侧面投影积聚为圆。利用相贯线是圆柱与圆锥面上的共有线的性质,相贯线的侧面投影落在左视图圆周上,为圆锥与圆柱投影公共部分圆弧,可直接求出,故只需求出它的正面投影与水平投影。

作图 (1)找特殊位置点。相贯线上的特殊位置点通常位于极限位置素线上。

①圆柱最高素线与圆锥最左素线交点Ⅰ是相贯线最高点,也是最左点;圆柱最高素线与圆锥最右素线交点Ⅱ是相贯线最高点,也是最右点。其正面投影 1′、2′、侧面投影 1″、2″和水平投影 1、2 按点的投影规律可从图中直接作出。

②圆锥最前和最后素线与圆柱的交点分别是最前点Ⅲ和最后点Ⅳ。其侧面投影 3″、4″在圆与圆锥素线交点处;正面投影 3′、4′在圆锥的轴线上,可由侧面投影求出正面投影 3′、4′;再按点的投影规律求出水平投影 3 和 4,如图 5-37(b)所示。找出了特殊位置点的投影,即可确定相贯线的大致范围。

(2)求一般位置点,根据辅助平面的选择原则,选用水平面 P_V 作为辅助面,求出相贯线上Ⅴ、Ⅵ、Ⅶ、Ⅷ点的投影。其侧面投影 5″、6″、7″、8″在圆锥表面侧面投影上,其所在圆的水平投影积聚为圆,故这些点一定在这个圆上。按“宽相等”可分别得到水平投影 5、6、7、8,由点的侧面投影和水平投影,很容易求出正面投影 5′、6′、7′、8′,作图原理及方法如图 5-37(c)和(d)所示。再作辅助水平面 Q_V,求出一般点Ⅸ、Ⅹ、Ⅺ、Ⅻ的正面投影 9′、10′、11′、12′和水平投影 9、10、11、12,如图 5-37(e)所示。辅助面的数量根据需要而定,辅助面数量越多,则所求的一般位置点的数量就越多,连点成曲线时越方便。

(3)用光滑曲线连接各点同面投影,即得相贯线的投影,擦去多余图线,结果如图 5-37(f)所示。

3. 相贯线的简化画法

两圆柱轴线正交时,其相贯线可采用圆弧近似代替非圆曲线。

【例 5-11】 用简化画法画出如图 5-38(a)所示相贯线正面投影。

作图 (1)以大圆柱半径 R 为半径,以两圆柱轮廓素线的交点为圆心画圆弧,与小圆柱的轴线相交于两点。

(2)以离大圆柱轴线远的交点为圆心,大圆柱半径 R 为半径画圆弧,所画圆弧即为相贯线的投影,如图 5-38(b)所示。

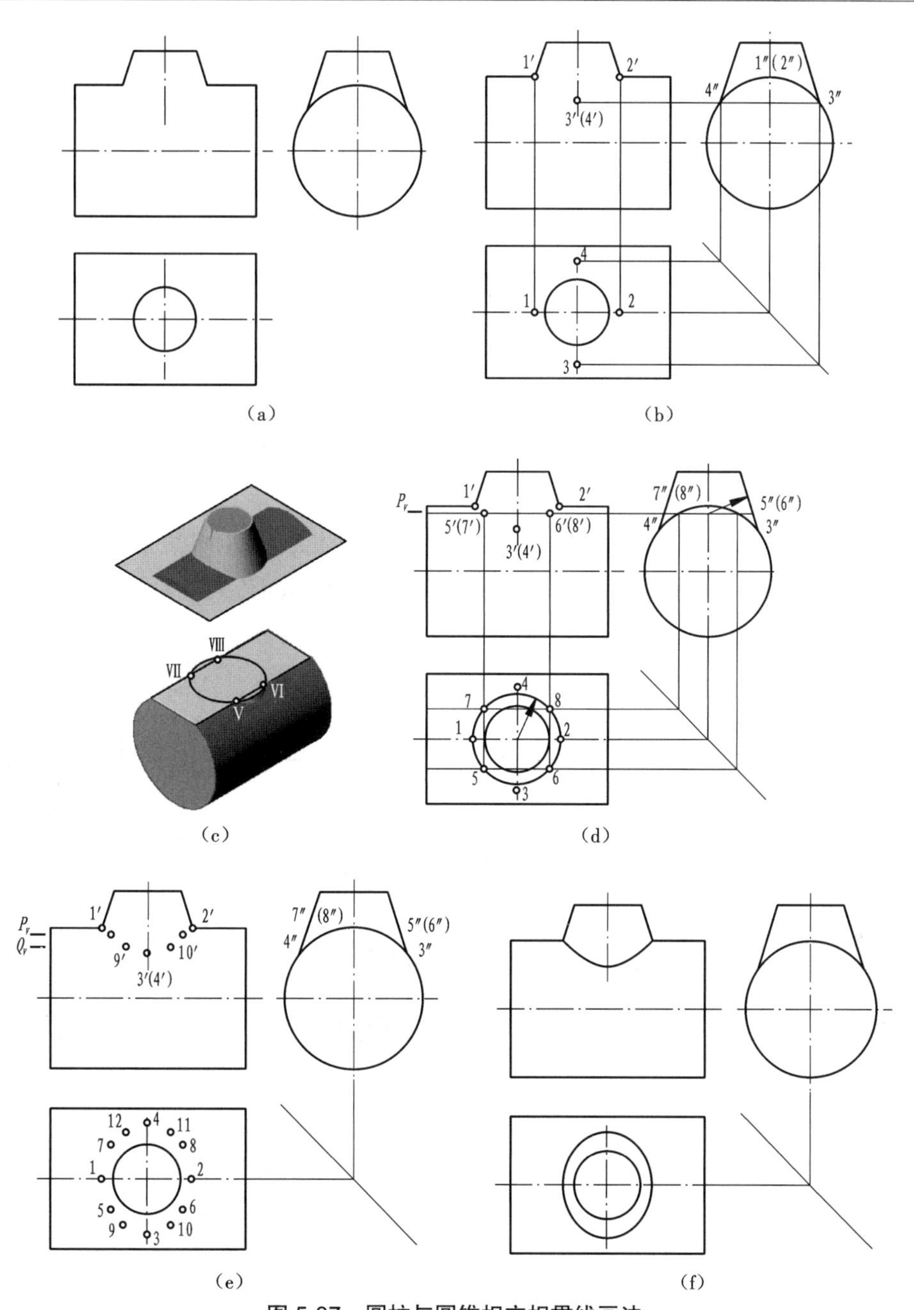

(a)　(b)　(c)　(d)　(e)　(f)

图 5-37　圆柱与圆锥相交相贯线画法

(a)已知　(b)求特殊点投影　(c)辅助平面法立体分析　(d)辅助平面法求一般点投影
(e)辅助平面法求一般点投影　(f)光滑连接各点，擦去多余图线

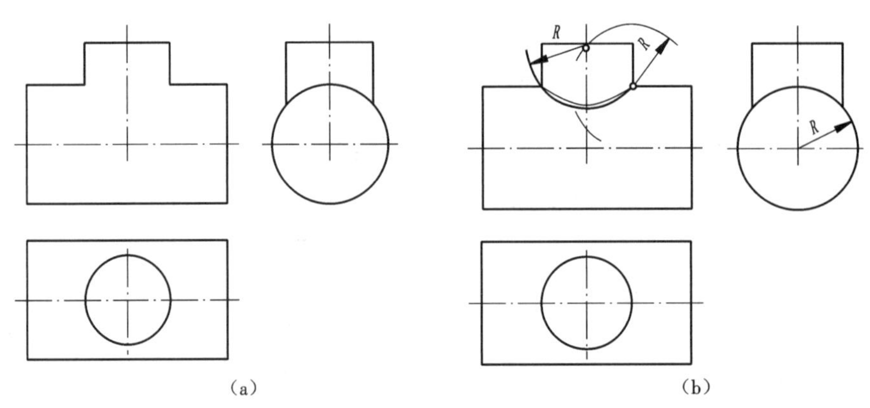

图 5-38　相贯线的简化画法

(a)已知　(b)作图及结果

4. 相贯线的特殊情况

(1)当轴线相交的两圆柱或圆柱与圆锥公切于一个球面时,相贯线是平面曲线——两个相交的椭圆,椭圆所在的平面垂直于两条轴线所决定的平面,如图 5-39 所示。

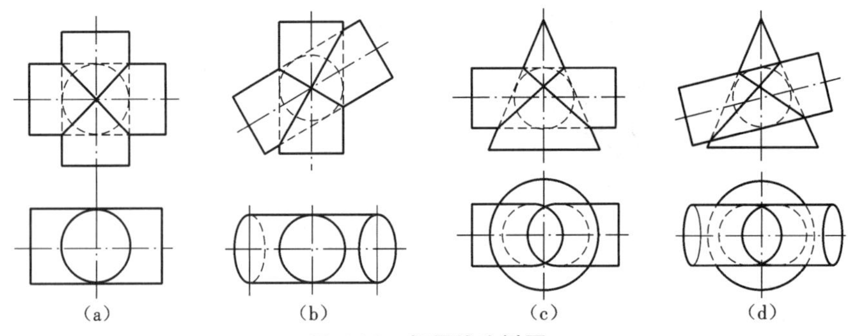

图 5-39　相贯线为椭圆

(a)圆柱正交　(b)圆柱斜交　(c)圆柱圆锥正交　(d)圆柱圆锥斜交

(2)两回转立体同轴相交时,相贯线为圆,相贯线在与公共轴线平行的平面上的投影为直线,如图 5-40 所示。

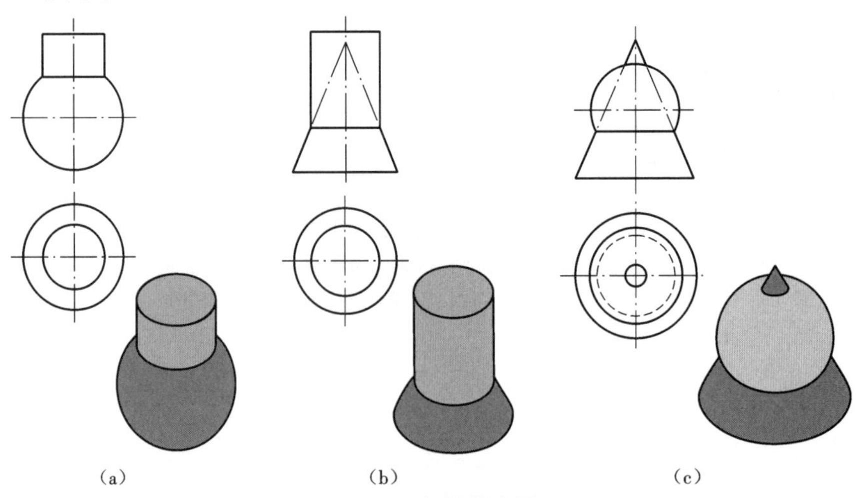

图 5-40　相贯线为圆

(a)圆柱与球同轴　(b)圆柱与圆锥同轴　(c)圆锥与球同轴

(3)两圆柱轴线平行或两圆锥共顶时，相贯线为直线，如图 5-41 所示。

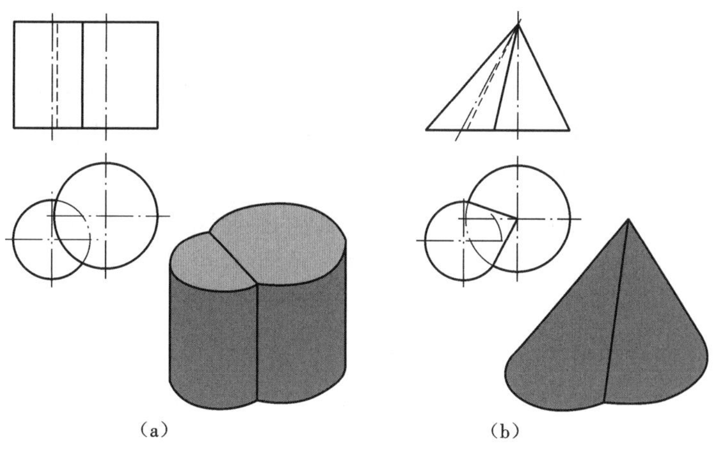

(a)　　(b)

图 5-41　相贯线为直线

(a)轴线平行的两圆柱相贯　(b)共顶两圆锥相贯

5. 相贯体的尺寸注法

相贯体的尺寸标注，只需注出参与相贯的各立体的定形尺寸及其相互间的定位尺寸，而不标注相贯线本身的定形尺寸，如图 5-42 所示。

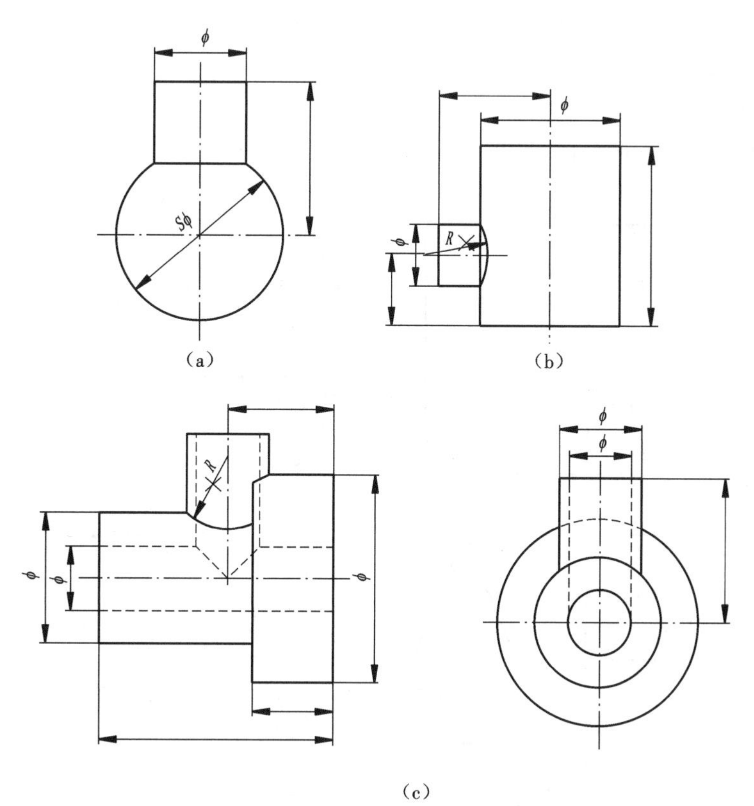

(a)　　(b)

(c)

图 5-42　相贯体尺寸标注

本章小结

本章介绍了基本体、截断体、相贯体三视图绘制与阅读有关知识，主要知识点如下：

(1)棱柱、棱锥、圆柱、圆锥、球的几何特征、三视图投影分析及其表面上点的投影；

(2)截交线与相贯线的概念和性质；

(3)棱柱、棱锥、圆柱、圆锥、球被平面截切，形成的截交线形状、投影分析及截交线画法；

(4)圆柱与圆柱、圆柱与圆锥相交时，相贯线空间形状与投影分析、相贯线画法与相贯线的特殊情况；

(5)基本体、截断体和相贯体的尺寸标注。

技能与素养

本章内容以树立正确的世界观、人生观、价值观为思政元素主线，根据讲述的投影的基本知识以及截交线、相贯线等内容，培养读者独立思考及动手绘图的能力，充分挖掘教育因素，将家国情怀、责任担当、工匠精神、职业素养、雷锋精神等融入课程，增强学习获得感，提高可持续发展能力和价值增量，实现知识、技能和价值的全面发展和同频共振。

思考练习题

(1)求以下基本体表面点的其余两投影。

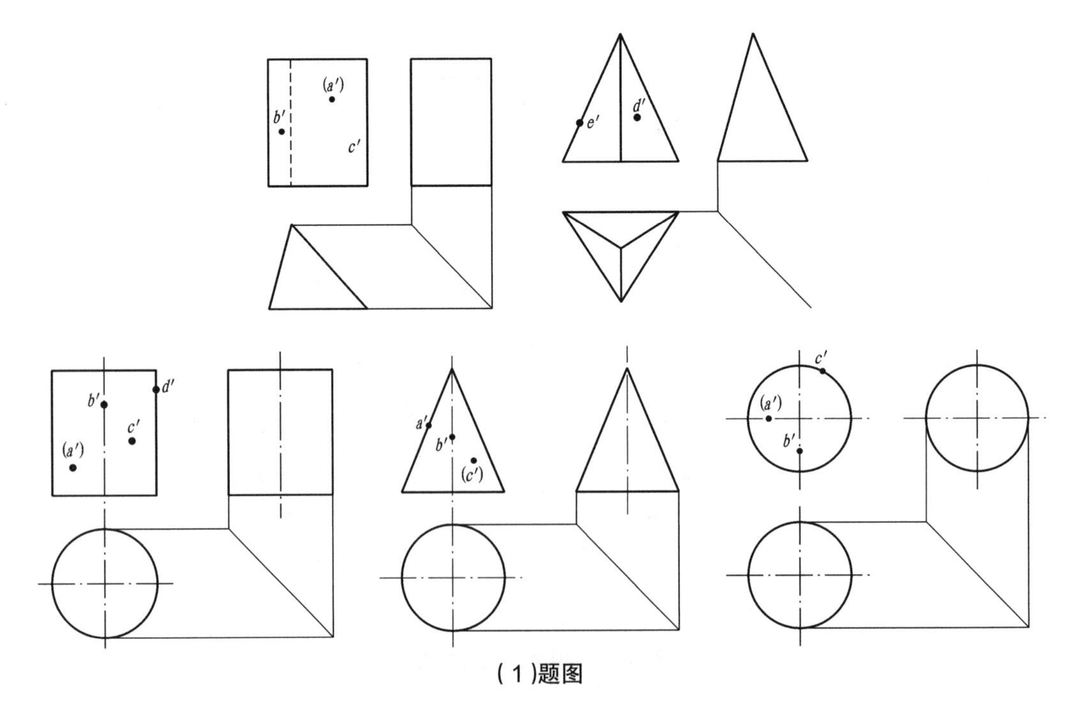

(1)题图

(2)完成以下被切立体的三面投影。

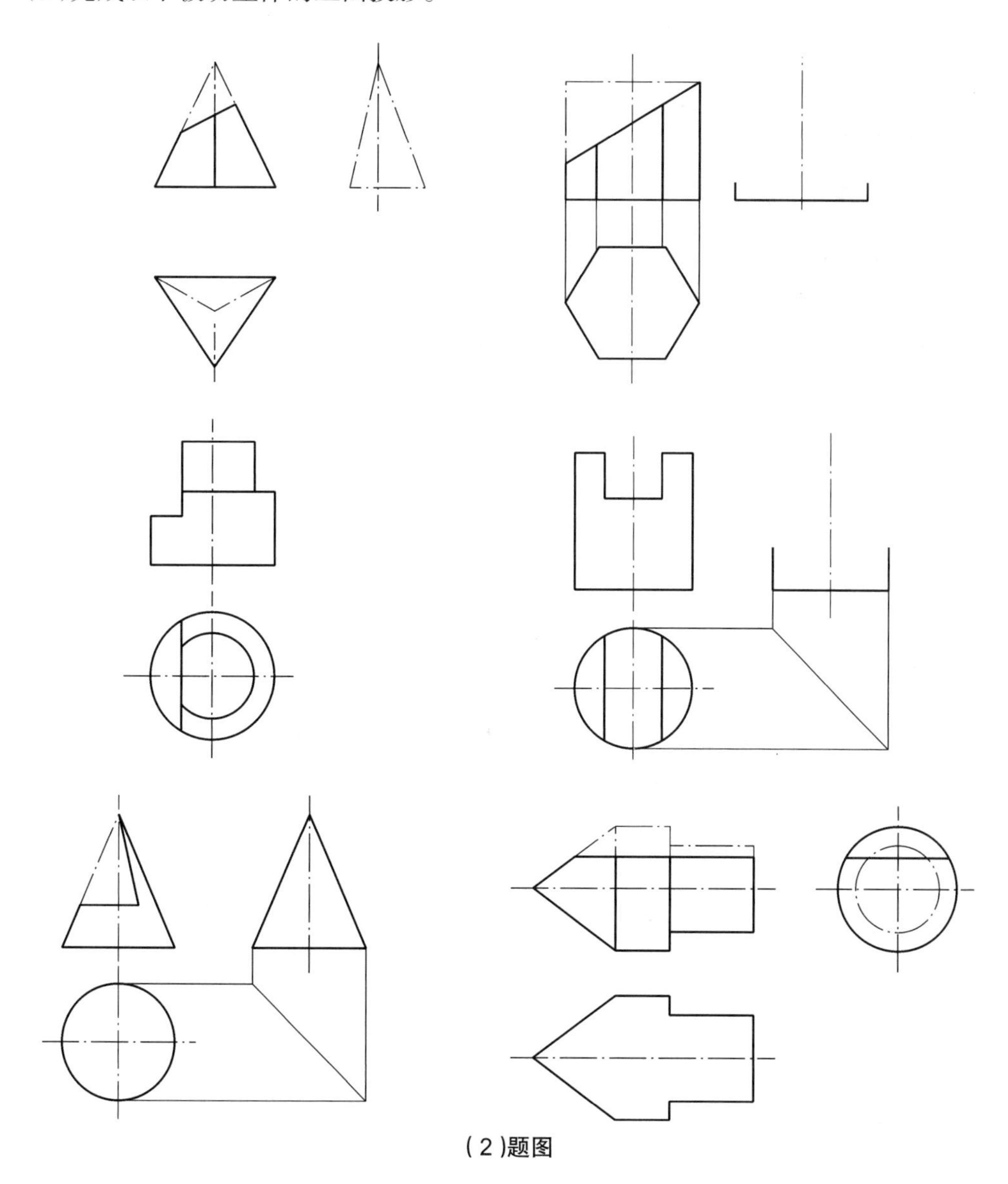

(2)题图

(3)完成以下相贯体的三面投影。

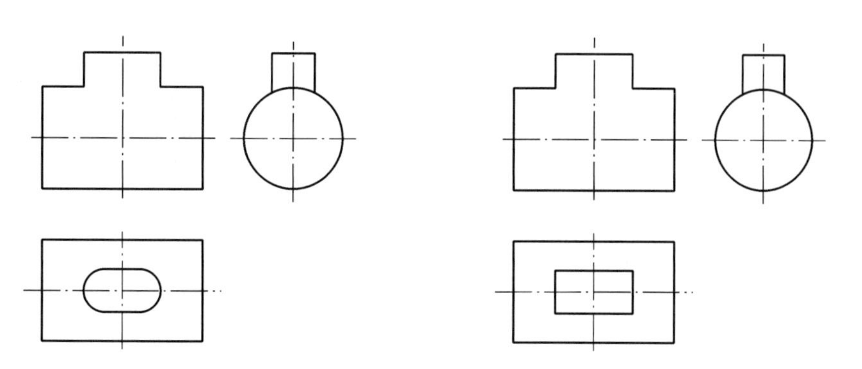

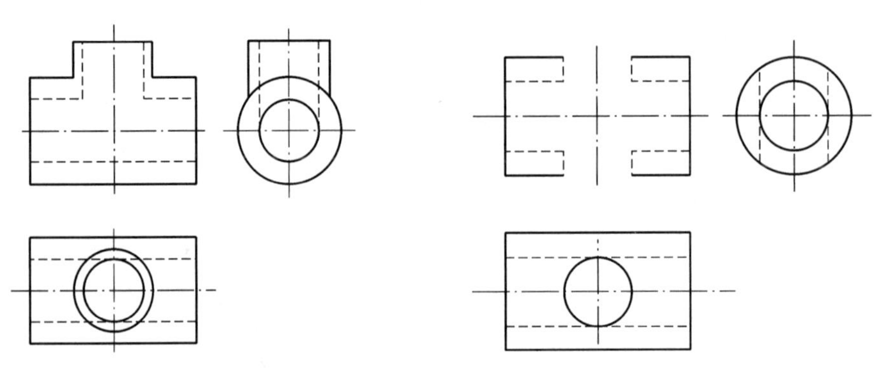

(3)题图

第 6 章　轴测投影

6.1　轴测投影图基本知识

扫一扫:PPT- 第 6 章

6.1.1　基本概念

1. 轴测图的形成

将物体连同其参考直角坐标系,沿不平行于任一坐标平面的方向,用平行投影法将其投影在单一投影面(P)上所得到的图形称为轴测投影图,简称轴测图。其中,投影面 P 称为轴测投影面,如图 6-1(a)所示。

2. 轴测轴

直角坐标轴 OX、OY、OZ 在轴测投影面上的投影 O_1X_1、O_1Y_1、O_1Z_1 称为轴测轴,如图 6-1(b)所示。

3. 轴间角

轴测投影中,任意两根测轴之间的夹角 $\angle X_1O_1Y_1$、$\angle X_1O_1Z_1$、$\angle Y_1O_1Z_1$ 称为轴间角,如图 6-1(b)所示。

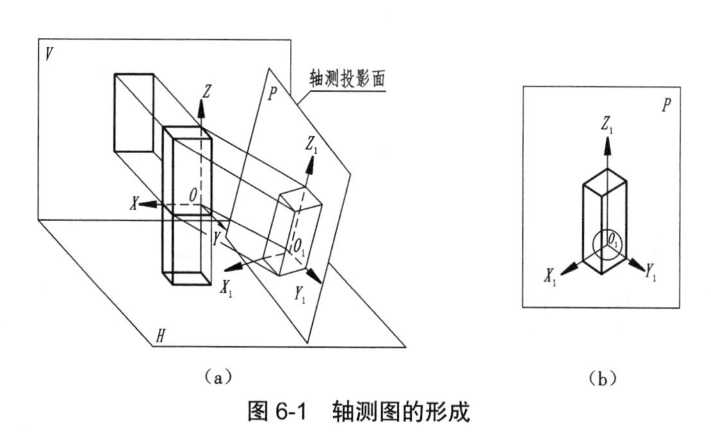

图 6-1　轴测图的形成

(a)轴测图空间投影　(b)正等轴测图

4. 轴向伸缩系数

直角坐标轴的轴测投影的单位长度与相应直角坐标轴上的单位长度的比值,称为轴向伸缩系数。OX、OY、OZ 轴上的伸缩系数分别用 p、q 和 r 表示,即 $p=(O_1X_1)/(OX)$, $q=(O_1Y_1)/(OY)$, $r=(O_1Z_1)/(OZ)$。为便于作图,p、q、r 应采用简单的数值,即 $p=q=r=1$。

6.1.2 轴测图的投影特性

由于轴测图是用平行投影法画出来的,因此它具有平行投影的特性,即:

(1)物体上互相平行的直线,其轴测投影仍平行;

(2)物体上与坐标轴平行的线段,在轴测投影中平行于相应的轴测轴。

画轴测图时,物体上凡平行于坐标轴的线段,可按其原尺寸乘以轴向伸缩系数,再沿着轴测轴方向定出其轴测投影的长短,这就是轴测图“轴测”二字的含义。

6.1.3 常用的几种轴测图

轴测图分为正轴测图和斜轴测图两类。用正投影法将物体连同其坐标轴一起投影到轴测投影面上,所得到的轴测图称为正轴测图。用斜投影法将物体连同其坐标轴一起投影到轴测投影面上,所得到的轴测图称为斜轴测图。

工程上常用的有正等轴测图(简称正等测)和斜二等轴测图(简称斜二测)。

6.2 正等轴测图的绘制

6.2.1 正等轴测图的形成和基本参数

1. 正等轴测图的形成

使确定物体的空间直角坐标轴对轴测投影面的倾角相等,用正投影法将物体连同其坐标轴一起投影到轴测投影面上,所得到的轴测图称为正等轴测图,可简称正等测,如图 6-2 所示。

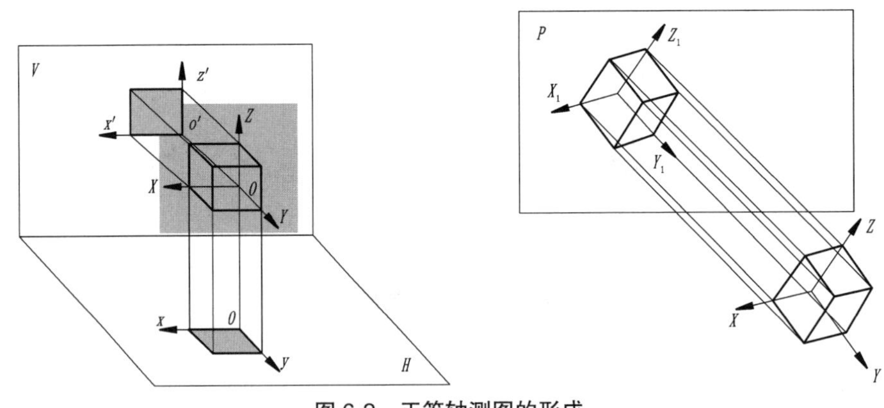

图 6-2 正等轴测图的形成

2. 正等轴测图的基本参数

正等轴测图的三个轴间角均为 120°。一般使 O_1Z_1 处于铅垂位置,O_1X_1 和 O_1Y_1 分别与水平线成 30°,即 $\angle X_1O_1Y_1=\angle X_1O_1Z_1=\angle Y_1O_1Z_1=120°$,如图 6-3(a)所示。

如图 6-3(a)所示,$p=(O_1X_1)/(OX)=0.82$,$q=(O_1Y_1)/(OY)=0.82$,$r=(O_1Z_1)/(OZ)=0.82$。轴测轴画法如图 6-3(b)所示。

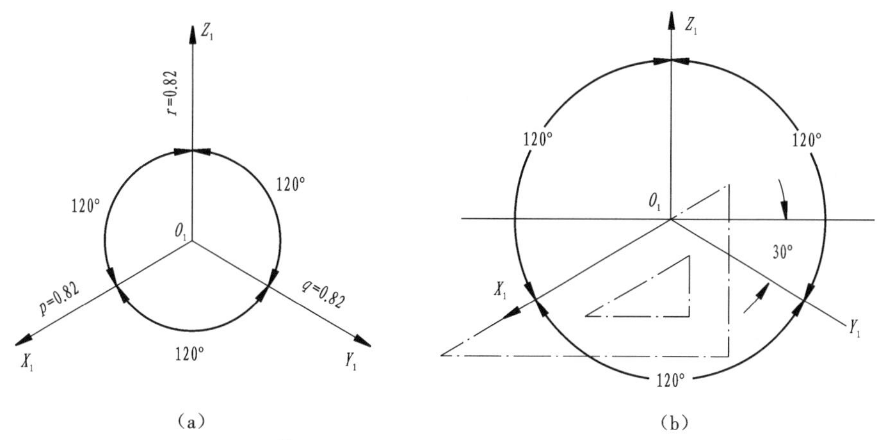

图 6-3　正等轴测图轴间角、轴向伸缩系数及轴测轴画法

(a)轴间角和轴向伸缩系数　(b)轴测轴画法

6.2.2　平面立体的正等轴测图画法

【例 6-1】 根据长方体的三视图,绘制其正等轴测图。

分析　四棱柱棱线分别与三个坐标轴平行,在轴测图上能直接从正投影图中量取,求出其端点,然后再连接。

作图　(1)在视图中选取坐标原点和坐标轴,如图 6-4(a)所示。

(2)绘制正等轴测图的坐标系。在轴测图中确定 O_1 和坐标轴 O_1Y_1、O_1X_1、O_1Z_1,绘制长方体的底面,如图 6-4(b)所示。

(3)过顶点 O_1、2、3、4 作 O_1Z_1 轴的四条平行棱线,截取高度 h,连接各顶点,如图 6-4(c)所示。

(4)整理描深,如图 6-4(d)所示。

6.2.3　圆的正等轴测图画法

画圆(图 6-5(a))的正等轴测图步骤如下。

(1)在视图中选定坐标轴及坐标原点、圆和坐标轴交点,定出 1、2、3、4;作圆的外切正方形 $ABCD$,如图 6-5(b)所示。

(2)画轴测轴,使 2_14_1=24、1_13_1=13,定出 4 个切点 1_1、2_1、3_1、4_1。过这四个点分别作 X_1、Y_1 轴的平行线,得外切正方形的轴测图,即圆的外切菱形 $A_1B_1C_1D_1$,如图 6-5(c)所示。

(3)过菱形两顶点 A_1、C_1 连接 A_1 和 4_1、C_1 和 2_1,分别与 D_1B_1 交于 F_1、E_1,E_1、F_1 即为圆心,如图 6-5(d)所示。

(4)分别以 E_1、F_1 为圆心,E_12_1、F_11_1 为半径作圆弧 $\overset{\frown}{2_13_1}$、$\overset{\frown}{4_11_1}$,再分别以 C_1、A_1 为圆心,C_12_1、A_14_1 为半径作圆弧 $\overset{\frown}{1_12_1}$、$\overset{\frown}{3_14_1}$。画出四段彼此相切的圆弧,并加深,得圆的正等轴测图,如图 6-5(e)所示。

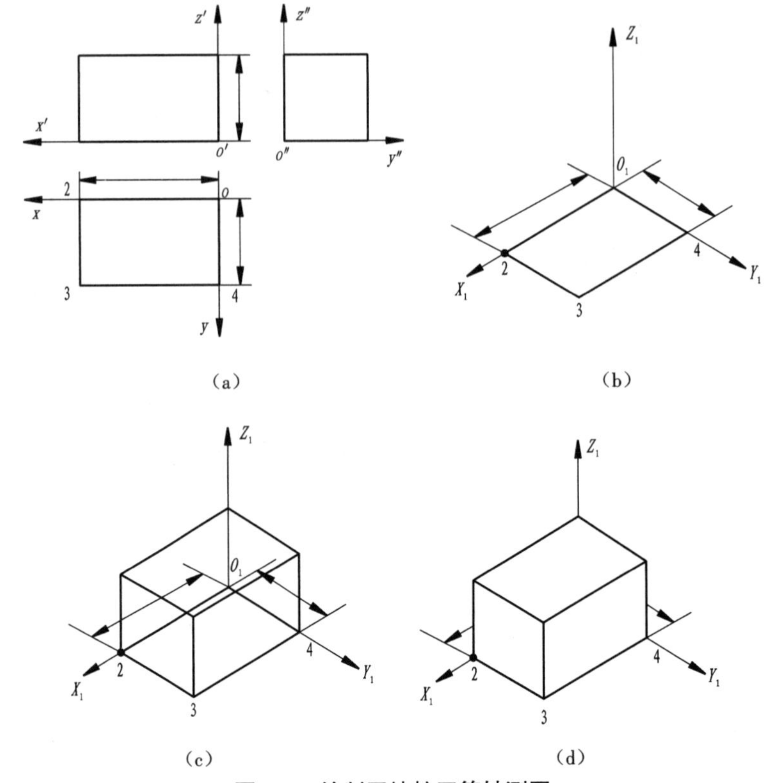

图 6-4　绘制四棱柱正等轴测图

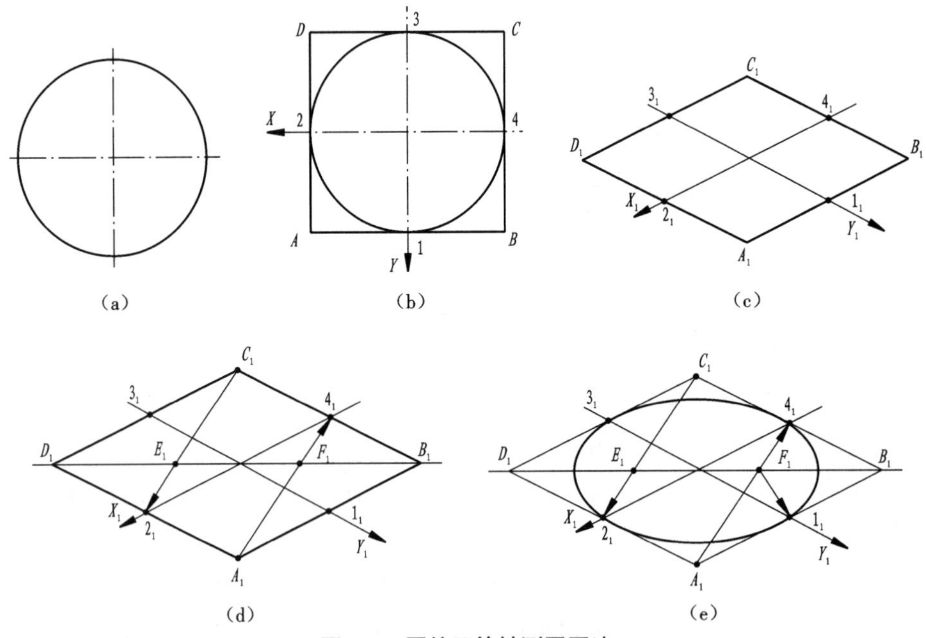

图 6-5　圆的正等轴测图画法

平行于正面和侧面圆的正等轴测图画法与上述相同,如图 6-6 所示。

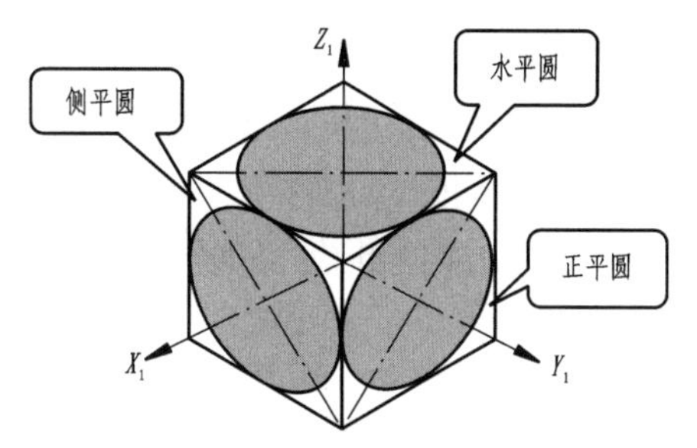

图 6-6　平行于坐标面的圆的正等轴测图

【例 6-2】 根据如图 6-7(a)所示圆柱的视图,绘制其正等轴测图。

分析　直立圆柱轴线垂直于水平面,上、下底为两个与水平面平行且大小相同的圆,在轴测图中均为椭圆。可按圆柱直径和高度作出两个形状和大小相同、中心距为圆柱高度的椭圆,再作两椭圆的公切线。

作图　(1)画轴测轴,确定上、下表面菱形的几何中心,用菱形法画上、下表面的椭圆,上、下表面相距 h,如图 6-7(b)所示。

(3)作出两椭圆公切线,即圆柱面轮廓线,如图 6-7(c)所示。

(4)加深描粗,完成轴测图,如图 6-7(d)所示。

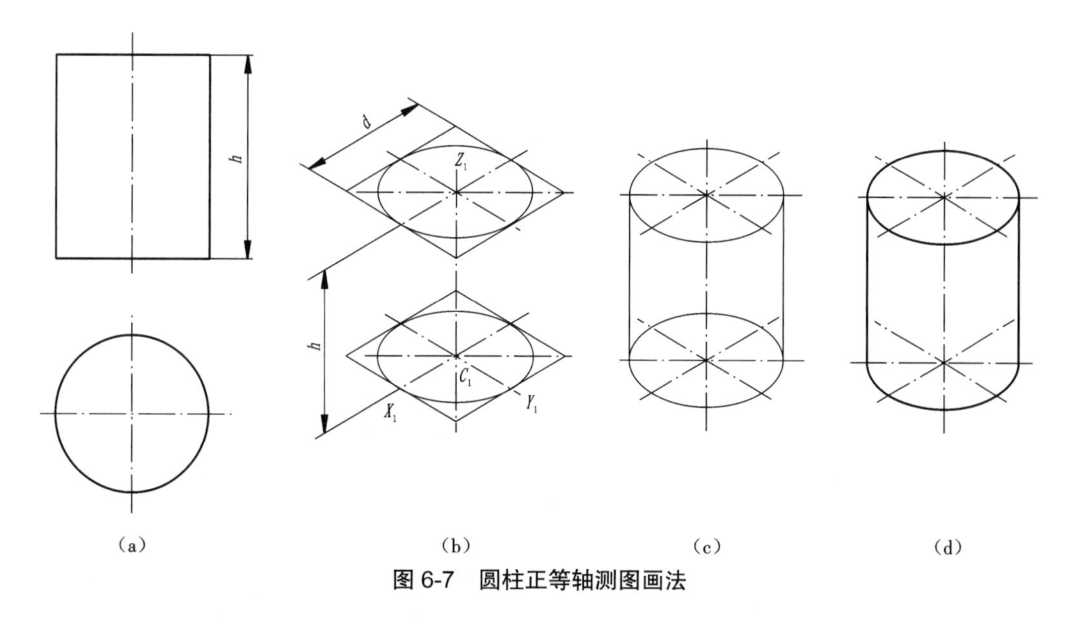

图 6-7　圆柱正等轴测图画法

【例 6-3】 画出带圆角立体的正等轴测图。

分析　平行于坐标面的圆角是圆的一部分,圆角正等轴测图恰好是上述近似椭圆的四段弧中的一段。

作图　(1)作出平板轴测图,并根据圆角半径 R,在平板上底面相应棱线上作出切点 A_1、B_1、C_1、D_1,如图 6-8(a)所示。

(2)截取 $1_1A_1=1_1B_1=2_1C_1=2_1D_1=R$。过切点 A_1、B_1 分别作相应棱线的垂线,得交点 O_1;过切点 C_1、D_1 分别作相应棱线的垂线,得交点 O_2。以 O_1 为圆心,O_1A_1 为半径作圆弧 $\overset{\frown}{A_1B_1}$;以 O_2 为

圆心，O_2C_1 为半径作圆弧 $\overset{\frown}{C_1D_1}$，得平板前底面两圆角的轴测图，如图 6-8(b)所示。

(3)将 O_1、O_2 后移平板厚度 h，确定后底面的切点 A_2、B_2、C_2、D_2，再用与上述方法相同的半径分别作两圆弧，得平板后底面圆角轴测图，如图 6-8(b)所示。

(4)作公切线，擦去多余图线，并加深描粗，结果如图 6-8(c)所示。

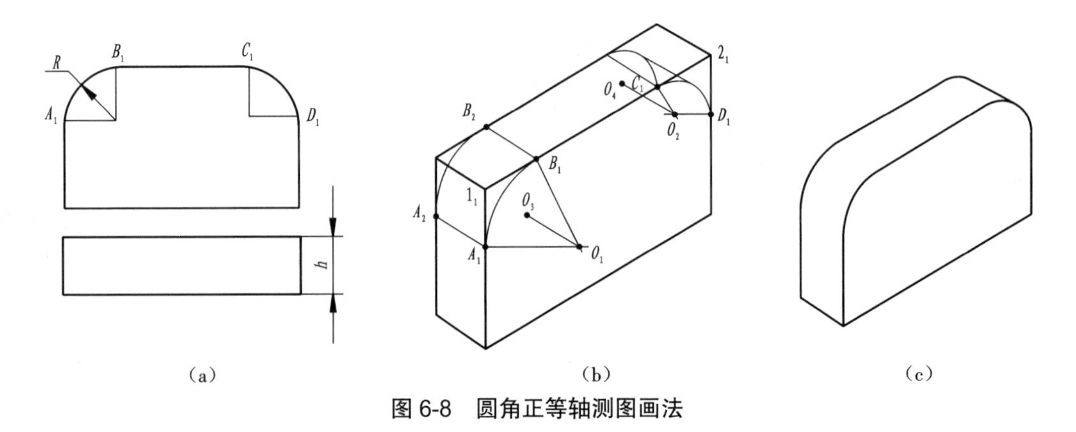

图 6-8 圆角正等轴测图画法

【例 6-4】 圆台的正等轴测图画法。

分析 圆台上、下底面为水平圆，可根据已知视图尺寸，按圆台直径和高度作出两个椭圆，椭圆中心距为圆台高度，再作椭圆公切线，画出圆台面。

作图 (1)画轴测轴，确定上、下表面菱形的几何中心，用菱形法画上、下表面的椭圆，上、下表面间的距离为圆台高度，作出两椭圆公切线，即圆台面轮廓线，如图 6-9(b)所示。

(2)擦去多余图线，加深描粗，完成轴测图，如图 6-9(c)所示。

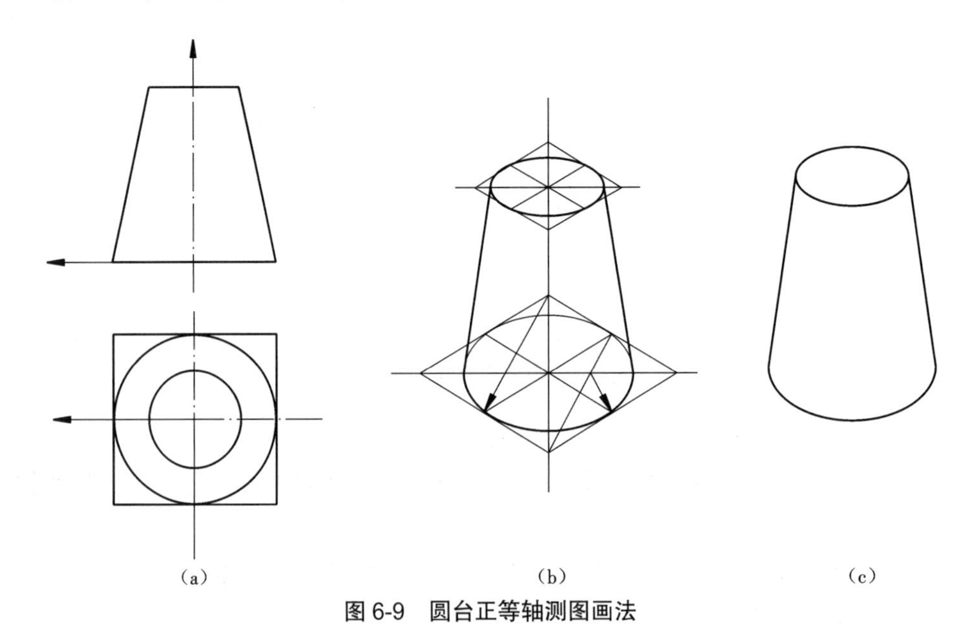

图 6-9 圆台正等轴测图画法

6.3　斜二等轴测图的绘制

6.3.1　斜二等轴测图的形成和基本参数

1. 斜二等轴测图的形成

在确定物体的直角坐标系时，使 OX 轴和 OZ 轴平行于轴测投影面 P，用斜投影法将物体连同其坐标轴一起向 P 面投影，所得到的轴测图称为斜二等轴测图，简称斜二测，如图 6-10（a）所示。

斜二等轴测图的优点：空间平行于 XOZ 坐标面的平面图形，在斜二测投影图中反映实形，当形体沿某一方向有较复杂的轮廓，如有较多的圆或圆弧时，可使形体上的这些圆或圆弧在空间处于正平面位置，这些圆或圆弧在斜二等轴测图中反映实形，使轴测图简便易画。

2. 斜二等轴测图的基本参数

斜二等轴测图的轴间角 $\angle X_1O_1Z_1=90°$，$\angle X_1O_1Y_1=\angle Y_1O_1Z_1=135°$，轴向伸缩系数 $p=r=1$，$q=0.5$，如图 6-10（b）所示。

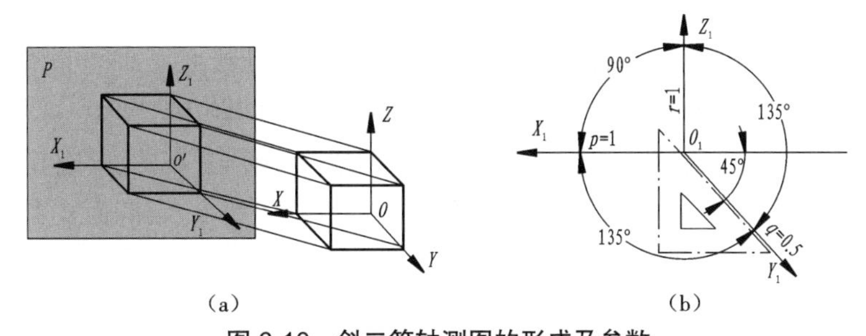

图 6-10　斜二等轴测图的形成及参数

（a）斜二等轴测图的形成　（b）斜二等轴测图的轴间角和轴向伸缩系数

6.3.2　平面立体的斜二等轴测图画法

【例 6-5】 根据图 6-11（a）所示正六棱柱三视图，绘制其斜二等轴测图。

分析　正六棱柱正面投影为正六边形，平行于 XOZ 坐标面，在斜二测投影图中反映实形。画出物体前面的正六边形，按棱柱高度的一半画出后面的正六边形，连接正六边形对应顶点即可。

作图 （1）建立轴测坐标 O_1X_1、O_1Y_1、O_1Z_1，作正六边形，按正六边形的作法，画出物体前面的正六边形。

（2）沿前面正六边形的顶点，作 O_1Y_1 的平行线，并按 $q=0.5$，截取棱柱高度的一半。

（3）作后面的其他图线，只画出可见的图线。

（4）擦去多余的线，加粗描深，完成全图，如图 6-11（b）所示。

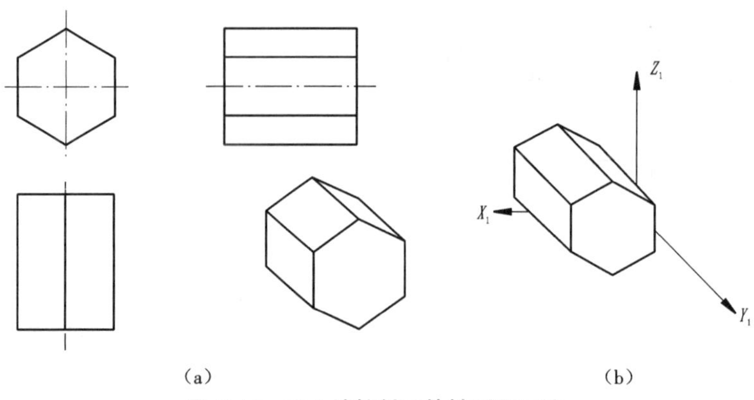

图 6-11 正六棱柱斜二等轴测图画法

6.3.3 曲面立体的斜二等轴测图画法

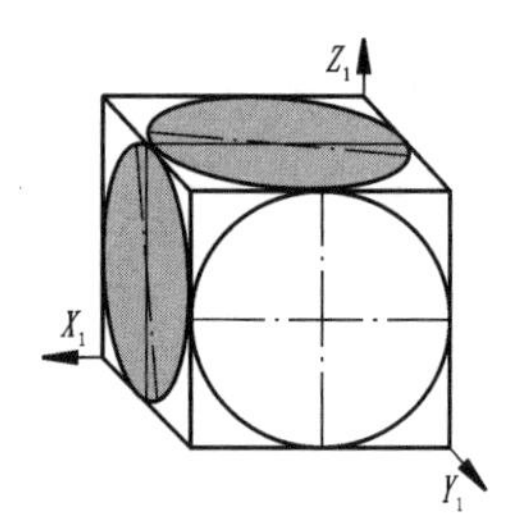

图 6-12 圆的斜二轴测画法

平行于坐标面的圆的斜二等轴测图画法如图 6-12 所示，凡是与正面平行的圆的轴测投影反映实形，仍然是圆，与侧面和水平面平行的圆，其轴测投影为椭圆。平行于 H 面的圆为椭圆，长轴对 O_1X_1 轴偏转 7°；平行于 W 面的圆为椭圆，长轴对 O_1Z_1 轴偏转 7°。当物体的三个或两个坐标面上有圆时，应尽量不选用斜二等轴测图，而当物体只有一个坐标面上有圆时，则采用斜二等轴测图，作图较为方便。

【例 6-6】 根据图 6-13(a)所示圆筒三视图，绘制其斜二等轴测图。

分析 圆筒正面投影为圆，反映圆筒上、下底面实形，采用斜二等轴测图，绘图简便。

作图 (1)建立轴测坐标。

(2)根据图中标注圆的直径，以 O_1 为圆心画出前面的两个圆。

(3)沿前面圆心点，作 O_1Y_1 的延长线，并按 q=0.5，截取圆筒高度 h/2，得点 O_2。

(4)以 O_2 为圆心，画 ϕd_1、ϕd_2 两圆，并作两圆公切线。

(5)擦去多余的线，加粗描深，完成全图，如图 6-13(b)所示。

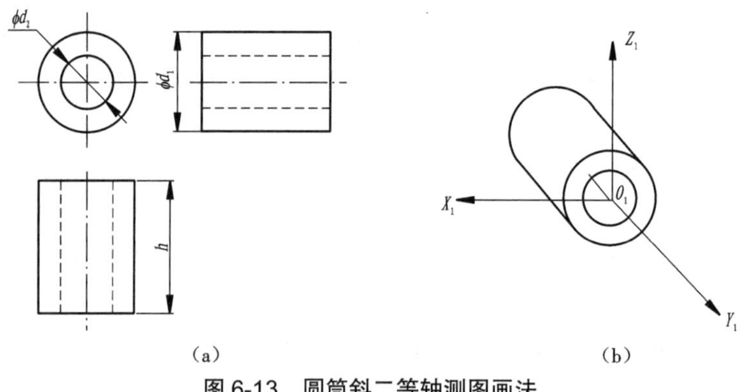

图 6-13 圆筒斜二等轴测图画法

【例 6-7】 根据图 6-14(a)所示组合形体的两个视图,绘制其斜二等轴测图。

分析　组合体主视图中有圆和圆曲线,采用斜二等轴测图,圆和圆曲线反映实形,绘图简便。

作图　(1)画正面形状,如图 6-14(b)主视图所示。

(2)按 OY 方向画 45° 平行线,长度为 $0.5y$;圆心沿 OY 向后移 $0.5y$,画出后表面的圆和圆弧,如图 6-14(c)所示。

(3)作前、后圆的切线,完善轮廓,加深,如图 6-14(d)所示。

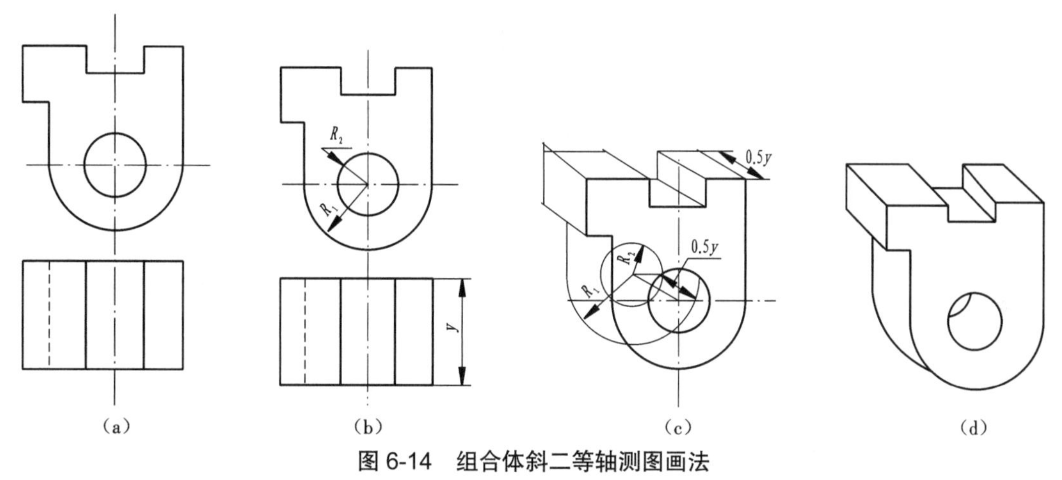

图 6-14　组合体斜二等轴测图画法

(a)已知　(b)画正面形状　(c)画 45° 平行线　(d)作切线,加深

本章小结

轴测图是用轴测投影的方法画出的一种富有立体感的图形,它接近于人们的视觉习惯,在生产和学习中常用它作为辅助图样,帮助我们想象和构思。

画轴测图要切记两点:一是利用平行性质作图,这是提高作图速度和准确度的关键;二是沿轴向度量,这是正确作图的关键。

技能与素养

本章在讲授轴测投影过程中引导读者树立诚实守信、严谨负责的职业道德。前面已经学习了基本体的投影以及截交线与相贯线的绘制,将物体按照投影原理绘制成二维平面图形,使读者的动手绘图能力得以提高,但是缺乏识图能力,轴测投影的学习能提高读者对物体立体空间的认识能力。

第 7 章　组合体

7.1　组合体的形体分析

扫一扫:PPT- 第 7 章

1. 组合体的概念

任何复杂的形体都可以看成是由一些基本的形体(简称基本体)按照一定的连接方式组合而成的。这些基本体包括棱柱、棱锥、圆柱、圆锥、圆球和圆环等。由基本体按一定组合方式组成的复杂形体称为组合体,如图 7-1 所示。

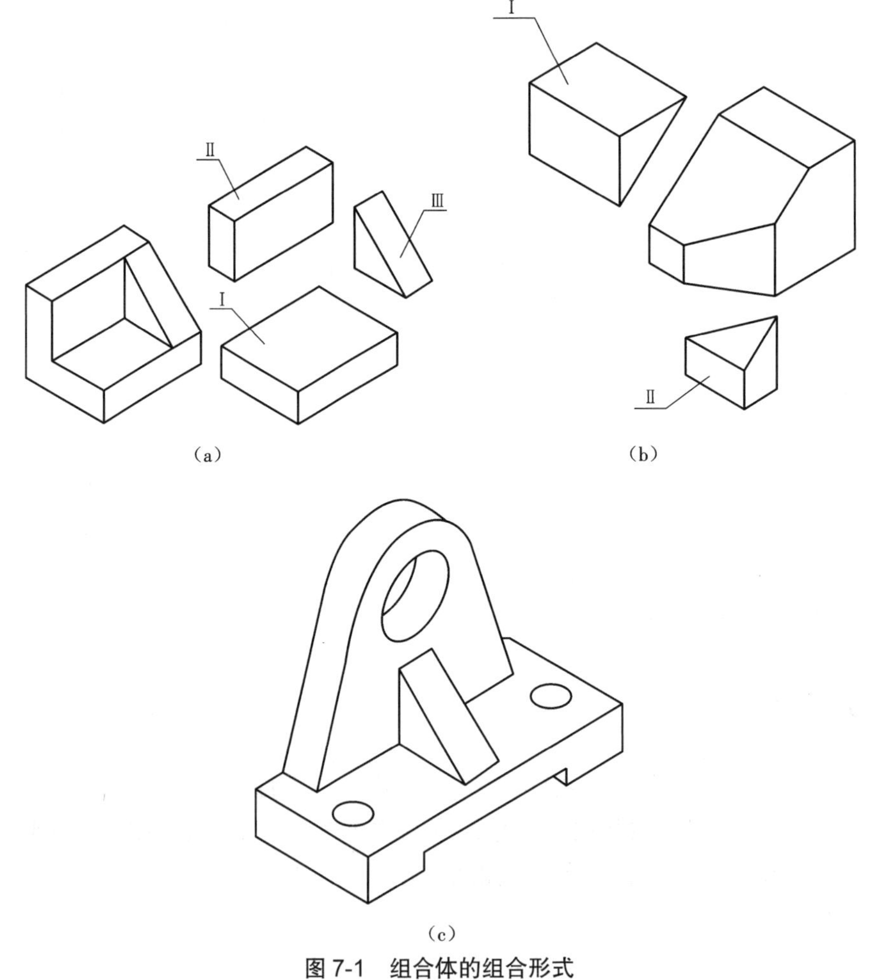

图 7-1　组合体的组合形式

(a)叠加式　(b)切割式　(c)综合式

2. 组合体的类型

为了便于分析，按形体组合特点，将组合体的组合方式分为叠加、切割和综合三种形式。

1）叠加式组合体

由若干个基本体叠加而成的组合体称为叠加式组合体，简称叠加体。如图7-1(a)所示的组合体，由水平放置的长方体Ⅰ和竖直放置的长方体Ⅱ以及三棱柱Ⅲ叠加而成，是基本体Ⅰ、Ⅱ、Ⅲ的并集，属于叠加型组合体。

2）切割式组合体

由基本体切割而成的组合体称为切割式组合体，简称切割体。如图7-1(b)所示的组合体由长方体切去形体Ⅰ，再切去形体Ⅱ而成，即是长方体与形体Ⅰ、Ⅱ的差集，属于切割型组合体。

3）综合式组合体

综合式组合体是前两种形式的综合，即整体上为叠加型，局部为切割型的组合体，简称综合体。如图7-1(c)所示的组合体，其形成往往是既有叠加，又有切割的综合方式。

注意：许多情况下，叠加式和切割式并无严格的界线，同一物体既可按叠加方式分析，也可按切割方式去理解，如图7-1(a)所示形体，也可以认为是由长方体切割而成的。因此，分析组合体的组合方式时，应根据具体情况进行分析，以便于作图。

3. 组合体的表面连接关系

从组合体的整体来看，构成组合体的各基本体间都有一定的相对位置，并且相邻表面之间也存在一定的连接关系。其形式一般可分为平齐与不平齐、相切与相交几种情况，如图7-2所示。

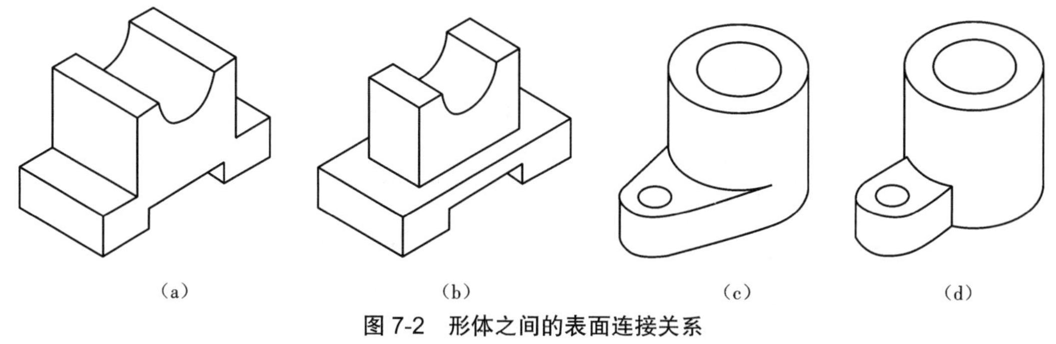

图7-2 形体之间的表面连接关系

(a)平齐 (b)不平齐 (c)相切 (d)相交

由基本体形成组合体时，不同几何体上原来有些表面由于互相结合或被切割而不复存在，有些表面将连成一个平面，有些表面发生相切或相交等情况。在画组合体视图时，必须注意这些表面关系，才能不多画线、不漏画线。在读图时，必须看懂基本体之间的表面连接关系，才能正确理解物体的形状。

1）平齐与不平齐

平齐是指两基本体某方向的两个表面处于同一平面内，不存在分界线。在视图中平齐处不画线，如图 7-3 所示叠加形体的前表面和后表面都分别处于同一平面内。

必须指出，分析组合体的组合方式及基本体之间的表面连接关系，是便于画图和读图的一种思考方法，整个组合体仍是一个不可分割的整体。因此，如图 7-3 所示形体前后表面分别平齐，无分界线。

不平齐是指两个基本体除叠加处表面重合外，没有其他方向的两个表面在同一个平面内，在视图中两个基本体之间应画出分界线，如图 7-4 所示的主视图。

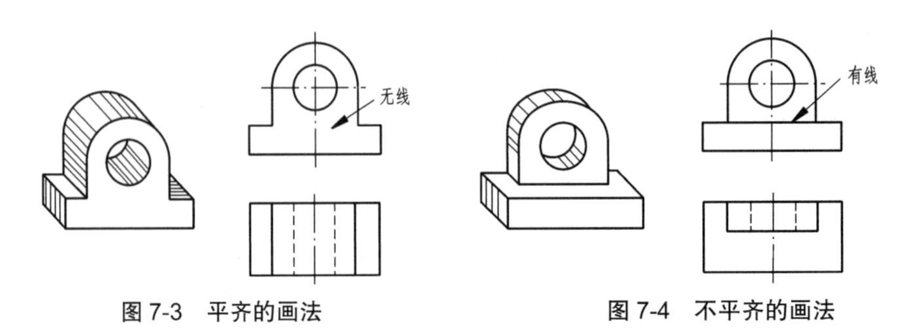

图 7-3　平齐的画法　　　　图 7-4　不平齐的画法

2）相切

相切是指两个基本体的表面（平面与曲面或曲面与曲面）光滑过渡，不存在分界线，在视图中相切处不画线。如图 7-5 所示物体，可以看成是由圆柱与组合柱两部分叠加而成，表面连接关系是相切，即组合柱的前平面与圆柱面相切，在相切处形成光滑过渡，相切处无交线，因此在主视图和左视图中相切处不应画线。但应注意两个切点在主视图和左视图中的位置。画图时可先画出相切面有积聚性的视图（图 7-5 中的俯视图），从而定出直线和圆弧的切点，再根据切点的投影作出其他投影。

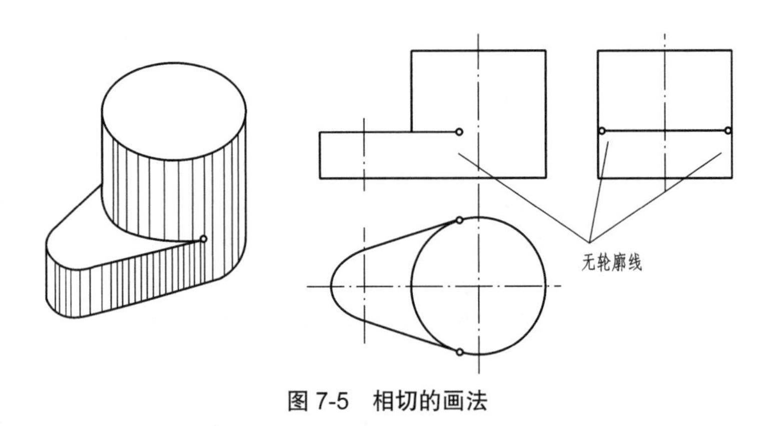

图 7-5　相切的画法

3）相交

相交是指两个基本体彼此相交时表面产生交线（截交线或相贯线），表面交线是它们的分界线，在视图中相交处应该画出分界线。如图 7-6 所示，交线是由平面和圆柱曲面相交产生的，实质为相贯线。

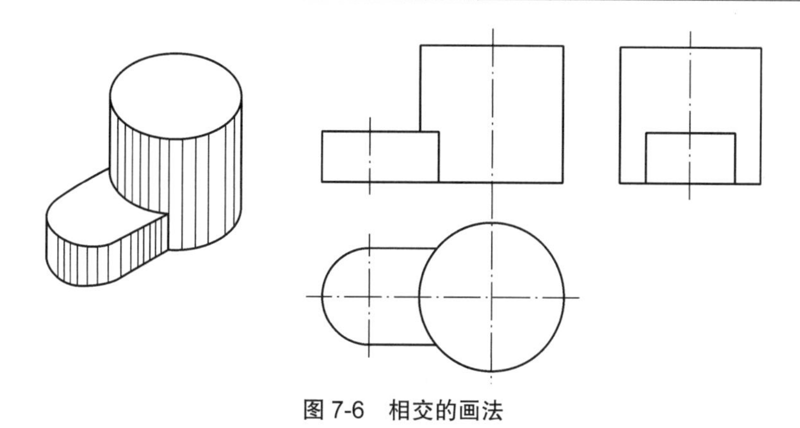

图 7-6　相交的画法

7.2　组合体视图的画法

扫一扫:组合体三视图的画法

7.2.1　轴承座三视图的画法

1. 组合体视图绘制的一般步骤

1)形体分析

将组合体分解成若干个基本形体,并分析它们的组合形式,各组成部分之间的相互位置,是否产生交线等。

2)确定主视图

主视图是最重要的视图,确定主视图是画三视图的关键。选择主视图的原则:

(1)物体放正,其主要平面(或轴线)放置在与投影面平行或垂直的位置;

(2)最能反映形状特征和相对位置特征;

(3)主视图和其他视图中的虚线尽量少;

(4)尽量使画出的三视图长大于宽。

3)选比例,定图幅

根据组合体复杂程度和尺寸大小,应选择国家标准规定的图纸幅面和比例。在选择时,充分考虑视图、尺寸、技术要求及标题栏的大小和位置。尽量选用 1∶1 的比例,这样既便于直接估量组合体的大小,也便于画图。

4)布置视图,画基准线

根据组合体的总长、总宽、总高确定各视图在图框中的具体位置,使三视图分布均匀,并在视图之间留出标注尺寸的位置和适当的间距。画出各视图的对称中心线、轴线以及重要的端面和底面等。

5)画底稿

根据各基本形体的形状,逐个画出每一个基本体的三视图。当画出两个或多个基本体时,就应考虑它们之间的相对位置以及形体表面间平齐、不平齐、相交、相切的相互位置关系,对已画视图做必要的修改。

6)检查、描深

改正底稿中的错误,并按规定线型加深。

2. 轴承座三视图的画法

绘制轴承座(图 7-7)三视图时,首先应利用形体分析方法,读懂图形,弄清图形结构和各图形间的对应关系。此轴承座可分为五部分:底板Ⅰ、支承板Ⅱ、肋板Ⅲ、圆筒Ⅳ和凸台Ⅴ,如图 7-8 所示。凸台与圆筒是两个垂直相交的空心圆柱体,在外表面和内表面上都有相贯线。支承板、肋板和底板分别是不同形状的平板。五个组成部分的左右方向对称面重合。支承板的左、右侧面都与圆角的外圆柱面相切,肋板的左、右侧面与圆筒的外圆柱面相交,底板的顶面与支承板、肋板的底面相互重合。

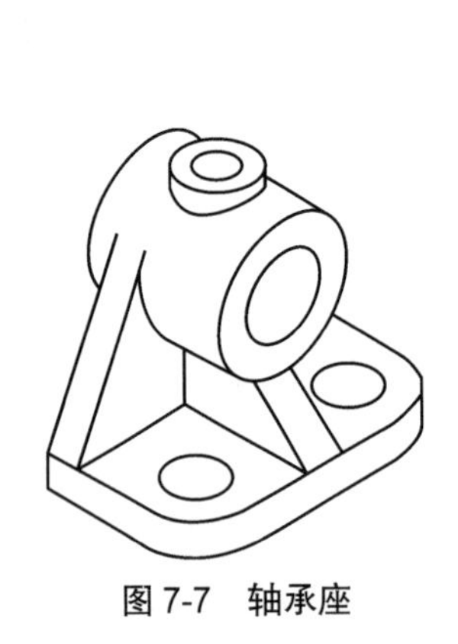

图 7-7 轴承座

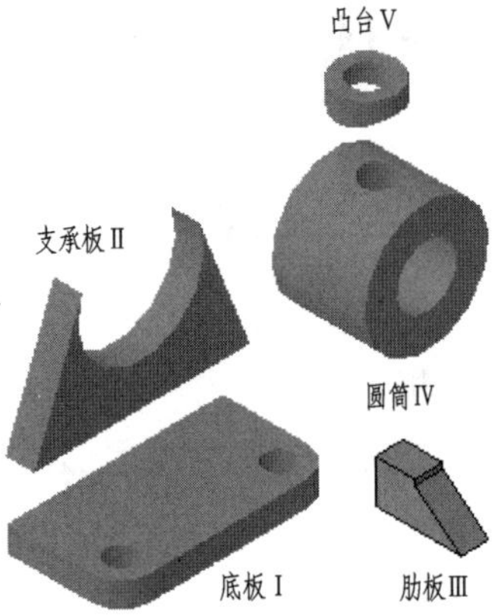

凸台Ⅴ
支承板Ⅱ
圆筒Ⅳ
底板Ⅰ
肋板Ⅲ

图 7-8 轴承座形体分析

画图时,依次画出每个基本体的三视图。画每一个基本体时,一般应三个视图对应着一起画。

具体绘制时,应首先选定主视图投影方向,选择比例和图幅,绘制出作图基准线,确定三视图的位置;然后依次绘制底板的外形结构、圆筒、支承板和肋板;最后绘制各个结构的细小部分。具体步骤如下。

(1)布置三视图的作图基准线,如图 7-9(a)所示。

(2)画底板的三视图,如图 7-9(b)所示。

(3)画圆筒的三视图,如图 7-9(c)所示。

(4)画支承板的三视图,如图 7-9(d)所示。

(5)画凸台的三视图,如图 7-9(e)所示。

(6)画肋板的三视图,如图 7-9(f)所示。

(7)画底板圆角和圆柱孔,如图 7-9(g)所示。

(8)检查并加深,如图 7-9(h)所示。

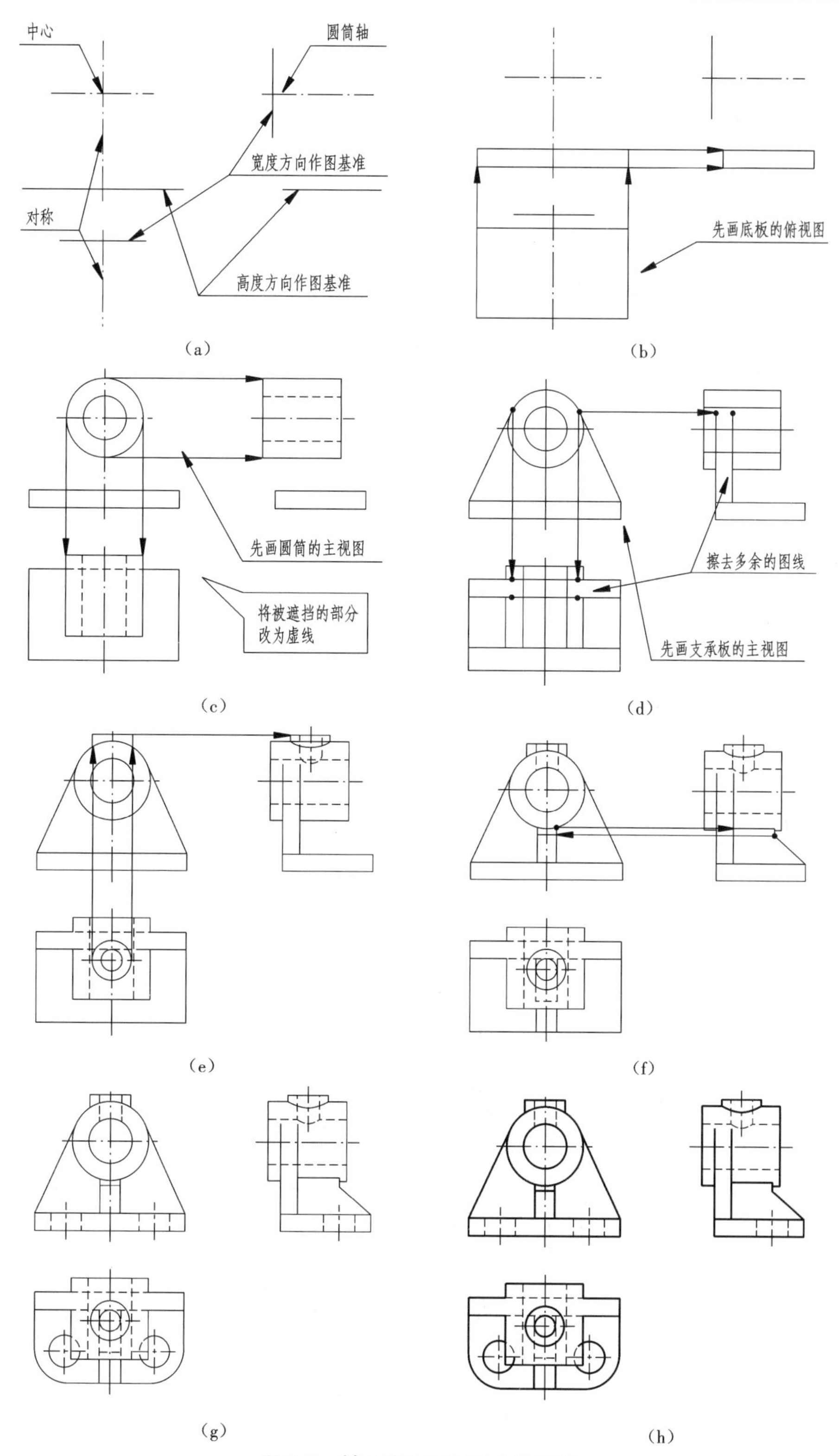

图 7-9　轴承座三视图的作图步骤

(a)画基准线 (b)画底板 (c)画圆筒 (d)画支承板 (e)画凸台 (f)画肋板 (g)画底板圆孔 (h)检查、加深

7.2.2 滑座的尺寸标注

1. 组合体的尺寸标注

视图只能表示组合体的形状,各形体的真实大小及其相对位置,需由尺寸来确定。

2. 尺寸标注的基本要求

1)正确

正确是指尺寸标注要符合国家和行业制图标准的规定。

2)完整

完整是指所注尺寸能够完全确定组合体的形状和大小,即定形尺寸、定位尺寸、总体尺寸标注齐全,并且不重复。

3)清晰

清晰是指所注尺寸位置明显,排列整齐,便于读图。

4)合理

合理是指所注尺寸既能满足设计要求,又方便加工测量。合理标注尺寸,需要具备一定的专业知识后才能逐步做到。

3. 组合体的尺寸种类

从形体分析来说,组合体的尺寸有定形、定位和总体三种尺寸。

1)定形尺寸

确定形体形状大小的尺寸称为定形尺寸。在三维空间中,定形尺寸一般包括长、宽、高三个方向的尺寸。如图 7-10 所示底板的大小尺寸为长 200、宽 170、高 15, $4\times\phi20$ 为四个孔的直径尺寸。

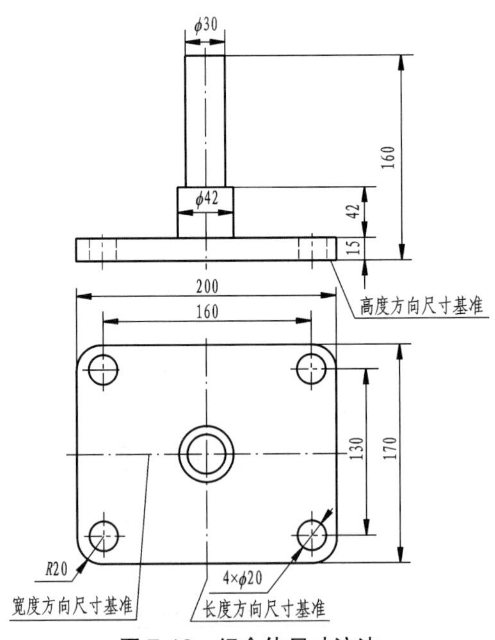

图 7-10 组合体尺寸注法

2）定位尺寸

确定各基本体间相对位置的尺寸称为定位尺寸。如图 7-10 所示俯视图中 160 与 130 是四个孔的位置尺寸。在标注回转体的定位尺寸时，一般是确定其轴线的位置，而不应以其转向线来定位，如图 7-11 所示。

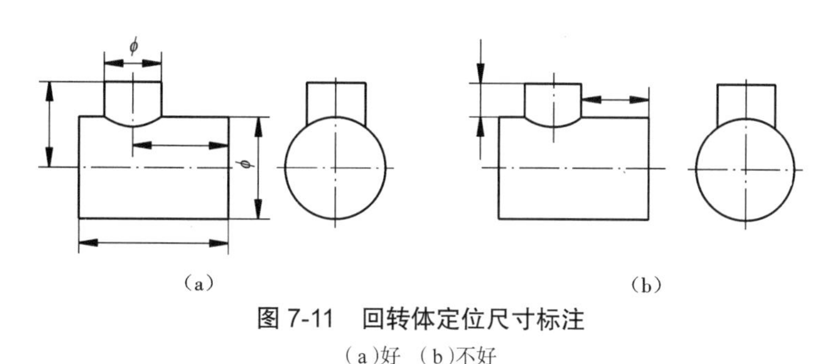

图 7-11　回转体定位尺寸标注

（a）好　（b）不好

3）总体尺寸

组合体的总长、总宽、总高尺寸称为总体尺寸，如图 7-10 所示的总长 200、总宽 170、总高 160。组合体一般需要标注总体尺寸。由于组合体定形尺寸、定位尺寸已标注完整，若再加注总体尺寸会出现重复尺寸。此时加注总体尺寸，就要减去一个同方向的定形尺寸，如图 7-10 所示高度方向尺寸标注。

当组合体的端部不是平面而是回转面时，该方向一般不直接标注总体尺寸，而是由确定回转面轴线的定位尺寸和回转面的定形尺寸（半径或直径）来间接确定，如图 7-12 所示各图中的一些总体尺寸没有直接标出。

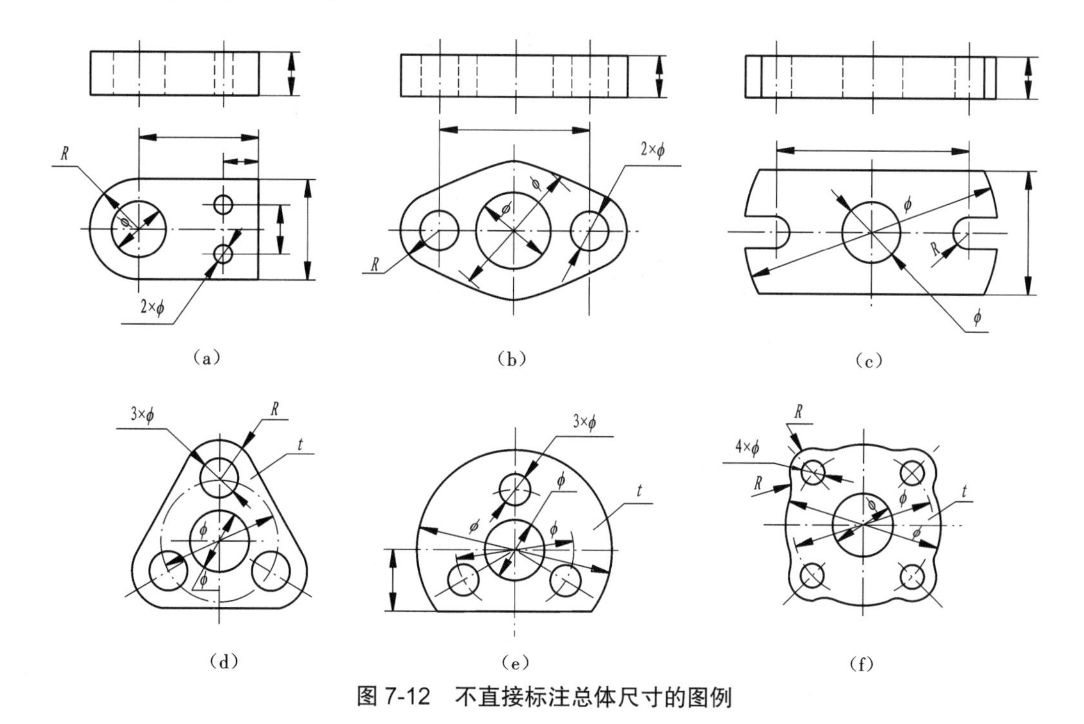

图 7-12　不直接标注总体尺寸的图例

4. 组合体的尺寸基准

确定尺寸位置的几何元素（点、直线、平面等）称为尺寸基准，简称基准。基准分为主要基准和辅助基准。在三维空间中，长、宽、高三个方向上应各有一个主要基准。一般采用组合体（或形体）的对称平面（对称线）、主要的轴线和较大的平面（底面、端面）作为主要基准。根据需要，还可选一些其他几何元素作为辅助基准。主要基准和辅助基准之间应有尺寸联系。如图 7-10 所示高度方向以底面为尺寸基准；长度方向选用左右的对称平面为尺寸基准；宽度方向以前后的对称平面为尺寸基准。标注 4 × ϕ20 时，孔中心距的长度方向的定位尺寸为 160，孔中心距的宽度方向的定位尺寸为 130。

5. 滑座的尺寸标注

滑座的三视图如图 7-13 所示，对所绘图形进行尺寸标注，具体步骤如下。

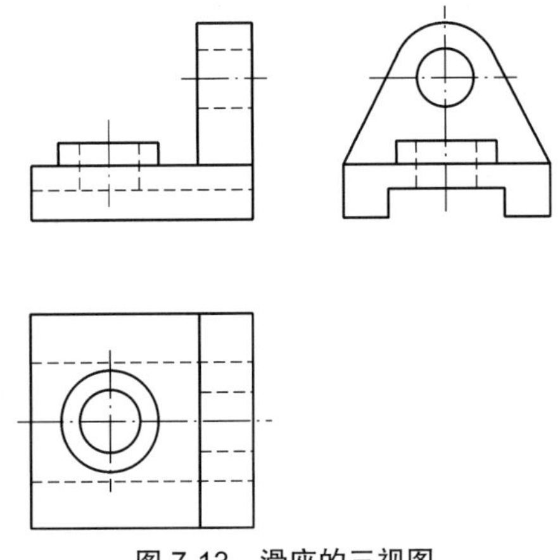

图 7-13　滑座的三视图

（1）标注底板的定形尺寸，如图 7-14 所示。

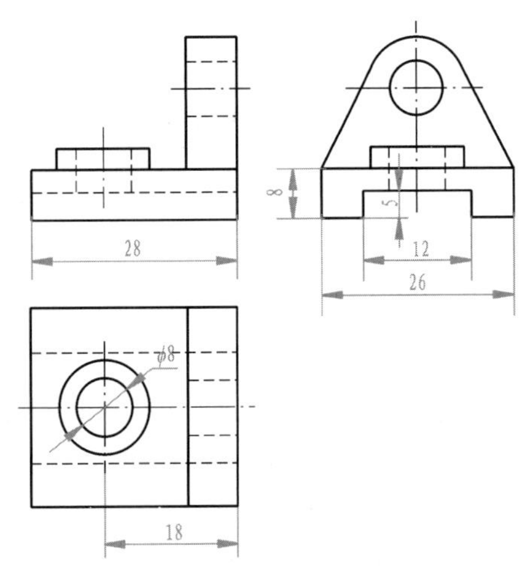

图 7-14　标注底板的定形尺寸

（2）标注支板的定形尺寸，如图 7-15 所示。

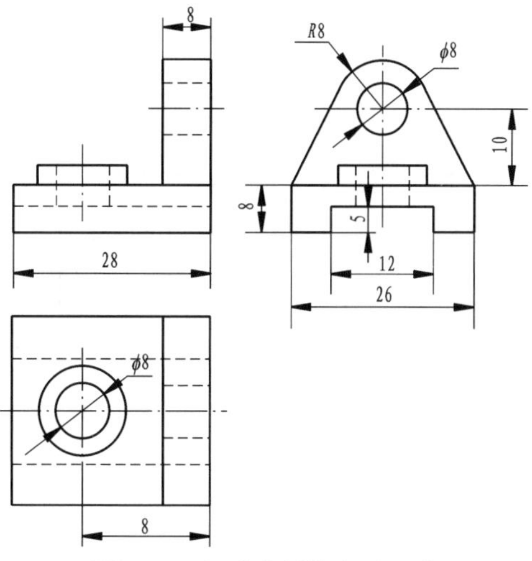

图 7-15　标注支板的定形尺寸

（3）标注圆柱体的定形尺寸，如图 7-16 所示。

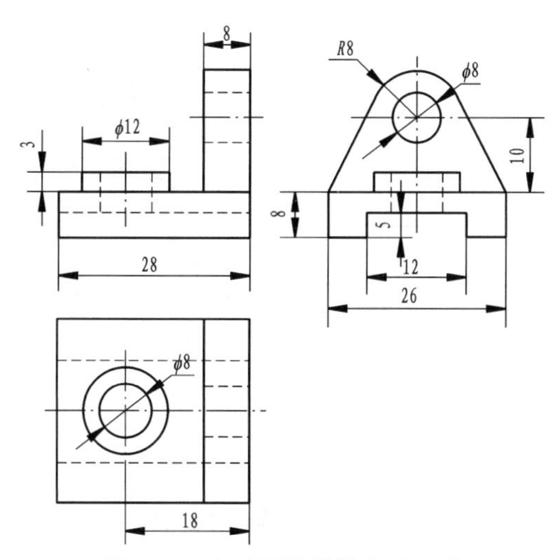

图 7-16　标注圆柱体的定形尺寸

（4）标注基本体间的定位尺寸及组合体的总体尺寸，如图 7-17 所示。

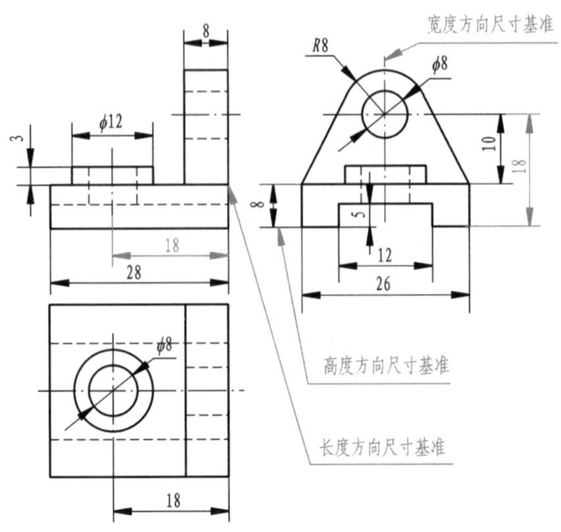

图 7-17 标注定位尺寸和总体尺寸

(5)总体尺寸整理,如图 7-18 所示。

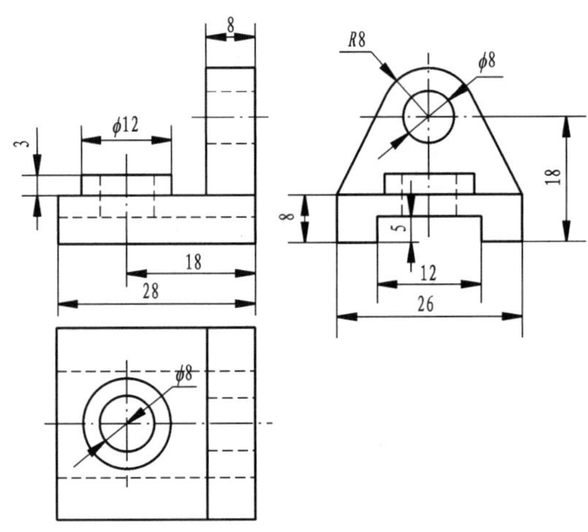

图 7-18 总体尺寸整理

6. 组合体尺寸标注注意事项

(1)把尺寸标注在形体特征明显的视图上。为了看图方便,应尽可能把尺寸标注在形体特征明显的视图上。如图 7-19 所示,把五棱柱的五边形尺寸标注在反映形体特征的主视图上。

(2)交线上不应直接标注尺寸。在形体的叠加(或挖切)过程中,形体的邻接表面处于相交位置时,自然会产生交线。由于两个形体的定形尺寸和定位尺寸已完全确定了交线的形状,因此在交线上不应再另标注尺寸,如图 7-19(a)所示。

(3)把有关联的尺寸尽量集中标注。为了看图方便,应把有关联的尺寸尽量集中标注,如图 7-19(a)所示。

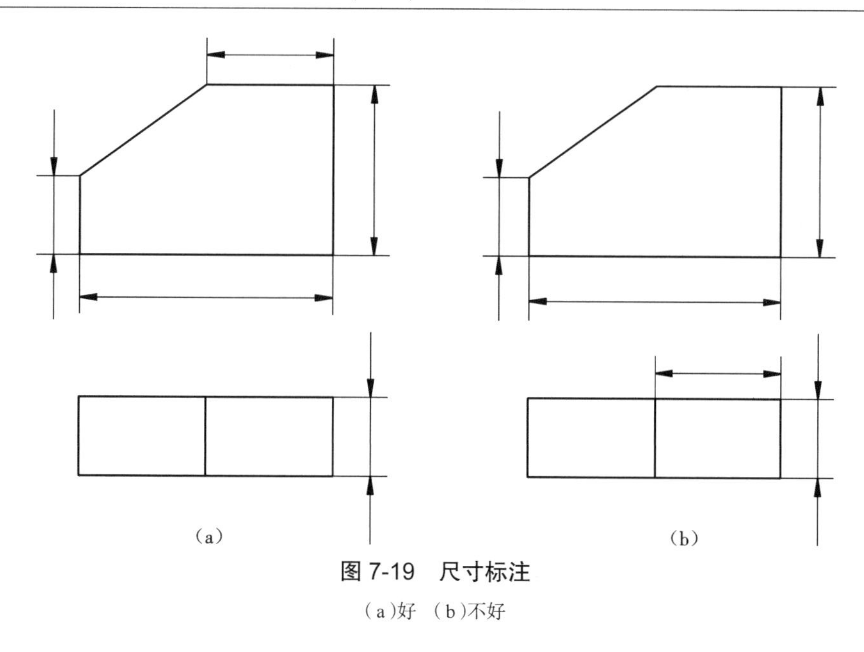

（a）　（b）

图 7-19　尺寸标注

（a）好　（b）不好

（4）尺寸排列整齐、清楚。除了遵守尺寸注法的规定外，尺寸尽量标注在两个相关视图之间，且尽量标注在视图的外面。同一方向上连续标注的几个尺寸应尽量配置在少数几条线上，如图 7-20 所示。

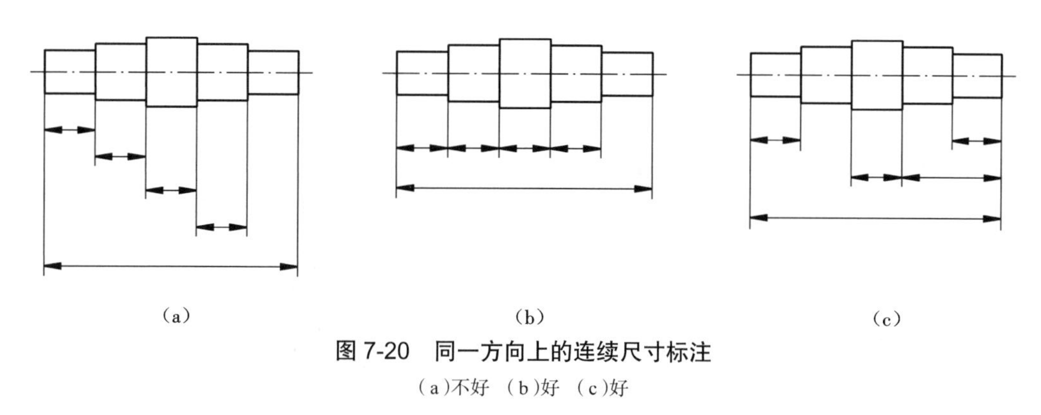

（a）　（b）　（c）

图 7-20　同一方向上的连续尺寸标注

（a）不好　（b）好　（c）好

（5）按圆周均匀分布的孔的 ϕ 值和定位尺寸应集中标注在反映其数量和分布位置的视图上。

7.3　组合体视图的识读

根据已画好的组合体视图，运用投影原理和方法，想象出其形状和结构，这就是读组合体视图。正确迅速地读懂图，一要有扎实的读图基础知识，二要掌握读图的方法，三要通过典型习题反复进行读图实践。

7.3.1　组合体视图读图的基本方法

1. 从形状特征视图想象各部分形状

由于组成组合体的各基本体的形状特征不一定集中在同一视图中，所以读图时必须从各视图中分离出表示各基本体的形状特征线框，以特征线框为基础，想象该形体的形状和方位。

如图 7-21（a）所示三视图，如想象形体Ⅰ，只从主、左视图的线框 1′、1″ 是想象不出形状的，必须从俯视图的特征线框 1 开始。同理，想象形体Ⅱ、Ⅲ，以主、左视图的特征线框 3′、2″ 所示的平面形和位置，配合其他视图表示的尺寸，三个形体就想象出来了，如图 7-21（b）、（c）和（d）所示。

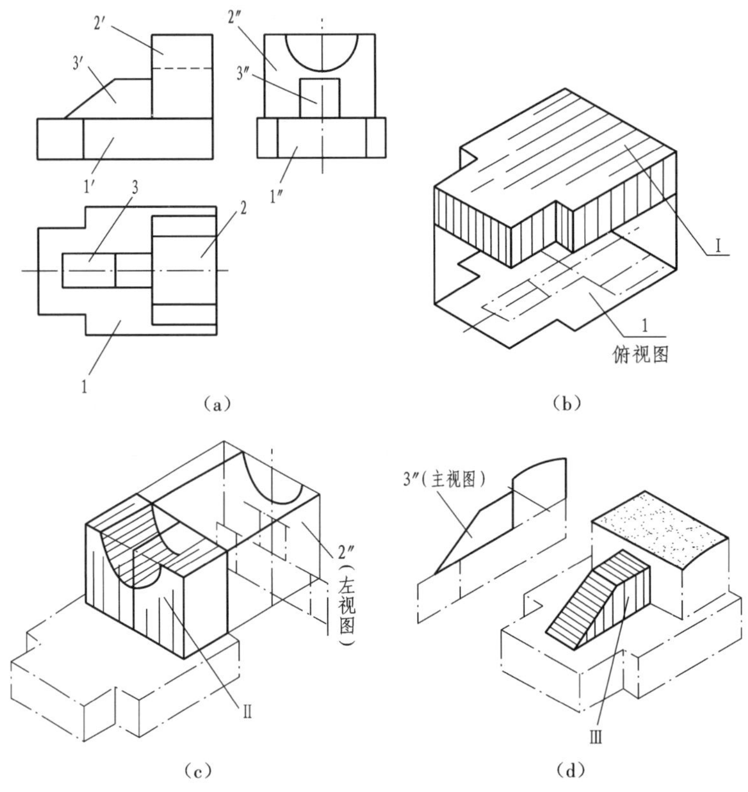

图 7-21　从形状特征视图想象各基本体形状

2. 从位置特征视图想象各部分的相对位置

在给定的三个视图中，必有反映各基本体的相对位置最为明显的视图，即位置特征视图。读图时，应从位置特征视图想象各部分的相对位置。

如图 7-22（a）所示，主视图的线框 1′ 和 2′ 清楚地表示了形体Ⅰ、Ⅱ的上、下和左、右的相对位置，而前后关系，即哪个凸出、哪个凹入，只能通过俯、左视图加以判别。假若只联系俯视图，则因凹凸两部分长度方向投影关系相重，不能依靠主、俯视图“长对正”的关系分清这两个形体的凸凹关系，至少能想象出如图 7-22（b）所示的两种形体。只有把主、左视图配合起来读，根据主、左视图“高平齐”的投影关系以及左视图表示前、后方位，便能想象出形体Ⅰ凹，形体Ⅱ凸，如图 7-22(c)所示。因此，该形体的左视图是反映前后(凸凹)关系的特征视图。

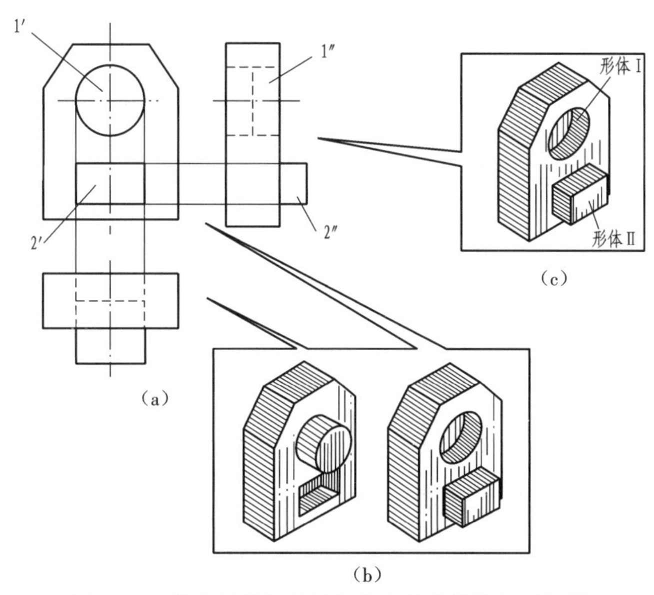

图 7-22　从位置特征视图想象各基本体的相对位置

3. 读图时，应把几个视图配合起来读

上面介绍从某个形状特征视图判断基本体的形状，但必须指出，有的形体具有两个以上形状特征。读图时，切忌只凭一个视图就臆造出物体形状，必须把几个视图配合起来读，才能正确想象出物体形状。

如图 7-23(a)所示，单从主视图看，误认为其是拱形柱体，如图 7-23(b)所示；配合俯视图，还会误认为其是圆柱与圆球相切，如图 7-23(c)所示；只有再配合左视图，分析其线框和相贯线的形状，才能正确想象出如图 7-23(d)所示的物体形状。

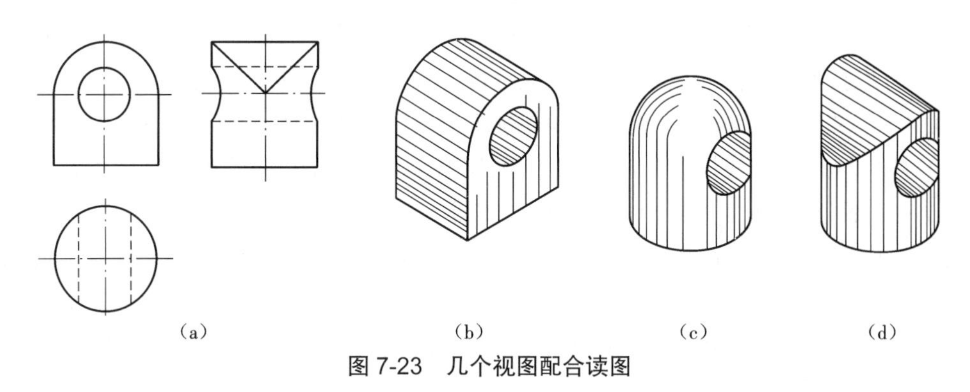

图 7-23　几个视图配合读图

4. 借助视图中线段、线框可见性，判断形体投影相重合的相对位置

当一个视图中有两个或两个以上的线框不能借助于“三等”关系和“方位”关系在其他视图中找到确切对应位置时，应从视图投影方向及视图中线框或线段的可见性加以判别，从而识别出相对位置。

如图 7-24(a)所示,主视图的方形实线框 1′ 和圆形实线框 2′ 相切,根据俯、左视图的投影关系仅能判断前、后壁有方孔和圆孔,未能分清其位置。这时,借助于主视图的投影方向,线框 1′ 表示方孔在前壁,线框 2′ 表示圆孔在后壁,线框 1′、2′ 才能可见,如图 7-24(b)所示。如图 7-24(c)所示方形线框(2′)为虚线,则方孔应在后壁,如图 7-24(d)所示。

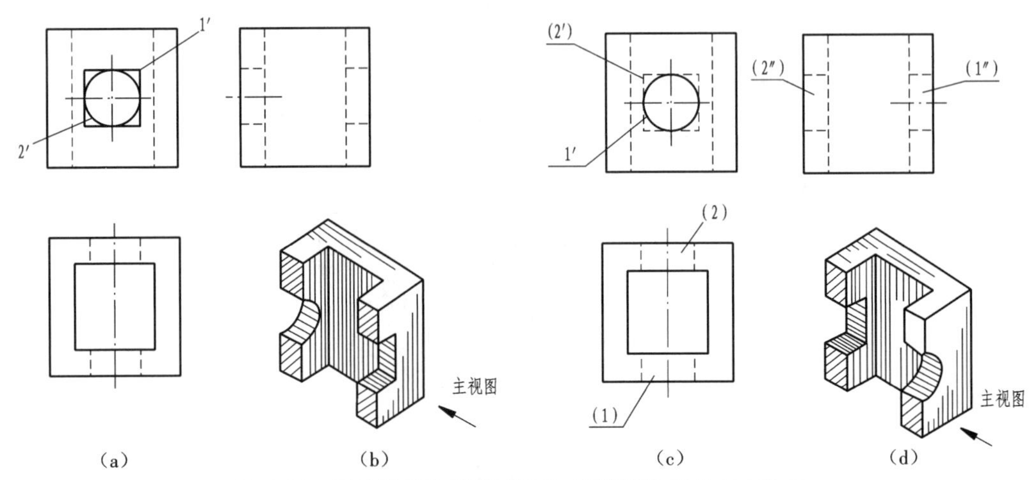

图 7-24 借助线框和线段可见性,判断形体间的相对位置

(a)三视图 (b)轴测图 (c)三视图 (d)轴测图

7.3.2 组合体读图的基本步骤

根据组合体的构形特点,读图的基本方法可分为形体分析法和线面分析法。

1. 形体分析法

任何组合体都可看作由一些基本体组合而成,那么在看组合体视图时,也和画图一样,在知道它们的大体轮廓后,可先进行形体分析。一般读图都是从主视图开始,按“三等”规律把视图划块,分解成数个基本体的视图,然后联系其他视图想出这些基本体的形状及其相对位置,从而弄清楚整个组合体的空间形状,这就是读图最常用的形体分析法。

下面以图 7-25(a)所示组合体三视图为例,说明运用形体分析法读图的方法和步骤。

(1)对照投影,划分线框。从主视图入手,结合其他两视图,按照投影对应关系把该组合体划分成三个部分:立板Ⅰ、凸台Ⅱ和底板Ⅲ,如图 7-25(a)所示。

(2)想出形体,确定位置。根据各部分的三视图,逐一想象出各部分的形状和彼此的相对位置,如图 7-25(b)至(d)所示。

(3)综合起来,想出整体。在上述分析的基础上,确定各基本体的形状和相对位置,综合起来想象出组合体的整体形状,如图 7-25(e)所示。

对于叠加方式构成的组合体用形体分析法较为合适。

2. 线面分析法

对于一些结构主要由挖切形成的组合体,视图中基本体反映不明显,则需要用线面分析法来读图。

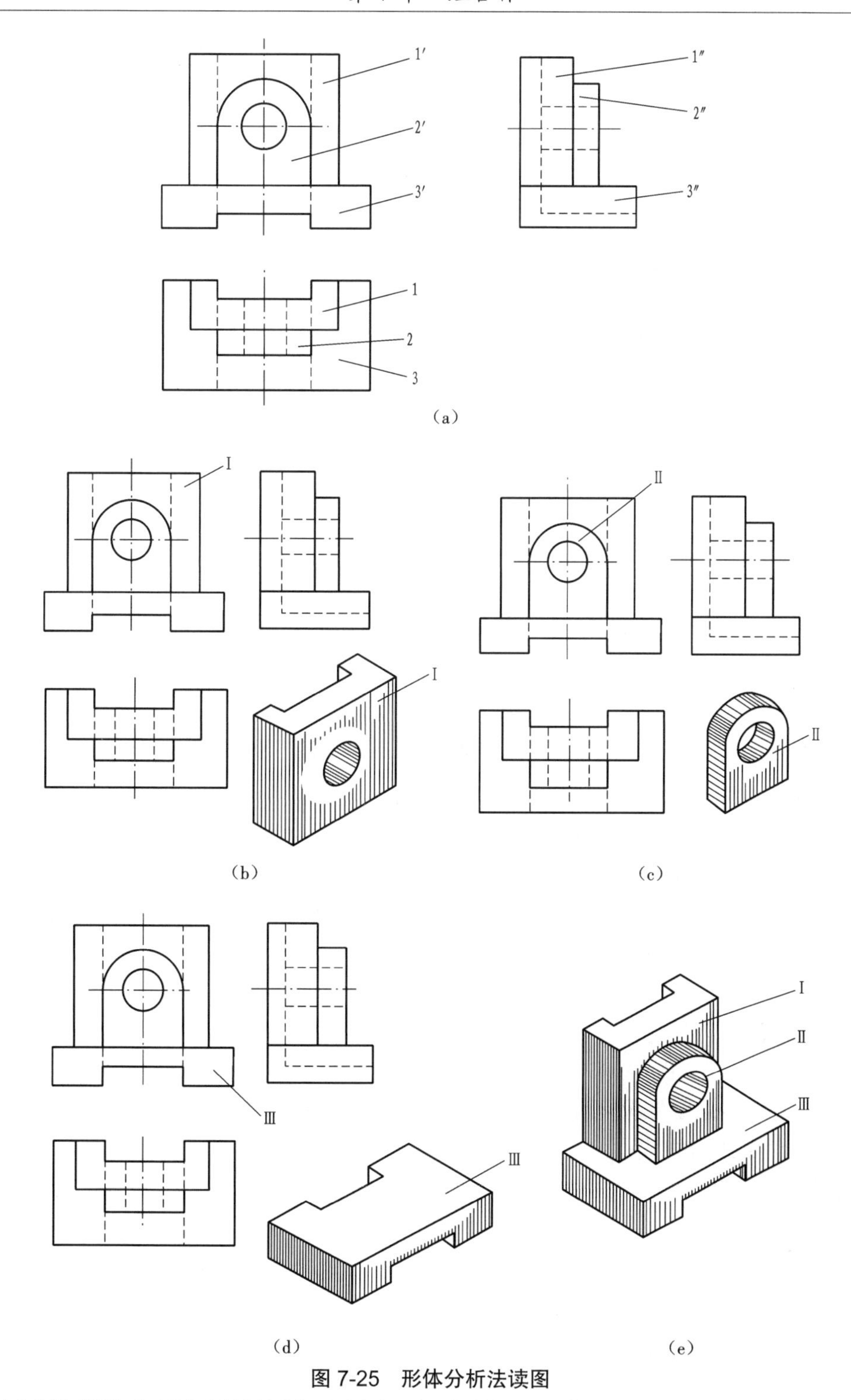

图 7-25　形体分析法读图

(a)分线框对投影　(b)想象立板Ⅰ的形状　(c)想象凸台Ⅱ的形状　(d)想象底板Ⅲ的形状　(e)综合想象整体形状

线面分析法就是运用点、线、面的投影特性，分析视图中的图线、封闭线框的含义以及各要素的空间位置；弄清楚组合体表面及交线的形状和相对位置，从而读懂视图。

下面以图 7-26 所示组合体三视图为例,说明运用线面分析法读图的方法和步骤。

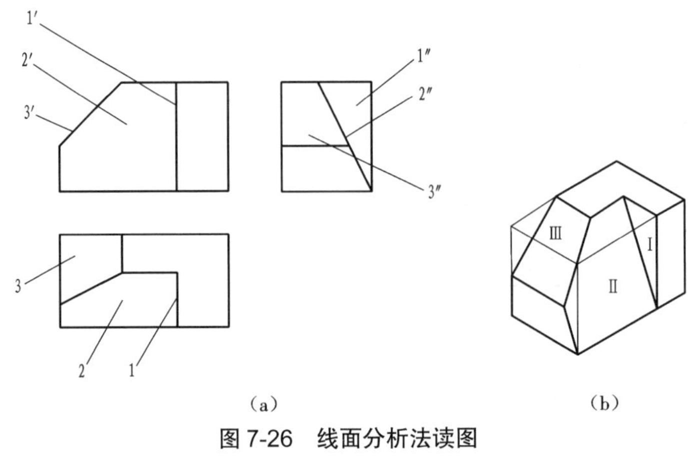

图 7-26 线面分析法读图

(a)三视图 (b)轴测图

(1)分线框,识面形。三视图中,一般线框为投影面平行面、投影面垂直面或投影面倾斜面。根据平面的投影特性,凡"一框对两线"则表示投影面平行面;"一线对两框"则表示投影面垂直面;"三框相对应"则表示投影面倾斜面。图 7-26 为挖切组合体,在三视图中找出各图线、线框的对应投影。线框Ⅰ(1, 1′, 1″)在三视图中为"一框对两线",是侧平面;线框Ⅱ(2, 2′, 2″)在三视图中为"一线对两框",是侧垂面;线框Ⅲ(3, 3′, 3″)在三视图中为"一线对两框",是正垂面。

(2)识交线,想形状。根据各个面的形状和空间位置,还应分析交线的形状和位置,从而想象出物体的整体形状。

看组合体视图时,常常需要两种方法并用,以形体分析法为主,遇到难点时再借助线面分析法,这样才能较好地读懂视图。

本章小结

通过本章的学习,学生应该理解、领悟、掌握以下知识点:

(1)组合体的组合方式;

(2)形体分析法;

(3)线面分析法;

(4)三视图的画法;

(5)组合体视图识读;

(6)尺寸标注的基本要求;

(7)尺寸分类和尺寸基准;

(8)组合体的尺寸标注。

技能与素养

本章内容结合画图和看图训练，让读者学会用唯物辩证法的思想看待和处理问题，掌握正确的思维方法，养成科学的思维习惯，培养逻辑思维与辩证思维能力，以利于形成科学的世界观和方法论，提高职业道德修养和精神境界，促进身心和人格健康发展。

思考练习题

（1）什么叫组合体？

（2）什么叫形体分析法？试述用形体分析法画图和看图的步骤。

（3）组合体的尺寸分哪几种？如何保证标注组合体尺寸的完整性？

（4）如何才能将组合体尺寸标注清晰？

（5）什么叫线面分析法？

（6）标注下图组合体的尺寸。

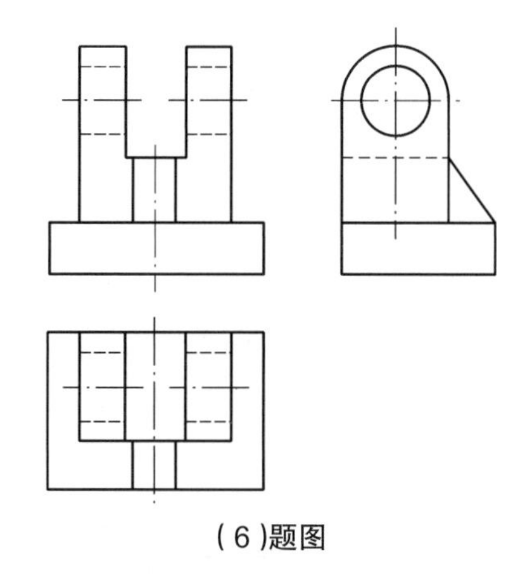

（6）题图

（7）已知如下主、俯视图，补画左视图。

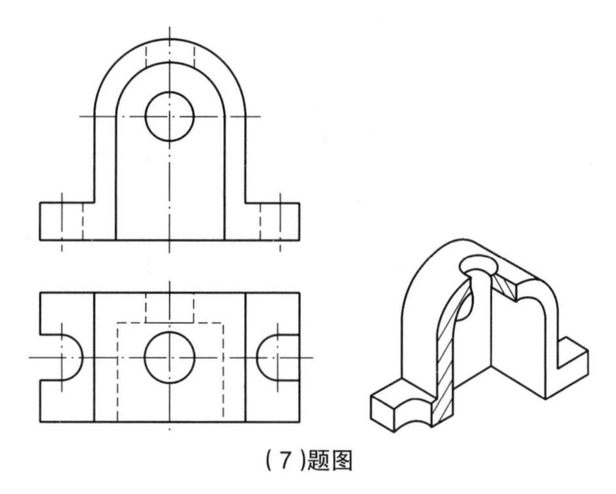

（7）题图

第 8 章　机件的表达方法

8.1　视图

扫一扫:PPT- 第 8 章

8.1.1　基本视图

物体在基本投影面上的投影,称为基本视图。当机件的上下、左右、前后形状各不相同时,在三视图中会出现较多的虚线,再加上内部结构的虚线,会使图形很不清晰,不易读懂。为此,国家标准规定采用正六面体作为基本投影面,即在原有的正立面、水平面、右侧面以外增加前立面、顶面和左侧面,共六个投影面。将机件置于正六面体内,分别向六个投影面投影,相应得到六个视图,主视图、俯视图、左视图、右视图(由右向左投影)、后视图(由后向前投影)、仰视图(由下向上投影)。六个投影面的展开方法是正立面保持不动,其他视图均旋转到与正立面在同一平面内,如图 8-1 所示。因此,六个基本视图的配置(GB/T 17451—1998)如图 8-2 所示。在绘制机件的图样时,应根据机件的复杂程度,选用其中必要的几个基本视图,选择的原则如下:

(1)选择表示机件信息量最多的那个视图作为主视图,通常是机件的工作位置或加工位置或安放位置;

(2)在机件表示明确的前提下,使视图的数量最少;

(3)尽量避免使用虚线表达机件的轮廓;

(4)避免不必要的重复表达。

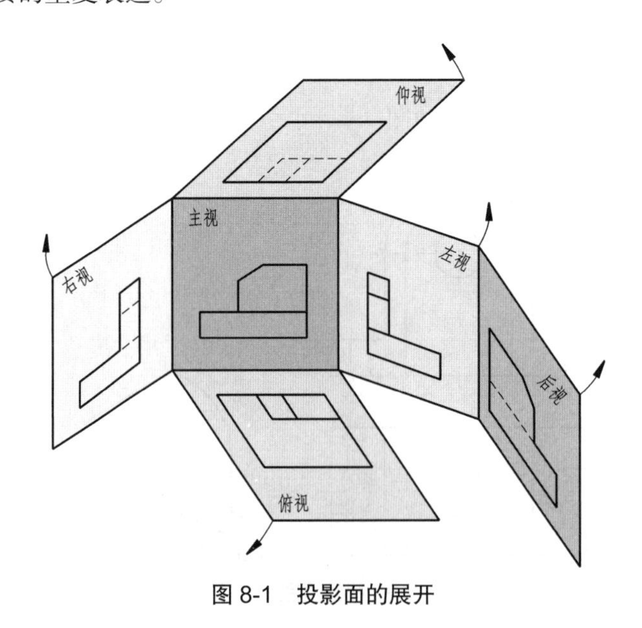

图 8-1　投影面的展开

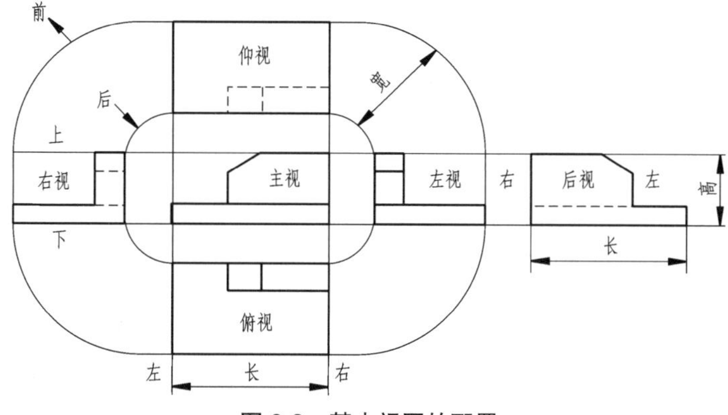

图 8-2　基本视图的配置

8.1.2　向视图

向视图是可以自由配置的视图。根据需要允许从以下两种表达方式中选择一种。

(1)在向视图上标注“×”(“×”为大写拉丁字母),相应视图的附近用箭头指明投影方向,并标注相同的字母,如图 8-3 所示。

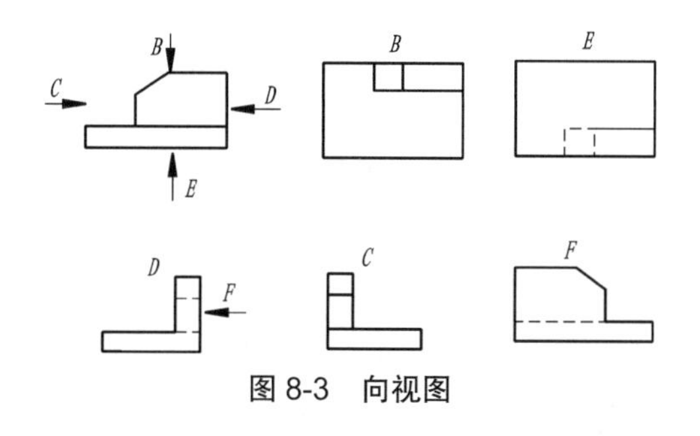

图 8-3　向视图

(2)在向视图的下方(或上方)标注图名。标注图名的各视图位置,应根据需要和可能按相应的规则布置。

8.1.3　局部视图

将机件的某一部分向基本投影面投影所得的视图,称为局部视图。在采用了适当数量的基本视图之后,若机件上还留有一些局部的结构未表达清楚,为了简化作图、避免重复,可将该部分结构单独向基本投影面投影,并用波浪线与其他部分断开,画成不完整的基本视图。它可能是某一基本视图的一部分,也可能是机件的某一部分。一般在局部视图上方标出视图名称“×”,在相应的视图附近用箭头指明投影方向,并注上同样的字母,如图 8-4 所示。当局部视图按基本视图配置形式配置时,可省略标注,也可按向视图的配置形式配置并标注,如图 8-4 所示。

当所表示的局部结构是完整的,且轮廓线又封闭时,波浪线可省略不画,如图 8-4 所示。用波浪线作为断裂时,波浪线不应超过机件的轮廓线,应画在机件的实体上,不可画在机件中的空白处。

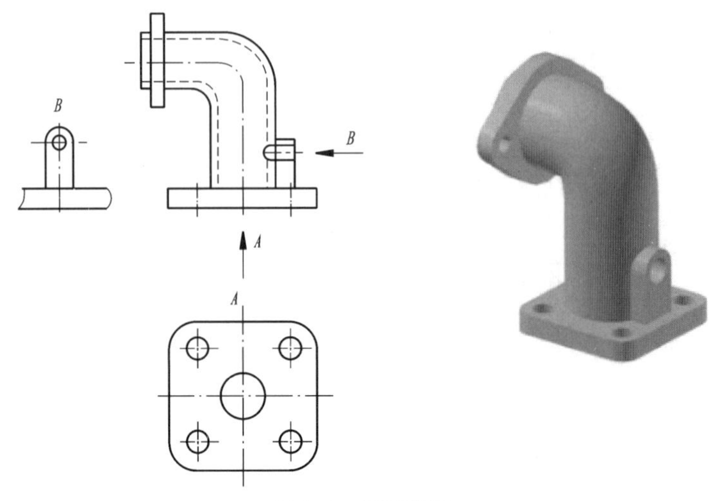

图 8-4 局部视图

8.1.4 斜视图

如图 8-5 所示机件，右边倾斜部分的上、下表面均为正垂面，它对其他投影面是倾斜结构，其投影不反映实形。为了表达出倾斜部分的实形，可设置一个与倾斜部分平行的投影面，再将该结构向新投影面投影得到其实形。这种将机件向不平行于任何基本投影面的平面投影所得的视图，称为斜视图。

（1）作用：表达机件倾斜结构的实形。

（2）画法：只需画出倾斜结构的形状，而用波浪线将倾斜部分与其余部分分开。

（3）配置：配置在箭头所指方向，且符合投影关系，必要时可配置在其他位置，为了配置紧凑，允许斜视图旋转画出。

（4）标注：视图上方标“× 向”，相应视图附近用箭头指明投影方向和表达部位，并标相同字母，字母均水平标写。如斜视图旋转画出，则注“× 向旋转”。

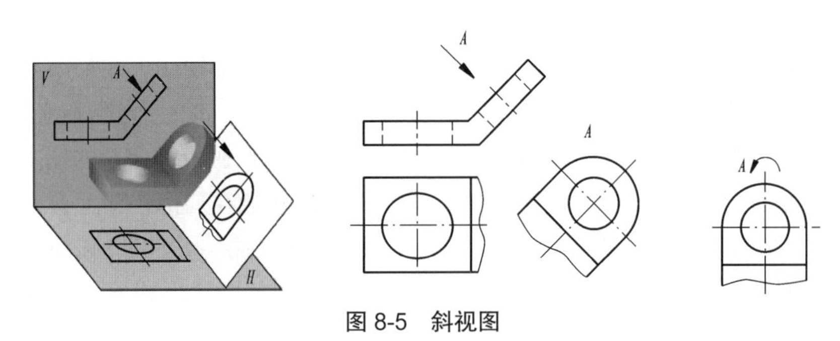

图 8-5 斜视图

8.2　剖视图

扫一扫:剖视图

8.2.1　剖视图的形成及画法

分析如图 8-6 所示机件结构特点:内部结构复杂,视图中虚线多,有时内外轮廓线重叠,影响看图。为了解决机件内部结构的表达问题,减少图中的虚线,工程制图中广泛采用剖视的方法。

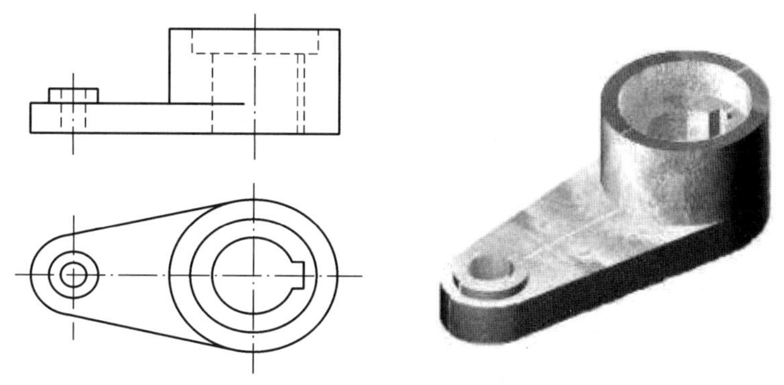

图 8-6　三视图及模型

1. 剖视图的概念

假想用剖切面从适当的位置剖开机件,将处在观察者和剖切面之间的部分移去,而将其余部分向投影面投影所得到的图形,称为剖视图(剖开后可更好地观察内部结构,不可见的孔、槽的轮廓线变成可见),如图 8-7 所示。

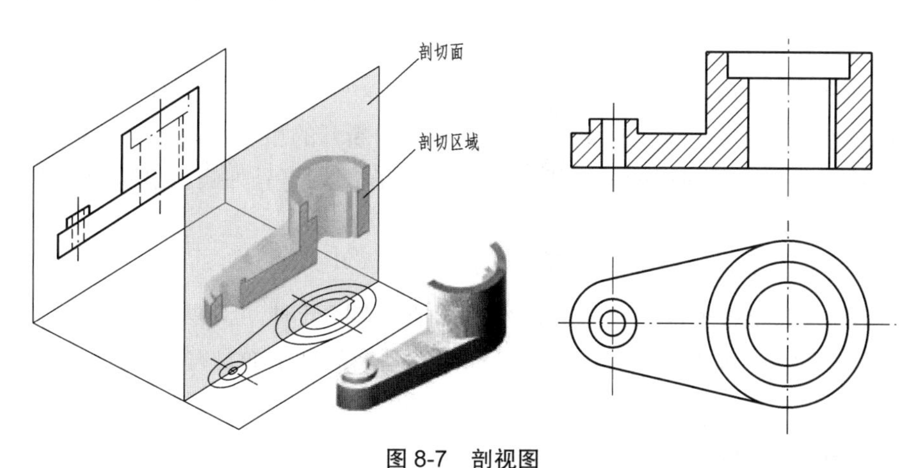

图 8-7　剖视图

2. 剖视图的注意事项

剖视图是一种假想的表达方法,机件并不被真正切开,因此除剖视图外,机件的其他视图仍然完整画出。一般采用平行于投影面的平面剖切,且剖切位置选择要得当,首先应通过内部结构的轴线或对称平面以剖出它的实形;其次应在可能的情况下使剖切面通过尽量多的内部结构。当剖切面将机件切为两部分后，移走距观察者近的部分，投影的是距观察者远的部分。剖视图包括两项内容：一是剖切面与机件接触的切断面，是实体部分；二是断面后的可见轮廓线，一般产生于空的部分。规定在切断面上画出剖面符号。

3. 画剖视图的方法

（1）画出机件的视图。

（2）确定剖切位置。在一般情况下，剖切平面选用投影面的平行面，其位置应通过机件内部结构的对称平面或轴线。

（3）画剖视图轮廓线。在剖视图中，可见轮廓线主要包括截断面轮廓线（剖切平面与机件的截交线）以及剖切平面后方的可见轮廓线，这些轮廓线一律用粗实线画出。对于不可见的轮廓线，除非必要，一般应省略虚线，以使图形更加清晰。由于剖切方法是假想的，当某个视图画成剖视后，并不影响其他视图的完整性。

（4）画剖面符号。在剖视图中，剖切面与物体的截断面又称剖面区域，在剖面区域内应画出剖面符号。

（5）画出断面后的所有可见部分。对于断面后的不可见部分，如果在其他视图上已表达清楚，虚线应该省略；对于没有表达清楚的部分，虚线必须画出。

（6）标注出剖切平面的位置和剖视图的名称。在主视图上，用剖切符号表示出剖切平面的位置，在剖切符号的外侧画出与剖切符号相垂直的箭头表示投影方向，两侧写上同一字母，在所画的剖视图的上方中间位置用相同的字母标注出剖视图的名称“×—×”。

注意事项：不要漏画截断面后面的可见轮廓线或交线；不需要在剖面区域中表示材料的类别时，可以采用通用剖面线表示；通用剖面线应以适当角度的细实线绘制，最好与主要轮廓或剖面区域的对称线成 45° 角；在同一张图纸内同一机件的所有剖面线，应保持方向与间隔一致。

4. 剖视图的标注及配置

一般应在剖视图的上方中间标出剖视图的名称“×—×”。在剖切面积聚为直线的视图上标注相同字母，用线宽为（1~1.5）b、长为 5~10 mm 的断开的粗实线画出剖切符号，表示剖切位置。剖切符号尽量不与图形的轮廓线相交或重合，在剖切符号外侧画出与剖切符号相垂直的细实线和箭头表示投影方向。

剖视图省略标注有以下两种情况：

（1）当剖视图按投影关系配置，中间又没有其他图形隔开时，可略去箭头；

（2）当单一剖切平面通过机件的对称平面或者基本对称平面且符合上述条件时，可全部省略。

8.2.2 剖视图的种类

按剖视图的剖切范围，剖视图可分为全剖视图、半剖视图和局部剖视图。

1. 全剖视图

用剖切面完全地剖开机件所得的剖视图称为全剖视图。当机件的内部结构较复杂、外形较简单时，常用全剖视图表达机件内部结构形状，如图 8-8 所示。

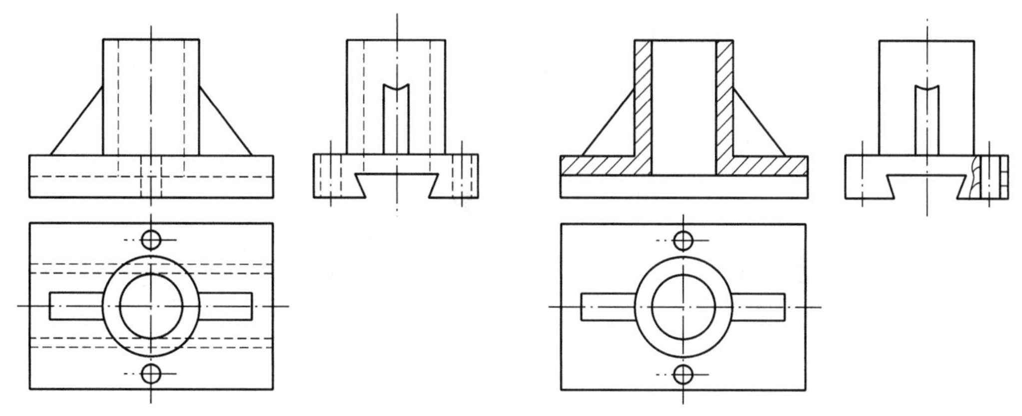

图 8-8　全剖视图

2. 半剖视图

当机件具有对称平面时，在与对称平面垂直的投影面上的图形，可以以对称中心线即细点画线为界，一半画成剖视图表达内形，另一半画成视图表达外形，从而达到在一个图形上同时表达内外结构的目的，这种剖视图称为半剖视图，如图 8-9 所示。

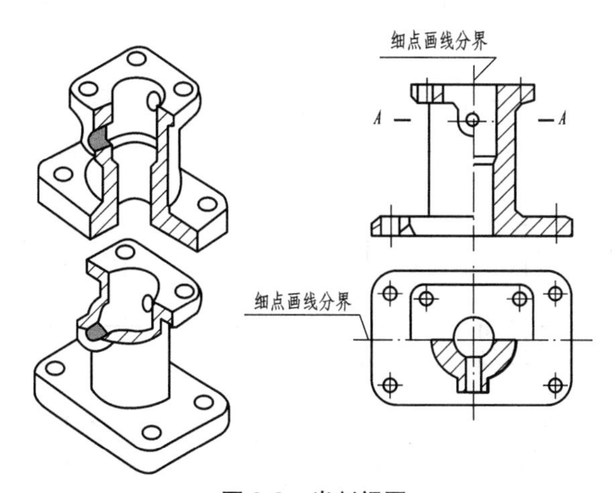

图 8-9　半剖视图

半剖视图适用于以下两种情况：

（1）在与机件的对称平面相垂直的投影图上，如果机件的内外形状都需要表达，则可以以图形的对称中心线为界线画成半剖视图；

（2）当机件的结构接近于对称，而且不对称的部分另有图形表达清楚时，也可画成半剖视图。

半剖视图并没有用垂直于投影面的平面剖切，因而视图和剖视图的分界线只能是细点画线，而不能画成粗实线。半剖视图标注方法与全剖视图相同。

3. 局部剖视图

用剖切平面局部地剖开机件所得的剖视图，称为局部剖视图，如图 8-10 所示。

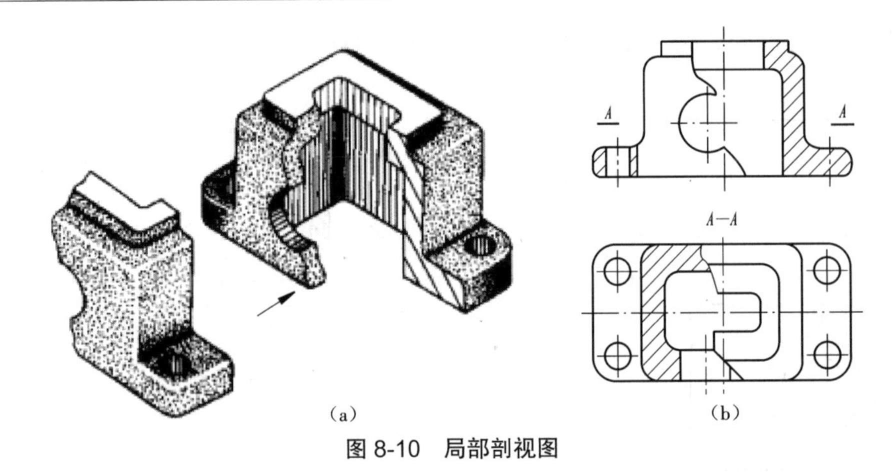

图 8-10　局部剖视图

局部剖视图不受图形是否对称的限制，在哪个部位剖切、剖切面有多大，均可根据实际机件的结构选择，是一种比较灵活的表达方法，若运用得当可使图形简明清晰。

局部剖视图适用于以下三种情况：

(1)机件上有局部内形需表达；

(2)机件的内外结构均需表达，但不具有与剖切平面相垂直的对称平面，不能采用半剖视图，这时如果内外结构不相互重叠，则可以将一部分画成剖视图表达内形，另一部分画成视图表达外形；

(3)当图形的对称中心线或对称平面与轮廓线重合时，要同时表达内外结构形状，又不宜采用半剖视图，这时可采用局部剖视图，其原则是保留轮廓线，如图 8-11 所示。

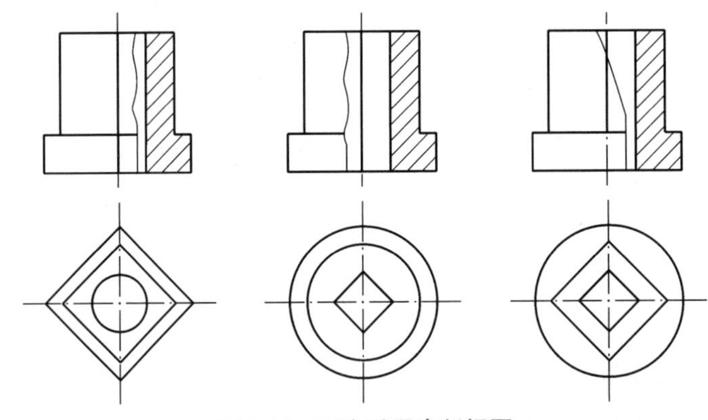

图 8-11　不宜采用半剖视图

注意：

(1)当被剖结构为回转体时，允许将该结构的中心线作为局部剖视图与视图的分界线；

(2)单一剖切平面的剖切位置明显时，局部剖视图的标注可省略。

4. 剖切面的种类

根据国家标准(GB/T 17452—1998)规定，常用的剖切面有三种类型，即单一剖切面、几个相交的剖切平面、几个平行的剖切平面。

1)单一剖切面

单一剖切面用得最多的是投影面的平行面,单一剖切面还可以用垂直于基本投影面的平面,当机件上有倾斜部分的内部结构需要表达时,可和画斜视图一样,选择一个垂直于基本投影面且与所需表达部分平行的投影面,然后再用一个平行于这个投影面的剖切平面剖开机件,向这个投影面投影,这样得到的剖视图称为斜剖视图,简称斜剖视。

斜剖视图主要用以表达倾斜部分的结构,机件上与基本投影面平行的部分,在斜剖视图中不反映实形,一般应避免画出,常将它舍去而画成局部视图。

画斜剖视图时应注意以下几点。

(1)斜剖视图最好配置在与基本视图的相应部分保持直接投影关系的地方,标出剖切位置和字母,并用箭头表示投影方向,还要在该斜剖视图上方用相同的字母标明图的名称,如图8-12所示。

(2)为使视图布局合理,可将斜剖视图保持原来的倾斜程度,平移到图纸上适当的地方;为了画图方便,在不引起误解时,还可把图形旋转到水平位置,表示该斜剖视图名称的大写字母应靠近旋转符号的箭头端,如图8-12所示。

(3)当斜剖视图的剖面线与主要轮廓线平行时,剖面线可改为与水平线成30°或60°,原图形中的剖面线仍与水平线成45°,但同一机件中剖面线的倾斜方向应相同。

2)几个相交的剖切平面

用几个相交的剖切平面(且交线垂直于某一投影面)剖开机件的方法称为旋转剖,如图8-13所示。

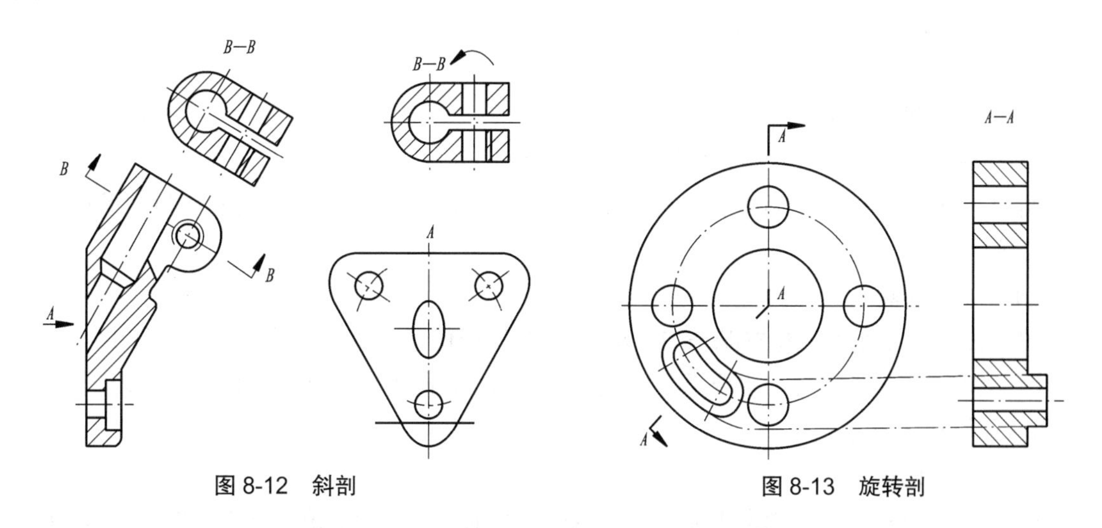

图8-12　斜剖　　图8-13　旋转剖

采用这种方法画剖视图时,先假想按剖切位置剖开机件,然后将被剖开的结构及有关部分旋转到与选定的投影面平行后再进行投影。而处在剖切平面后的其他结构一般仍按原位置投影。当剖切后产生不完整要素时,应将此部分按不剖绘制。

旋转剖必须标注,在剖切平面的起止和转折处应标注相同的字母。旋转剖在起始处应画箭头表示投影方向。

3）几个平行的剖切平面

用几个平行的剖切平面剖开机件的方法称为阶梯剖，如图 8-14 所示。图 8-14 中机件主视图是用两个相互平行且平行于基本投影面的剖切平面剖切的。阶梯剖适用于表达外形简单、内形较复杂且难以用单一剖切面剖切表达的机件。阶梯剖必须标注，它的各剖切平面相互连接而不重叠，其转折符号成直角且应对齐。当转折处位置有限又不会误解时可省略字母。由于剖切是假想的，在剖视图中不得画出各剖切面的分界线，应像是用同一个平面剖出的剖视图。

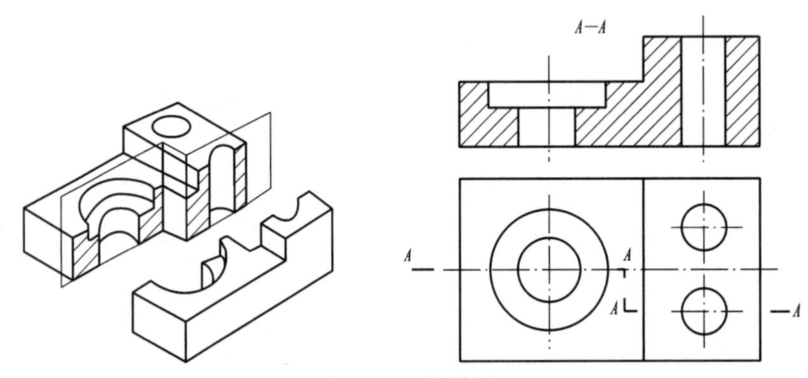

图 8-14 阶梯剖

5. 轴承座剖视图的绘制

根据轴承座实体（图 8-15），采用合理的视图表达方式对其实体进行绘制。

画轴承座剖视图的步骤如下。

1）分析零件

功用：支承轴及轴上零件。

形体：轴承孔、底板、支承板、筋板等，如图 8-15 所示。

结构：分析四部分主要形体的相对位置关系，如支承板外侧及筋板左右两面与轴承孔外表面相交等。

2）选择主视图

图 8-16 所示轴承座的位置既是加工位置，也是工作位置。从前向投影得到如图 8-16 所示主视图，主视图表达了零件的主要部分：轴承孔的形状特征，各组成部分的相对位置，三个安装孔，凸台也得到了表达。

3）选其他视图

选定主视图后，由于三视图不能完全清楚地体现轴承座各个部位的具体结构，所以必须选择适当的剖视图来清楚地表达零件各个部分的结构。首先在主视图中为了清楚表达出底板上安装孔的结构，对左边安装孔采用局部剖视图进行具体体现；其次选全剖的左视图，表达轴承座的内部结构及肋板形状，俯视图选用剖视表达底板与支承板断面及肋板断面的形状，局部剖视图表达上面凸台的形状，如图 8-16 所示。

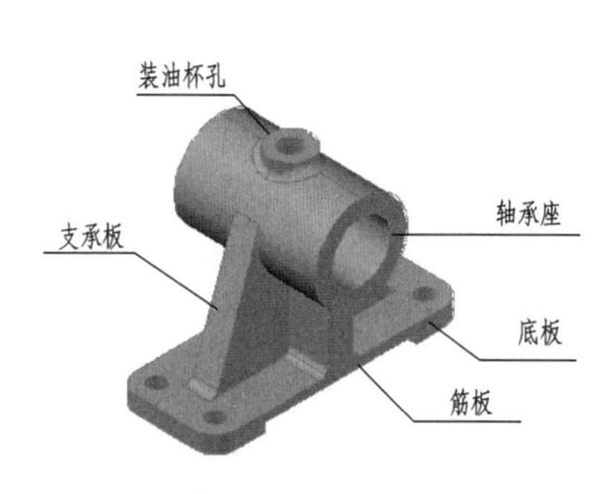

图 8-15　轴承座实体分析

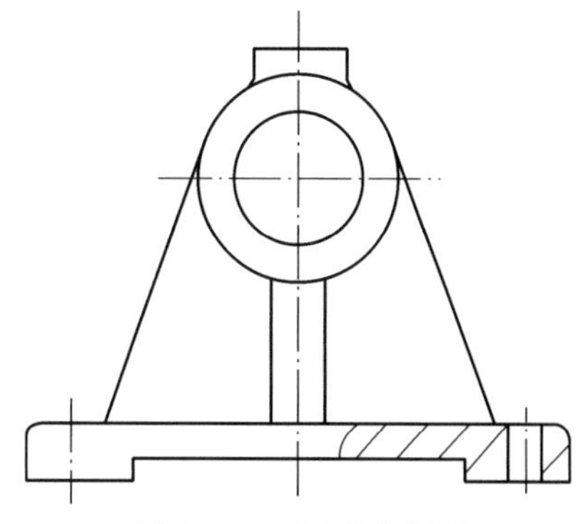

图 8-16　轴承座主视图

4)具体绘制过程

(1)画出轴承座的视图。

(2)确定剖切位置。以通过主视图中的左右对称中心线且平行于左视图投影面的平面为左视图剖切面。主视图中局部剖切面的位置选在通过底板安装孔的左右对称线上,且此平面平行于主视图投影面。俯视图的剖切面为通过肋板并且平行于水平面的平面。

(3)画剖视图轮廓线。画出剖切平面与轴承座的截交线,得到断面的投影图形。

(4)画剖面符号。在轴承座剖视图的剖面区域内画出剖面符号。

(5)画出断面后的所有可见部分及其向视图。

(6)标注出剖切平面的位置、剖视图的名称、局部剖视图的方向以及局部剖视图的名称。在主视图上,标注出剖切平面的位置以及局部剖视图方向,所画的剖视图按基本视图位置布置,可省略标注,在所画的局部视图上方也用相同的字母标注出向视图名称“*A*”,如图 8-17 所示。

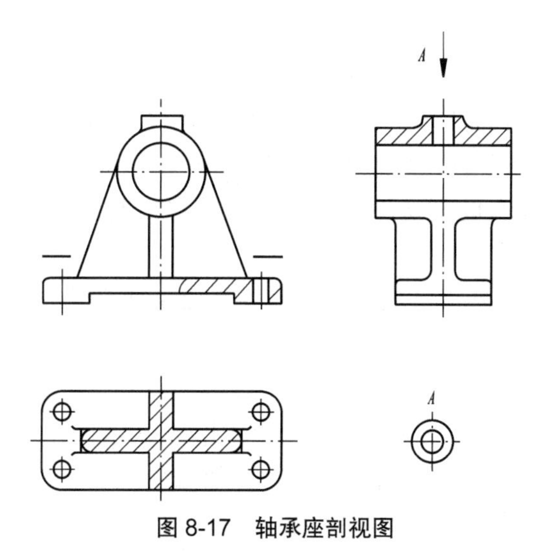

图 8-17　轴承座剖视图

8.3 断面图

断面图是用来表达机件某一局部断面形状的图形。假想用剖切平面将机件的某处切断，仅画出切断面的图形，该图形称为断面图，简称断面，如图 8-18 所示。根据国家标准（GB/T 17452—1998）规定，常用的断面有移出断面和重合断面两种类型。

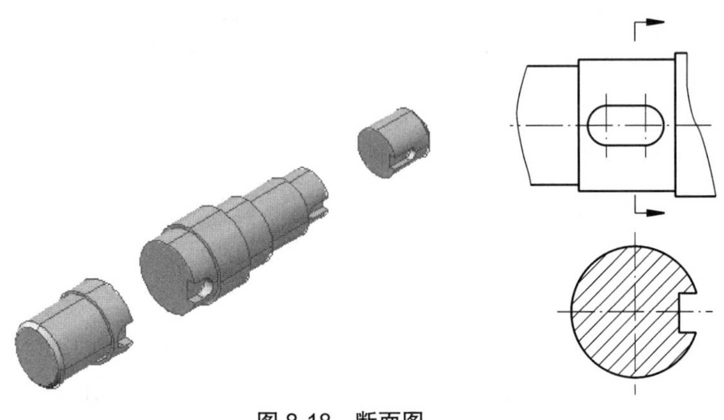

图 8-18 断面图

断面图与剖视图的区别在于断面图只画断面的形状，而剖视图则是将切断面与切断面后的可见轮廓一并向投影面投影。

8.3.1 移出断面

画在视图外的断面图称为移出断面。移出断面的轮廓线用粗实线绘制。

1. 移出断面的画法及配置原则

（1）移出断面通常配置在剖切线的延长线上，如图 8-18 所示。

（2）移出断面的图形对称时也可画在视图的中断处，如图 8-19 所示。

（3）必要时移出断面可配置在其他适当位置。

（4）由两个或多个相交的剖切平面剖切得出的移出断面，中间一般应断开，如图 8-20 所示。

（5）当剖切平面通过回转面形成的孔或凹坑的轴线时，这些结构按剖视画出，如图 8-21 所示。

2. 移出断面的标注

（1）移出断面一般用剖切符号表示剖切位置，用箭头表示投影方向，并注上字母。在断面图的上方用同样的字母标出相应的名称"×—×"，如图 8-21 所示。

（2）配置在剖切符号延长线上的不对称移出断面不必标注字母，如图 8-18 所示。

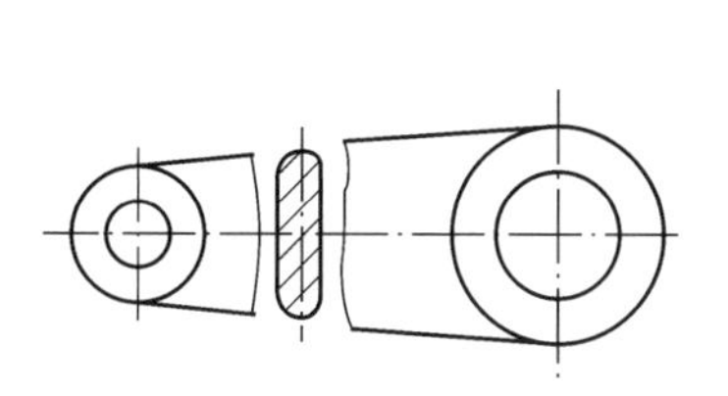

图 8-19　移出断面配置在视图中断处

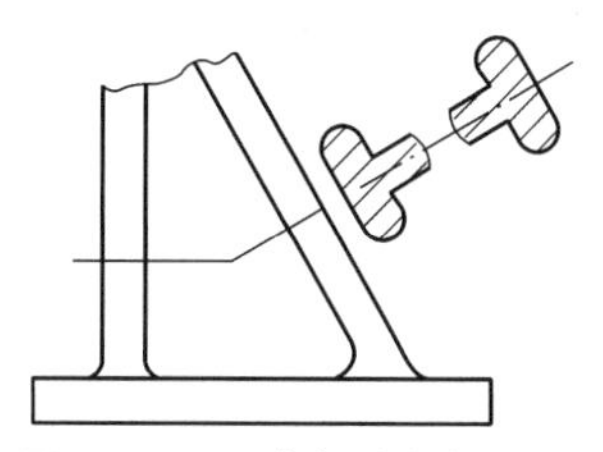

图 8-20　两个相交剖切平面剖切的移出断面

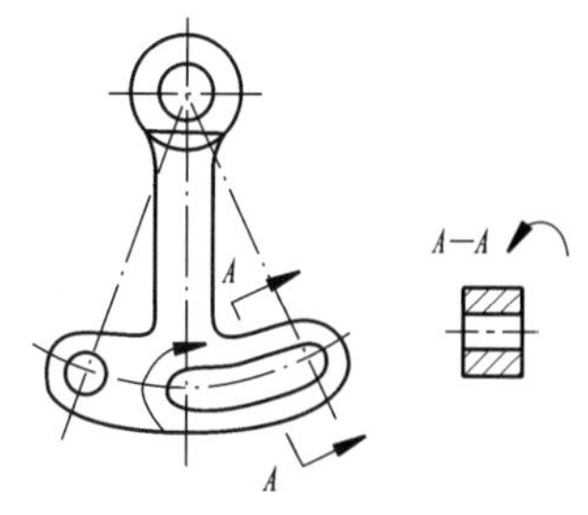

图 8-21　按剖视图绘制的断面图

（3）未配置在剖切符号延长线上的对称移出断面以及按投影关系配置的移出断面，一般不必标注箭头。

3. 轴的断面图画法

图 8-22 所示为一个轴的主视图。

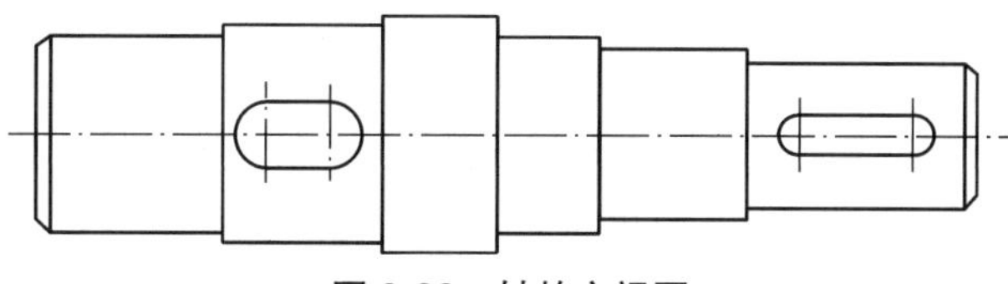

图 8-22　轴的主视图

对主视图进行分析：主视图取轴线水平放置，反映了其加工位置，平行轴线的方向作为主视图的投影方向，并且直径小的一端放置在右端，为了清楚表达键槽的形状和位置，键槽转向正前方，反映零件结构形状。

存在的问题：通过主视图分析后，可以看出轴上键槽的结构在主视图上未表达清楚，键槽的深度无法体现，因此应在主视图的适当部位用移出断面表示；对于主视图中的一些细小结构部位表达不是很清楚，可采用局部放大图，以便确切表达其形状和标注图形尺寸。

所以，此轴应用一个基本视图和若干断面来表示，具体步骤如下。

（1）形体及结构分析。轴类零件是用来支承传动件（如齿轮、皮带轮等）以传递运动和动力的。轴类零件通常由若干段直径不同的圆柱体组成（称为阶梯轴），为了连接齿轮、皮带轮等其他零件，在轴上常有键槽、销孔和固定螺钉的凹坑等结构。

（2）主视图的选择。轴的主要加工工序是在车床上进行的。为了加工时看图方便，主视图应将轴线按水平位置放置，如图 8-23 所示。

（3）其他视图的选择。轴上键槽的结构在主视图上未表达清楚，可在主视图的适当部位用移出断面表示，如图 8-23 所示。对一些轴上的细部结构还可采用局部放大图，以便确切表达其形状和标注尺寸，如图 8-23 所示。

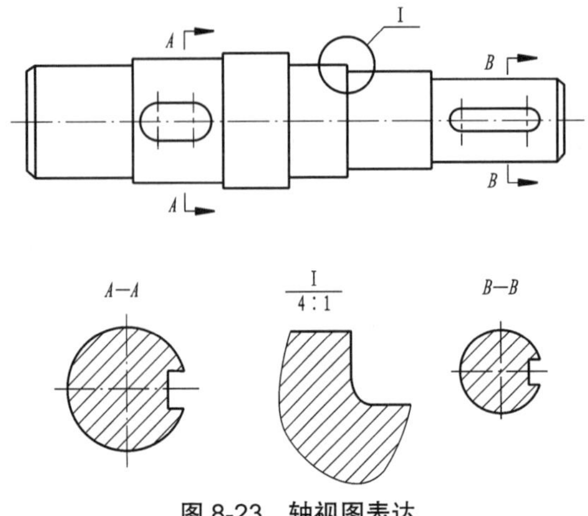

图 8-23 轴视图表达

8.3.2 重合断面

剖切后将断面图形重叠在视图上，这样得到的剖面图称为重合断面图，如图 8-24 所示。重合断面图的轮廓线要用细实线绘制，而且当断面图的轮廓线和视图的轮廓线重合时，视图的轮廓线应连续画出，不应间断。当重合断面图不对称时，要标注投影方向和断面位置，如图 8-24 所示。

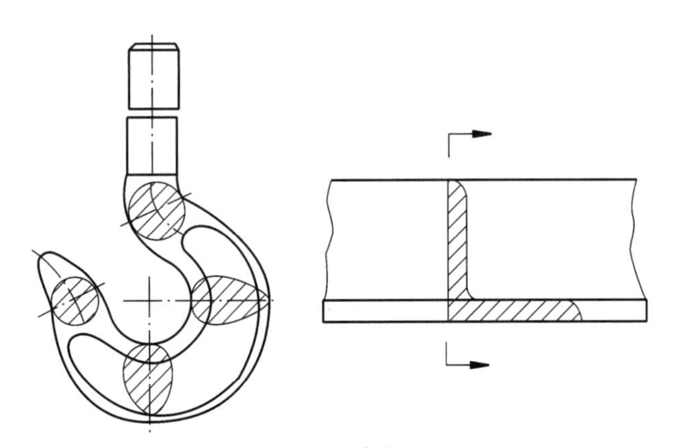

图 8-24 重合断面图

8.4 表达方法综合应用

1. 局部放大图

将机件的局部结构用大于原图形所采用的比例画出的图形称为局部放大图，如图 8-25 所示。局部放大图可采用原图形所采用的表达方法，也可采用与原图形不同的表达方法，如原图形为视图，局部放大图为剖视图。绘制局部放大图时，除螺纹、齿轮、链轮的齿形外，应用细实线圈出被放大的部位，当同一机件上有几个局部放大图时，必须用罗马数字依次为被放大的部位编号，并在局部放大图的上方注出相应的罗马数字和所采用的比例，如图 8-25 所示。

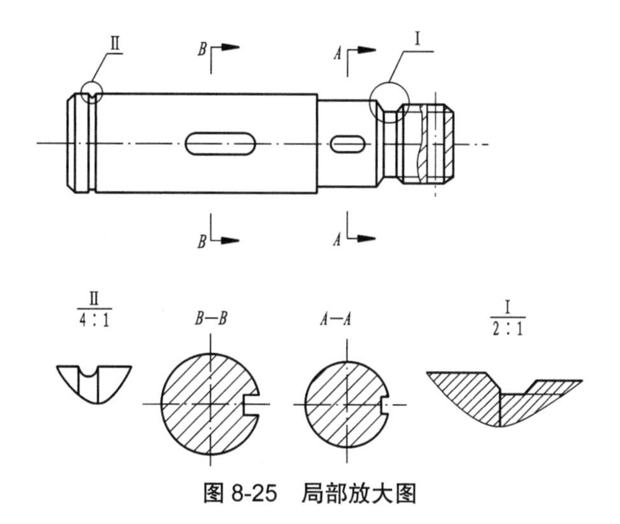

图 8-25　局部放大图

2. 简化画法

（1）当机件上具有若干相同的结构（如齿、槽等），并按一定的规律分布时，只需画出几个完整的结构，其余用细实线连接，并在图上注明该结构的总数；若干直径相同的且成规律分布的孔，可以只画出几个表示清楚其分布规律，其余只需用点画线表示其中心位置，并注明孔的总数，如图 8-26 所示。

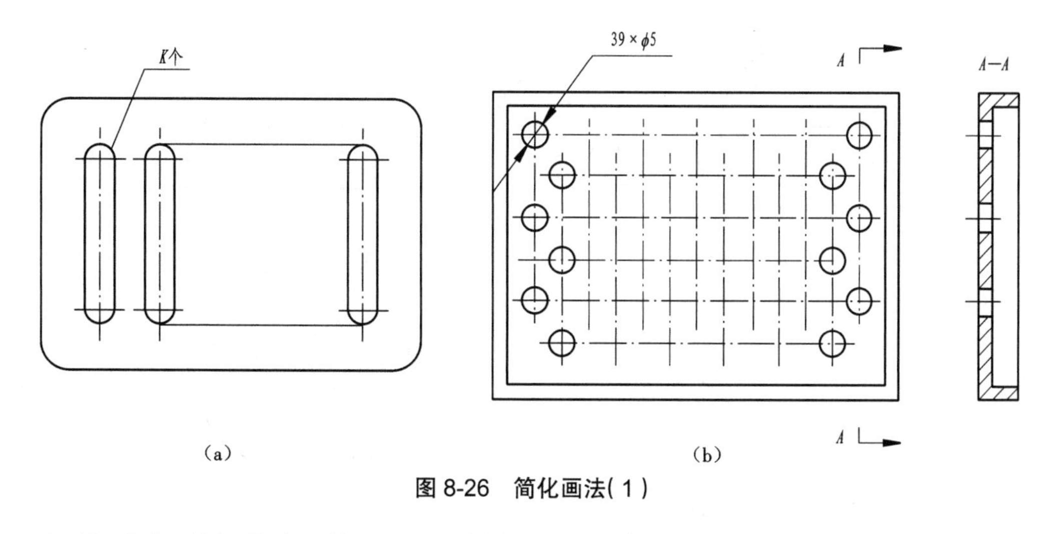

图 8-26　简化画法（1）

（2）网状物、编织物或机件上的滚花部分，可在轮廓线附近用细实线示意画出，并在视图上或技术要求中注明这些结构的具体要求；当视图不能充分表达平面时，可在图形上用相交的两条细实线表示平面；机件上的相贯线、截交线等，当交线和轮廓线非常接近，并且一个视图中已经表示清楚时，其他视图上可省略或简化；在不致引起误解时，零件图中的小圆角或小倒角允许省略不画，但必须注明尺寸或在技术要求中加以说明，如图 8-27 所示。

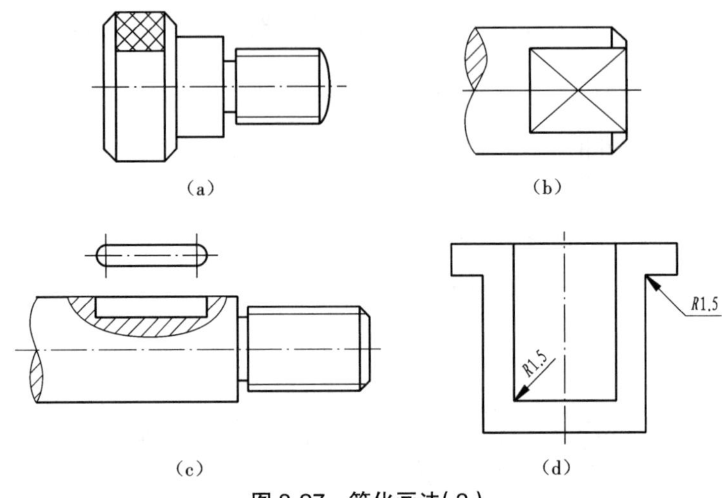

(a) (b)
(c) (d)

图 8-27 简化画法(2)

(3)较长机件(轴、杆、型材等)沿长度方向的形状一致或按一定规律变化时,可断开后缩短绘制,但长度尺寸必须按实际尺寸注出;当机件回转体上均匀分布的孔、肋板等结构不处于剖切平面上时,可将这些结构旋转到剖切平面上,按剖视绘制;在不致引起误解时,对于对称机件的视图可只画出一半或四分之一,并在对称中心线的两端画出两条与其垂直的平行细实线,如图 8-28 所示。

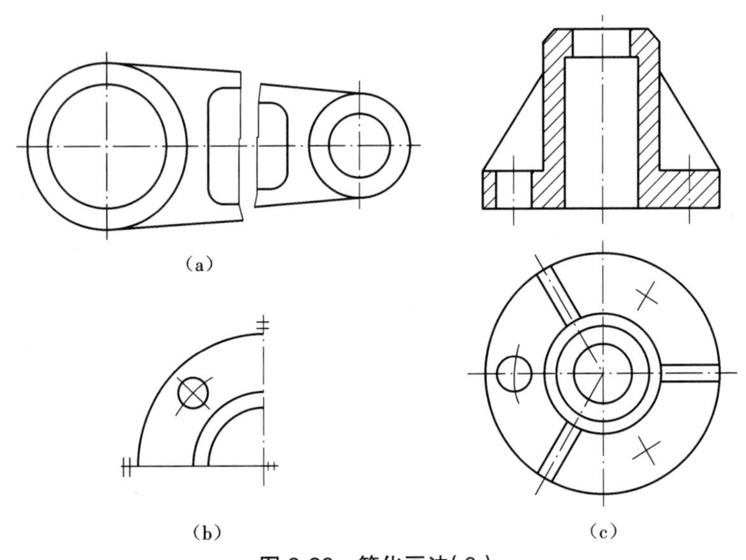
(a)
(b) (c)

图 8-28 简化画法(3)

3. 规定画法

对于机件上的肋、轮辐及薄壁等结构,当剖切平面纵向剖切时,这些结构按不剖处理(即不画剖面线,用粗实线将其与邻接部分分开);当横向剖切时,需画上剖面符号,如图 8-29 所示。

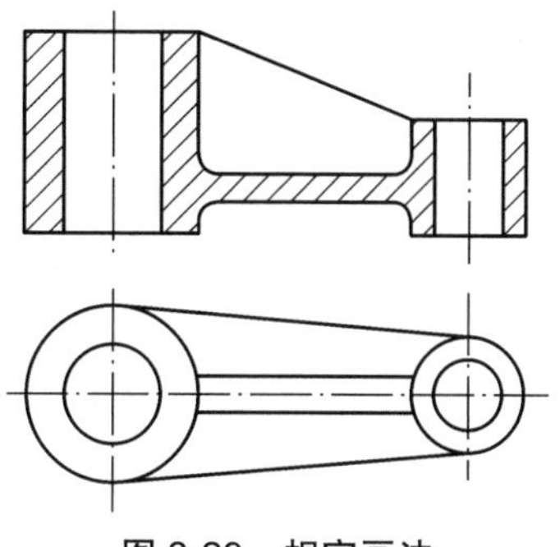

图 8-29　规定画法

本章小结

通过本章的学习,学生应该理解、领悟、掌握以下知识点:

(1)六个基本视图;

(2)剖视图的概念、剖视图的标记、剖视图的画法;

(3)单一剖面、阶梯剖面、旋转全剖视图;

(4)半剖视图;

(5)局部剖视图;

(6)断面图;

(7)表达方法综合应用。

技能与素养

本章讲解机件的表达方法,引导读者站在另一个角度思考问题。以知识的应用为目的,以工作过程为主线,融合最新的技术和工艺知识,强调知识、能力、素质结构整体优化。培养学生认真负责的工作态度、严谨的工作作风和良好的职业道德,树立坚定的责任意识。

思考练习题

(1)在指定位置画出全剖视图。

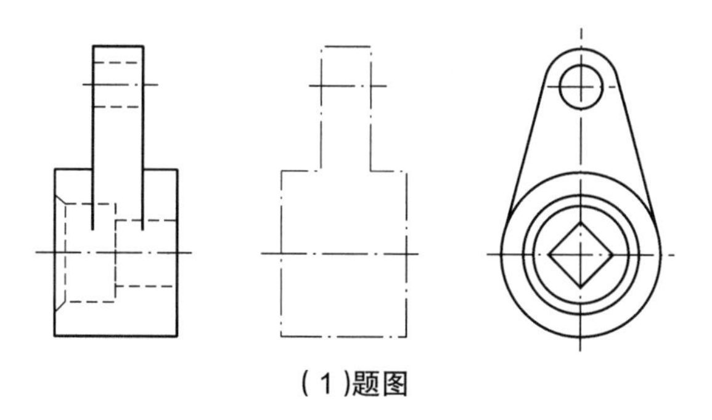

(1)题图

（2）将主视图改画成半剖视图。

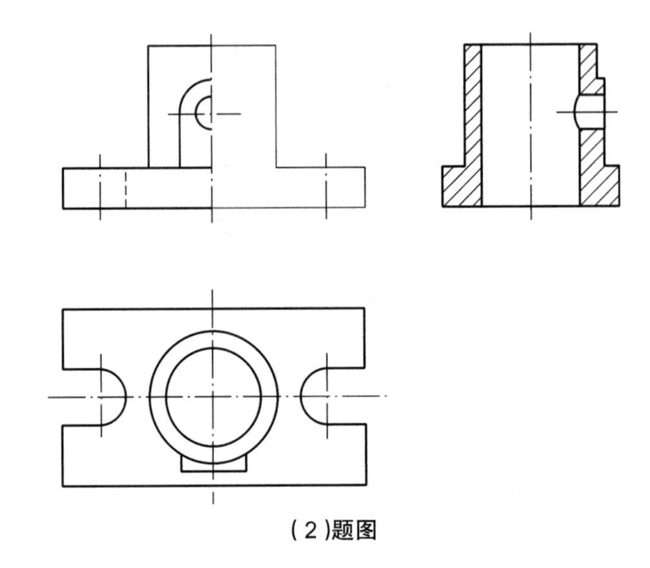

（2）题图

（3）分别将主、俯视图改画成局部剖视图。

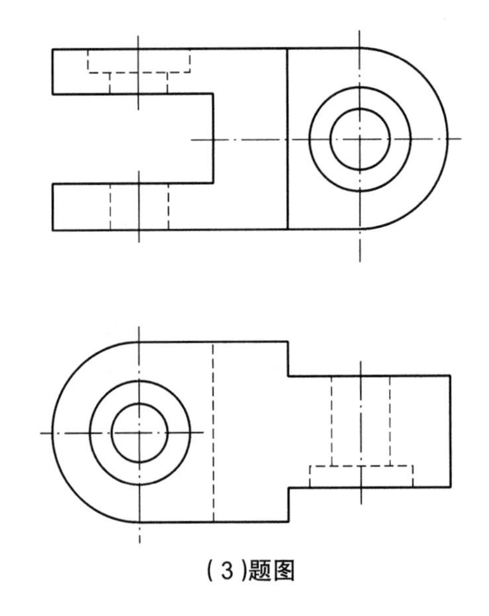

（3）题图

第 9 章　标准件和常用件

9.1　螺纹和螺纹紧固件

扫一扫:PPT- 第 9 章

9.1.1　螺纹的基本知识

1. 螺纹的形成

螺纹的加工方法很多,在车床上车削螺纹是一种常见的螺纹加工方法。将工件装夹在与车床主轴相连的卡盘上,使它随主轴做等速旋转,同时使车刀沿主轴轴线方向做等速移动,当车刀切入工件达一定深度时,就在工件表面上车制出螺纹。如图 9-1 所示为在车床上车制外螺纹的情况。如图 9-2 所示为在车床上车制内螺纹的情况。

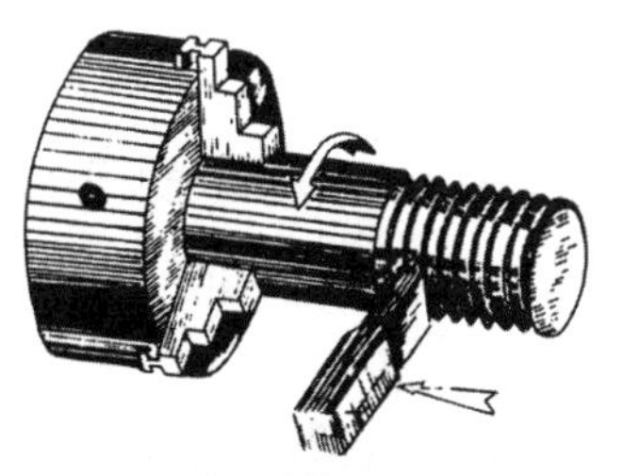

图 9-1　外螺纹加工

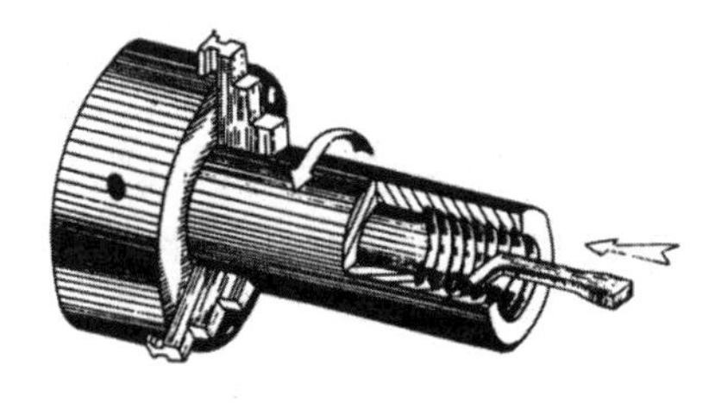

图 9-2　内螺纹加工

2. 螺纹的基本要素

螺纹的尺寸和结构是由牙型、直径、螺距和导程、线数、旋向等要素确定的,当内、外螺纹相互旋合时,这些要素必须相同,才能装在一起。

(1)螺纹牙型。在通过螺纹轴线的断面上,螺纹的轮廓形状称为螺纹牙型,有三角形、梯形、锯齿形和矩形等,如图 9-3 所示。不同的螺纹牙型有不同的用途。

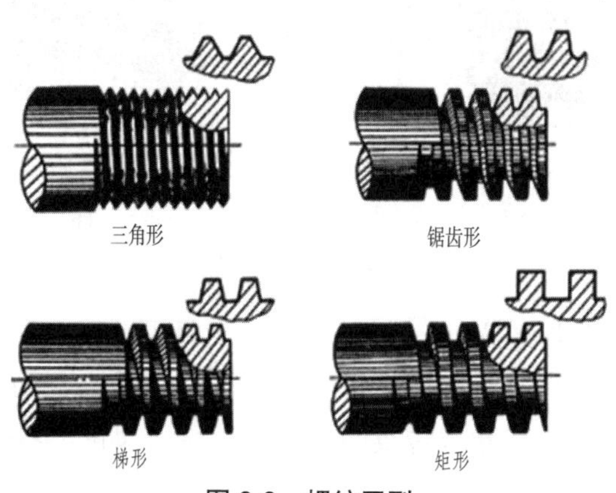

图 9-3　螺纹牙型

（2）直径。螺纹的直径有大径、小径和中径，如图 9-4 所示。

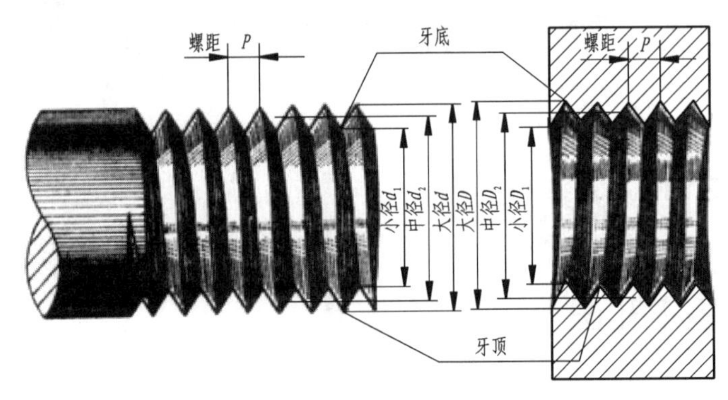

图 9-4　螺纹的牙顶、牙底和直径

①与外螺纹牙顶或内螺纹牙底相重合的假想圆柱的直径，称为大径。

②与外螺纹牙底或内螺纹牙顶相重合的假想圆柱的直径，称为小径。

③中径是一个假想圆柱的直径，该圆柱的母线通过牙型上的沟槽和凸起宽度相等的地方。

外螺纹的大、小、中径分别用符号 d、d_1、d_2 表示，内螺纹的大、小、中径则分别用符号 D、D_1、D_2 表示。

（3）线数（n）。螺纹有单线和多线之分。单线螺纹是指由一条螺旋线所形成的螺纹，多线螺纹是指由两条或两条以上在轴向等距分布的螺旋线所形成的螺纹，如图 9-5 所示。

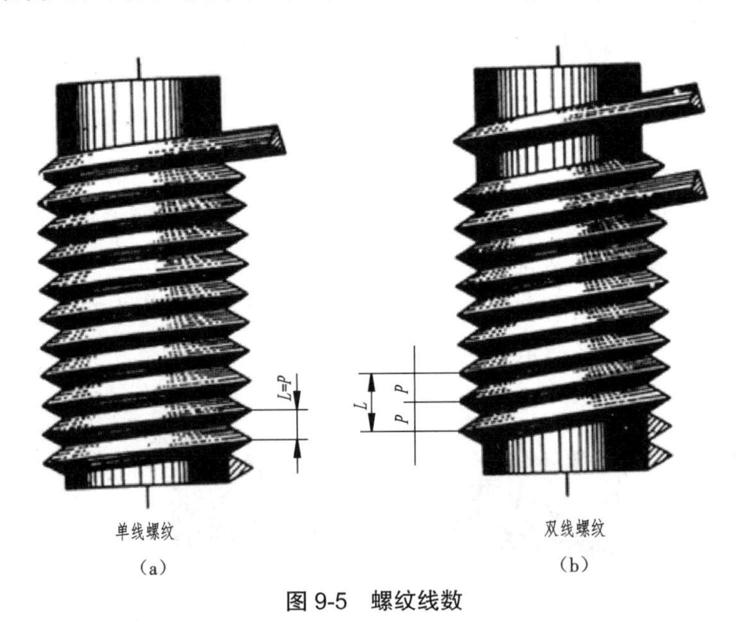

图 9-5　螺纹线数

（4）导程和螺距。在车制螺纹时，工件旋转一周刀具沿轴线方向移动的距离称为导程，即同一条螺旋线上相邻两牙在中径线上对应两点之间的轴向距离。螺距是螺纹相邻两牙在中径线上对应两点之间的轴向距离。单线螺纹的螺距等于导程，如图 9-5（a）所示；双线螺纹，由图 9-5（b）可知，一个导程包括两个螺距，则螺距 = 导程 /2；若是三线螺纹，则螺距 = 导程 /3。因此，螺距和导程之间的关系可用下式表示：

螺距 = 导程 / 线数

（5）旋向。螺纹有左旋和右旋之分。顺时针旋转时旋入的螺纹称为右旋螺纹，逆时针旋转时旋入的螺纹称为左旋螺纹，如图 9-6 所示。

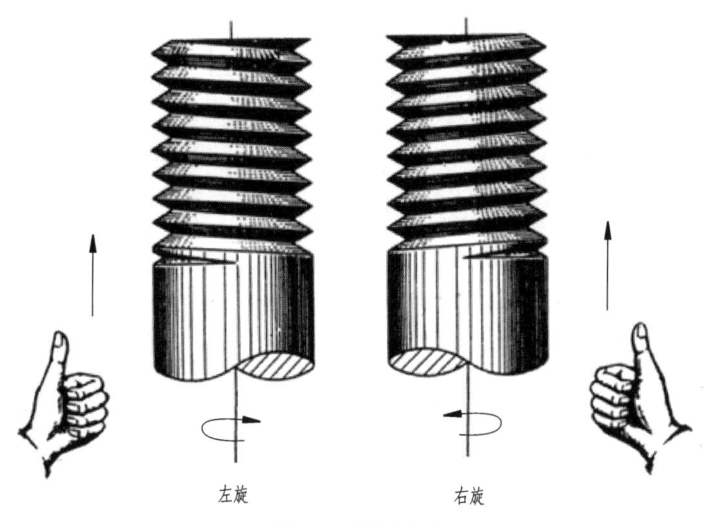

图 9-6　螺纹旋向

在上述要素中，改变其中任何一项，都会得到不同规格的螺纹。因此，相互旋合的内、外螺纹这五项要素必须相同。

3. 螺纹的种类

国家标准对螺纹的牙型、大径、螺距等做了规定，根据不同情况，螺纹可分为以下三类。

（1）标准螺纹：牙型、大径和螺距都符合国家标准的规定，只要知道此类螺纹的牙型和大径，即可从有关标准中查出螺纹的全部尺寸。

（2）特殊螺纹：牙型符合标准规定，直径和螺距均不符合标准规定。

（3）非标准螺纹：牙型、直径和螺距均不符合标准规定。

4. 螺纹的结构

（1）螺纹倒角或倒圆。为了便于螺纹的加工和装配，常在螺纹的起始端加工出倒角或倒圆等结构，如图 9-7 所示。

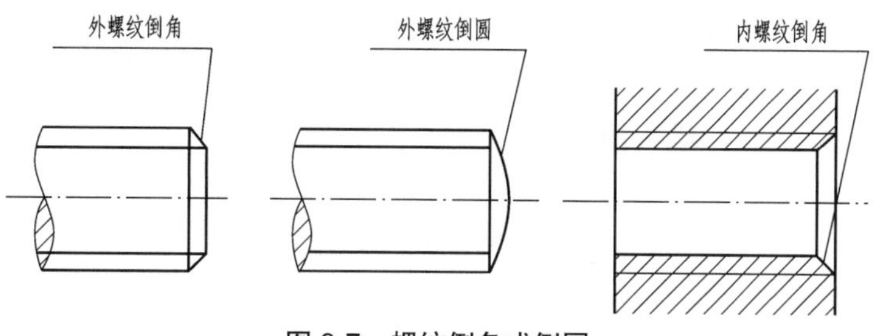

图 9-7　螺纹倒角或倒圆

（2）螺纹的收尾和退刀槽。车削螺纹，刀具运动到螺纹末端时要逐渐退出切削，因此螺纹末尾部分的牙型是不完整的，这一段牙型不完整的部分称为螺纹收尾，如图 9-8 所示。在允许的情况下，为了避免产生螺尾，可以预先在螺纹末尾处加工出退刀槽，再车削螺纹。

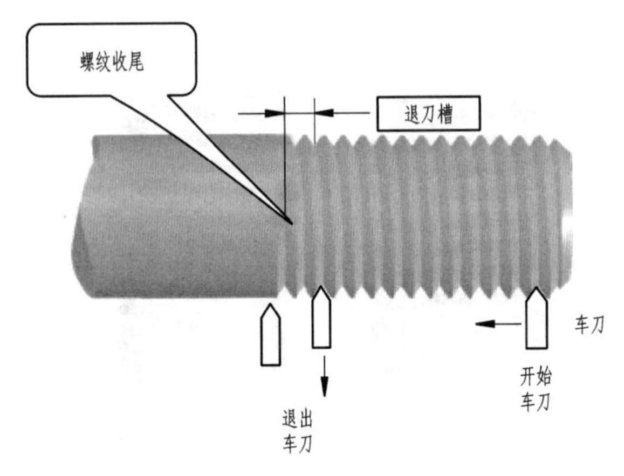

图 9-8 螺纹收尾

9.1.2 螺纹的规定画法

1. 外螺纹的规定画法

（1）在平行于螺纹轴线的视图或剖视图中，其牙顶（大径线）用粗实线表示；牙底（小径线）用细实线表示，并将细实线画入螺杆的倒角或倒圆内；螺纹终止线用粗实线表示，如图 9-9（a）所示；螺尾部分一般不画，如需表示，则螺尾部分的牙底用与轴线成 30° 的细实线绘制；螺纹长度是指不包括螺尾在内的有效螺纹的长度，即螺纹长度计算到螺纹终止线。

（2）在垂直于螺纹轴线（即投影为圆）的视图中，大径圆画成粗实线圆，表示小径的细实线圆画约 3/4 圈（位置不做规定），倒角圆省略不画，如图 9-9（a）所示。其剖视图画法如图 9-9（b）所示。

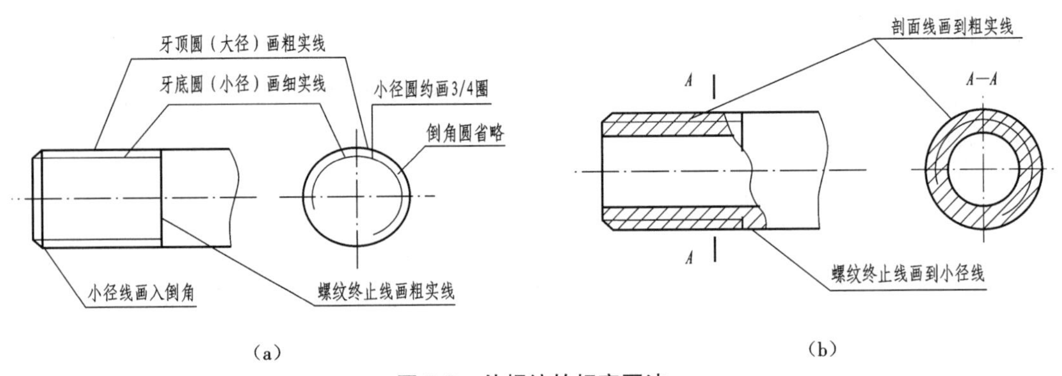

图 9-9 外螺纹的规定画法

（a）外螺纹的视图画法 （b）外螺纹的剖视画法

2. 内螺纹的规定画法

（1）在平行于螺纹轴线的剖视图中，其牙底（大径线）用细实线表示；牙顶（小径线）用粗实线表示，剖面线应画到粗实线为止；螺纹终止线也用粗实线表示；对不穿通螺孔，一般应将钻孔深度和螺孔深度分别画出，且钻孔深度比螺孔深度约大 0.5*D*（*D* 为螺纹的大径），其钻头顶角画成 120° 锥角，如图 9-10（a）所示；对于不剖视图，上述线均画成虚线，如图 9-10（b）所示。

（2）在垂直于螺纹轴线（即投影为圆）的视图中，大径圆画成约 3/4 圈细实线圆（位置不做规定），小径图画成粗实线圆，倒角圆省略不画，如图 9-10（a）所示。

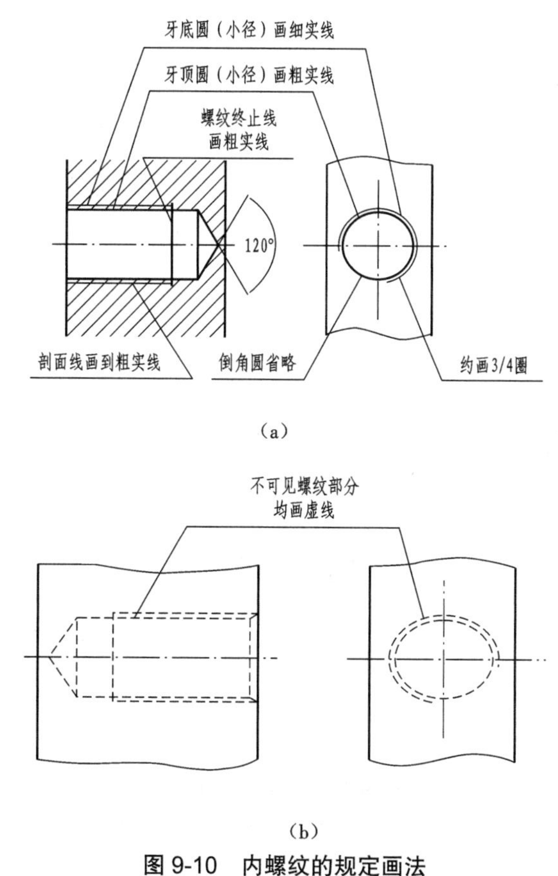

图 9-10　内螺纹的规定画法

（a）内螺纹的剖视画法　（b）不可见内螺纹的画法

3. 螺纹联接的画法

一般用剖视图表示内、外螺纹的联接，其旋合部分按外螺纹画出，其余部分按各自的规定画法绘制。

画图时，表示外螺纹牙顶的粗实线（大径线）必须与表示内螺纹牙底的细实线（大径线）在一条直线上，即对齐；表示外螺纹牙底的细实线（小径线）必须与表示内螺纹牙顶的粗实线（小径线）在一条直线上，即对齐；剖面线画到粗实线，如图 9-11 所示。

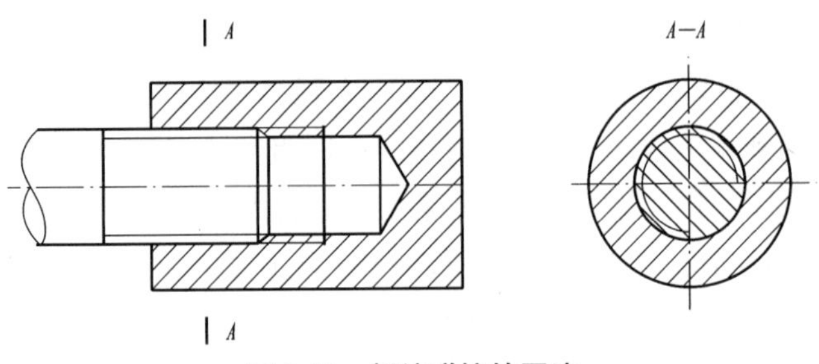

图 9-11 螺纹联接的画法

4. 螺孔相贯线的画法

螺孔与螺孔相贯或螺孔与光孔相贯时，其画法如图 9-12 所示。

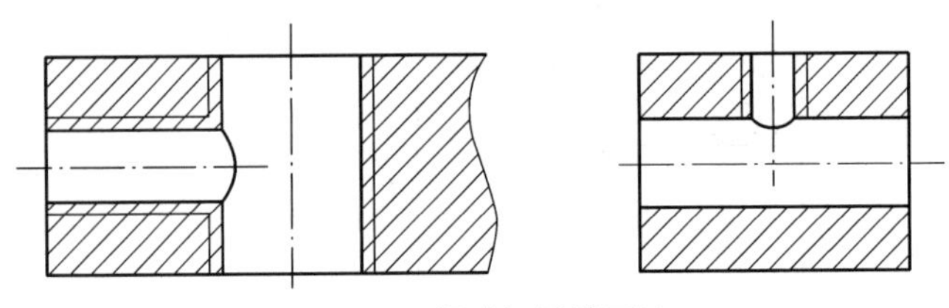

图 9-12 螺孔相贯线画法

5. 螺纹牙型的表示方法

当需要表示螺纹的牙型时，可用局部剖视图、全剖视图和局部放大图表示，如图 9-13 所示。

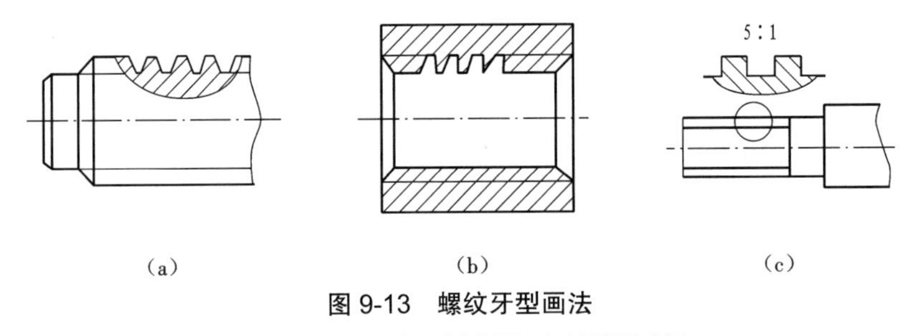

(a) (b) (c)

图 9-13 螺纹牙型画法

(a)局部剖视图 (b)全剖视图 (c)局部放大图

9.1.3 螺纹紧固件及其画法

零件除了应根据设计要求确定其结构外，还要考虑加工和装配的合理性，否则会给装配工作带来困难，甚至不能满足设计要求。下面介绍几种最常见的装配工艺结构。

1. 螺纹紧固件的类型与用途

常用的螺纹紧固件有螺栓、双头螺柱、螺钉、螺母和垫圈等，如图 9-14 所示。

图 9-14　常用的螺纹紧固件

螺栓、双头螺柱和螺钉都是在圆柱上切削出螺纹，起连接作用，其长短取决于被连接零件的有关厚度。螺栓用于被连接件允许钻成通孔的情况，如图 9-15 所示。双头螺柱用于被连接零件之一较厚或不允许钻成通孔的情况，故两端都有螺纹，一端螺纹用于旋入被连接零件的螺孔内，如图 9-16 所示。螺钉则用于不经常拆开和受力较小的连接中，其按用途可分为连接螺钉（图 9-17）和紧定螺钉（图 9-18）。

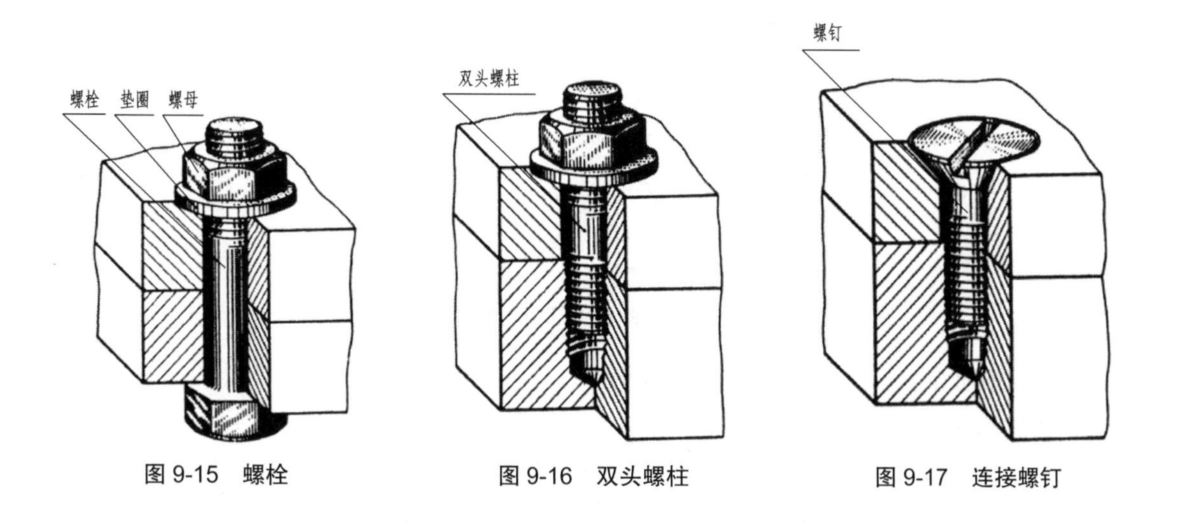

图 9-15　螺栓　　图 9-16　双头螺柱　　图 9-17　连接螺钉

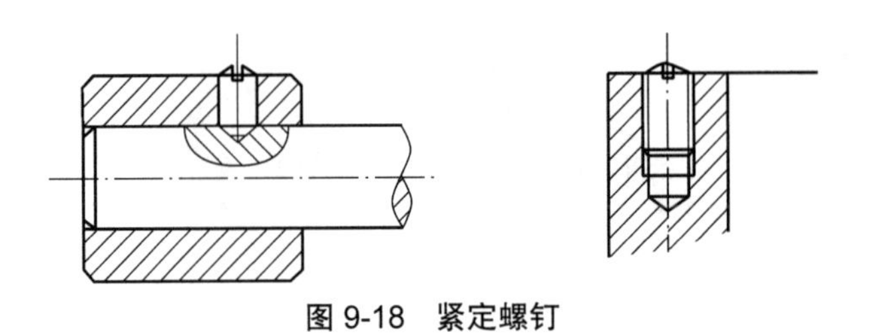

图 9-18　紧定螺钉

2. 单个螺纹紧固件的画法

1）按标准数据画图

根据规定标记在国家标准中查出螺纹紧固件各部分的有关尺寸，并按此尺寸数据进行图形绘制的方法称为按标准数据画图。

2）比例画法

设计机器时，经常会用到螺栓、螺母、垫圈等螺纹紧固件，它们的各部分尺寸可以从相应的国家标准中查出，由螺栓的螺纹规格 d、螺母规格 D、垫圈公称尺寸 d，按 d 或 D 进行比例折算，得出各部分尺寸后按近似画法绘制。

（1）六角头螺栓的比例画法。六角头螺栓头部是由六棱柱经倒角 30° 而形成的，故每个棱面上均产生双曲线，这些曲线可由圆弧代替，如图 9-19 所示。

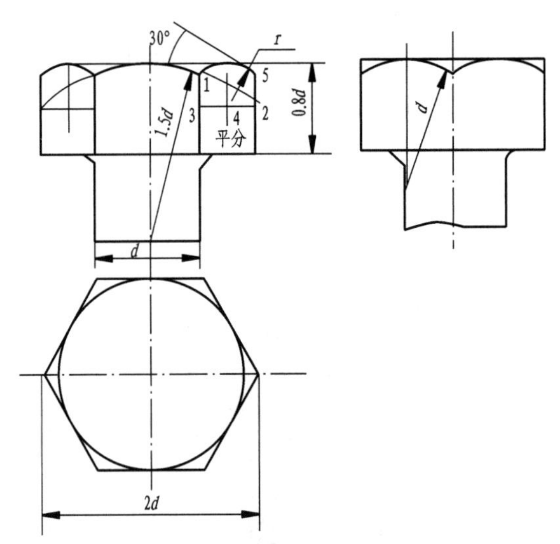

图 9-19　六角头螺栓头部曲线的近似画法

画法步骤如下：

①画出六棱柱的投影；

②以 $R = 1.5d$ 为半径画弧与顶面的投影相切，并与右边两棱线交于 1、2 两点；

③由 2 点作水平线，与相邻的棱线交于 3 点，平分线段 23 得点 4；

④以点 4 为圆心，4 点至 1 点长为半径画弧 1 点至 5 点，最后过点 5 作与水平成 30° 的倒角线，左边一段曲线画法与此相同。

六角头螺栓的各部分尺寸与螺纹大径 d 的比例关系如图 9-20（a）所示。

（2）六角头螺母的比例画法。六角头螺母各部分尺寸与螺纹大径 D 的比例关系如图 9-20（b）所示，表面交线的画法与六角头螺栓头部的画法相同。

（3）垫圈的比例画法。垫圈各部分尺寸按与它相配的螺纹紧固件的大径 d 的比例关系画出，如图 9-20（c）所示。

（4）双头螺柱的比例画法。双头螺柱的外形可按简化画法绘制，各部分尺寸与大径 d 的比例关系如图 9-20（d）所示。

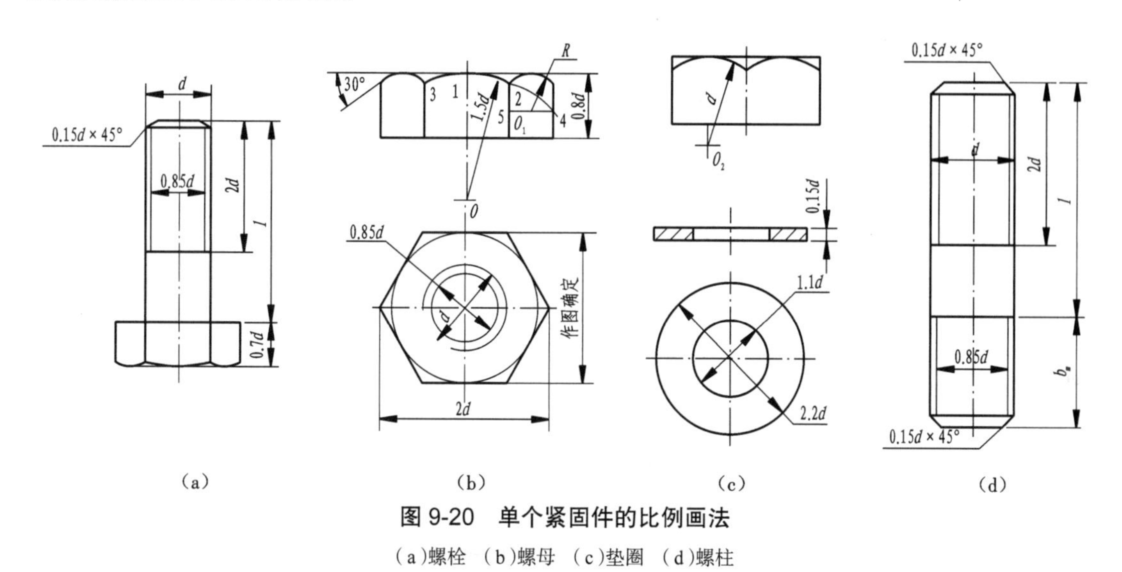

图 9-20　单个紧固件的比例画法

（a）螺栓　（b）螺母　（c）垫圈　（d）螺柱

3. 螺纹紧固件装配画法

螺纹紧固件有螺栓联接、螺柱联接和螺钉联接三种装配形式。

画螺纹紧固件装配图时应遵守以下规定：

（1）两零件的接触表面只画一条线，凡不接触的相邻表面，不论其间隙大小均需画成两条线（小间隙可夸大画出，一般不小于 0.7 mm）；

（2）在剖视图中，相邻两零件的剖面线方向要相反或方向一致而间隔不等，同一零件各视图中剖面线的方向和间隔必须一致；

（3）当剖切平面通过螺纹紧固件的轴线时，对于螺栓、螺柱、螺钉、螺母及垫圈等按不剖处理，即仍画其外形。

1）螺栓联接的比例画法

螺栓联接是将螺栓杆身穿过 2 个零件的通孔，再用螺母旋紧而将两个零件固定在一起的一种联接方式，其比例画法如图 9-21 所示。

（1）螺栓、螺母、垫圈按大径 d 的比例关系绘制，其余部分的比例关系如图 9-21 所示。

（2）螺栓的有效长度 l，可先按式 $l=\delta_1+\delta_2+s+m+0.3d$ 求出，然后从标准中选出相近的标准长度。

（3）在装配图中，当剖切平面通过螺杆的轴线时，螺栓、螺柱、螺钉及螺母、垫圈等均按未剖切绘制。

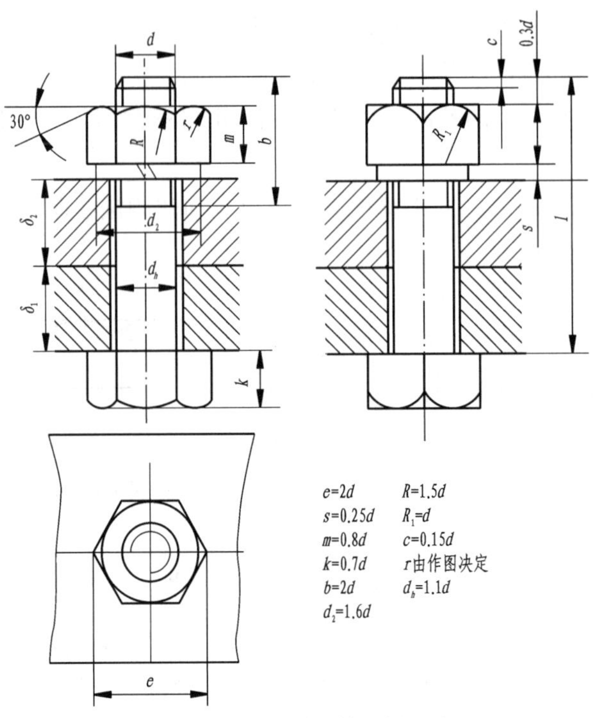

图 9-21 螺栓联接的比例画法

2）螺柱联接的比例画法

螺柱联接中，先将螺柱的旋入端旋入一个零件的螺孔中，再将另一个带孔的零件套入螺柱，然后放入垫圈用螺母旋紧，其比例画法如图 9-22 所示。

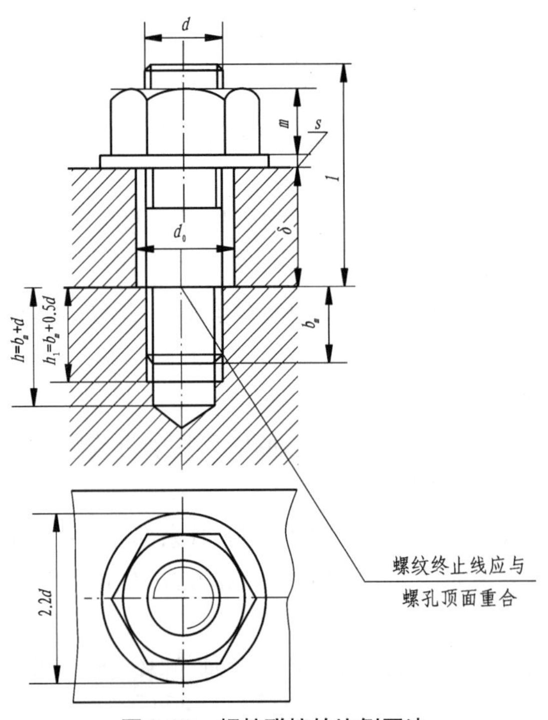

图 9-22 螺柱联接的比例画法

（1）各部分画图尺寸的比例关系与螺栓联接相同。若采用平垫圈，则其尺寸可按 $D=2d$、$s=0.15d$ 绘制。

（2）双头螺柱的有效长度 l，可先按式 $l=\delta+s+m+0.3d$ 算出，然后查标准，选取相近的标准长度。

（3）双头螺柱旋入端长度 b_m 的值与带螺孔的被连接件的材料有关。材料为钢或青铜时取 $b_m=d$；材料为铸铁时，取 $b_m=1.25d$ 或 $b_m=1.5d$；材料为铝时，取 $b_m=2d$。

（4）机件上螺孔的螺纹深度应大于旋入端螺纹长度 b_m，画图时，螺孔的螺纹深度可按 $b_m+0.5d$ 画出，钻孔深度可按 b_m+d 画出。

3）螺钉联接的比例画法

螺钉联接中，螺钉杆部穿过一个零件的通孔而旋入另一个零件的螺孔，靠螺钉头部支承面压紧将两个零件固定一起，其比例画法如图 9-23 所示。螺钉头部形状有许多形式。

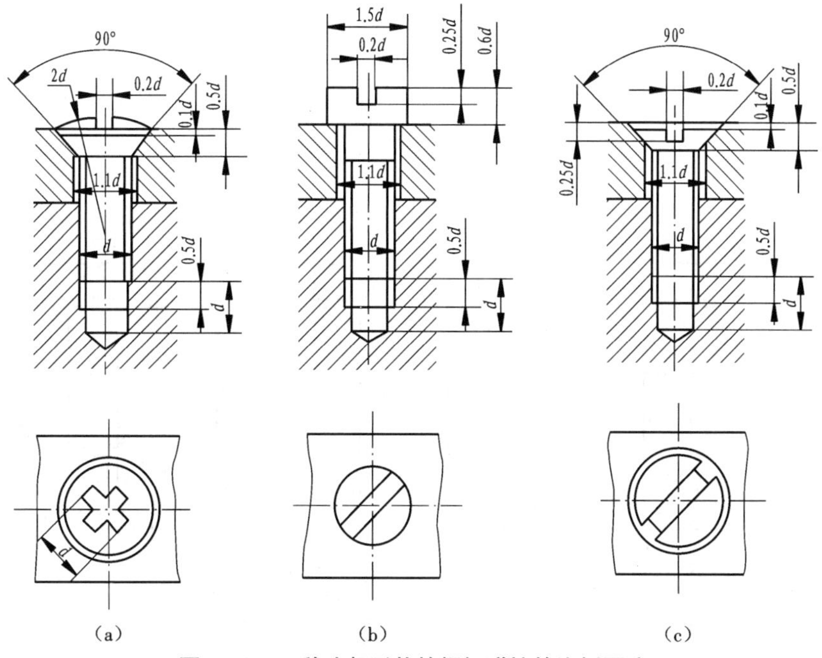

图 9-23　三种头部形状的螺钉联接的比例画法

（1）螺钉的有效长度 l，可先按式 $l=\delta+b_m$ 算出，然后查标准，选取相近的标准长度。b_m 根据带螺孔的被连接零件的材料而定，取值可参考双头螺柱。

（2）为了使螺钉头能压紧被连接零件，螺钉的螺纹终止线应高出螺孔的端面，如图 9-23（b）所示；或在螺杆的全长上都有螺纹，如图 9-23（a）和（c）所示。

（3）螺钉头部的一字槽和十字槽在俯视图上画成与中心线成 45°，可以涂黑。

4）简化画法

制图标准规定：螺纹紧固件的某些结构在装配图中可以采用简化画法。螺纹紧固件上的工艺结构如倒角、退刀槽等均可省略不画；螺栓、螺钉的头部可简化；在装配图中未钻通的螺孔，可以不画出钻孔深度，仅按螺纹部分的深度（不包括螺尾）画出等，如图 9-24 所示。

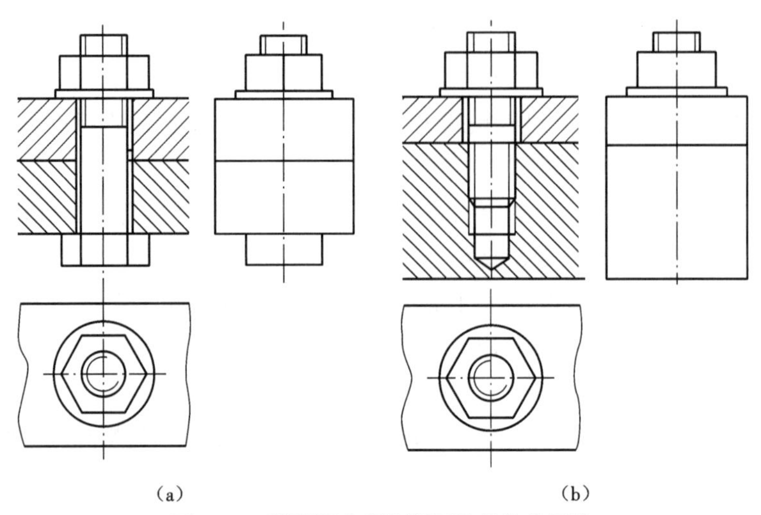

（a）　　（b）

图 9-24　装配图中螺纹紧固件的简化画法

5）画螺纹紧固件装配图的注意事项

螺纹紧固件装配画法比较烦琐，容易出错。下面以双头螺柱联接为例进行正误对比，如图 9-25 所示。

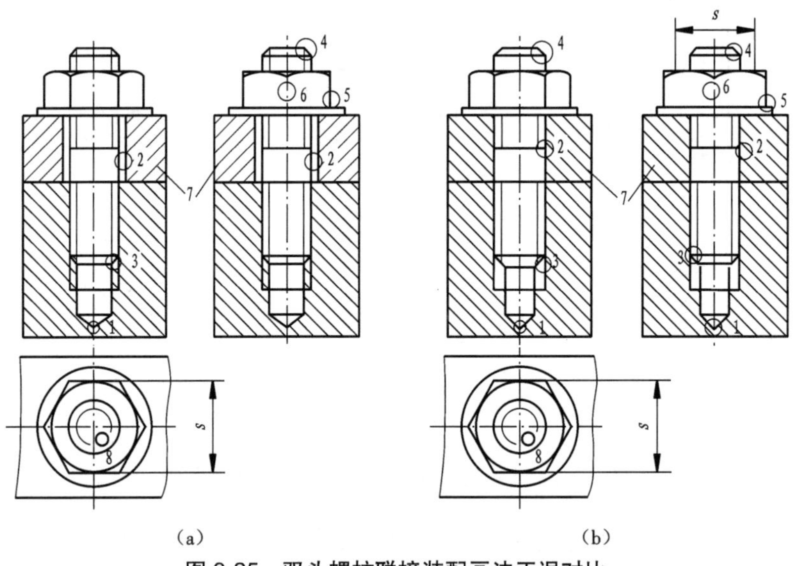

（a）　　（b）

图 9-25　双头螺柱联接装配画法正误对比

（a）正确　（b）不正确

（1）钻孔锥角应为 120°。

（2）被连接件的孔径为 1.1d，此处应画两条粗实线。

（3）内、外螺纹大、小径应对齐，小径与倒角无关。

（4）应有螺纹小径（细实线）。

（5）左、俯视图宽应相等。

（6）应有棱线（粗实线）。

（7）同一零件在不同视图上剖面线方面、间隔都应相同。

（8）应有小径圆（3/4 圈细实线），倒角圆不画。

9.1.4　螺栓联接比例画法

螺栓联接比例画法绘图步骤如下。

（1）定出基准线，如图 9-26（a）所示。

（2）画出螺栓的两个视图（螺栓为标准件不剖），螺纹小径可暂不画，如图 9-26（b）所示。

（3）画出被连接两板（要剖，孔径为 1.1d），如图 9-26（c）所示。

（4）画出垫圈（不剖）的三视图，如图 9-26（d）所示。

（5）画出螺母（不剖）的三视图，具体画法可以参考前面螺母两视图的画法，在俯视图中应画螺栓，如图 9-26（e）所示。

（6）画出剖开处的剖面线（注意剖面线的方向、间隔），补全螺母的截交线，全面检查，描深，如图 9-26（f）所示。

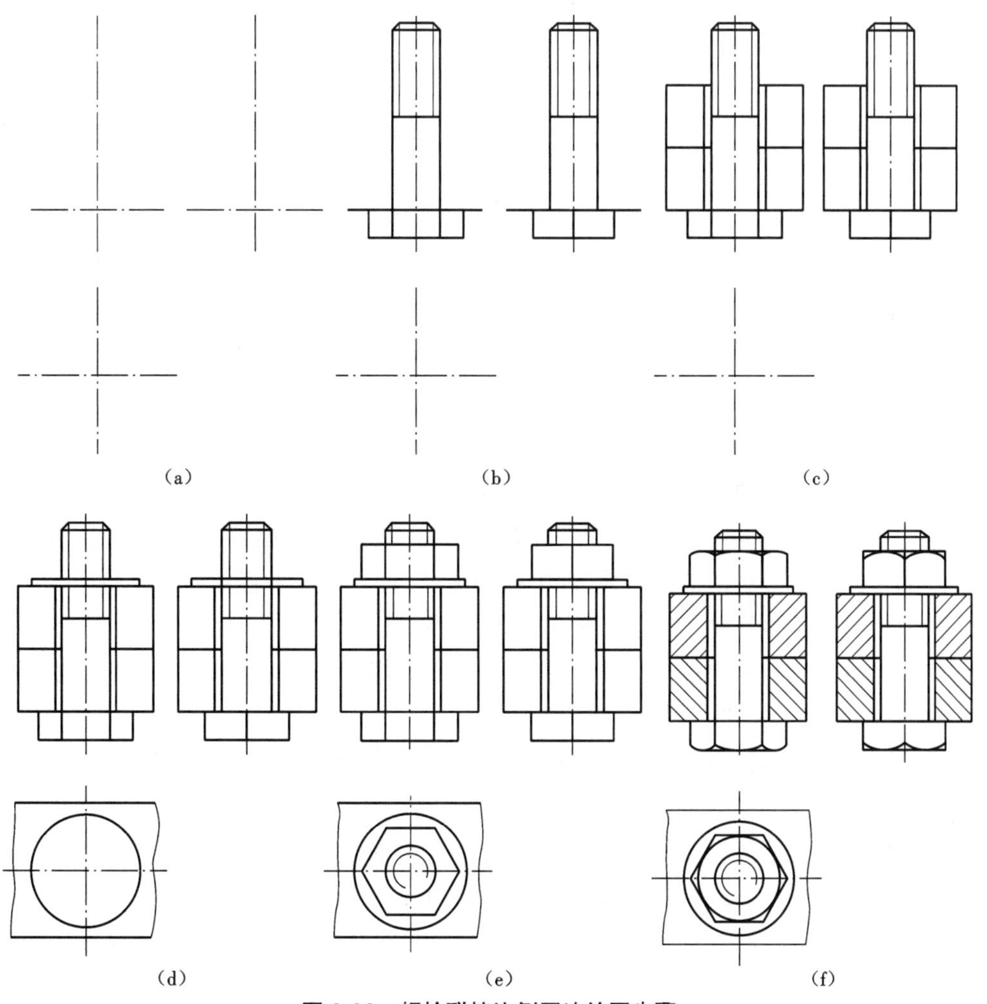

图 9-26　螺栓联接比例画法绘图步骤

9.1.5 知识扩展

1. 螺纹分类

螺纹按用途分为连接螺纹和传动螺纹，普通螺纹和管螺纹属于连接螺纹，梯形螺纹和锯齿形螺纹属于传动螺纹。

2. 常用螺纹的标记和标注方法

由于螺纹采用了规定画法，其中反映不出螺纹要素及加工精度等参数，因而需要在图样中螺纹大径的尺寸线或其引出线上标注出相应标准所规定的螺纹标记。各常用螺纹的标记和标注方法如下。

1）普通螺纹

普通螺纹是最常用的螺纹，其牙型为三角形，牙型角为60°。根据螺距的大小，普通螺纹又有粗牙和细牙之分。

普通螺纹标记可分为三部分，三者之间用短横线“-”隔开，即

螺纹代号 - 公差带代号 - 旋合长度代号

Ⅰ. 螺纹代号

螺纹代号包含：

螺纹特征代号 公称直径 × 螺距 - 旋向

普通螺纹的螺纹特征代号为“M”；公称直径为螺纹的大径；粗牙普通螺纹不标注螺距，细牙单线螺纹标注螺距，多线螺纹用“导程 / 线数”表示；右旋螺纹不注旋向，左旋螺纹应注出旋向“LH”或“左”字。

例如，公称直径为24 mm、螺距为1.5 mm的左旋细牙普通螺纹，螺纹代号应标记为M24×1.5LH；同一公称直径的右旋粗牙普通螺纹，螺纹代号应标记为M24。

Ⅱ. 公差带代号

螺纹的公差带代号是用来说明螺纹加工精度的，它用数字表示公差等级（公差带大小），用拉丁字母表示基本偏差代号（公差带位置），小写字母代表外螺纹，大写字母代表内螺纹。普通螺纹的公差带代号由两部分组成，即中径和顶径（即外螺纹大径或内螺纹小径）的公差带代号。当中径和顶径的公差带代号相同时，只标注一个。

例如，M10-6H，表示中径和顶径公差带代号相同，都为6H；M16×1.5-5g 6g，表示中径公差带代号为5g，顶径公差带代号为6g。

在内、外螺纹联接图上标注时，其公差带代号应用斜线分开，如6H/6g，6H/5g 6g等。

Ⅲ. 旋合长度代号

螺纹的旋合长度是指两个相互旋合的内、外螺纹沿轴线方向旋合部分的长度，它是衡量螺纹质量的重要指标。普通螺纹的旋合长度分为短、中和长三种，其代号分别为S、N和L。其中，中等旋合长度应用较为广泛，在标记中代号N省略不注。标注时如遇特殊需要，也可注出旋合长度的具体数值。

2)梯形螺纹

梯形螺纹标记的格式为

螺纹代号 - 公差带代号 - 旋合长度代号

梯形螺纹与普通螺纹的标记格式类似,仅在第一项螺纹代号中稍有区别。其螺纹代号的项目及格式为

螺纹特征代号 公称直径 × 螺距或导程 - 旋向

梯形螺纹的螺纹特征代号为"Tr";由于标准规定的同一公称直径中对应有几个螺距可供选用,因而必须标注螺距。

单线梯形螺纹的螺纹标记为

螺纹特征代号 公称直径 × 螺距 - 旋向

多线梯形螺纹的螺纹标记为

螺纹特征代号 公称直径 × 导程 (P 螺距)- 旋向

例如,公称直径为 24 mm、螺距为 3 mm 的单线左旋梯形螺纹,螺纹代号应标记为 Tr24 × 3-LH;而同一公称直径且相同螺距的双线右旋梯形螺纹,螺纹代号应标记为 Tr24 × 6 (P3)。

3)管螺纹

管螺纹用于管接头、旋塞、阀门等,有螺纹密封管螺纹和非螺纹密封管螺纹两种。管螺纹的牙型为等腰三角形,牙型角为 55°,其公称尺寸为管子的孔径,单位为英寸,标记格式为

螺纹特征代号 尺寸代号 - 公差等级代号 - 旋向

管螺纹的标记一律注在引线上,引线从大径处或由对称中心线处引出。

Ⅰ. 螺纹密封管螺纹

外螺纹为圆锥外螺纹,特征代号为"R_1"(与圆柱内螺纹相配合)、"R_2"(与圆锥内螺纹相配合);内螺纹有圆锥内螺纹和圆柱内螺纹两种,它们的特征代号分别为"Rc"和"Rp"。螺纹密封管螺纹只有一种公差等级,故标记中不标注。右旋螺纹不标注旋向,左旋螺纹标注"LH"。

例如,螺纹密封管螺纹为圆锥内螺纹,其尺寸代号为 $1\frac{1}{2}$,左旋,则该螺纹的标记为 Rc$1\frac{1}{2}$-LH。

Ⅱ. 非螺纹密封管螺纹

非螺纹密封管螺纹的螺纹特征代号为"G"。外螺纹的公差等级规定了 A 级和 B 级两种,A 级为精密级, B 级为粗糙级;而内、外螺纹的顶径和内螺纹的中径只规定了一种公差等级,故对外螺纹分 A、B 两级进行标记,对内螺纹不标记公差等级代号。右旋螺纹不标注旋向,左旋螺纹标注"LH"。

例如,非螺纹密封管螺纹为外螺纹,其尺寸代号为 1/2,公差等级为 B 级,右旋,则该螺纹的标记为 G1/2B。

9.2 齿轮

9.2.1 齿轮的基本知识

齿轮在机械中被广泛应用,常用它来传递动力、改变旋转速度与旋转方向。齿轮的种类很多,常见的齿轮传动形式有以下几种。

(1)圆柱齿轮,用于平行两轴间的传动,如图 9-27(a)所示。

(2)圆锥齿轮,用于相交两轴间的传动,如图 9-27(b)所示。

(3)蜗杆与蜗轮,用于交叉两轴间的传动,如图 9-27(c)所示。

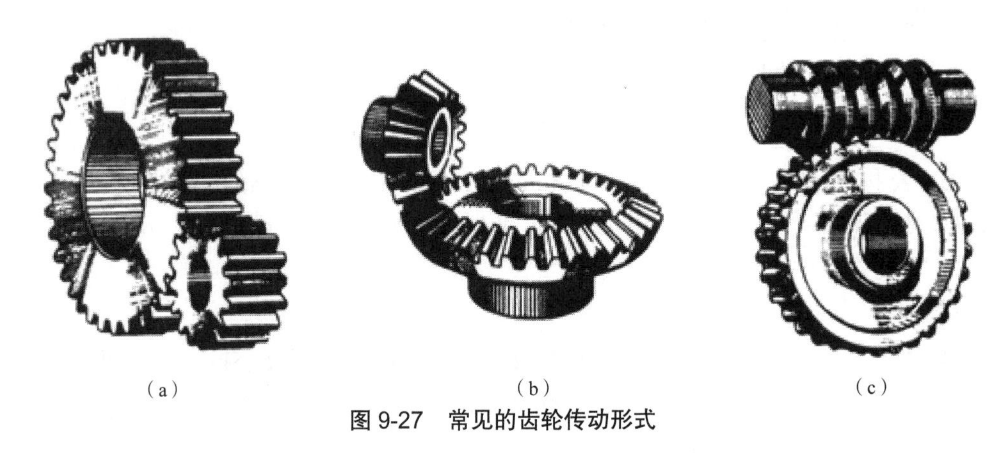

(a) (b) (c)

图 9-27 常见的齿轮传动形式

齿轮一般由轮体和轮齿两部分组成。轮体部分根据设计要求有平板式、轮辐式、辐板式等。轮齿部分的齿廓曲线可以是渐开线、摆线、圆弧,目前最常用的是渐开线齿形。轮齿的方向有直齿、斜齿、人字齿等。轮齿有标准与变位之分,具有标准轮齿的齿轮称为标准齿轮。

这里主要介绍齿廓曲线为渐开线的标准齿轮的有关知识和规定画法。

1. 直齿轮

直齿圆柱齿轮简称直齿轮。图 9-28(a)所示为互相啮合的两个直齿轮的一部分。

1)齿轮的名词术语

(1)节圆直径 d'(分度圆直径 d):连心线 O_1O_2 上两相切的圆称为节圆,其直径用 d' 表示。加工齿轮时,作为齿轮轮齿分度的圆称为分度圆,其直径用 d 表示。在标准齿轮中,$d'=d$。

(2)节点 c:在一对啮合齿轮上,两节圆的切点。

(3)齿顶圆直径 d_a:轮齿顶部的圆称齿顶圆,其直径用 d_a 表示。

(4)齿根圆直径 d_f:齿槽根部的圆称齿根圆,其直径用 d_f 表示。

(5)齿距 p、齿厚 s、槽宽 e:在节圆或分度圆上,两个相邻的同侧齿面间的弧长称齿距,用 p 表示;一个轮齿齿廓间的弧长称齿厚,用 s 表示;一个齿槽齿廓间的弧长称槽宽,用 e 表示。在标准齿轮中,$s=e$,$p=e+s$。

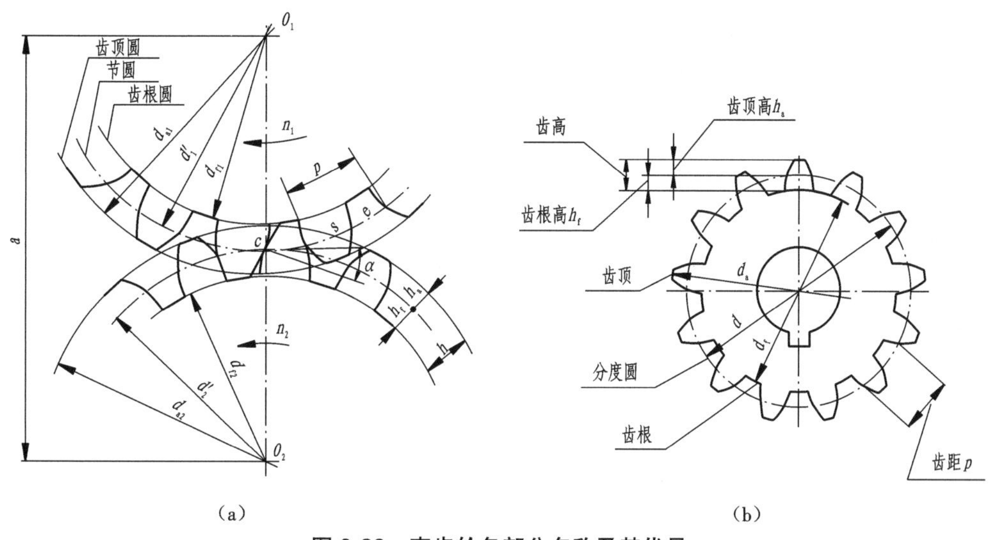

(a)　(b)

图 9-28　直齿轮各部分名称及其代号

(6)齿高 h、齿顶高 h_a、齿根高 h_f:齿顶圆与齿根圆的径向距离称齿高,用 h 表示;齿顶圆与分度圆的径向距离称齿顶高,用 h_a 表示;分度圆与齿根圆的径向距离称齿根高,用 h_f 表示。$h = h_a + h_f$。

(7)啮合角、压力角、齿形角:两相啮合轮齿齿廓在 c 点的公法线与两节圆的公切线所夹的锐角称为啮合角,也称压力角;加工齿轮的原始基本齿条的法向压力角称为齿形角,用 α 表示。啮合角 = 压力角 = 齿形角 =α。

2)齿轮的尺寸参数关系

由图 9-28(b)可知,若以 z 表示齿轮齿数,则齿轮分度圆周长为 $\pi d = zp$,因此分度圆直径 $d = \frac{p}{\pi}z$。其中,$\frac{p}{\pi}$ 称为齿轮的模数,以 m 表示,即 $m = \frac{p}{\pi}$。那么,$d=mz$,即 $m = \frac{d}{z}$。

可以看出,模数越大,轮齿就越大;模数越小,轮齿就越小。互相啮合的两齿轮,其齿距 p 应相等,因此它们的模数 m 亦应相等。为了减少加工齿轮刀具的数量,国家对标准齿轮的模数做了统一的规定,见表 9-1。

表 9-1　标准模数(GB/T 1357—2008)　(单位:mm)

第一系列	1,1.25,1.5,2,2.5,3,4,5,6,8,10,12,16,20,25,32,40,50
第二系列	1.125,1.375,1.75,2.25,2.75, 3.5,4.5,5.5,(6.5),7,9,11,14,18,22,28,36,45

注:1. 在选用模数时,应优先采用第一系列,括号内的模数尽可能不用。

2. 圆锥齿轮模数见 GB/T 12368—1990。

齿轮的模数 m 确定后,按照与 m 的关系可算出轮齿的各基本尺寸,计算公式见表 9-2。

表 9-2 标准直齿轮各基本尺寸的计算公式及举例

基本参数：模数 m、齿数 z，已知 m=2 mm，z=29			
名称	符号	计算公式	计算举例
齿距	p	$p=\pi m$	p=6.28 mm
齿顶高	h_a	$h_a=m$	h_a=2 mm
齿根高	h_f	$h_f=1.25m$	h_f=2.5 mm
齿高	h	$h=2.25m$	h=4.5 mm
分度圆直径	d	$d=mz$	d=58 mm
齿顶圆直径	d_a	$d_a=m(z+2)$	d_a=62 mm
齿根圆直径	d_f	$d_f=m(z-2.5)$	d_f= 53 mm
中心距	a	$a=m(z_1+z_2)/2$	

2. 斜齿轮

斜齿圆柱齿轮简称斜齿轮。相啮合的一对斜齿轮，其轴线仍保持平行。假想把直齿轮切成很薄的无穷多片，相互错开后就成为一个斜齿轮。轮齿在分度圆柱面上与分度圆柱轴线的倾角称为螺旋角，以 β 表示。因此，斜齿轮有法向齿距 p_n 与端面齿距 p_t，法向模数 m_n 与端面模数 m_t 之分。

9.2.2 圆柱齿轮的规定画法

1. 单个齿轮的画法

单个直齿轮的规定画法如图 9-29 所示。

（1）齿顶圆和齿顶线用粗实线绘制。

（2）分度圆和分度线用细点画线绘制。

（3）齿根圆和齿根线用细实线绘制，也可以省略不画，在剖视图中齿根线用粗实线绘制。

（4）在剖视图中，当剖切平面通过齿轮的轴线时，轮齿一律按不剖处理，即轮齿部分不画剖面线。

图 9-30 所示为圆柱齿轮零件图，图中除标注尺寸和技术要求外，还在图样的右上角列出一个参数表，注明模数、齿数、齿形角、精度等级等。

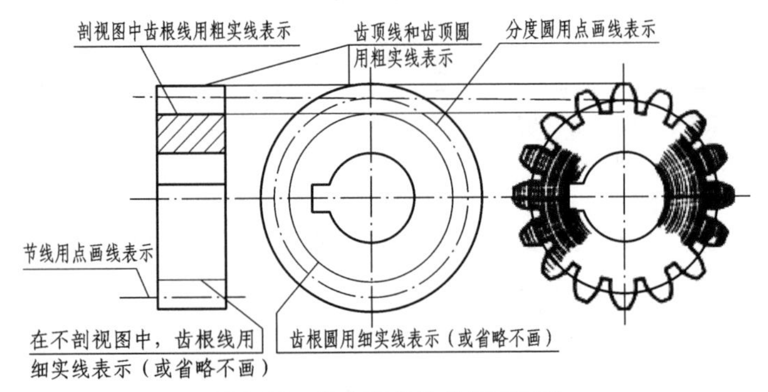

图 9-29 单个直齿轮的规定画法

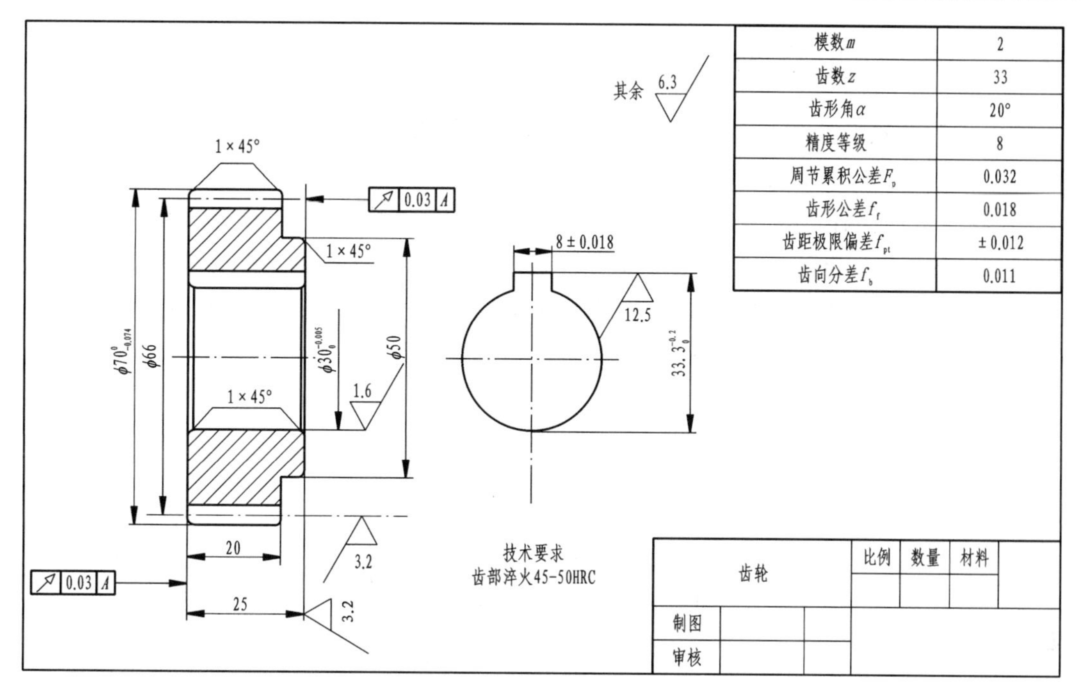

模数 m	2
齿数 z	33
齿形角 α	20°
精度等级	8
周节累积公差 F_p	0.032
齿形公差 f_f	0.018
齿距极限偏差 f_{pt}	±0.012
齿向公差 f_b	0.011

图 9-30　圆柱齿轮零件图

2. 齿轮啮合的画法

绘制一对啮合齿轮时,应注意其啮合部分的画法,如图 9-31 所示。

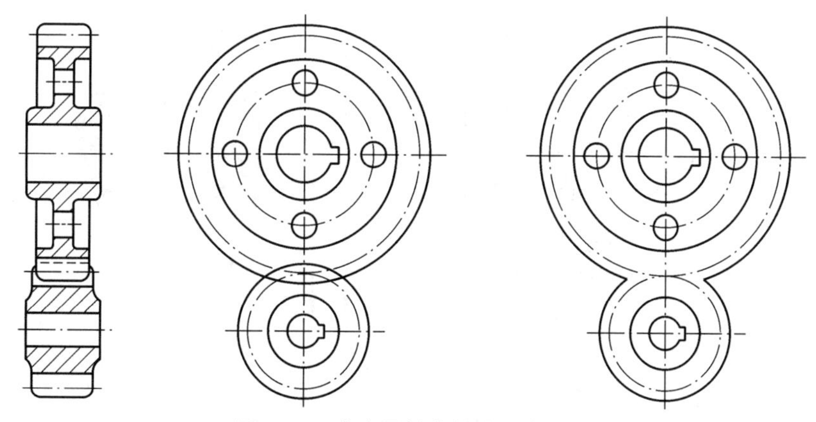

图 9-31　直齿圆柱齿轮啮合的画法

(1)在垂直于齿轮轴线的投影面的视图上, 2 个齿轮的分度圆是相切的,啮合区的齿顶圆均用粗实线绘制,也可以省略不画。

(2)在平行于齿轮轴线的投影面的视图上,当剖切平面通过两啮合齿轮的轴线时,在啮合区内将一个齿轮的轮齿用粗实线画出,而另一个齿轮的轮齿被遮住的部分用虚线绘制,或省略不画。

(3)不剖画法,啮合区的齿顶线不需要画出,节线用粗实线绘制。

(4)在剖视图中,当剖切平面通过啮合齿轮的轴线时,轮齿一律按不剖绘制。

9.2.3 圆锥齿轮的简介

圆锥齿轮的轮齿分布在圆锥面上，因此轮齿沿圆锥素线方向的大小不同，模数、齿数、齿高、齿厚也随之变化，通常规定以大端参数为准。

直齿圆锥齿轮的齿坯如图 9-32(a)所示，其基本形体结构由前锥、顶锥、背锥等组成。由于圆锥齿轮的轮齿在锥面上，因而齿形和模数轴向是变化的。大端的法向模数为标准模数，法向齿形为标准渐开线。在轴剖面内，大端背锥素线与分度锥素线垂直，轴线与分度锥素线的夹角 δ 称为分度圆锥角，如图 9-32(b)所示。

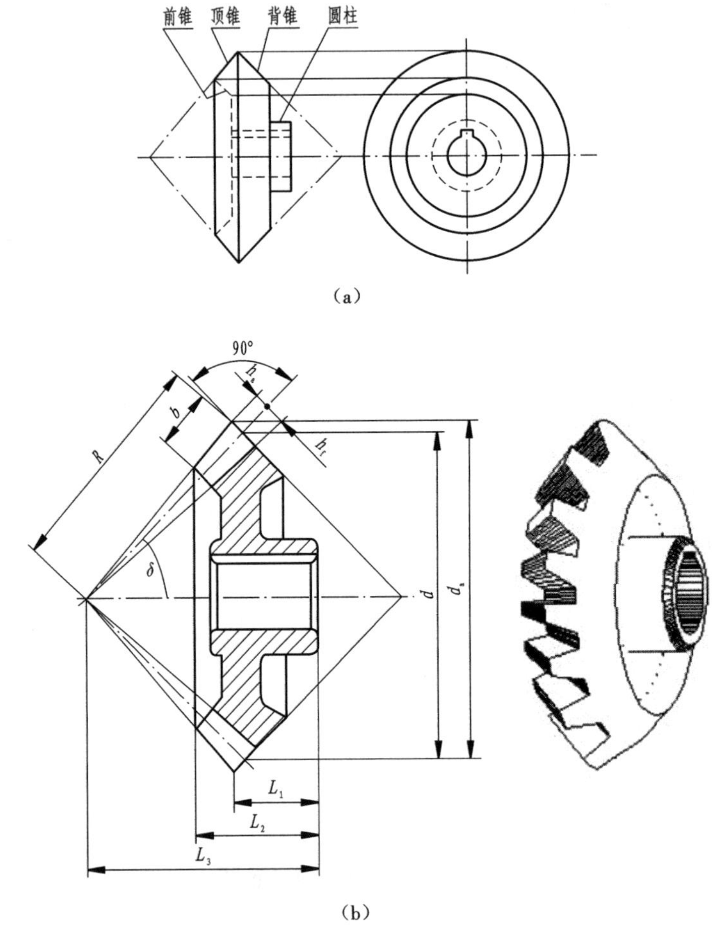

图 9-32 直齿圆锥齿轮

(a)圆锥齿轮坯 (b)圆锥齿轮参数

直齿圆锥齿轮各参数的计算公式见表 9-3。

表 9-3　直齿圆锥齿轮各参数的计算公式

名称	代号	计算公式
齿顶高	h_a	$h_a=m$
齿根高	h_f	$h_f=1.2m$
齿高	h	$h=h_a+h_f=2.2m$
分度圆直径	d	$d=mz$
齿顶圆直径	d_a	$d_a=m(z+2\cos\delta)$
齿根圆直径	d_f	$d_f=m(z-2.4\cos\delta)$
外锥距	R	$R=mz/(2\sin\delta)$
分度圆锥角	δ	$\tan\delta_1=z_1/z_2$

9.2.4 齿轮的相关尺寸及画法

（1）根据已知计算齿轮相关尺寸。

大齿轮：$d_1=mz_1=160$ mm，$d_{a1}=m(z_1+2)=168$ mm，$d_{f1}=m(z_1-2.5)=150$ mm。

小齿轮：由 $a=(d_1+d_2)/2$ 得知 $d_2=80$ mm，$z_2=20$，$d_{a2}=88$ mm，$d_{f2}=70$ mm。

轮体上小圆以及孔部分结构尺寸绘图时，根据实体形状自行假设。

（2）按照啮合齿轮规定画法，以一定比例画出啮合齿轮的外形视图，非圆投影视图按全剖方式绘制，一组视图如图 9-33（a）所示；非圆投影视图按未剖方式绘制，此时圆投影视图采用省略画法，一组视图如图 9-33（b）所示。

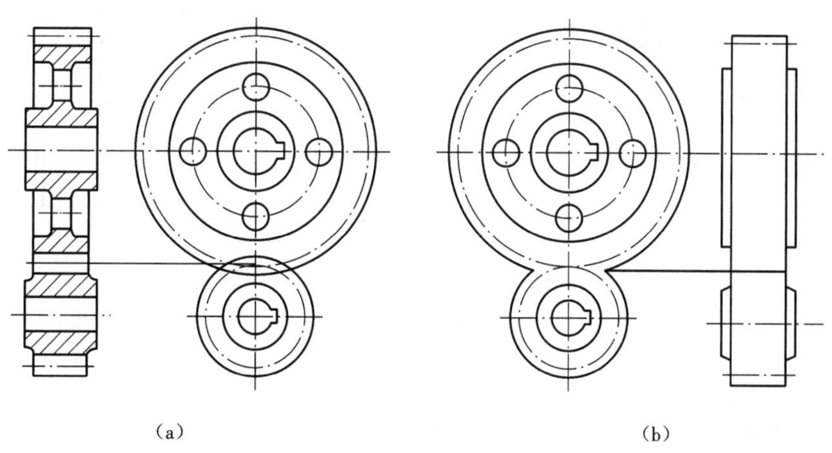

图 9-33　啮合齿轮视图

9.2.5 知识扩展

1. 单个斜齿轮的画法

单个斜齿轮的画法如图 9-34 所示，与单个直齿轮的画法规定相比，只多出一条规定：在齿轮的非圆外形图上画出与齿轮方向一致的三条平行的细实线，用以表示齿向线和倾角。其视图可以画为半剖视图或局部剖视图,如图 9-34(c)所示。

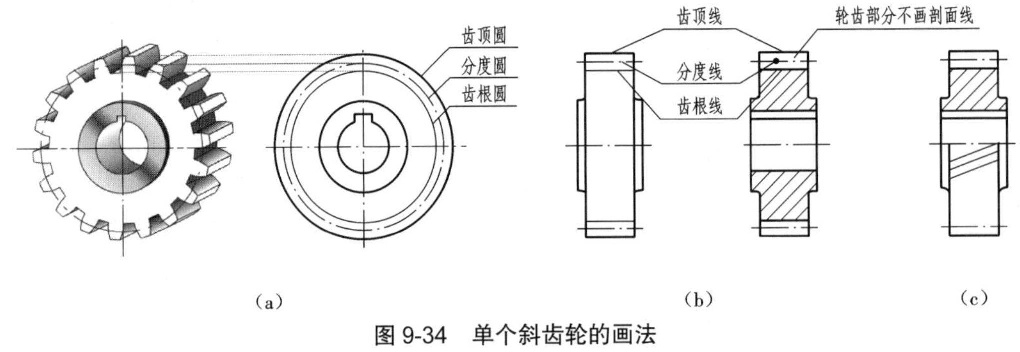

图 9-34 单个斜齿轮的画法

(a)外形 (b)全剖 (c)半剖(斜齿)

2. 两个斜齿轮啮合的画法

两个斜齿轮啮合的画法如图 9-35 所示,与两个直齿轮啮合的画法规定基本相同,只多出一条规定:在两个斜齿轮的非圆外形图上画出与齿轮方向一致的三条平行的细实线,用以表示齿向线和倾角,如图 9-35(d)所示。

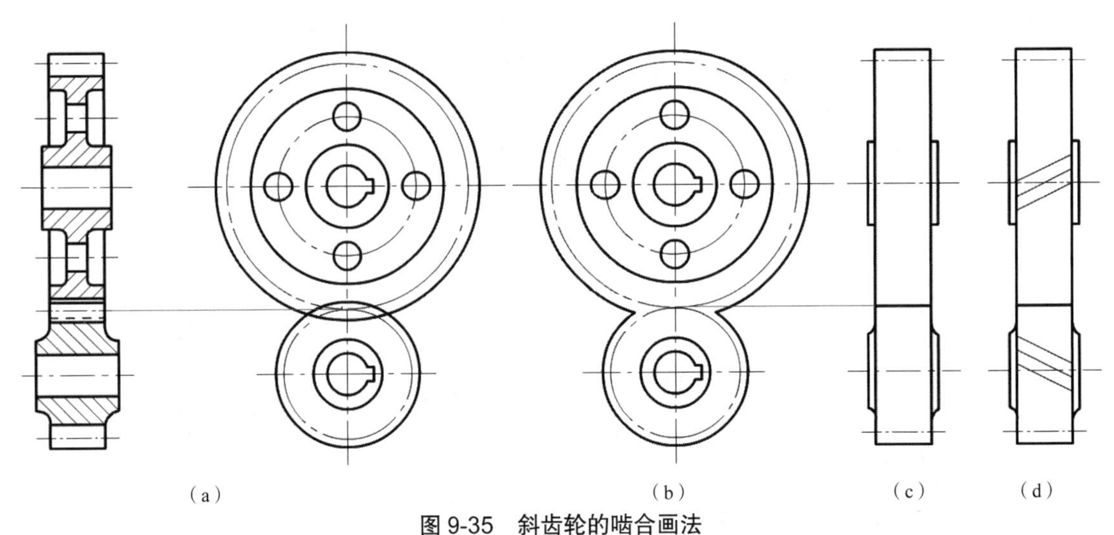

图 9-35 斜齿轮的啮合画法

(a)全剖视图和侧视图 (b)左视图的另一种画法 (c)未剖(直齿) (d)未剖(斜齿)

9.3 键和销

绘制键、销的联接图,如图 9-36 所示。

键和销都是标准件,键联接和销联接也是常用的可拆卸联接。对于键和销,依据国家标准规定进行装配位置的绘制。

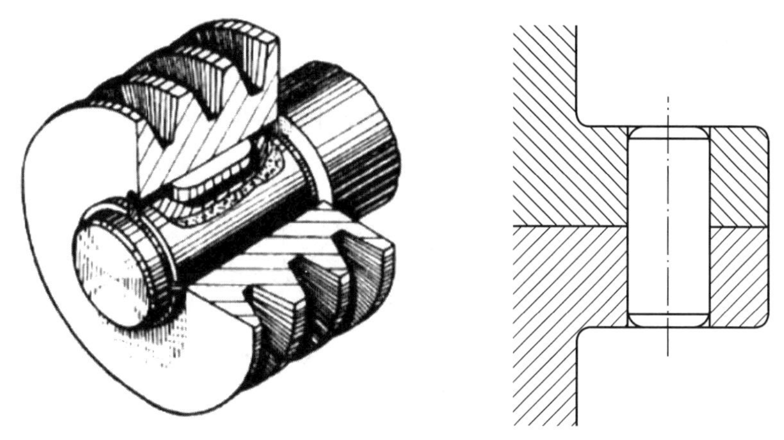

图 9-36　键联接和销联接

9.3.1　键联接

1. 键的功用

为了把轮和轴装在一起而使其同时转动,通常在轮和轴的表面分别加工出键槽,然后把键放入轴的键槽内,再将带键的轴装入轮孔中,这种联接称为键联接,如图 9-37 所示。

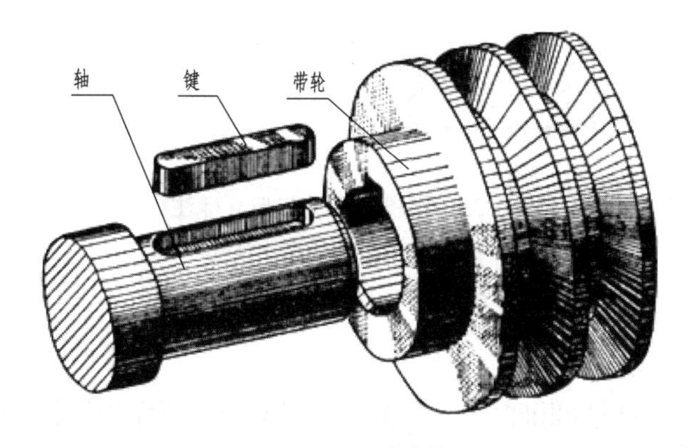

图 9-37　键联接

2. 键的种类

键是标准件,种类很多,常用的键有普通平键、半圆键和钩头楔键等,如图 9-38 所示。其中,普通平键最常用。

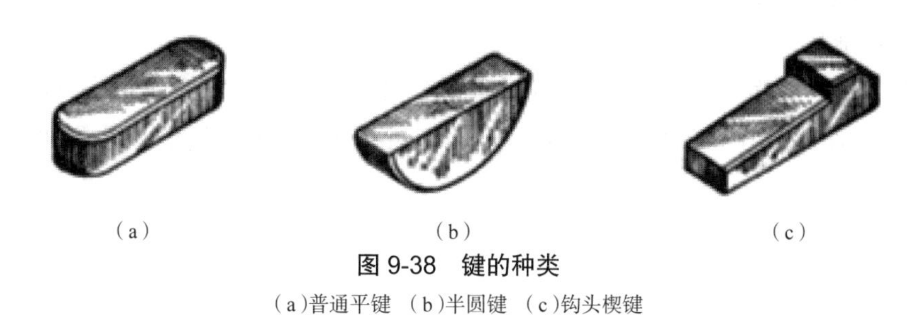

图 9-38　键的种类

(a)普通平键　(b)半圆键　(c)钩头楔键

3. 键槽的规定画法

键和键槽的尺寸可根据轴(或轮毂)的直径从相应的标准中查得。键的长度 L 应小于或等于轮毂的长度并取标准值。键槽的画法与尺寸标注如图 9-39 所示。

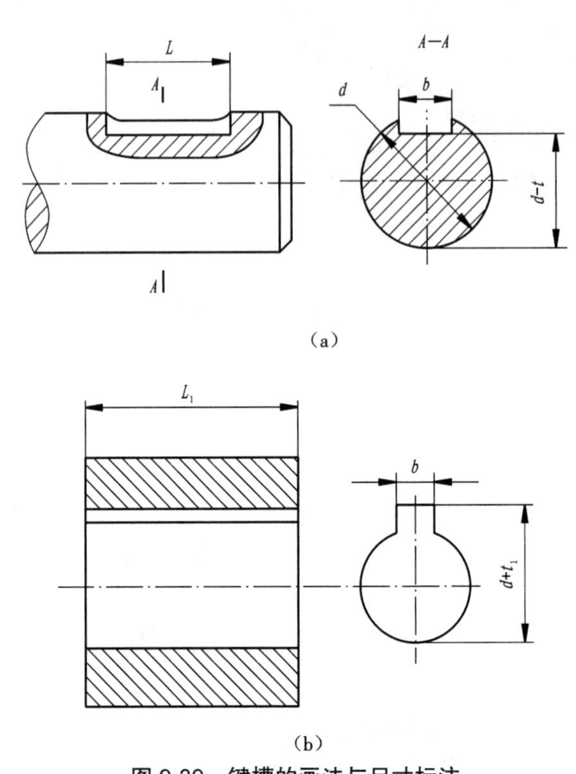

图 9-39 键槽的画法与尺寸标注

(a)轴上键槽的画法 (b)轮毂上键槽的画法

4. 键联接的规定画法

1)普通平键联接的画法

普通平键的工作表面是两侧面,这两个侧面与键槽的两侧面相接触,键的底面与轴上键槽的底平面相接触,所以画一条粗实线,键的顶面与键槽顶面不接触,有一定的间隙量,故画两条线,如图 9-40(a)所示。

2)半圆键联接的画法

半圆键联接与普通平键联接相似。半圆键具有自动调位的优点,常用于轻载和锥形轴联接,如图 9-40(b)所示。

3)钩头楔键联接的画法

钩头楔键的上底面有 1 ∶ 100 的斜度,联接时沿轴向将键打入槽内,直至打紧为止,故其上、下两面为工作面,两侧面为非工作面。画图时,上、下两面与键槽接触,两侧面有间隙,如图 9-40(c)所示。

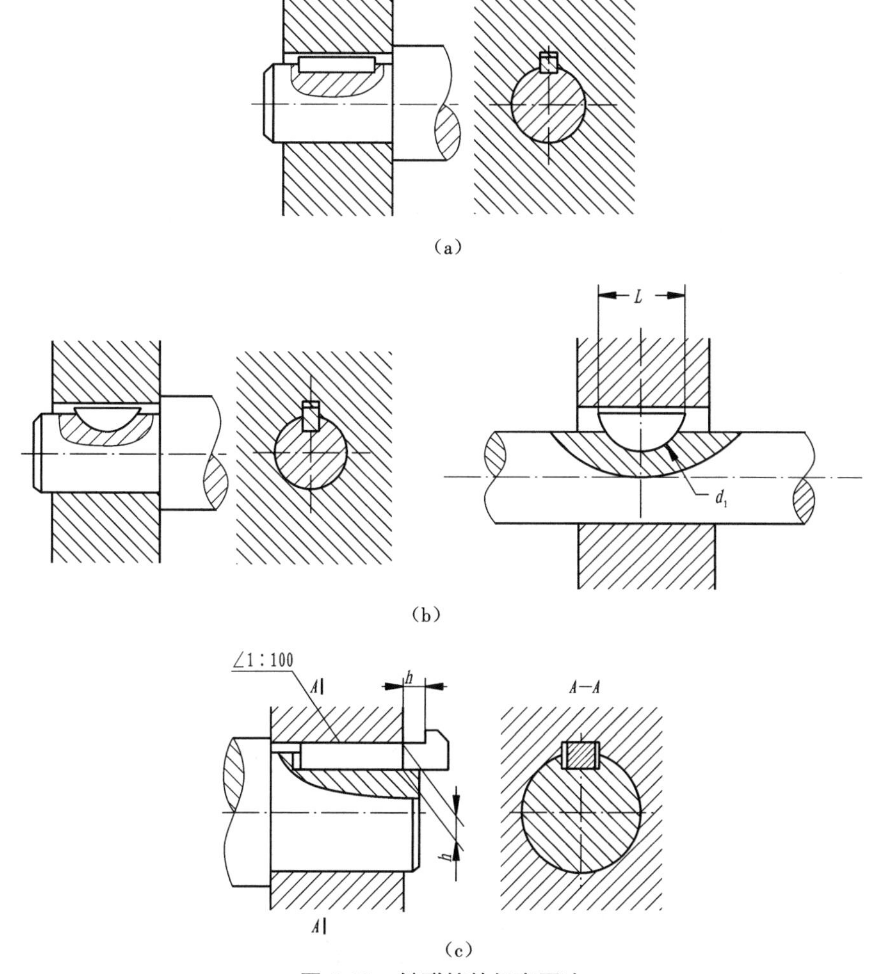

图 9-40　键联接的规定画法

9.3.2　销联接

1. 销的功用、类型

销主要用于零件之间的定位,也可用于零件之间的连接,但只能传递不大的扭矩。销也是标准件,类型很多,常用的有普通圆柱销和圆锥销等,如图 9-41 所示。

图 9-41　常见的销

(a)圆柱销　(b)圆锥销　(c)开口销

2. 销的画法

销是标准件，其结构、尺寸和标记都可以在相应的国家标准中查到。常用销的形式、标准画法及标记如图 9-42 所示。

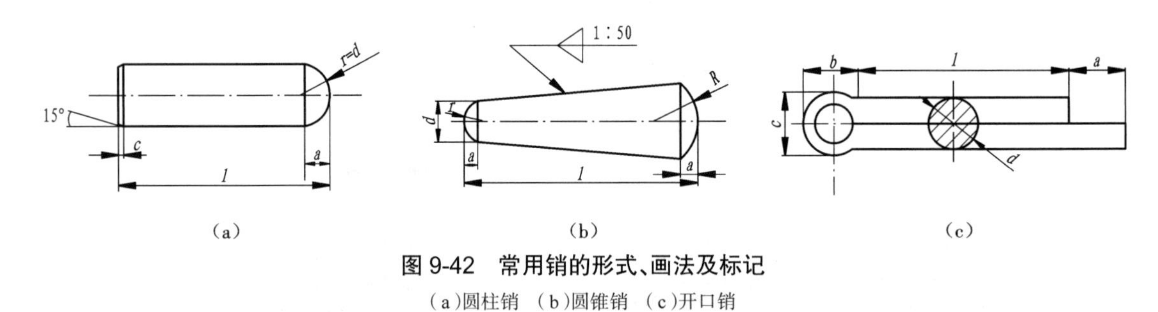

图 9-42 常用销的形式、画法及标记

(a)圆柱销 (b)圆锥销 (c)开口销

3. 销联接的画法

销联接的画法如图 9-43 所示。

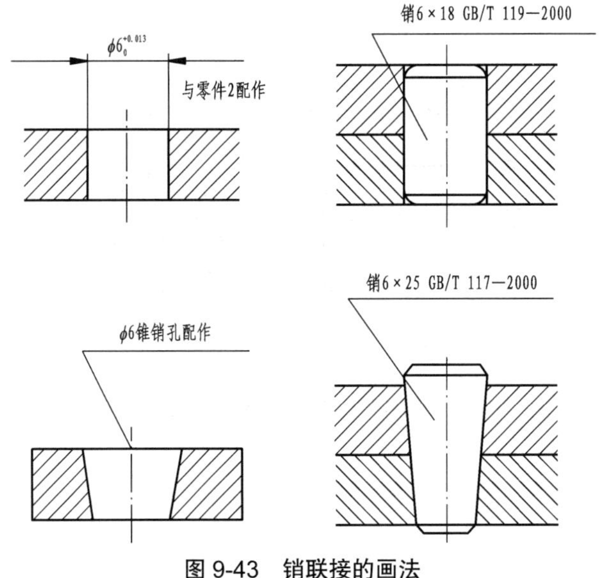

图 9-43 销联接的画法

注意：用销联接（或定位）的两零件上的孔，一般是在装配时一起配钻的。因此，在零件图上标注销孔尺寸时，应注明“配作”字样。

9.3.3 键联接和销联接的绘制

1. 键联接的绘制（以普通平键为例）

（1）绘制轴及其键槽视图。

（2）绘制轮毂及其键槽视图。

（3）绘制键，完成键联接绘制，如图 9-44 所示。

2. 销联接的绘制(以圆锥销为例)

(1)绘制被连接件及其销孔的视图。

(2)绘制销的视图,完成销联接绘制,如图 9-45 所示。

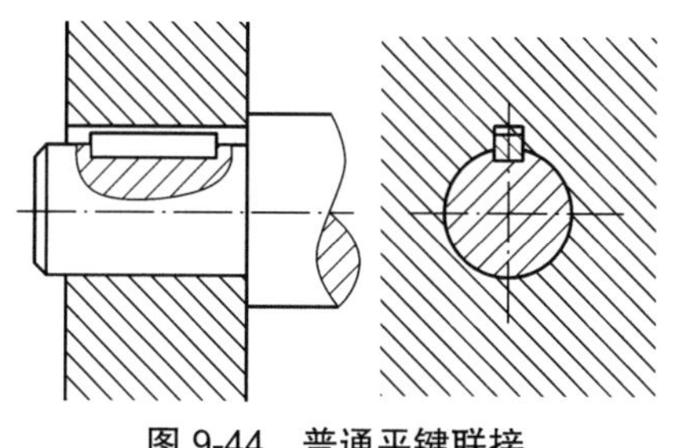

图 9-44　普通平键联接

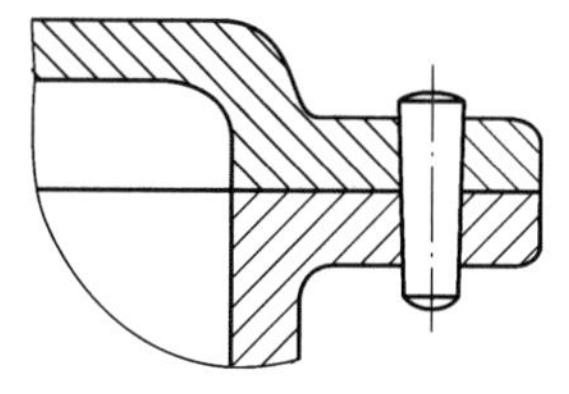

图 9-45　圆锥销联接

9.3.4　知识扩展

1. 键的标记

键是标准件,在图样中应按国家标准规定标记。

1)普通平键的标记

普通平键分为 A、B 和 C 型,如图 9-46 所示。

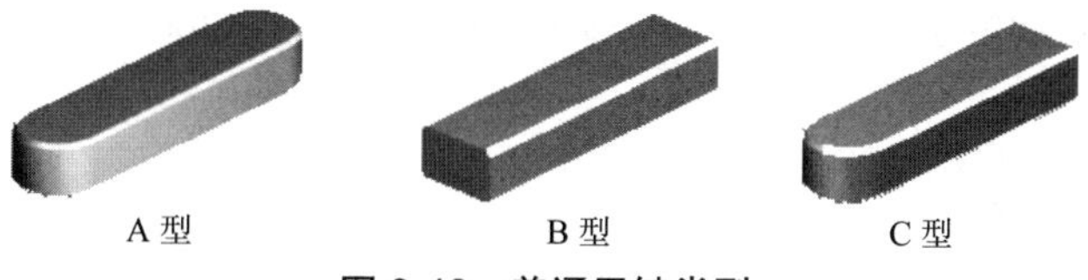

图 9-46　普通平键类型

三种普通平键的标记方法类似,即

键　形式　$b \times L$　GB/T 1096—2003

其中,A 型不标形式,b 为键宽,L 为键长。

图 9-47 所示 A 型普通平键标记为“键　8×25　GB/T 1096—2003”。

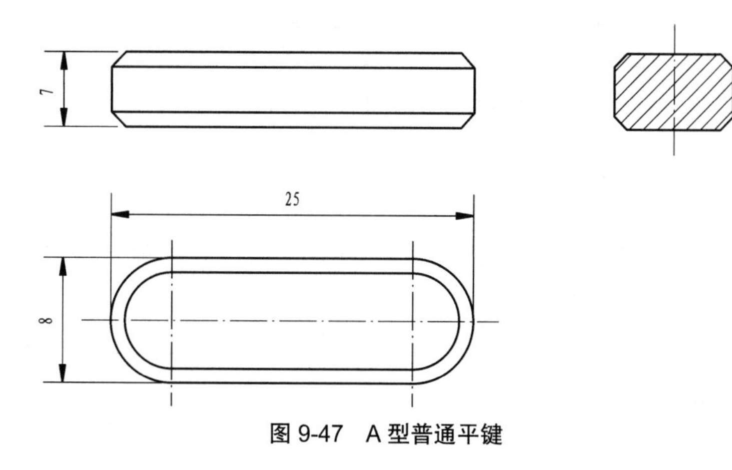

图 9-47　A 型普通平键

2)半圆键的标记

半圆键的标记形式为

键 $b \times L$ GB/T 1099.1—2003

其中,b 为键宽,L 为键长。

图 9-48 所示半圆键标记为“键 6×24.5 GB/T 1099.1—2003”。

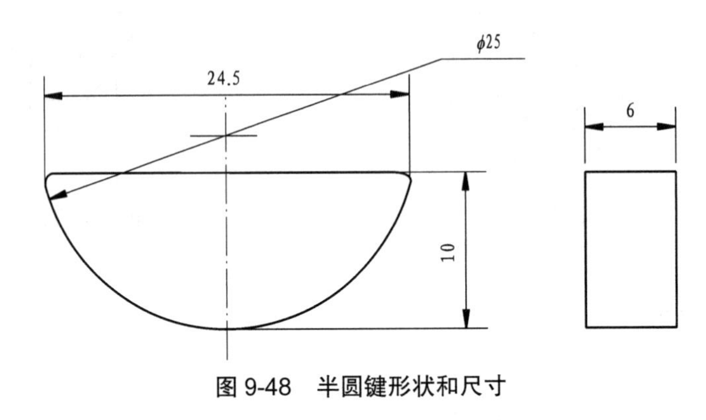

图 9-48 半圆键形状和尺寸

3)钩头楔键的标记

钩头楔键的标记形式为

键 $b \times L$ GB/T 1565—2003

图 9-49 所示钩头楔键标记为“键 18×100 GB/T 1565—2003”。

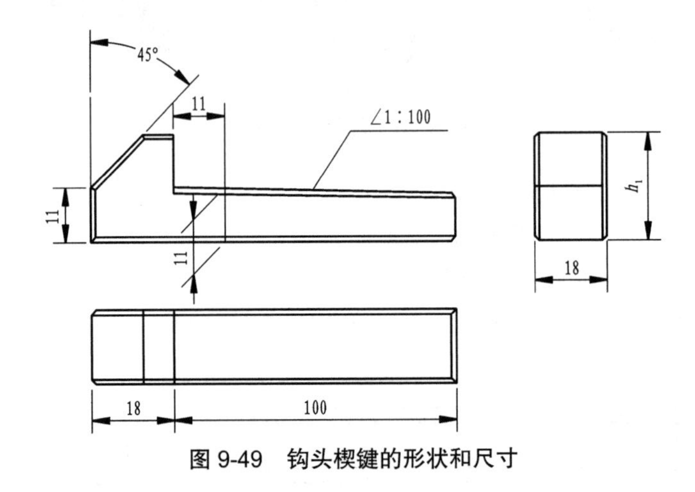

图 9-49 钩头楔键的形状和尺寸

2. 销的标记

1)圆柱销的标记

普通圆柱销主要用于定位,也可用于连接,有 A、B、C、D 四种类型,用于不经常拆卸的地方。

例如,公称直径 10 mm、长 50 mm 的 B 型圆柱销标记为“销 GB 119.1—2000 B10×50”。

2)圆锥销的标记

圆锥销有 1∶50 的斜度,定位精度比圆柱销高,多用于经常拆卸的地方。

例如,公称直径 10 mm、长 60 mm 的 A 型圆锥销标记为“销　GB/T 117—2000　A10 × 60”。

9.4　滚动轴承和弹簧

9.4.1　滚动轴承的结构及类型

滚动轴承是一种支承转动轴的组件,它具有摩擦小、结构紧凑的优点,被广泛使用在机器中。滚动轴承是标准件。

滚动轴承的种类很多,但它们的结构大致相似,一般由外圈、内圈(或上圈、下圈)、滚动体和保持架组成,如图 9-50 所示。

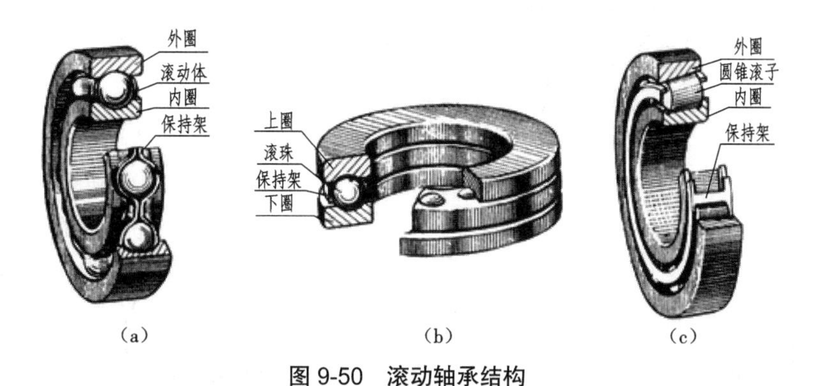

图 9-50　滚动轴承结构

常用的滚动轴承有:

(1)深沟球轴承,承受径向载荷;

(2)推力球轴承,承受轴向载荷;

(3)圆锥滚子轴承,同时承受径向载荷和轴向载荷。

9.4.2　滚动轴承的简化画法和规定画法

国家标准规定了滚动轴承的简化画法(通用画法与特征画法)和规定画法。一般在画图前,根据轴承代号从相应的标准中查出滚动轴承的外径 D 、内径 d 、宽度 B 或 T 后,按比例关系绘制。

绘制滚动轴承时应遵守以下规则。

(1)各种符号、矩形线框和轮廓线均画粗实线。

(2)矩形线框或外形轮廓的大小应与滚动轴承的外形尺寸一致。

(3)用简化画法绘制滚动轴承时,应采用通用画法或特征画法,但在同一图样中一般只采用一种画法。

①通用画法,可用矩形线框及位于线框中央正立的十字形符号来表示结构特征,十字形符号不应与矩形线框接触。

②特征画法,可采用在矩形线框内画出其结构要素符号来表示结构特征。

（4）在产品样图、产品样本及说明书等图样中，滚动轴承可采用规定画法绘制。规定画法是一般在轴的一侧采用剖视图，滚动体不画剖面线，其内、外圈剖面线应画成同方向、同间隔；在轴的另一侧按通用画法绘制。

9.4.3 弹簧的种类

弹簧的种类很多，常见的有螺旋弹簧、平面蜗卷弹簧、板弹簧、片弹簧，如图 9-51 所示。

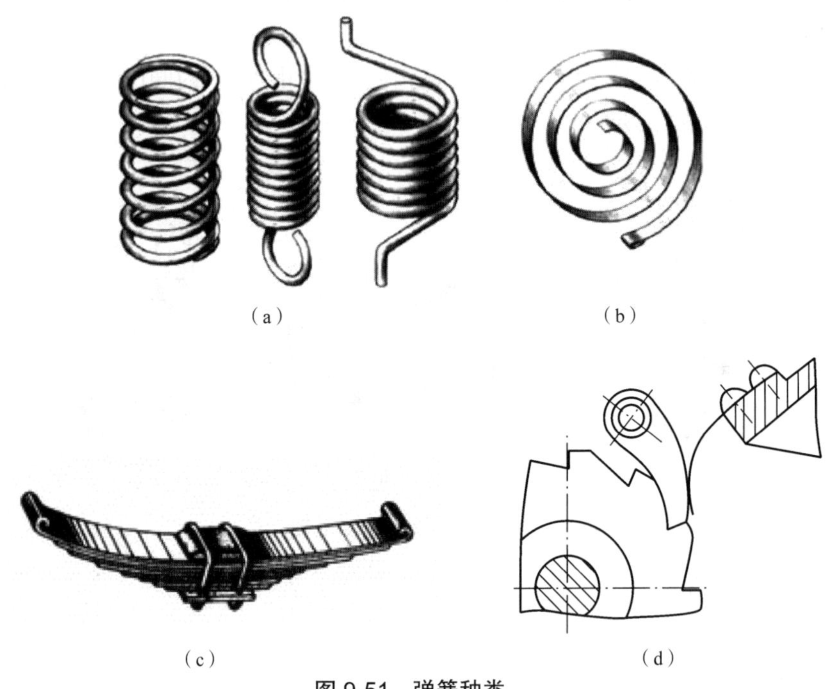

（a） （b） （c） （d）

图 9-51 弹簧种类

（a）螺旋弹簧 （b）平面蜗卷弹簧 （c）板弹簧 （d）片弹簧

螺旋弹簧根据外形不同，分为圆柱螺旋弹簧和圆锥螺旋弹簧；根据工作时承受外力的不同，还可分为压缩弹簧、拉伸弹簧和扭转弹簧。

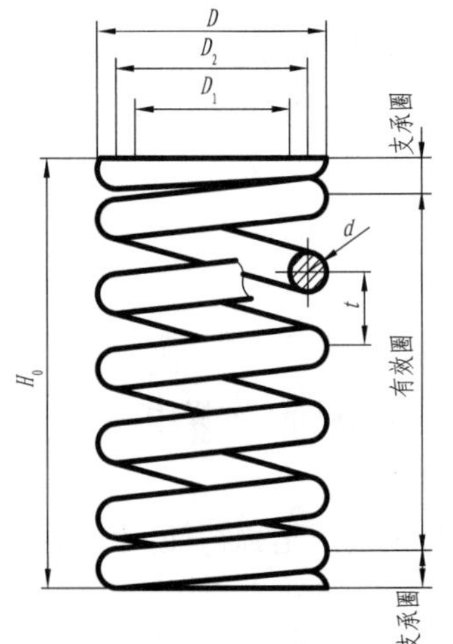

图 9-52 圆柱螺旋压缩弹簧参数

弹簧虽不是标准件，但它的某些内容如螺旋压缩弹簧的端部结构及代号、尺寸系列、技术要求以及画法和图样示例等均有标准。下面重点介绍应用较广的圆柱螺旋压缩弹簧的画法。

9.4.4 圆柱螺旋压缩弹簧的参数及尺寸关系

图 9-52 所示圆柱螺旋压缩弹簧的各参数及尺寸关系如下：

d——簧丝直径；

D——弹簧外径，弹簧的最大直径；

D_1——弹簧内径，弹簧的最小直径；

D_2——弹簧中径，弹簧的平均直径，$D_2=(D+D_1)/2$；

t——节距，指除弹簧支承圈外相邻两圈的轴向距离；

n_0——支承圈数，弹簧两端起支承作用，不起弹力作用的圈数，一般有 1.5、2、2.5 圈三种，常用 2.5 圈；

n——有效圈数，除支承圈外，保持节距相等的圈数；

n_1——总圈数，支承圈数与有效圈数之和，即 $n_1=n_0+n$；

H_0——自由高度，弹簧在没有负荷时的高度，即

$$H_0=nt+(n_0-0.5)d$$

L——簧丝长度，弹簧钢丝展直后的长度，即

$$L=n_1\sqrt{(\pi D_2)^2+t^2}$$

螺旋弹簧分为左旋和右旋两类。

9.4.5 圆柱螺旋压缩弹簧画法的基本规定

（1）平行于轴线的视图中，各圈的轮廓用直线来代替螺旋线的投影，如图 9-53（a）所示。

（2）左旋弹簧可以画成左旋或右旋，但要加注“左”字。

（3）有效圈数为 4 圈以上的螺旋弹簧，可以只画两端的一两圈，中间各圈可省略，如图 9-53（b）所示。

装配图中画螺旋弹簧时，在剖视图中弹簧后面的零件按不可见处理，如图 9-53（a）所示；当簧丝直径小于 2 mm 时，簧丝剖面全部涂黑，如图 9-53（b）所示；当簧丝直径小于 1 mm 时，可用示意画法表示，如图 9-53（c）所示。

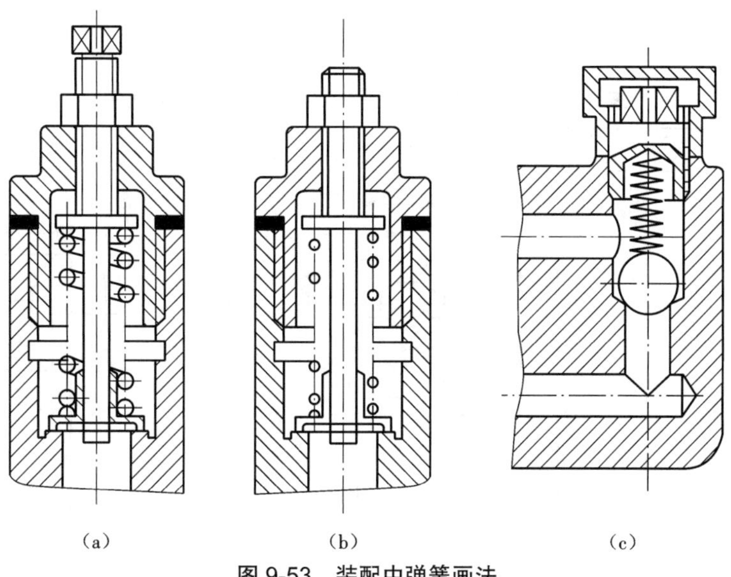

图 9-53 装配中弹簧画法

9.4.6 滚动轴承及弹簧的画法

1. 滚动轴承简化画法

1)滚动轴承通用画法

通用画法是最简便的一种画法,如图 9-54 所示。在装配图的剖视图中,当不需要表示其外形轮廓、载荷特性和结构特征时,采用如图 9-54(a)所示的画法;当需要确切表示其外形轮廓时,采用如图 9-54(b)所示的画法。图 9-54(c)给出了通用画法的尺寸比例。

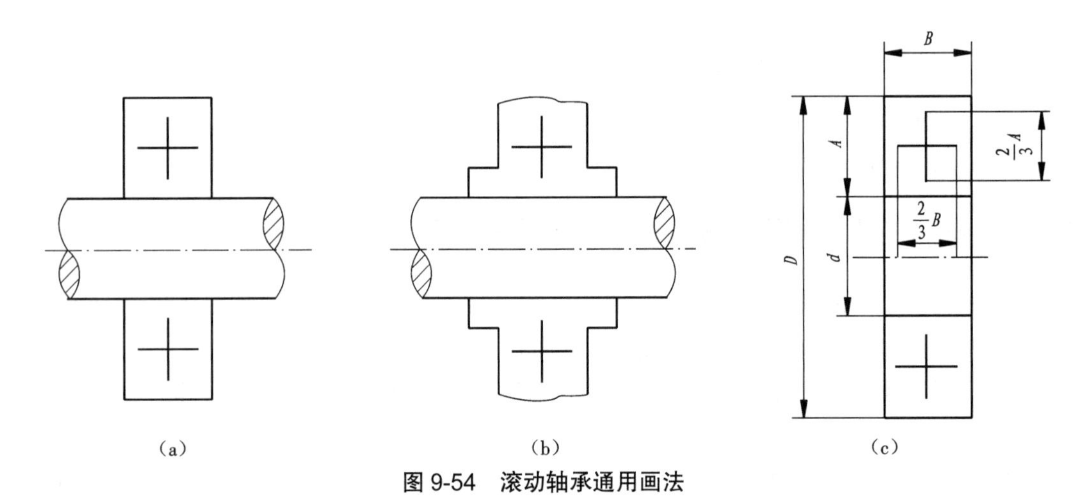

图 9-54 滚动轴承通用画法

2)滚动轴承特征画法

特征画法既可形象地表示滚动轴承的结构特征,又可给出装配指示,比规定画法简便,见表 9-4 。

表 9-4 滚动轴承的简化画法和规定画法的尺寸比例

轴承名称及代号	规定画法、通用画法	特征画法
深沟球轴承 6000 型	B, 1/2 B, A, 1/2 A, 1/2 A, 60°, D, d	B, 1/6 B, 2/3 B, A, d, D

续表

轴承名称及代号	规定画法、通用画法	特征画法
推力球轴承 50000 型	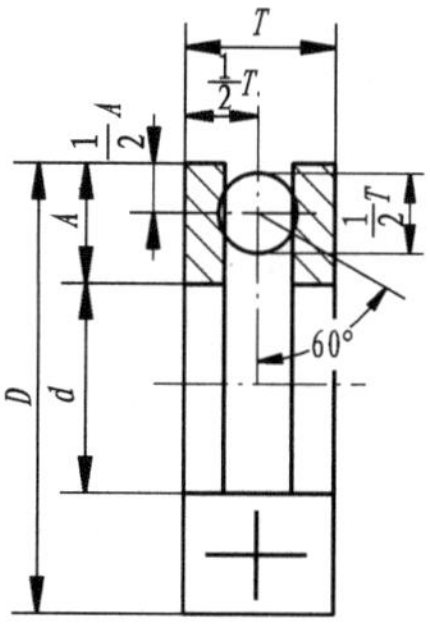	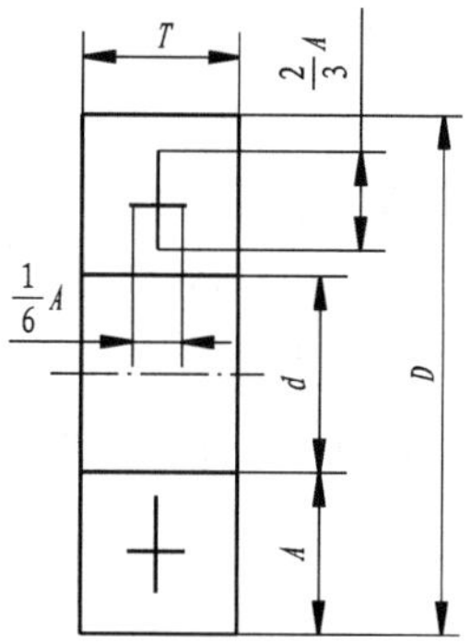
圆锥滚子轴承 30000 型	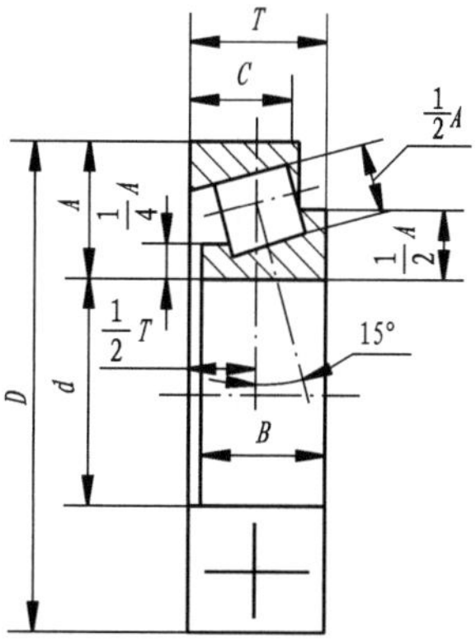	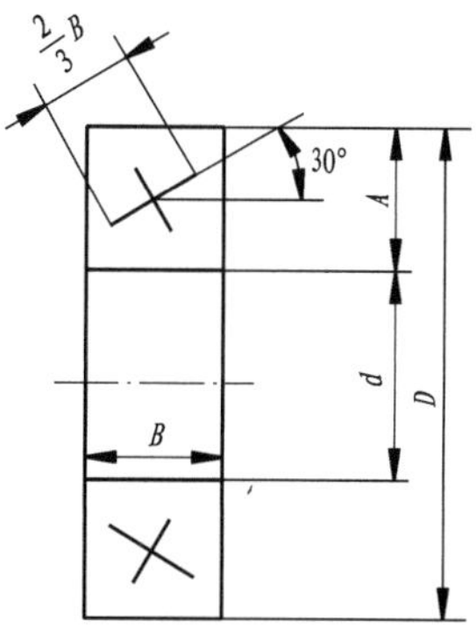

注：规定画法、通用画法一列中，图样以轴线为界，上半部分为规定画法，下半部分为通用画法。

在垂直于轴线的投影面的视图中，无论滚动体的形状及尺寸如何，均只画出内、外两个圆和一个滚动体，如图 9-55 所示。

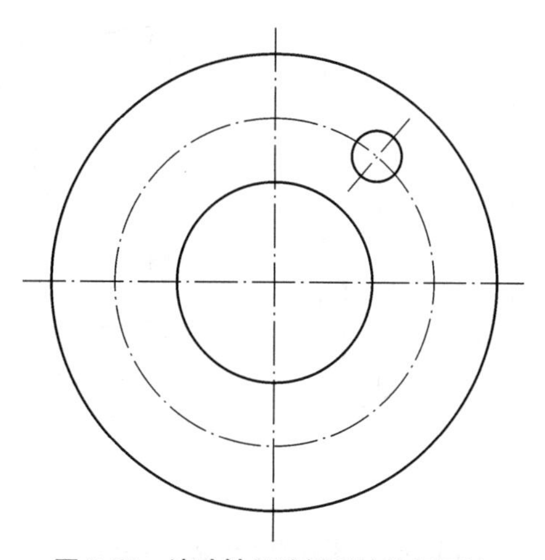

图 9-55　滚动轴承端视图的特征画法

2. 滚动轴承规定画法

规定画法接近于真实投影，但不完全是真实投影。规定画法一般画在轴的一侧，另一侧按通用画法绘制，见表 9-4。

3. 单个弹簧的画法

圆柱螺旋弹簧的绘图步骤如下。

（1）以自由高度 H_0 和中径 D_2 作矩形 $ABCD$，如图 9-56（a）所示。

（2）画出支承圈，如图 9-56（b）所示。

（3）根据节距 t 作簧丝剖面，如图 9-56（c）所示。

（4）按右旋方向作簧丝剖面的切线，校对、加深图线，画剖面线，如图 9-56（d）所示。

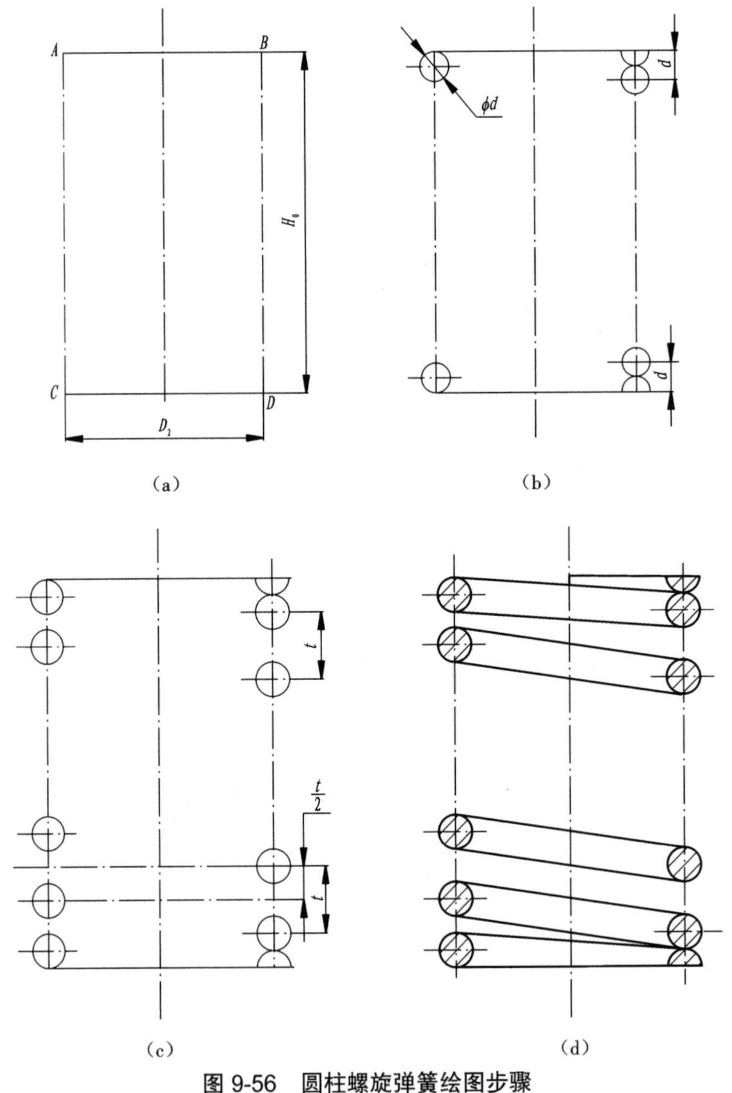

图 9-56 圆柱螺旋弹簧绘图步骤

9.4.7 知识扩展

1. 滚动轴承的代号

滚动轴承的类型和尺寸很多，为了便于设计、生产和选用，我国在 GB/T 272—2017 中规定，一般用途的滚动轴承代号由基本代号、前置代号和后置代号构成，其排列顺序为

前置代号　基本代号　后置代号

1）基本代号

基本代号表示轴承的基本类型、结构和尺寸，是轴承代号的基础。除滚针轴承外，基本代号由类型代号、尺寸系列代号及内径代号构成。

Ⅰ. 类型代号

滚动轴承的类型代号用数字或大写拉丁字母表示，见表 9-5。

表 9-5　滚动轴承类型代号

代号	轴承类型	代号	轴承类型
0	双列角接触球轴承	N	圆柱滚子轴承
1	调心球轴承	NN	双列或多列圆柱滚子轴承
2	调心滚子轴承和推力调心滚子轴承	U	外球面球轴承
3	圆锥滚子轴承	QJ	四点接触球轴承
4	双列深沟球轴承	C	长弧面滚子轴承（圆环轴承）
5	推力球轴承		
6	深沟球轴承		
7	角接触球轴承		
8	推力圆柱滚子轴承		

注：在表中代号后或前加字母或数字表示该类轴承的不同结构。

Ⅱ. 尺寸系列代号

轴承的尺寸系列代号由轴承宽（高）度系列代号和直径系列代号组合而成。组合排列时，宽度系列代号在前，直径系列代号在后，见表 9-6。

表 9-6　滚动轴承尺寸系列代号

直径系列代号	向心轴承								推力轴承			
	宽度系列代号								高度系列代号			
	8	0	1	2	3	4	5	6	7	9	1	2
	尺寸系列代号											
7	—	—	17	—	37	—	—	—	—	—	—	—
8	—	08	18	28	38	48	58	68	—	—	—	—
9	—	09	19	29	39	49	59	69	—	—	—	—

续表

直径系列代号	向心轴承								推力轴承			
	宽度系列代号								高度系列代号			
	8	0	1	2	3	4	5	6	7	9	1	2
	尺寸系列代号											
0	—	00	10	20	30	40	50	60	70	90	10	—
1	—	01	11	21	31	41	51	61	71	91	11	—
2	82	02	12	22	32	42	52	62	72	92	12	22
3	83	03	13	23	33	—	—	—	73	93	13	23
4	—	04	—	24	—	—	—	—	74	94	14	24
5	—	—	—	—	—	—	—	—	—	95	—	—

Ⅲ. 内径代号

内径代号表示轴承公称内径的大小，其表示方法见表9-7。

表9-7 滚动轴承内径代号

轴承公称直径(mm)		内径代号	示例
10~17	10 12 15 17	00 01 02 03	深沟球轴承6200：d=10 mm 调心球轴承1201：d=12 mm 圆柱滚子轴承NU202：d=12 mm 推力球轴承51103：d=17 mm
20~480(22、28、32除外)		公称内径除以5的商，商为个位数，需在商数左边加“0”，如08	调心滚子轴承23208：d=40 mm 圆柱滚子轴承NU1096：d=40 mm
≥500以及22,28,32		用公称直径毫米数直接表示，但与尺寸系列代号之间用“/”分开	调心滚子轴承230/500：d=500 mm 深沟球轴承62/22：d=22 mm

滚动轴承的基本代号一般由五个数字组成，如图9-57所示。

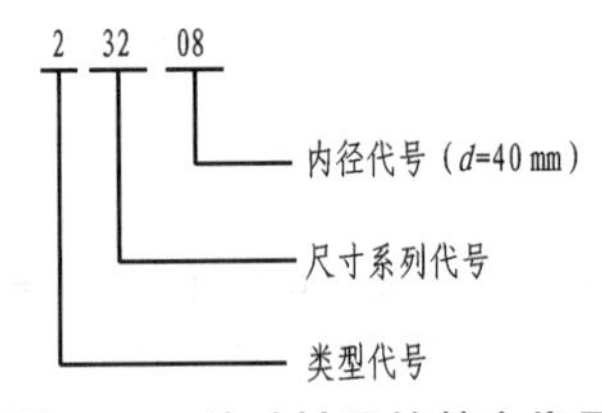

图9-57 滚动轴承的基本代号

2)前置、后置代号

前置、后置代号是轴承在结构形状、尺寸、公差、技术要求等有改变时，在其基本代号左、右添加的补充代号，其排列见表9-8。

表 9-8 前置、后置代号的排列

轴承代号									
前置代号	基本代号	后置代号（组）							
		1	2	3	4	5	6	7	8
成套轴承分部件		内部结构	密封与防尘与外部形状	保持架及其材料	轴承材料	公差等级	游隙	配置	振动及噪声

2. 圆柱螺旋压缩弹簧的标记

根据 GB/T 2089—2009 规定，圆柱螺旋压缩弹簧的标记由类型代号、规格、精度代号和标准号组成，其标记格式如图 9-58 所示。

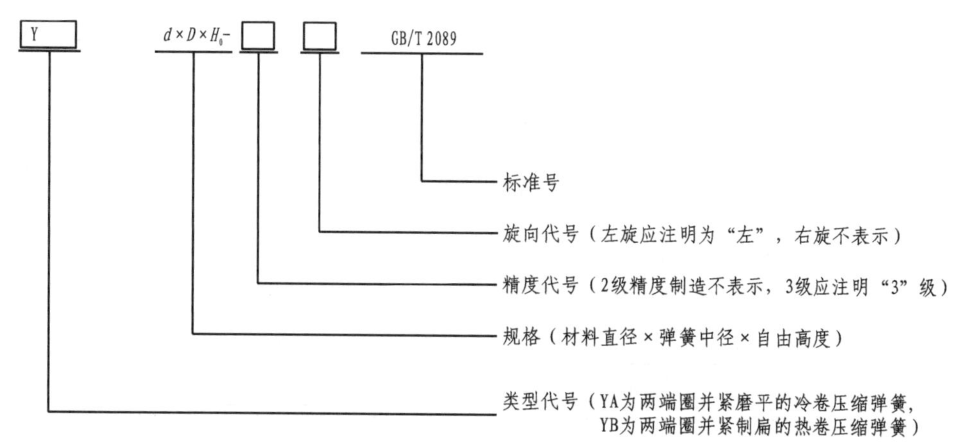

图 9-58 圆柱螺旋压缩弹簧的标记

标记示例：圆柱螺旋弹簧，YA 型，型材直径为 1.2 mm，弹簧中径为 8 mm，自由高度为 40 mm，制造精度为 2 级，左旋的两端圈并紧磨平的冷卷压缩弹簧，其标记为“YA 1.2×8×40 左 GB/T 2089”。

本章小结

通过本章的学习，掌握汽车行业常见标准件、常用件的基本类型，同时掌握绘制汽车行业常用标准件、常用件的基本方法。

技能与素养

在本章内容的学习过程中，要求读者掌握工程相关的制图标准，认识到严格遵守相关法律规定的重要性，培养尊重知识产权的诚信精神，严格遵守日常行为准则、职业规范与道德规范，严谨做事，践行社会主义核心价值观。

思考练习题

（1）找出下图中的错误，并画出正确的图形。

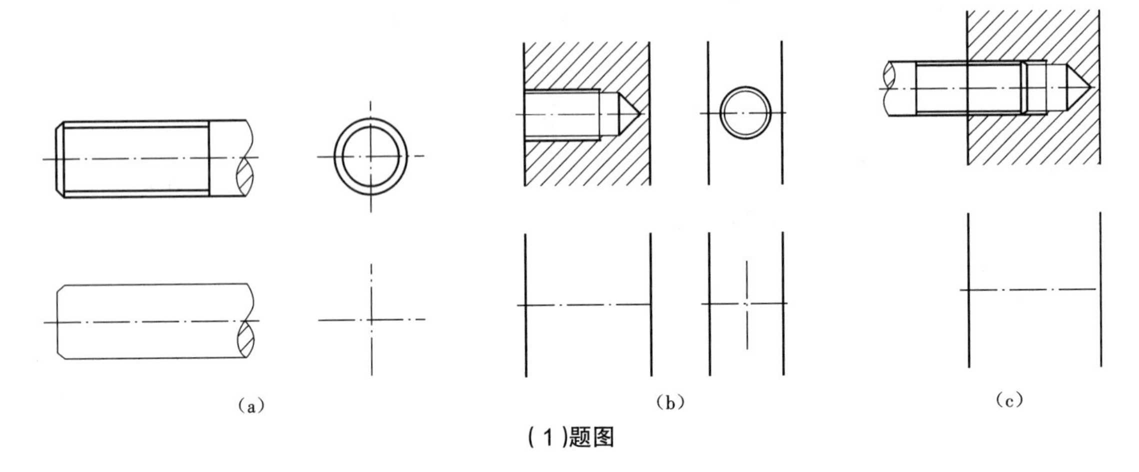

（1）题图

（2）按规定画法完成下图螺栓联接。

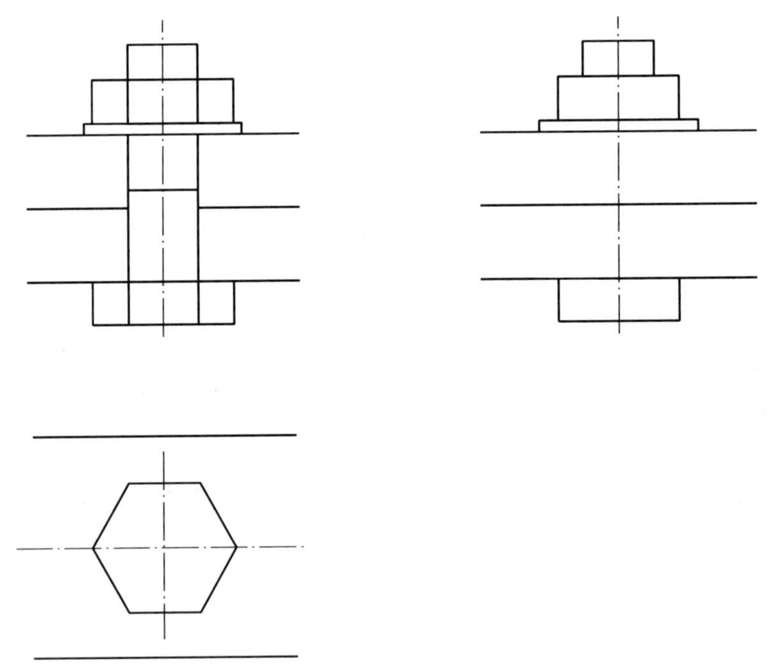

（2）题图

（3）已知大齿轮 m=4 mm、z=40，两轮中心距 a=120 mm，试计算大、小齿轮的基本尺寸，并用 1 : 2 的比例完成啮合图。

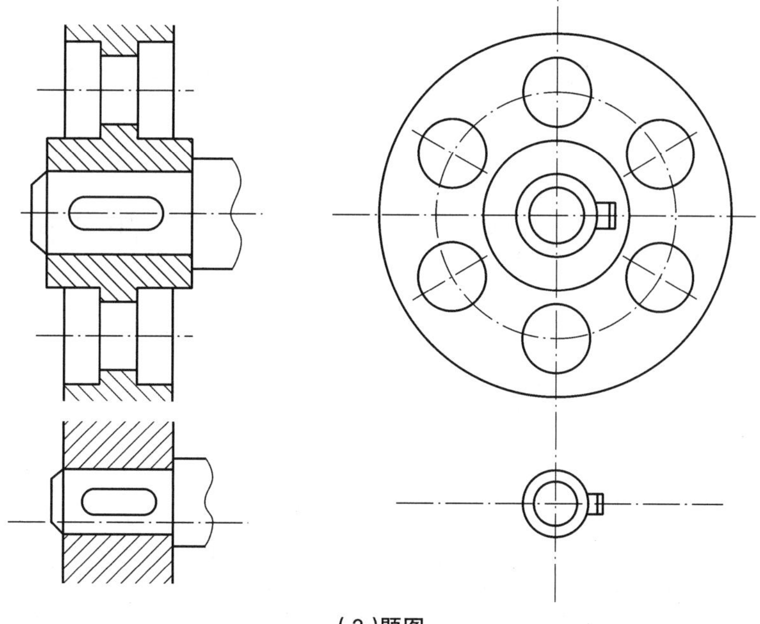

(3)题图

(4)完成下图键联接,已知轴直径 20 mm,键长 24 mm。

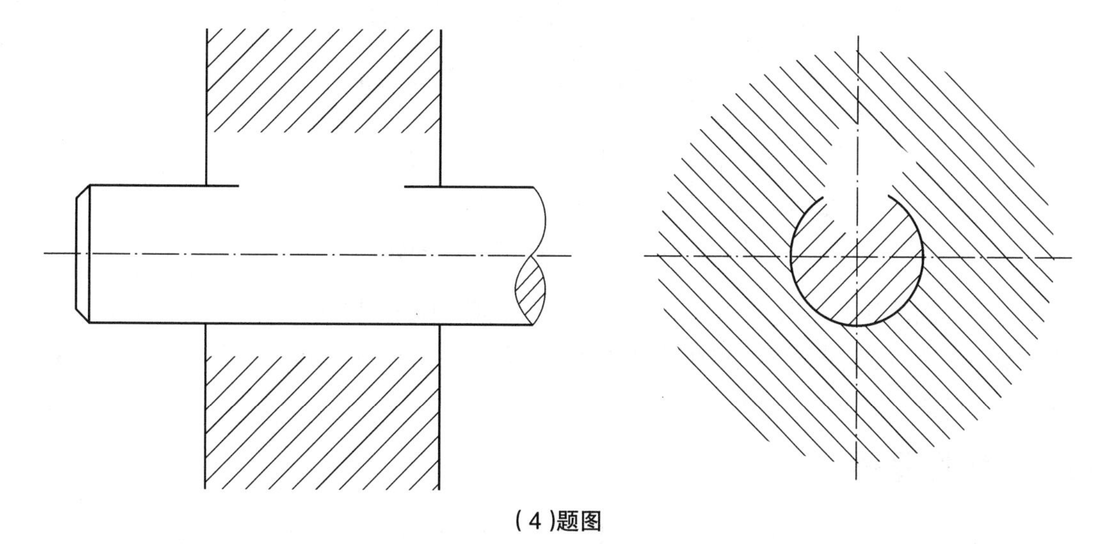

(4)题图

第 10 章　零件图和装配图

扫一扫:PPT- 第 10 章

10.1　齿轮轴的零件图

读懂如图 10-1 所示一级圆柱齿轮减速器结构图,并绘制出主轴零件图。

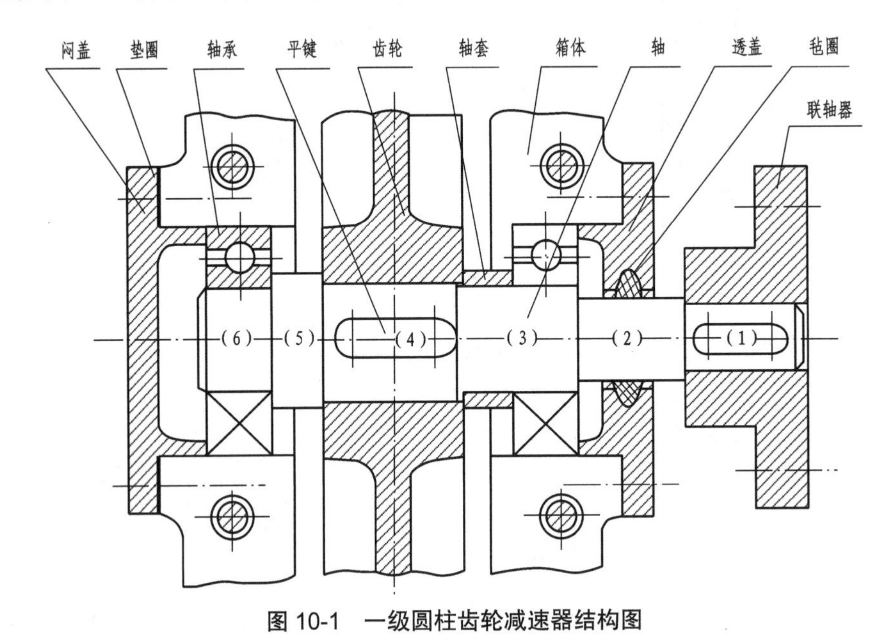

图 10-1　一级圆柱齿轮减速器结构图

学习零件图的基本知识,了解汽车减速器齿轮轴零件图的视图选择,能够根据实体画出零件草图及零件图,掌握尺寸基准选择及尺寸标注的合理性、表面粗糙度、几何公差、尺寸测量和结构分析并读图。

10.1.1　零件图概述

汽车零件图是汽车(零部件)设计部门提供给生产或维修部门的重要技术(图样)文件。

1. 汽车零件图的作用

在汽车生产或维修过程中,生产采购部门依据零件图上注明的材料要求进行原材料采购或备料;生产工艺部门依据零件图上的工艺要求、尺寸精度要求安排加工工艺;生产加工部门依据零件图上的加工工艺进行加工;检验部门依据零件图上的尺寸、表面结构、材料及热处理等技术要求对加工后的工件进行检验,确保合格零件装配到汽车对应总成中。

2. 汽车零件图的内容

以如图 10-2 所示轴承座零件图为例,零件图一般包括以下内容。

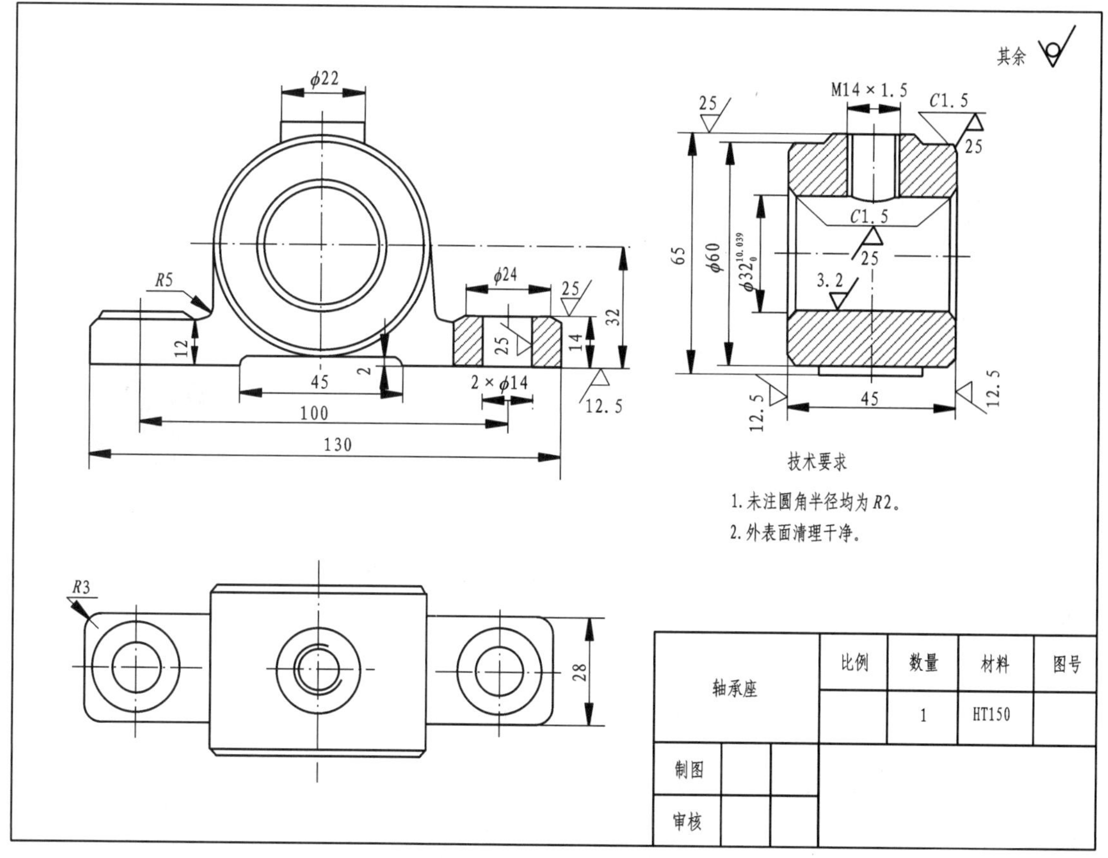

图 10-2　轴承座零件图

（1）一组视图，包括视图、剖视图、断面图等表达方式，用于正确、完整、清晰地表达零件的形状和结构。

（2）完整的尺寸，正确、完整、清晰、合理地标注出制造、检验零件的全部尺寸。

（3）技术要求，用规定的符号、数字及文字说明零件在制造和检验过程中应达到的各项技术要求，如尺寸公差、形状和位置公差、表面粗糙度、材料的热处理与表面处理要求等。

（4）标题栏，用于填写零件名称、材料、重量、数量、绘图比例、有关人员的签名及日期等。

10.1.2　汽车零件图视图的选择

零件图的视图选择应首先考虑看图方便，根据零件的结构特点选用适当的表示方法，在完整、清晰的前提下，力求制图简便。确定表达方案时，首先应合理地选择主视图，然后根据零件的结构特点和复杂程度恰当地确定其他视图。

1. 主视图的选择

选择主视图包括选择主视图的投影方向和位置。

（1）选择主视图的投影方向，应遵循形体特征原则，即将最能反映零件形状特征的方向作为主视图的投影方向。

(2)选择主视图的位置,即选择零件的摆放位置,应考虑以下原则。

①工作位置原则。所选择的主视图的位置,应尽可能与零件在机械或部件中的工作位置相一致,如图 10-3 所示。

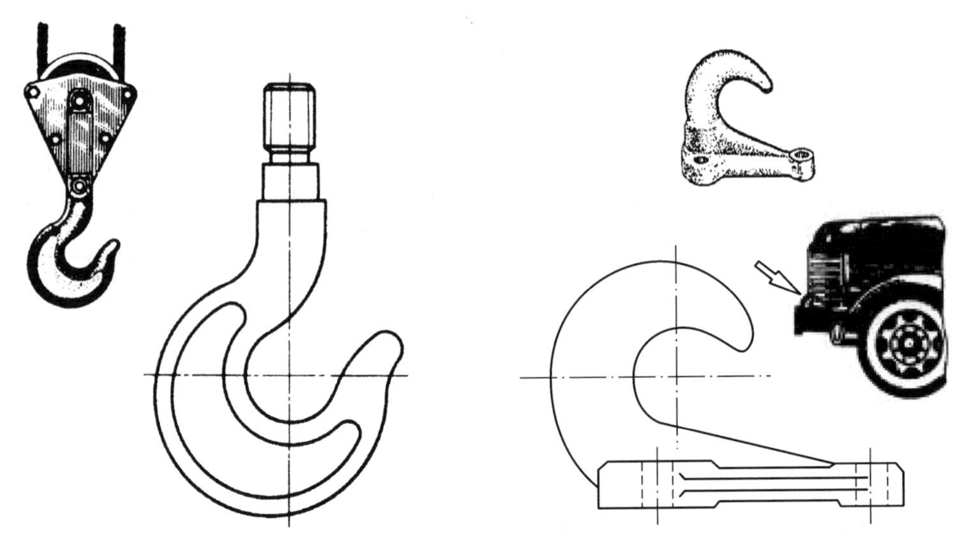

图 10-3 吊钩的工作位置

②加工位置原则。零件图主要用于指导制造零件,因此主视图所表示的零件位置应尽量与该零件的主要工序的装夹位置一致,以便读图,如图 10-4 所示。

③自然安放位置原则。如果零件的工作位置不固定,或者零件的加工工序较多而且加工位置多变,可以将其自然摆放平稳的位置作为主视图的位置。

在选择主视图时,应当根据零件的具体结构加工、使用情况加以综合考虑。其中,以反映形状特征为主要原则,并尽量做到符合加工位置原则和工作位置原则要求,如图 10-5 所示。

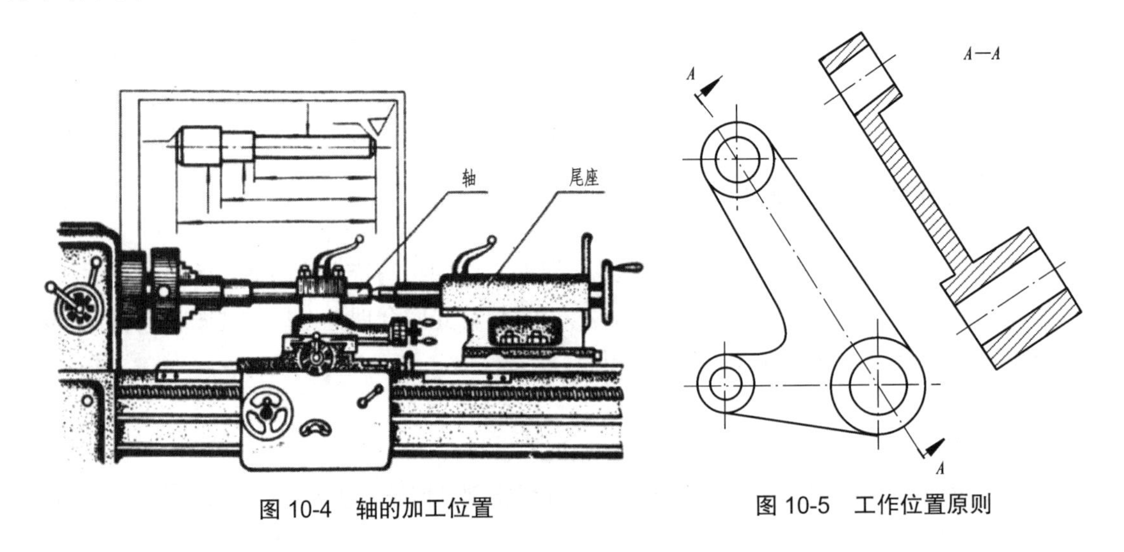

图 10-4 轴的加工位置

图 10-5 工作位置原则

2. 其他视图的选择

一个零件,仅有一个主视图而不附加任何说明是不可能确切表达其结构和形状的。零件形状通常需要通过一组视图来表达。因此,主视图确定后,要分析该零件还有哪些形状和结构没有表达完全,还需要增加哪些视图。对每一视图,还要根据其表达重点,确定是否采用剖视或其他表达方法。

3. 零件视图选择的原则

用各种视图表达零件的原则是完整、简洁、清晰。

(1)完整:要把零件的整体和每一结构的内、外形状以及各结构的位置都确切表达出来。一般来说,一个结构的形状至少需要两个投影才能表达完整。但有时结合带有特征内涵的符号(如"ϕ""$S\phi$""t""C""M"以及"↧""⌴""⌵""□""EQS"等)的尺寸标注,或采用简化表示法,可以减少视图的数量。

(2)简洁:在表达完整的前提下,尽量简明扼要。视图数量尽量少,使所选的每个视图都有其存在的必要性;根据表达目的和零件结构特点,选择最恰当的表达方法;尽量避免不必要的重复表达,要善于通过适当的表达方法避免复杂而不起作用的投影;提倡运用标准规定的简化画法以简化作图。

(3)清晰:在表达完整的前提下,要最大限度地考虑便于读图,做到重点突出。

清晰与简洁既是统一的,又是矛盾的。应处理好集中表达与分散表达,不应单纯追求少选视图而增加读图难度。应尽量避免使用虚线表达零件的轮廓,但在不会造成读图困难时,可用少量虚线表示尚未表达完整的局部结构,以减少一个视图。还应考虑为尺寸公差、表面粗糙度、几何公差等提供清晰标注的空间。

零件的视图选择是一个灵活的问题,同一零件可以有多种表达方案,每一方案可能各有其优缺点。在选择时应设想几种方案加以比较,力求用较好的方案将零件表达清楚。

10.1.3　典型零件的表达方法

根据功能和结构形状的特点,零件大致可分为 4 种类型:轴套类、轮盘类、叉架类、箱体类,如图 10-6 所示。

1. 轴套类零件的表达方法

对于轴类零件,一般将轴线水平放置,垂直轴线方向作为主视图的投影方向,主视图上应能看到键槽或孔的投影,并对其作断面图或局部剖视图,也可以加上必要的局部视图或向视图,如图 10-7 所示;对于套类零件,主视图多采用水平放置的全剖视图。

2. 轮盘类零件的表达方法

对于轮盘类零件,主视图按加工位置将轴线水平放置并画成全剖视图,为了表达端盖上的螺纹孔等结构的形状和分布情况,可采用左视图或右视图,有些局部结构还常用移出断面或局部放大图表示,如图 10-8 所示。

图 10-6 典型零件类型

(a)轴套类 (b)叉架类 (c)轮盘类 (d)箱体类

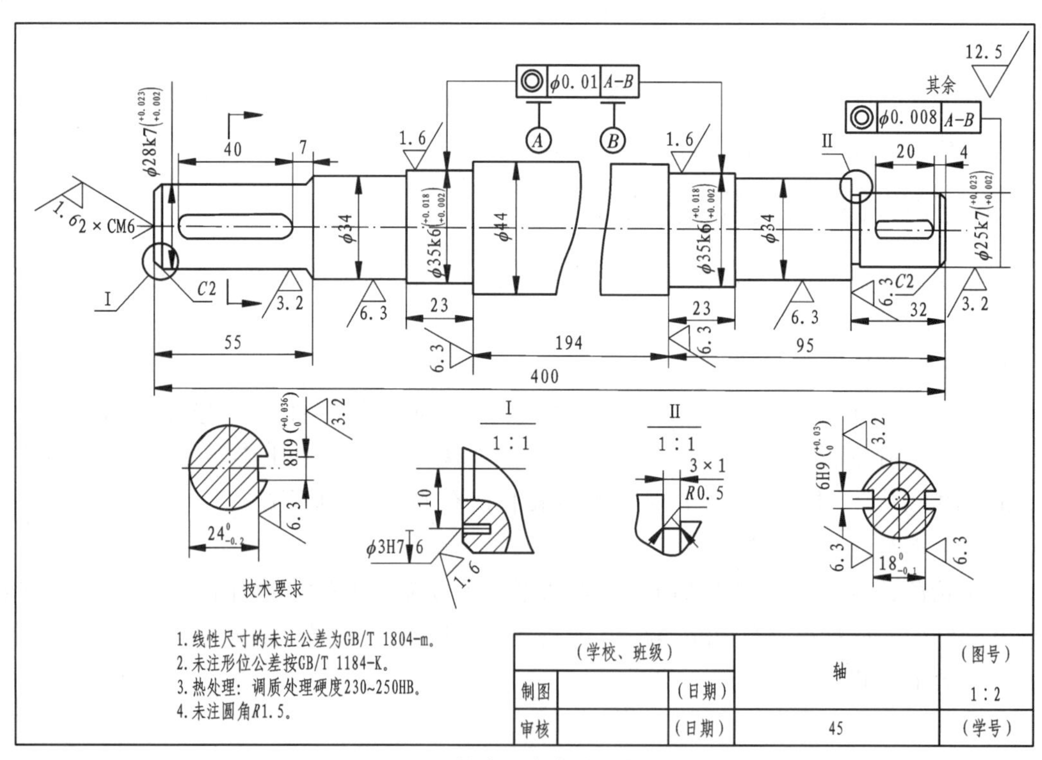

图 10-7 轴类零件表达方案示例

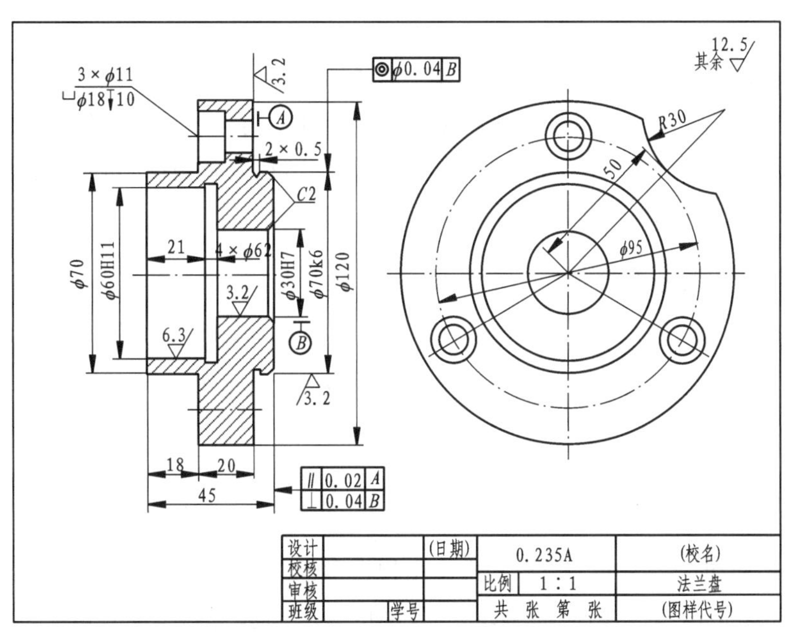

图 10-8　轮盘类零件表达方案示例

3. 叉架类零件的表达方法

叉架类零件一般形状比较复杂，大多是铸件或锻件，扭拐部位较多，肋及凸块等也较多。其主视图可按形状特征或主要加工位置来表达，但主要轴线或平面应平行或垂直于投影面，视图往往不少于两个，且局部视图或断面图较多，斜剖视图及局部剖视图也较多，如图 10-9 所示。

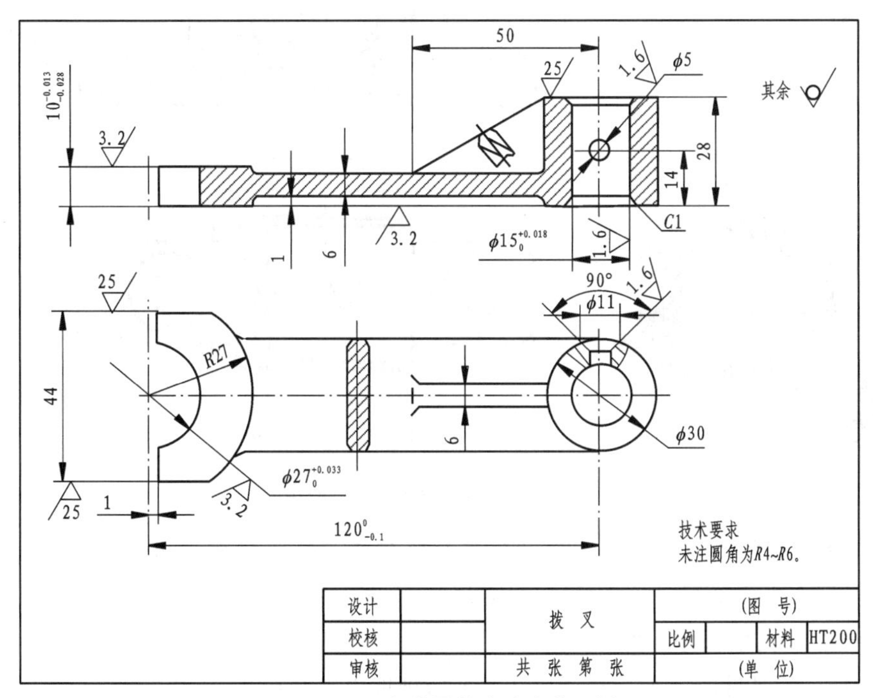

图 10-9　叉架类零件表达方案示例

4. 箱体类零件的表达方法

对于箱体类零件，主视图常按工作位置及形状特征来选择，同时为了表达内部形状，常采用剖视图，一般需三个以上基本视图或向视图。当零件的内、外部结构都较复杂，其投影并不重叠时，常采用局部剖视图；投影重叠时，内、外部结构形状应采用视图和剖视图分别表达；对细小结构可采用局部视图、局部剖视图和断面图来表达。

10.1.4 零件图尺寸标注

1. 零件图尺寸标注的基本步骤

零件图尺寸标注一般先确定尺寸基准，然后标注定位、定形尺寸。

1）确定尺寸基准

零件的尺寸基准是指零件在设计、加工、测量和装配时，用来确定尺寸起始点的一些面、线或点。

（1）设计基准和工艺基准。设计基准是指根据零件的结构和设计要求而选定的尺寸起始点；工艺基准是指根据零件在加工、测量、安装时的要求而选定的尺寸起始点。图 10-10 所示为轴承座体的尺寸基准。

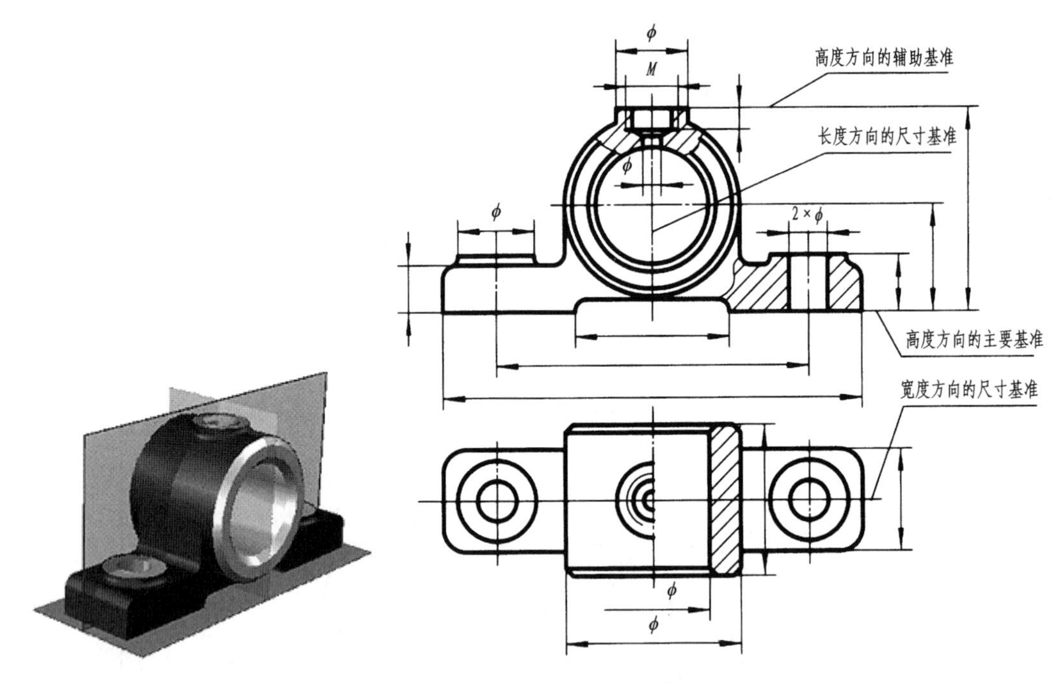

图 10-10 轴承座体的尺寸基准

（2）主要基准和辅助基准。任何一个零件都有长、宽、高三个方向（或轴向、径向两个方向）的尺寸，每个方向的尺寸至少有一个基准，这三个（或两个）基准就是主要基准；必要时还可以增加一些基准，即辅助基准。

（3）选择尺寸基准的原则。选择尺寸基准应把握以下几点。

①零件的长、宽、高三个方向，每一方向至少应有一个尺寸基准。若有多个尺寸基准，其中必有一个主要基准，其余为辅助基准，并注意主要基准和辅助基准之间要有一个联系尺寸。

②确定零件在装配体中的理论位置，且首先加工或画线确定的对称面、装配面（底面、端面）以及主要回转面的轴线等常作为主要基准。

③应尽量使设计基准与工艺基准重合，以减少因基准不一致而产生的误差。

图 10-10 所示的轴承座，其底面决定着轴承孔的中心高，而中心高是影响工作性能的主要尺寸。由于轴一般由两个轴承座来支承，为使轴线水平，两个轴承座的支承孔必须等高。同时，轴承座底面是首先加工出来的，因此在标注轴承座的高度方向尺寸时，应以底面作为主要基准。而轴承座上部螺孔的深度是以上端面为基准标注的，这样标注便于加工时测量，因此是工艺基准。长度方向和宽度方向以对称面为基准，对称面通常既是设计基准又是工艺基准。

2）标注定位、定形尺寸

从基准出发，标注定位、定形尺寸有以下几种形式。

（1）链状式。零件同一方向的几个尺寸依次首尾相连，称为链状式。链状式可保证各端尺寸的精度要求，但基准依次推移，使各端尺寸的位置误差受到影响，如图 10-11 所示。

（2）坐标式。零件同一方向的几个尺寸由同一基准出发，称为坐标式。坐标式能保证所注尺寸误差的精度要求，各段尺寸精度互不影响，不产生位置误差积累，如图 10-12 所示。

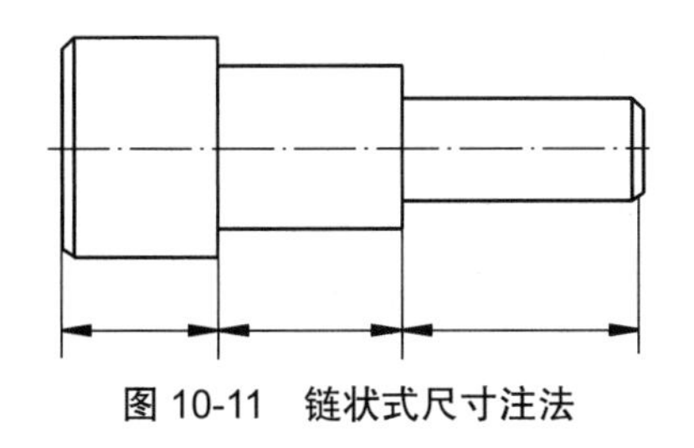

图 10-11　链状式尺寸注法

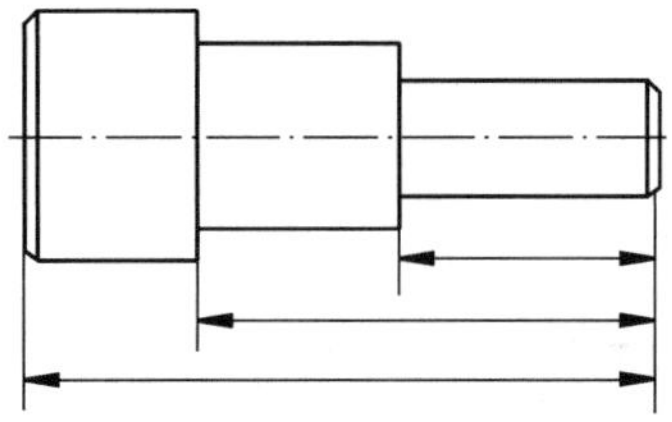

图 10-12　坐标式尺寸注法

（3）综合式。零件同一方向尺寸标注既有链状式又有坐标式，称为综合式，如图 10-13 所示。这种形式既能保证零件一些部位的尺寸精度，又能减少各部位的尺寸位置误差积累，在尺寸标注中应用最广泛。

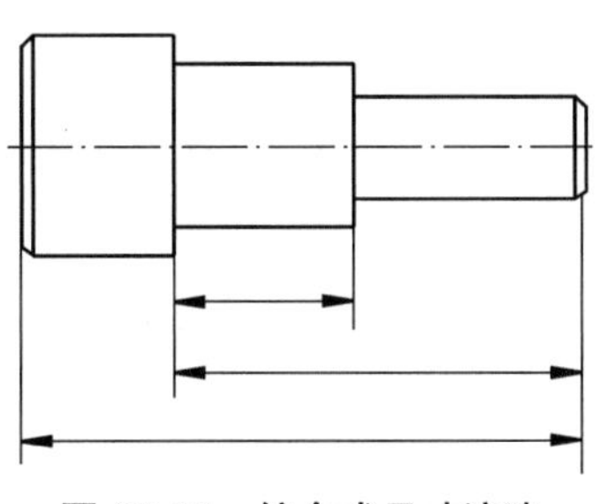

图 10-13　综合式尺寸注法

2. 合理标注尺寸应满足的要求

1)满足设计要求

(1)主要尺寸(所谓主要尺寸,是指零件的性能尺寸和影响零件在机器中工作精度、装配精度等的尺寸)应从基准出发直接注出,以保证加工时达到设计要求,避免尺寸之间的换算。例如,图 10-14 中轴承孔的高度 a 是影响轴承座工作性能的主要尺寸,加工时必须保证其加工精度,应直接以底面为基准标注出来,而不能将其代之为 b 和 c。因为在加工零件过程中,尺寸总会有误差,如果注写 b 和 c,由于每个尺寸都会有误差,两个尺寸加在一起就会有积累误差,不能保证设计要求。同理,轴承座底板上两个螺栓孔的中心距 l 应直接注出,而不应注写为 e。

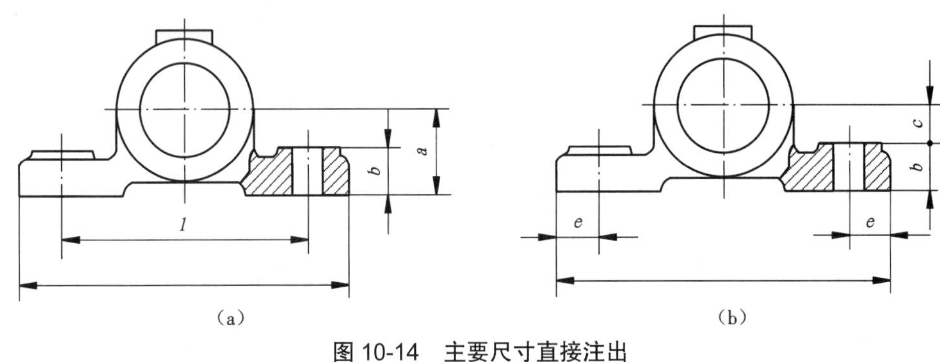

图 10-14 主要尺寸直接注出

(a)正确 (b)错误

(2)避免注成封闭的尺寸链。零件在加工时必然出现尺寸误差,因此不能标注成封闭尺寸链,如图 10-15(a)所示。为了保证重要尺寸,尺寸链中的一个最不重要的尺寸通常不注,使尺寸误差都积累到这个尺寸上,如图 10-15(b)所示。

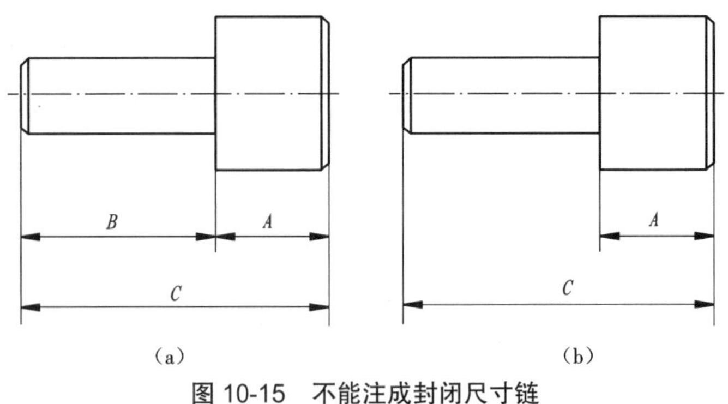

图 10-15 不能注成封闭尺寸链

(a)错误 (b)正确

2)满足工艺要求

(1)按加工顺序标注尺寸,既便于看图,又便于加工测量,从而保证工艺要求。如图 10-16(a)所示为一端加工,如图 10-16(b)所示为两端加工。

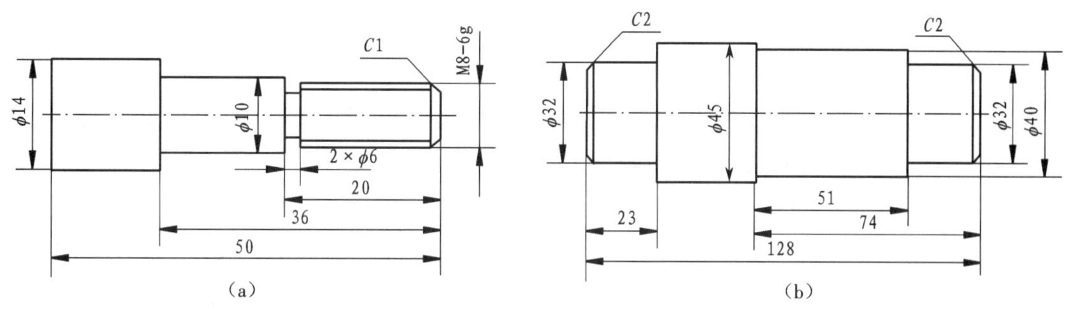

图 10-16　按加工顺序标注尺寸

（a）一端加工　（b）两端加工

（2）考虑加工方法，用不同工种加工的尺寸应尽量分开标注，这样配置的尺寸清晰，便于加工时看图。如图 10-17（a）所示，轴上的退刀槽应直接注出槽宽，以便选择车刀，如图 10-17（b）和（c）所示为错误注法。

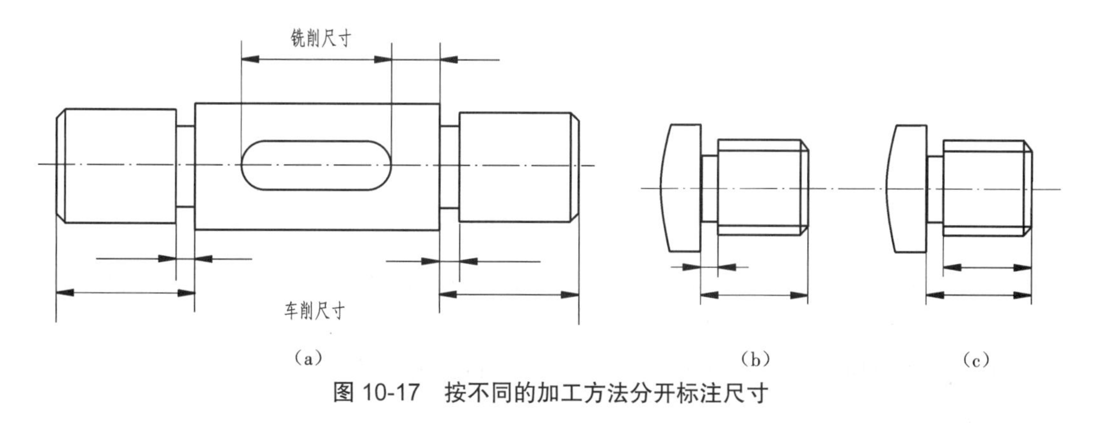

图 10-17　按不同的加工方法分开标注尺寸

（3）尺寸标注应考虑测量的方便与可能。在如图 10-18（a）所示的套筒中，尺寸 a 测量不方便，应改注图中的尺寸 b；又如图 10-18（b）所示轴上键槽，为表示其深度，注 a 无法测量，而注 b 则便于测量。

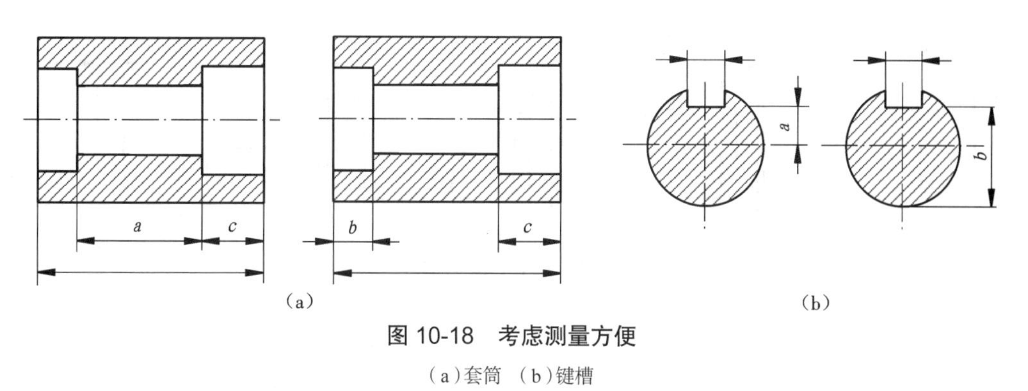

图 10-18　考虑测量方便

（a）套筒　（b）键槽

3. 零件上的常见结构及其尺寸注法

1)倒角和倒圆

为了便于装配和操作安全,在轴端或孔口常加工出倒角,倒角通常为 45°,必要时可采用 30° 或 60°。倒角的标注方式如图 10-19(a)至(f)所示。

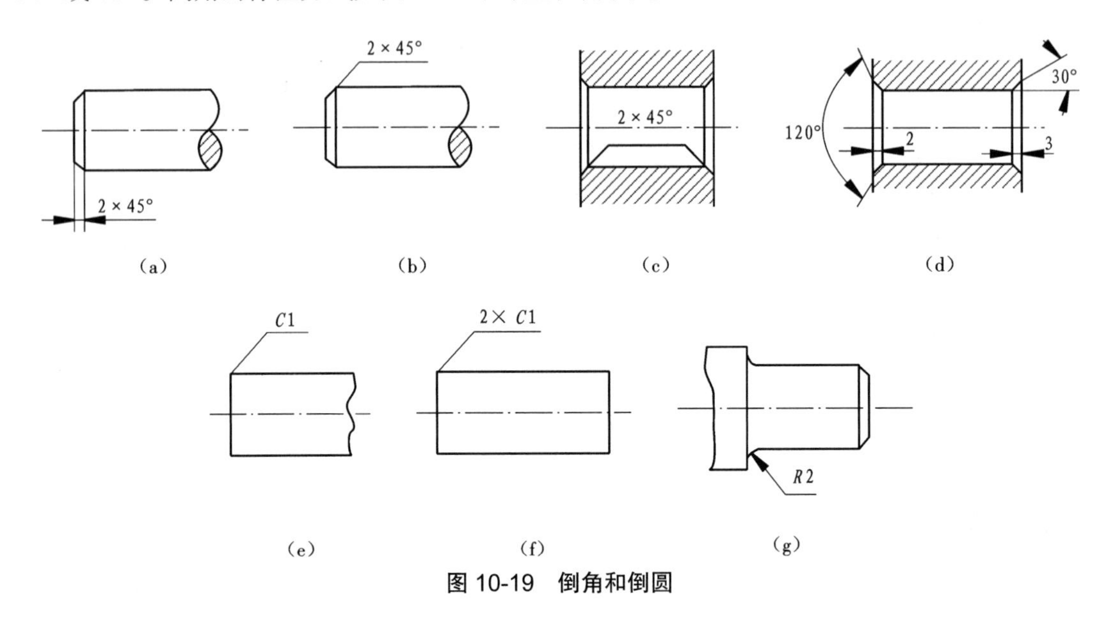

图 10-19 倒角和倒圆

在阶梯轴或阶梯孔的大、小直径变换处,常加工成圆角环面过渡,称为倒圆,如图 10-19 (g)所示。倒圆结构可以减小转折处的应力集中,增加强度。

倒角宽度和倒圆半径通常较小,一般在 0.5~3 mm,其尺寸系列及数值选择可查阅有关手册。

2)退刀槽

在进行切削加工时,常在待加工表面的台肩处预先加工出退刀槽。退刀槽一般可按“槽宽 × 直径”或“槽宽 × 槽深”标注,如图 10-20 所示。

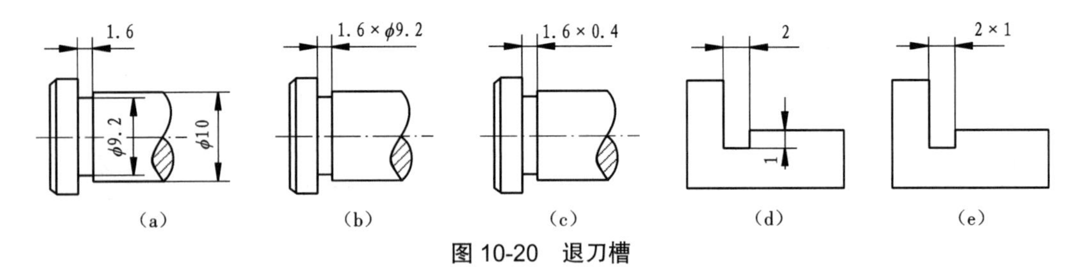

图 10-20 退刀槽

3)光孔和沉孔

光孔和沉孔在零件图上的尺寸标注分为直接注法和旁注法两种。孔深、沉孔、锪平孔及埋头孔用规定的符号表示,见表 10-1。

表 10-1　光孔、沉孔的尺寸注法

类型		普通注法	旁注法	说明
光孔		90° φ12.8 6×φ6.6	4×φ6.6 ∨φ12.8×90°　4×φ6.6 ∨φ12.8×90°	孔底部圆锥角不用注出,“4×φ4”表示 4 个相同的孔均匀分布(下同)
沉孔	埋头孔	φ11 4.7 4×φ6.6	4×φ6.6 ∨φ11↧4.7　4×φ6.6 ∨φ11↧4.7	“∨”为埋头孔符号
	沉孔	φ13 4×φ6.6	4×φ6.6 ⊔φ13　4×φ6.6 ⊔φ13	“⊔”为沉孔或锪平符号
	锪平孔	φ13 4×φ6.6	4×φ6.6 ⊔φ13　4×φ6.6 ⊔φ13	锪平深度不需注出,加工时锪平到不存在毛面即可

4)斜度和锥度

斜度在图样上的标注形式为“∠1∶n”,如图 10-21(a)所示。符号“∠”的指向应与实际倾斜方向一致,其画法如图 10-21(b)所示,其中 h 为字体高度。图 10-21(c)所示为斜度 1∶5 的画图方法。

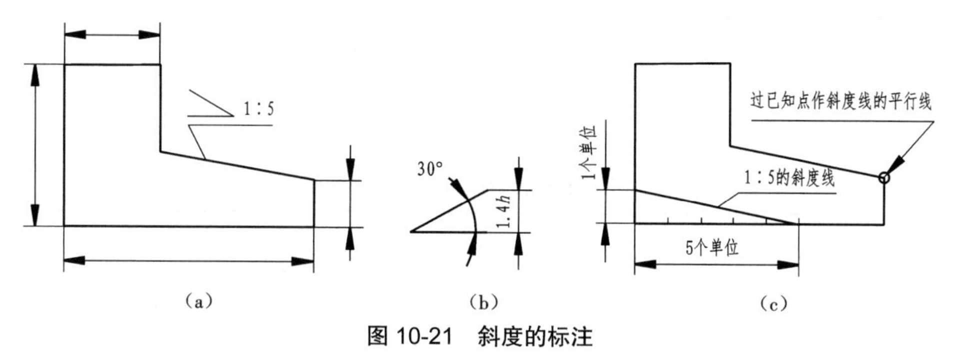

图 10-21　斜度的标注

(a)标注示例　(b)斜度符号　(c)斜度的画法

锥度的标注形式为“◁n”,符号方向与所标注图形的锥度方向应一致,如图 10-22(a)所示。锥度符号的画法如图 10-22(b)所示,其中 h 为字体高度。如图 10-22(c)所示为 1∶4 锥度的画图方法。

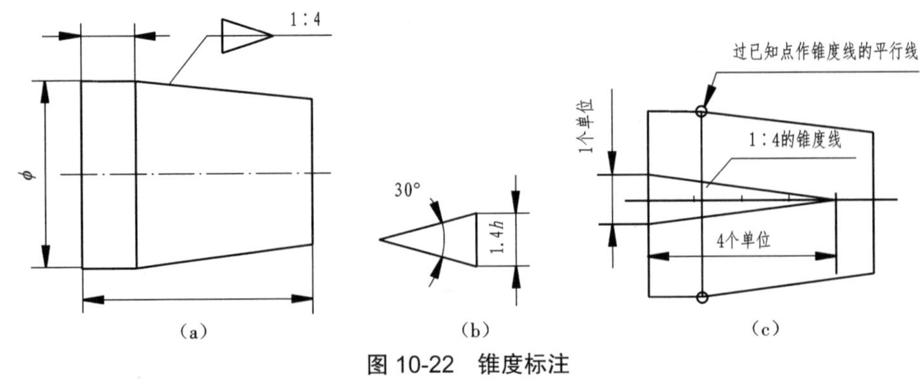

图 10-22 锥度标注

(a)标注示例 (b)锥度符号 (c)锥度的画法

10.1.5 零件图的技术要求

零件图和装配图除了有表达零件结构、形状与大小的一组视图和尺寸外，还应该表示出该零件或装配体在制造和检验中的技术要求。它们有的用符号、代号标注在图中，有的用文字加以说明，主要包括表面粗糙度、极限与配合、形状公差和位置公差等。

1. 表面粗糙度

1)表面粗糙度的概念

表面粗糙度是指零件表面的微观不平度，如图 10-23 所示。它是表示零件表面质量的重要技术指标，直接影响机器的使用性能和寿命。

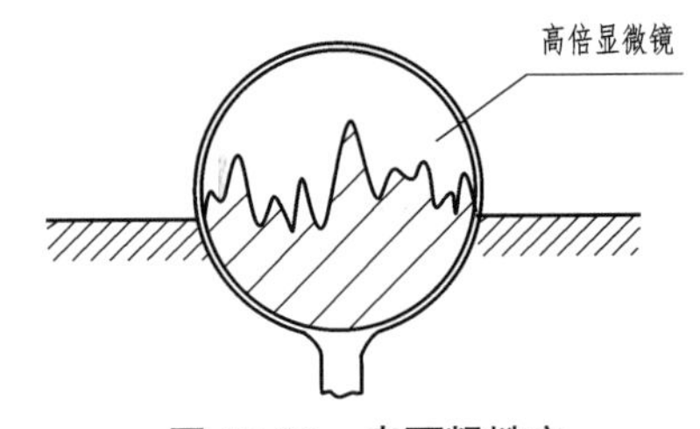

图 10-23 表面粗糙度

2)表面粗糙度代号

表面粗糙度以代号形式在零件图上标注。其代号由符号和在符号上标注的参数及说明组成。表面粗糙度符号的含义和画法见表 10-2。

表 10-2 表面粗糙度符号的含义和画法

符 号	含 义 及 说 明
	基本图形符号：未指定工艺方法的表面，当通过一个注释解释时可单独使用，由两条不等长的与标注表面成 60° 夹角的直线构成 基本图形符号仅用于简化代号标注，没有补充说明时不能单独使用
	扩展图形符号：在基本图形符号上加一短线，表示指定表面是用去除材料的方法获得，例如车、铣、钻、磨、剪切、抛光、腐蚀、电火花加工、气割等 扩展图形符号只在其含义是“被加工并去除材料的表面”时可单独使用

续表

符　号	含义及说明
	扩展图形符号:在基本图形符号上加一小圆圈,表示指定表面是用不允许去除材料的方法获得,例如铸、锻、冲压变形、热轧、冷轧、粉末冶金等,或者是用于保持原供应状况的表面(包括保持上道工序的状况)
	完整图像符号:当要求标注表面结构特征的补充信息时,应在上面三个图形符号的长边上加一横线
1 2 3 4 5 6	工件轮廓各表面的图形符号:当在图样某个视图上构成封闭轮廓的各表面有相同的表面结构要求时,应在完整图形符号上加一圆圈,标注在图样中工件的封闭轮廓线上,如果标注会引起歧义,各表面应分别标注

3)表面粗糙度的标注方法

表面粗糙度代号一般标注在可见轮廓线、尺寸界线、引出线或它们的延长线上。当零件大部分表面具有相同的表面粗糙度时,对其中使用最多的一种符号、代号可统一标注在图样的右上角,并加注“其余”两字,统一标注的代号及文字高度应是图形上其他表面所注代号和文字高度的 1.4 倍,如图 10-24(a)所示。不同位置表面粗糙度代号的注法,符号的尖端必须从材料外指向表面,代号中数字的方向与尺寸数字方向一致,如图 10-24(b)所示。

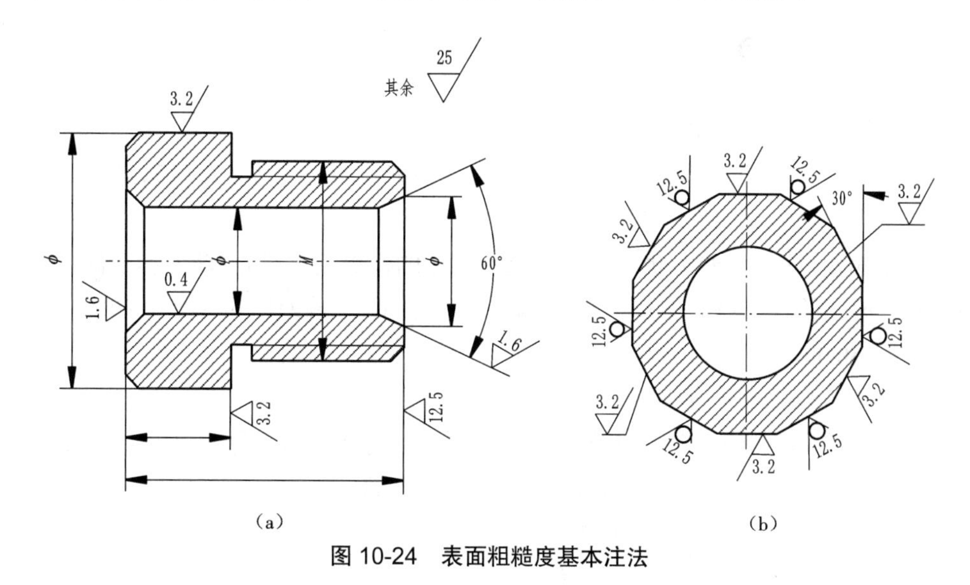

图 10-24　表面粗糙度基本注法

表面粗糙度是评价零件质量的一个重要指标。零件表面粗糙度参数 *Ra* 的数值越大,表面越粗糙,加工成本越低。因此,在满足零件使用要求的前提下,应尽可能选用数值较大的表面粗糙度。

2. 极限与配合

1)零件的互换性

从一批规格大小相同的零件中任取一件,不经加工与修配就能顺利地将其装配到机器上,并能够保证机器的使用要求,则称这批零件具有互换性。随着社会化生产分工越来越细,互换性既能使各生产部门广泛协作,又能进行高效率的专业化、集团化生产。

2)尺寸公差

制造零件时,为了使零件具有互换性,就必须对零件的尺寸规定一个允许的变动范围。为此,国家制定了极限尺寸制度,将零件制成后的实际尺寸限制在最大极限尺寸和最小极限尺寸的范围内。这种允许尺寸的变动量,称为尺寸公差。

下面简要介绍关于尺寸公差的一些名词,如图 10-25 所示。

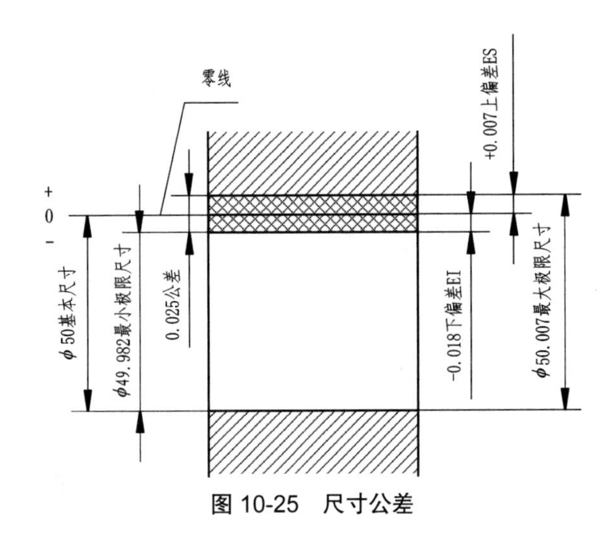

图 10-25 尺寸公差

(1)基本尺寸:设计给定的尺寸,如 $\phi 50$。

(2)极限尺寸:允许尺寸变动的两个界限值,如最大极限尺寸为 $\phi 50.007$,最小极限尺寸为 $\phi 49.982$。

(3)尺寸偏差(简称偏差):极限尺寸与基本尺寸的代数差,分为上偏差和下偏差。孔的上偏差用 ES 表示,下偏差用 EI 表示;轴的上偏差用 es 表示,下偏差用 ei 表示。如图 10-25 中:

$$ES = 50.007 - 50 = +0.007$$

$$EI = 49.982 - 50 = -0.018$$

(4)尺寸公差(简称公差):尺寸允许的变动量。它等于最大极限尺寸与最小极限尺寸代数差的绝对值,也等于上偏差与下偏差代数差的绝对值,即

$$\text{公差} = 50.007 - 49.982 = 0.025$$

$$\text{公差} = 0.007 - (-0.018) = 0.025$$

(5)零线:在公差带图中确定偏差值的基准线,也称零偏差线。

(6)尺寸公差带(简称公差带):在公差带图中,代表上、下偏差的两条直线所限定的区域。为了简化起见,在实际应用中常不画出孔或轴,而只画出表示基本尺寸的零线和上、下偏

差，称为公差带图，如图 10-26 所示。

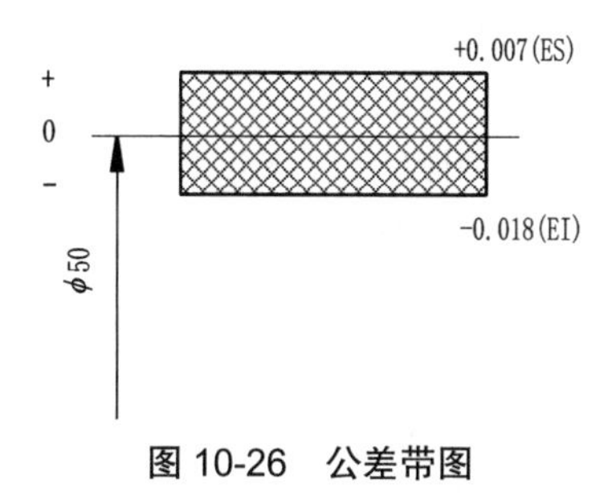

图 10-26　公差带图

公差带包含两个要素：公差带大小和公差带位置。例如，图 10-27 画出了四个公差带，它们的公差带大小相同，但公差带相对零线的位置不同，因此上、下偏差不同。

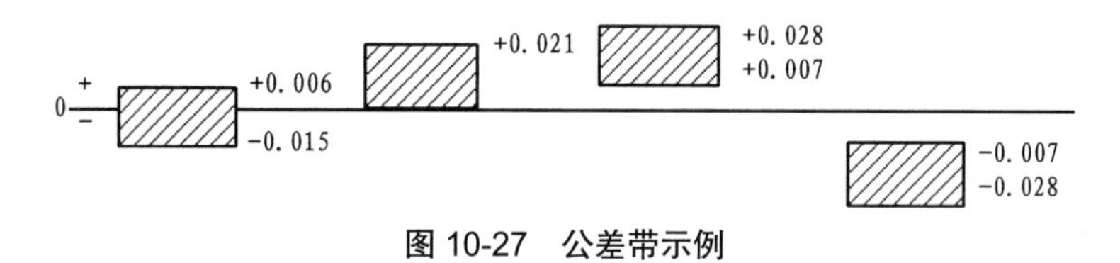

图 10-27　公差带示例

3）配合

基本尺寸相同并相互结合的孔和轴的公差带之间的关系，称为配合。配合有紧有松，国家标准将其分为以下三类。

（1）间隙配合：具有间隙的配合。此时，孔的公差带在轴的公差带之上，孔比轴大，如图 10-28（a）所示。

（2）过渡配合：可能具有间隙也可能具有过盈的配合。此时，孔的公差带与轴的公差带互相交叠，孔可能比轴大，也可能比轴小，如图 10-28（b）所示。

（3）过盈配合：具有过盈的配合。此时，孔的公差带在轴的公差带之下，孔比轴小，如图 10-28（c）所示。

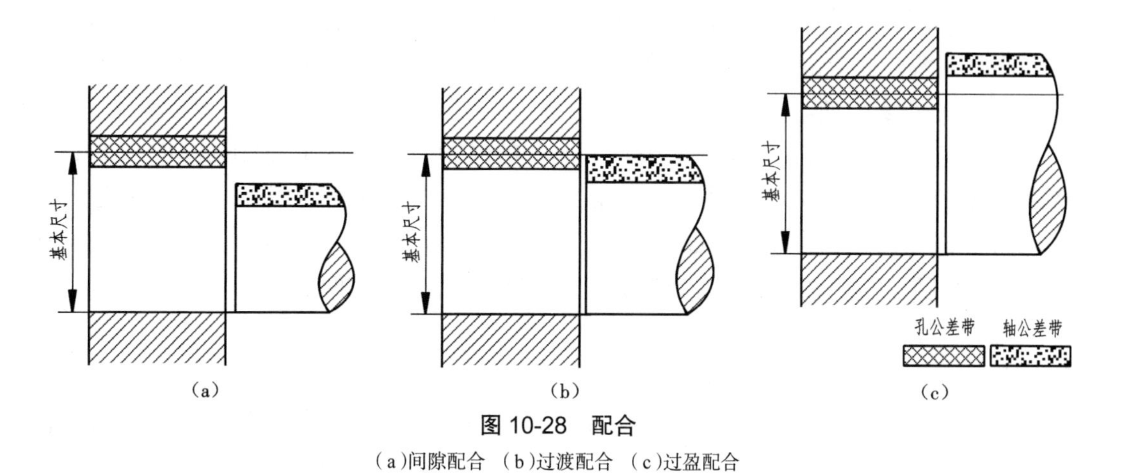

图 10-28　配合

（a）间隙配合　（b）过渡配合　（c）过盈配合

4）标准公差和基本偏差

公差带是由标准公差和基本偏差组成的。标准公差确定了公差带的大小，基本偏差确定了公差带的位置。

（1）标准公差：国家标准所列的，用以确定公差带大小的任一公差。标准公差分 20 个等级，即 IT01、IT0、IT1~IT18。IT 表示标准公差，数字表示公差等级。基准尺寸 0~500 mm、4~18 精度标准公差表，见表 10-3。

表 10-3 标准公差数值（摘自 GB/T 1800.1—2020）

基本尺寸		公差值														
		IT4	IT5	IT6	IT7	IT8	IT9	IT10	IT11	IT12	IT13	IT14	IT15	IT16	IT17	IT18
大于	到	μm								mm						
—	3	3	4	6	10	14	25	40	60	0.10	0.14	0.25	0.40	0.60	1.0	1.4
3	6	4	5	8	12	18	30	48	75	0.12	0.18	0.30	0.48	0.75	1.2	1.8
6	10	4	6	9	15	22	36	58	90	0.15	0.22	0.36	0.58	0.90	1.5	2.2
10	18	5	8	11	18	27	43	70	110	0.18	0.27	0.43	0.70	1.10	1.8	2.7
18	30	6	9	13	21	33	52	84	130	0.21	0.33	0.52	0.84	1.30	2.1	3.3
30	50	7	11	16	25	39	62	100	160	0.25	0.39	0.62	1.00	1.60	2.5	3.9
50	80	8	13	19	30	46	74	120	190	0.30	0.46	0.74	1.20	1.90	3.0	4.6
80	120	10	15	22	35	54	87	140	220	0.35	0.54	0.87	1.40	2.20	3.5	5.4
120	180	12	18	25	40	63	100	160	250	0.40	0.63	1.00	1.60	2.50	4.0	6.3
180	250	14	20	29	46	72	115	185	290	0.46	0.72	1.15	1.85	2.90	4.6	7.2
250	315	16	23	32	52	81	130	210	320	0.52	0.81	1.30	2.10	3.20	5.2	8.1
315	400	18	25	36	57	89	140	230	360	0.57	0.89	1.40	2.30	3.60	5.7	8.9
400	500	20	27	40	63	97	155	250	400	0.63	0.97	1.55	2.50	4.00	6.3	9.7

（2）基本偏差：国家标准所列的，用以确定公差带相对于零线位置的上偏差或下偏差，一般是指靠近零线的那个偏差。孔和轴各有 28 个基本偏差，其代号用拉丁字母表示，大写字母表示孔，小写字母表示轴。

孔的基本偏差代号有：A、B、C、CD、D、E、EF、F、FG、G、H、J、JS、K、M、N、P、R、S、T、U、V、X、Y、Z、ZA、ZB、ZC。其中，代号为“H”的孔以下偏差为基本偏差且等于零，称为基准孔。

轴的基本偏差代号有：a、b、c、cd、d、e、ef、f、fg、g、h、j、js、k、m、n、p、r、s、t、u、v、x、y、z、za、zb、zc。其中，代号为“h”的轴以上偏差为基本偏差且等于零，称为基准轴。

5）配合制度

国家标准规定了基孔制和基轴制两种基准制度。

（1）基孔制：基本偏差一定的孔的公差带，与不同基本偏差的轴的公差带形成各种配合的一种制度，如图 10-29 所示。基孔制的孔为基准孔，代号为 H，其下偏差为零。一般情况下，应优先选用基孔制。

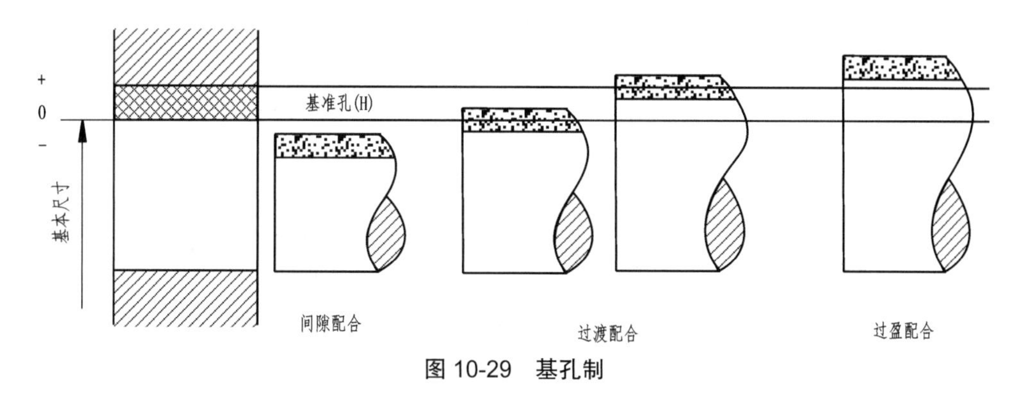

图 10-29　基孔制

（2）基轴制：基本偏差一定的轴的公差带，与不同基本偏差的孔的公差带形成各种配合的一种制度，如图 10-30 所示。基轴制的轴为基准轴，代号为 h，其上偏差为零。

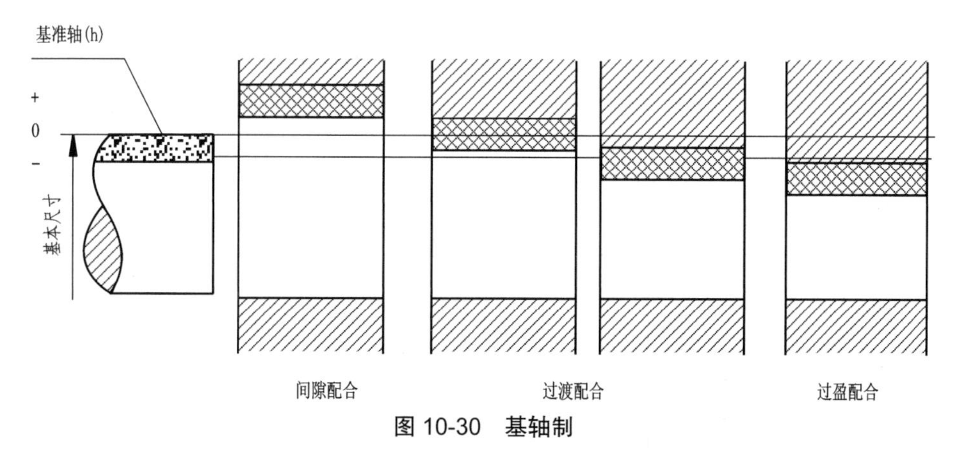

图 10-30　基轴制

国家标准《产品几何技术规范（GPS）线性尺寸公差 ISO 代号体系 第 1 部分：公差、偏差和配合的基础》（GB/T 1800.1—2020）中规定了优先配合和常用配合。

6）极限与配合的标注

在零件图上标注公差有三种形式：一是在孔或轴的基本尺寸后标注公差带代号；二是在孔或轴的基本尺寸后标注极限偏差值；三是在孔或轴的基本尺寸后同时标注公差带代号和极限偏差值，如图 10-31 所示。

3. 形状公差和位置公差

形状公差是指零件表面的实际形状对其理想形状所允许的变动全量；位置公差是指零件表面的实际位置对其理想位置所允许的变动全量。形状公差和位置公差统称几何公差，其特征项目和符号见表 10-4。

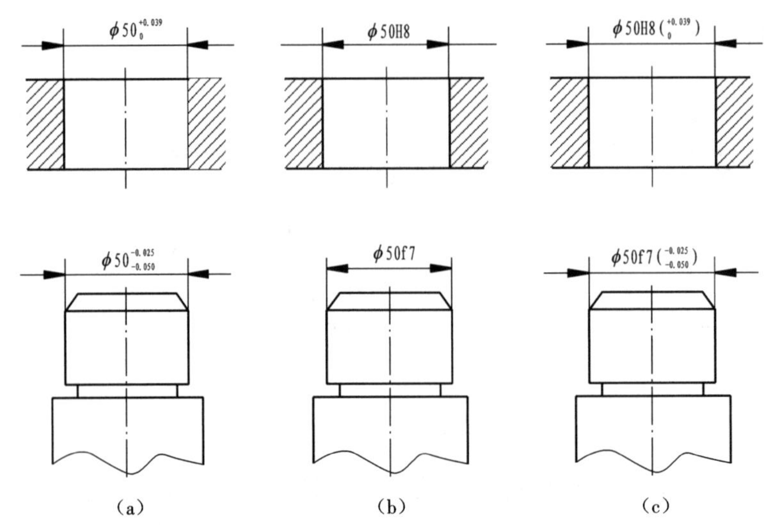

图 10-31 零件图上尺寸公差的标注形式

表 10-4 几何公差的特征项目和符号

公 差		特征项目	符 号
形状公差	形状	直线度	—
		平面度	▱
		圆度	○
		圆柱度	⌭
形状公差 或 位置公差	轮廓	线轮廓度	⌒
		面轮廓度	⌓

公 差		特征项目	符 号
位置公差	定向	平行度	//
		垂直度	⊥
		倾斜度	∠
	定位	位置度	⌖
		同轴(同心)度	◎
		对称度	⌯
	跳动	圆跳动	↗
		全跳动	⌰

1)几何公差代号

几何公差代号包括几何公差符号、几何公差框及指引线、几何公差值和基准代号等,如图 10-32 所示。注意,无论基准代号在图样上的方向如何,圆圈内的字母均应水平书写。

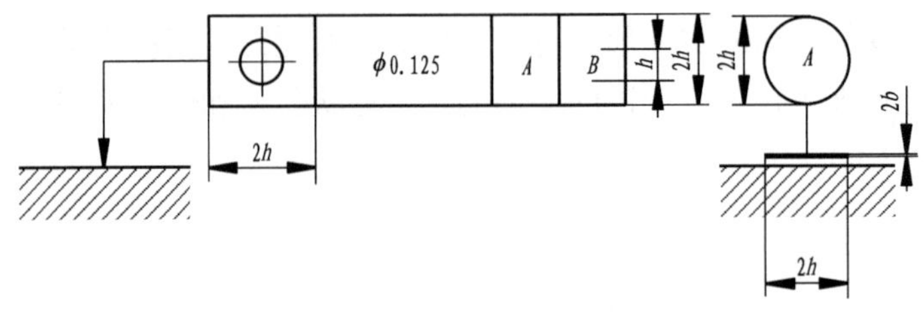

图 10-32 几何公差代号的画法

b—粗实线宽度;h—字体高度

2）几何公差标注示例

（1）当被测要素（基准要素）为线或表面时，指引线箭头（基准符号）应指在（靠近）该要素的轮廓线或其引出线，并应明显地与尺寸线错开，如图 10-33（a）所示。

（2）当被测要素（基准要素）为轴线、球心或中心平面时，指引线箭头（基准符号）应与该要素的尺寸箭头对齐，如图 10-33（b）所示。

（3）当被测要素（基准要素）为整体轴线或公共中心平面时，指引线箭头（基准符号）可直接指在（靠近）轴线或中心线，如图 10-33（c）所示。

（4）如有可能，应尽量将基准和公差框格相连，如图 10-33（d）所示。

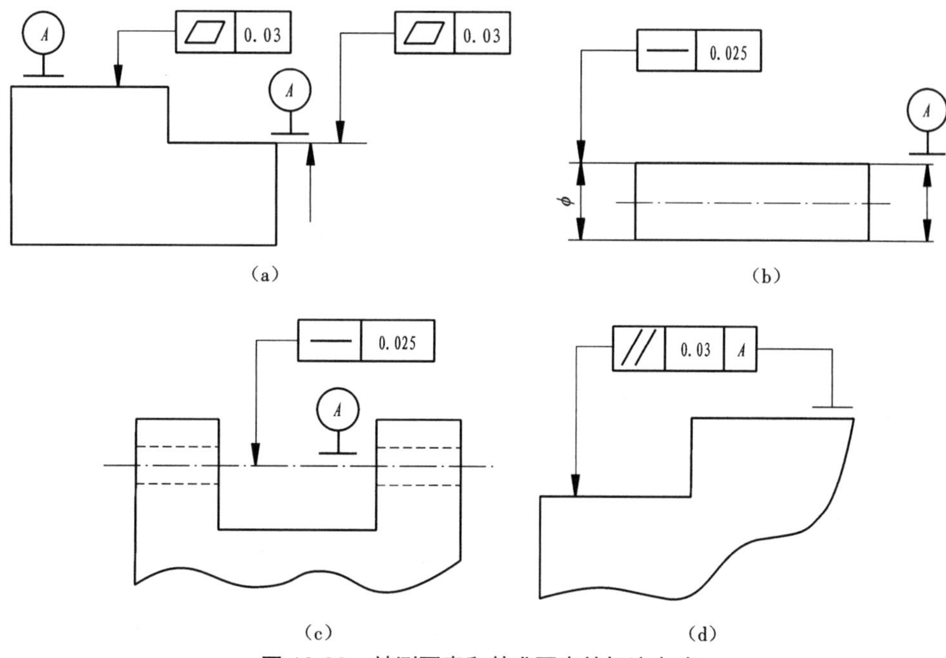

图 10-33　被测要素和基准要素的标注方法

10.1.6　其他技术要求

（1）制造零件的材料，应填写在零件图的标题栏中。

（2）热处理是对金属零件按一定要求进行加热、保温及冷却，从而改变金属的内部组织，提高材料机械性能的工艺，如淬火、退火、回火、正火、调质等。表面处理是为了改善零件表面材料性能，提高零件表面硬度、耐磨性、抗蚀性等而采用的加工工艺，如渗碳、表面淬火、表面涂层等。对零件的热处理及表面处理的方法和要求一般用文字注写在技术要求中。

10.1.7　零件图的分析与表达

1. 齿轮轴零件的形体与结构分析

轴套类零件大多数由位于同一轴线上数段直径不同的回转体组成，其轴向尺寸一般比径向尺寸大。这类零件上常有键槽、销孔、螺纹、退刀槽、顶尖孔、油槽、倒角、圆角、锥度等结构。

图 10-1 所示齿轮减速器中的主轴，由于轴上零件的固定及定位要求，其形状为阶梯形，其上有键槽。

2. 表达方案的选择

轴套类零件主要在车床上加工，所以主视图按加工位置选择。画图时，将零件的轴线水平放置，便于加工时读图看尺寸。根据轴套类零件的结构特点，配合尺寸标注，一般只用一个基本视图表示。零件上的一些细部结构，通常采用断面、局部剖视、局部放大等表达方法表示。

（1）主视图的选择。

①安放位置：加工位置，水平横放。

②投影方向：选择反映键槽形状最清楚的方向。

（2）其他视图的选择：用断面图表达键槽结构，用向视图表达顶尖孔。

3. 齿轮减速器主轴零件图的绘制

（1）定图幅：根据视图数量和大小，选择适当的绘图比例，确定图幅大小。

（2）画出图框和标题栏。

（3）布置视图：根据各视图的轮廓尺寸，画出确定各视图位置的基线。

（4）画底稿：按投影关系，逐个画出各个形体，先画主要形体，后画次要形体；先定位置，后定形状；先画主要轮廓，后画细节。

（5）检查加深：检查无误后，加深并画剖面线。

（6）标注尺寸、表面粗糙度、尺寸公差等，填写技术要求和标题栏，完成零件图绘制，如图 10-34 所示。

10.1.8 知识扩展

1. 零件草图绘制

零件草图是绘制零件图的依据，它必须具备零件图的全部内容，并做到内容完整、表达正确、图线清晰、比例均匀。草图绘制和零件工作图绘制步骤如下。

（1）分析零件：了解零件的名称、作用、用途，了解零件的材料和大致的加工方法，认真分析零件的结构和形状特点，酝酿合理的表达方案。

（2）确定表达方案：通过对零件结构和形状的分析，确定主视图的位置、投影方向及其他视图的数量，选择合适的表达方案，将零件的内、外结构形状清楚地表达出来。

（3）绘制零件草图：

①画出各主要视图的基准线，确定各视图的位置；

②画出零件的内、外结构和形状；

③画剖面线，标注表面粗糙度符号，引出尺寸线，并检查加深图形；

④将测绘的尺寸记入图中，并定出技术要求；

⑤检查、填写标题栏，完成草图。

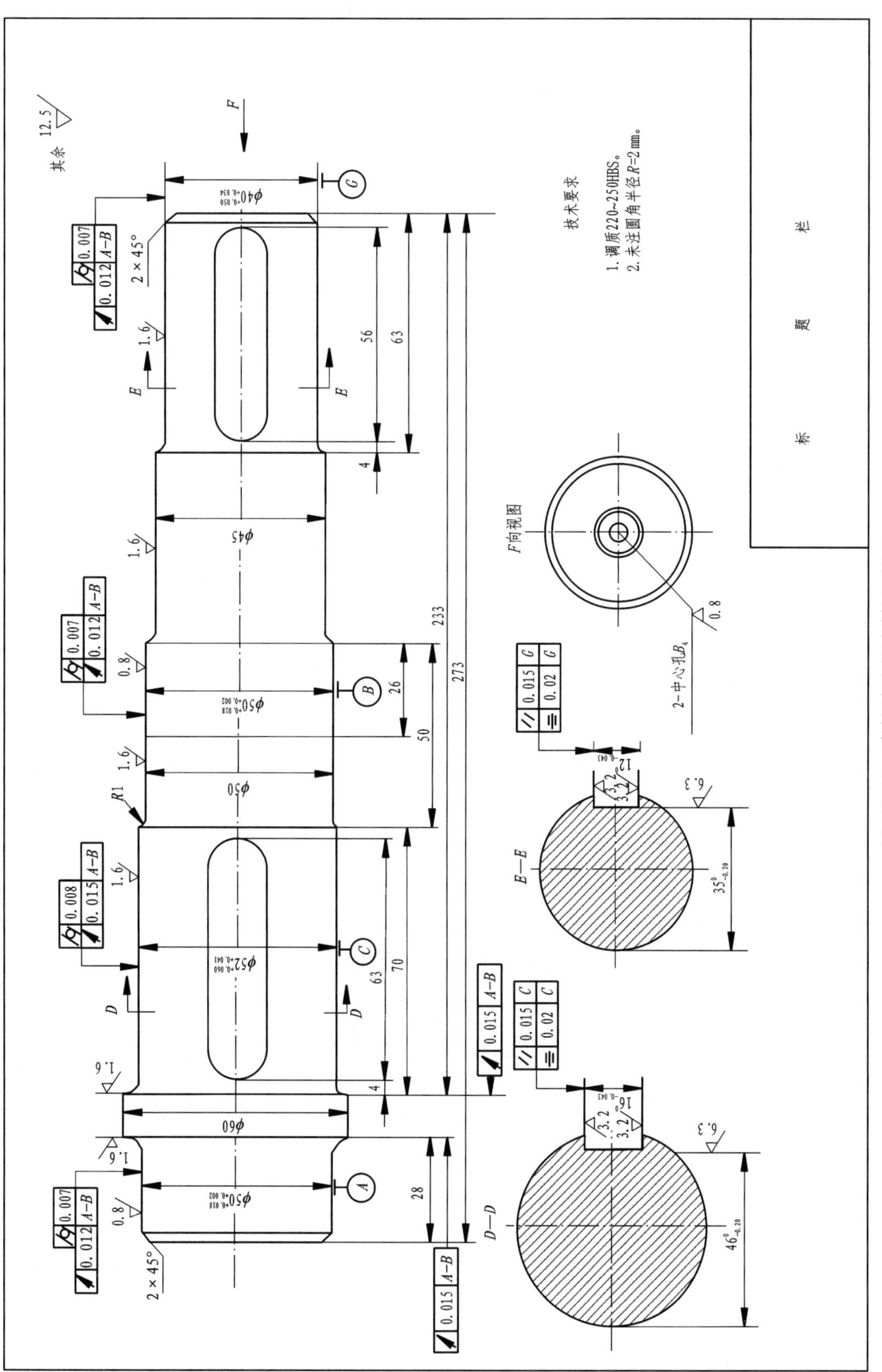

图 10-34　齿轮减速器主轴零件图

(4)对零件草图进行审查校核，主要内容包括：

①表达方案是否完整、清晰和简便；

②零件上的结构和形状是否有多、少、损坏等情况；

③尺寸标注得是否清晰、完整、合理；

④技术要求是否满足零件的性能要求并且经济。

(5)画零件工作图：

①选择比例，根据零件的复杂程度选择比例，尽量采用 1 ： 1；

②选择图幅，根据表达方案及比例，选择标准图幅；

③画零件工作图。

2. 零件测量方法

测量零件时，应根据对尺寸精度的不同要求选用不同的测量工具。常用的量具有钢板尺和内、外卡钳等，精密的量具有游标卡尺、千分尺等，还有专用量具如螺纹规、圆角规等。常用的测量工具及测量方法见表 10-5。

表 10-5 常用的测量工具及测量方法

序号	尺寸类型	测量方法	选用量具及说明
1	线性尺寸	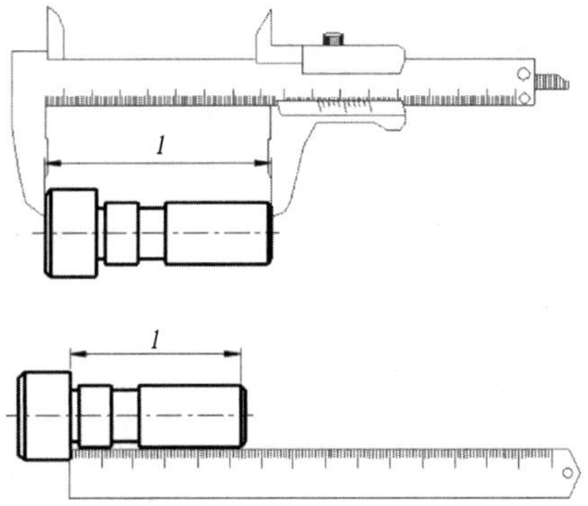	长度尺寸一般可以用游标卡尺或钢直尺直接量得读数
2	直径尺寸	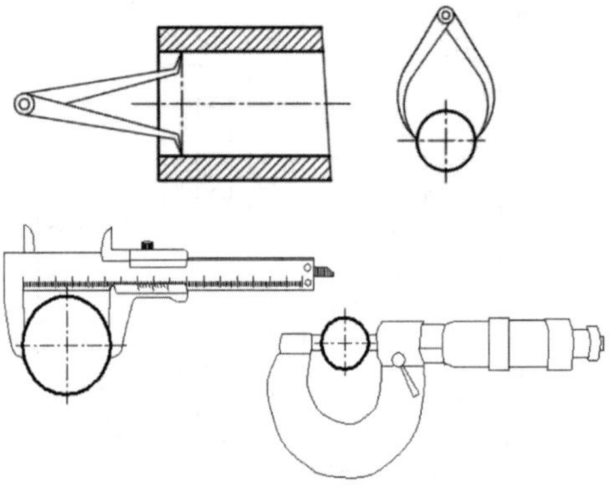	测量一般直径时，内、外卡钳和钢直尺配合测量即可；较精确的直径尺寸，多用游标卡尺或外径千分尺测量

续表

序号	尺寸类型	测量方法	选用量具及说明
3	中心距	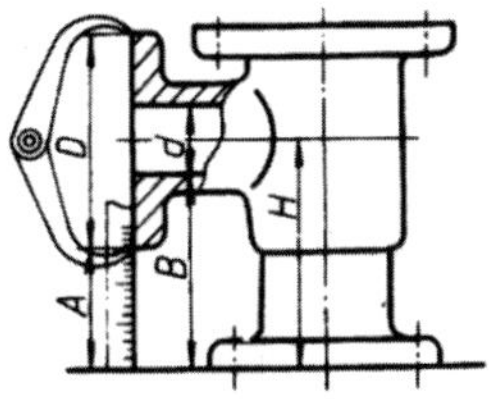 $H=A+D/2=B+d/2$	利用钢直尺、卡钳进行测量
4	孔间距	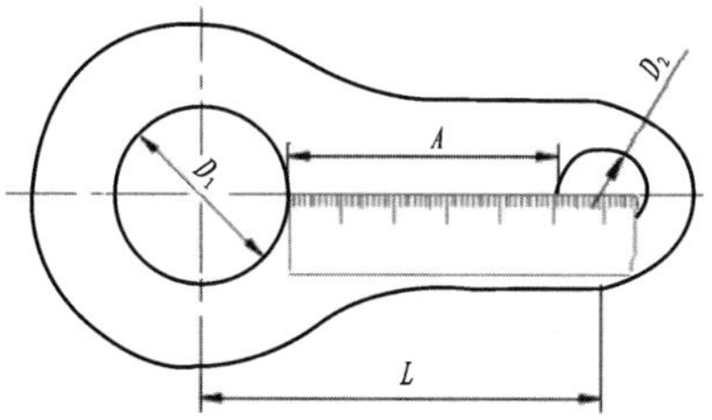 $L=A+(D_1+D_2)/2$	用卡钳或游标卡尺结合钢直尺测量
5	阶梯孔直径	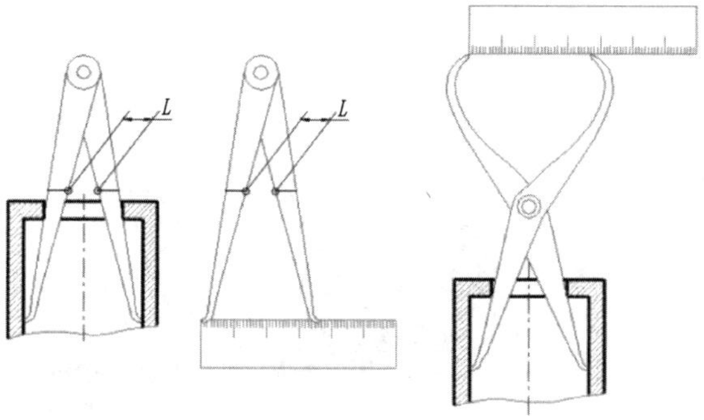	用卡钳与钢直尺配合进行测量
6	深度尺寸	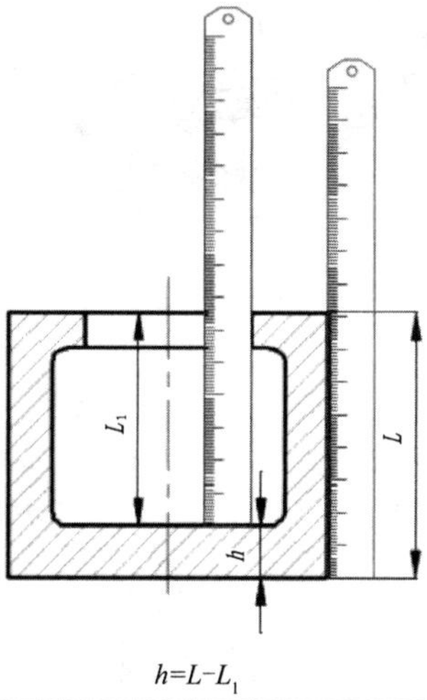 $h=L-L_1$	用钢直尺测量并计算

续表

序号	尺寸类型	测量方法	选用量具及说明
7	壁厚尺寸	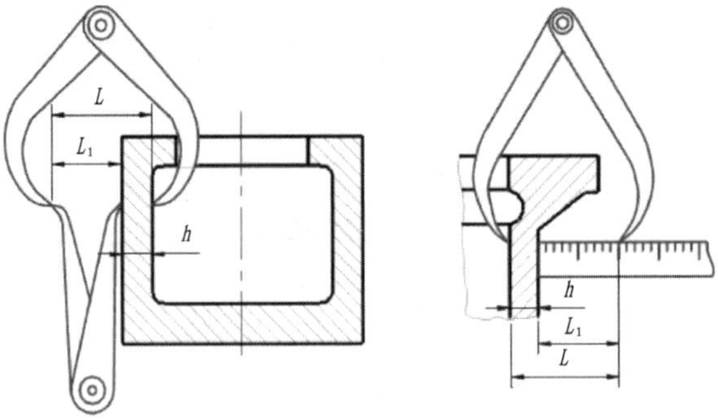 $h=L-L_1$	内、外卡钳与钢直尺配合测量并计算
8	圆角或圆弧尺寸	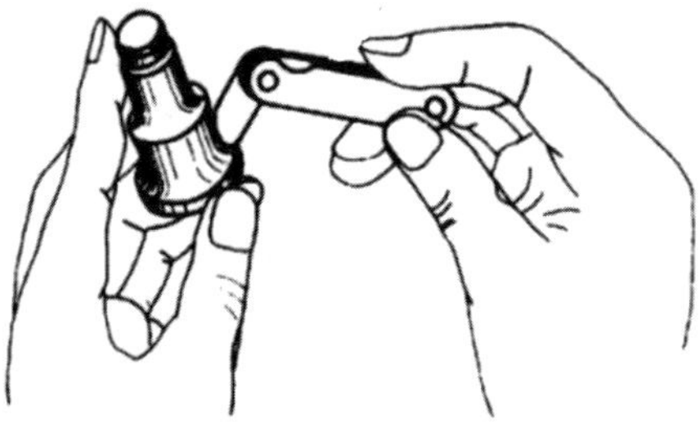	用圆角规直接测量
9	角度尺寸	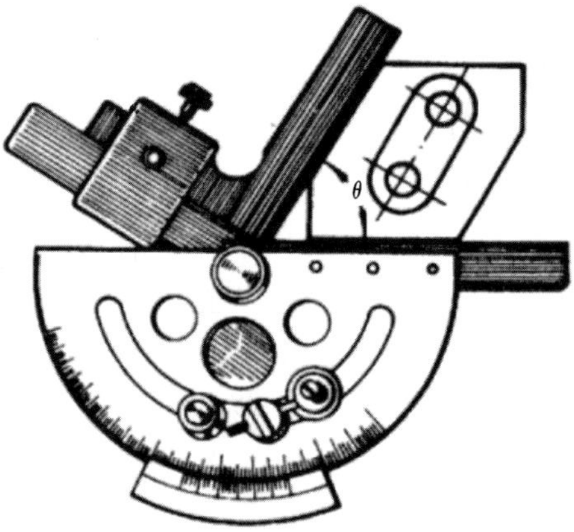 $\theta=60°$	用角度规直接测量
10	螺纹螺距尺寸	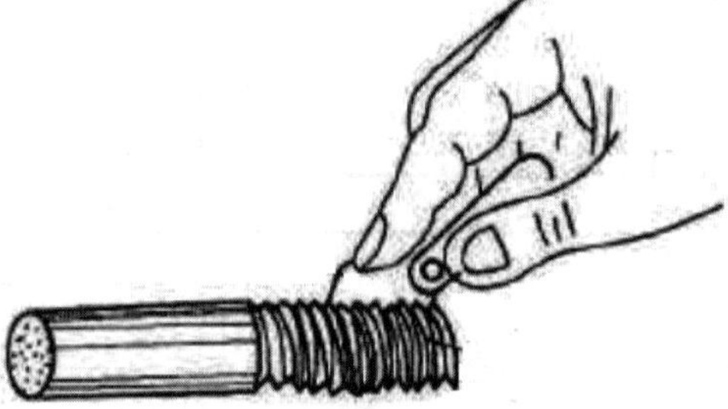	用螺纹规直接测量

续表

序号	尺寸类型	测量方法	选用量具及说明
11	曲面轮廓（拓印法）		对精度要求不高的曲面轮廓，可以在纸上拓出轮廓形状，然后用几何作图的方法求出各连接圆弧的尺寸和中心位置

3. 绘制举例

绘制如图 10-35 所示零件的草图，根据草图绘制零件图。

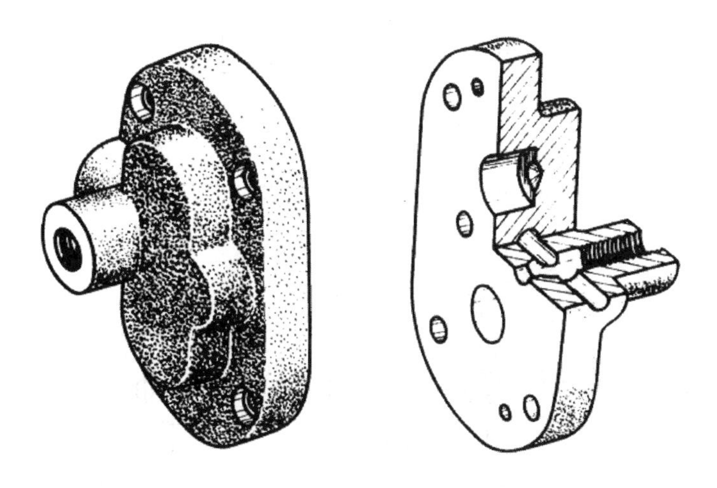

图 10-35　泵盖轴测图

1）草图绘制

零件草图的内容和零件图相同，可以徒手完成，要求视图和尺寸完整、图线清晰、字体工整，并注写必要的技术要求。

（1）根据零件的总体尺寸和大致比例确定图幅，画边框线和标题栏，布置图形，定出各视图的位置，画主要轴线、中心线，如图 10-36（a）所示。

（2）以目测比例徒手画出图形，如图 10-36（b）所示。

（3）检查并擦除多余线，描深，画剖面线，确定尺寸基准，并根据尺寸基准画出尺寸线和箭头。

（4）测量尺寸，填写尺寸数值、必要的技术要求和标题栏，完成零件草图的全部工作。

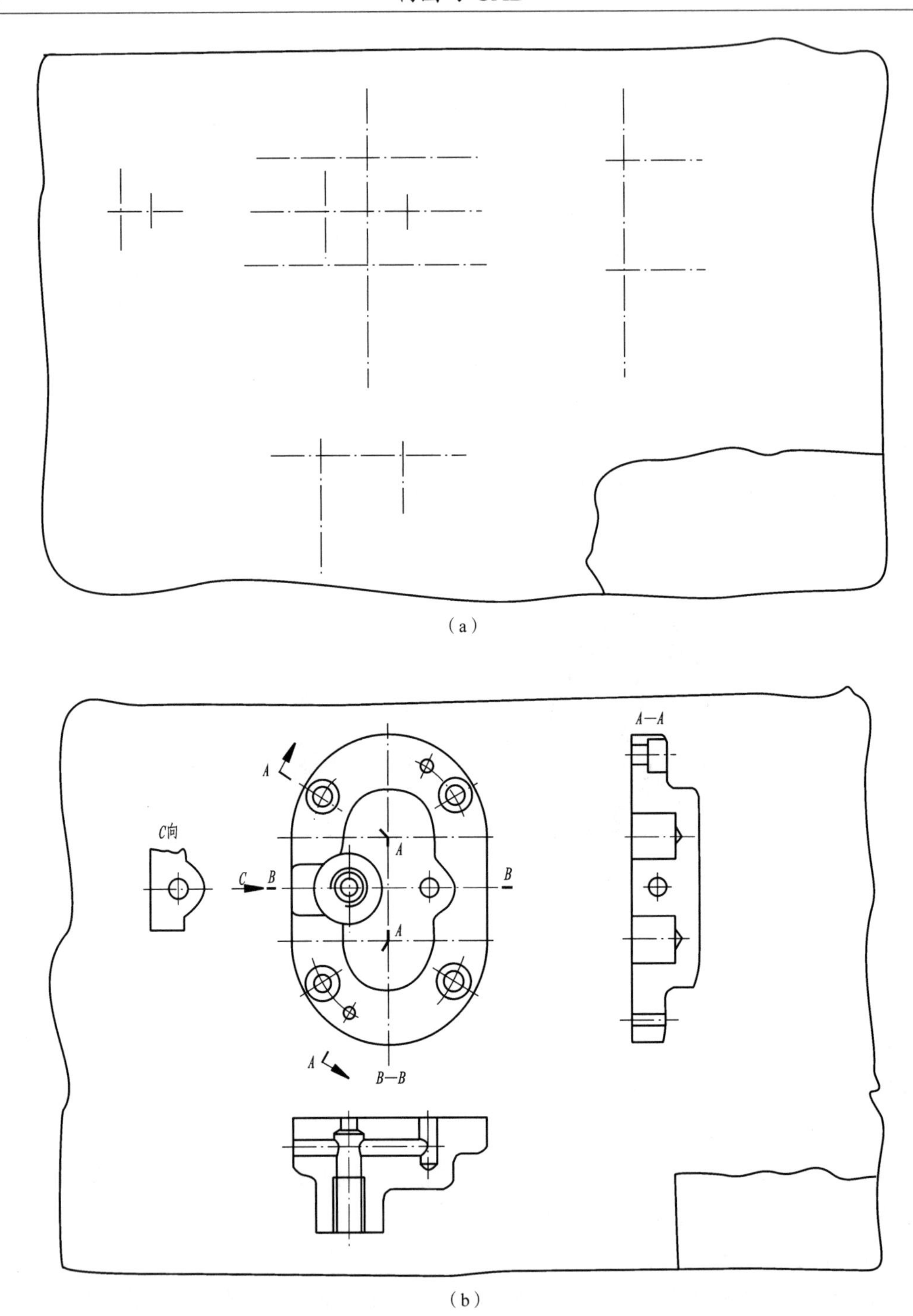

（a）

（b）

图 10-36　泵盖零件草图的绘制

2）零件图绘制

根据零件草图完成正规的零件图，如图 10-37 所示。

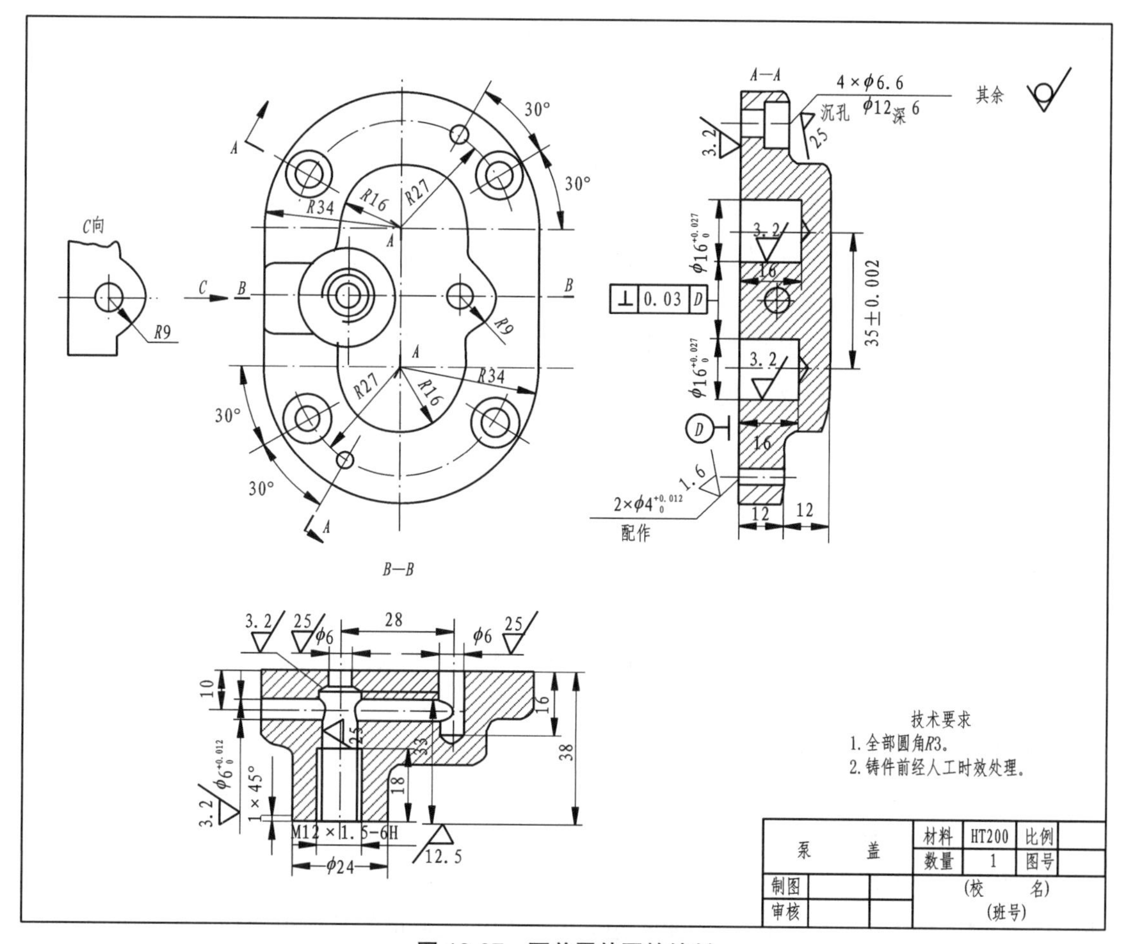

图 10-37　泵盖零件图的绘制

10.2　齿轮泵装配图的识读及零件的拆画

装配图是表达机器或部件的工作原理、结构性能和各零件之间的装配、连接关系等内容的图样。在装配机器（或部件）、维护和保养设备以及技术改造的过程中，都需要读装配图。因此，要能分析出装配图的内容、装配关系、尺寸关系及其用途；掌握装配图的视图选择、尺寸标注；了解装配图中技术要求的注写、零部件序号的编写、明细栏和标题栏的填写要求；掌握画装配图的方法和步骤，并由装配图拆画零件图。

10.2.1　装配图的作用和内容

在工业生产中，不论是开发新产品，还是对其他产品进行仿制改造，一般都先由设计部门画出装配图，然后根据装配图画出零件图；生产部门则先根据零件图制造出零件，再根据装配图把零件装配成机器或部件。装配图和零件图一样，都是生产中的重要技术文件。零件图表达零件的形状、大小和技术要求，用于指导零件的制造加工；而装配图表达的是由若干零件装配而成的装配体的装配关系、工作原理及基本结构形状,用于指导装配体的装配、检验、安装及使用和维修。

从图 10-38 所示铣刀头装配可以看出,一张完整的装配图应具备五项基本内容。

(1)一组图形:采用各种表达方法来正确、完整、清晰地表达机器或部件的工作原理、传动路线、零件之间的装配关系以及零件的主要结构和形状。

(2)必要尺寸:主要是标明机器或部件的性能、规格、总体的大小、零件间的配合关系以及安装时必要的尺寸。

(3)技术要求:用文字说明机器或部件的性能、装配、检验、调试要求以及使用规则。

(4)标题栏:表明机器或部件的名称、重量、绘图比例和图号等。

(5)明细栏和零件的序号:明细栏表明机器或部件上各零件的名称、序号、数量、材料以及备注等。为了便于编制其他技术文件、管理图样以及阅读图样,在装配图上必须对每个零件标注序号并填写明细栏。

10.2.2 装配图的表达方法

零件图的各种表达方法,如视图、剖视图、断面图及局部放大图等,对装配图基本上适用。但零件图主要表达零件的结构形状,而装配图则主要表达零件间的装配关系,表达侧重点不同,因此装配图还有专门的规定画法和特殊表达方法。

1. 装配图的基本表达方法

1)主视图的选择

主视图一般应符合工作位置,工作位置倾斜时则应自然放正,并应选取反映主要或较多装配关系的视图作为主视图。在主视图的基础上,选用一定数量的其他视图把工作原理、装配关系进一步表达完整,并表达清楚主要零件的结构形状。视图数量的多少由装配体的复杂程度和装配线的多少而定。由于装配体通常有一个外壳,因而以表达工作原理和装配关系为主的视图通常采用各种剖视图,并大多通过装配线剖切。

2)其他视图的选择

主视图选定以后,分析还有哪些工作原理、装配关系以及零件的主要结构没有表达清楚,再考虑其他视图的选择。一般情况下,每个零件至少应在图中出现一次。

例如,图 10-38 所示铣刀头装配图中,采用了全剖的主视图表达铣刀头的构造和装配关系,也反映了其工作原理;在主视图基础上,选用左视图(局部剖)进一步表达铣刀头的装配关系和基本结构形状。

2. 装配图的规定画法

1)相邻两零件的画法

相邻两零件的接触面和配合面,不论间隙多大,规定只画一条线;非配合、非接触表面,不论间隙多小,都必须画两条线,如图 10-39 所示。

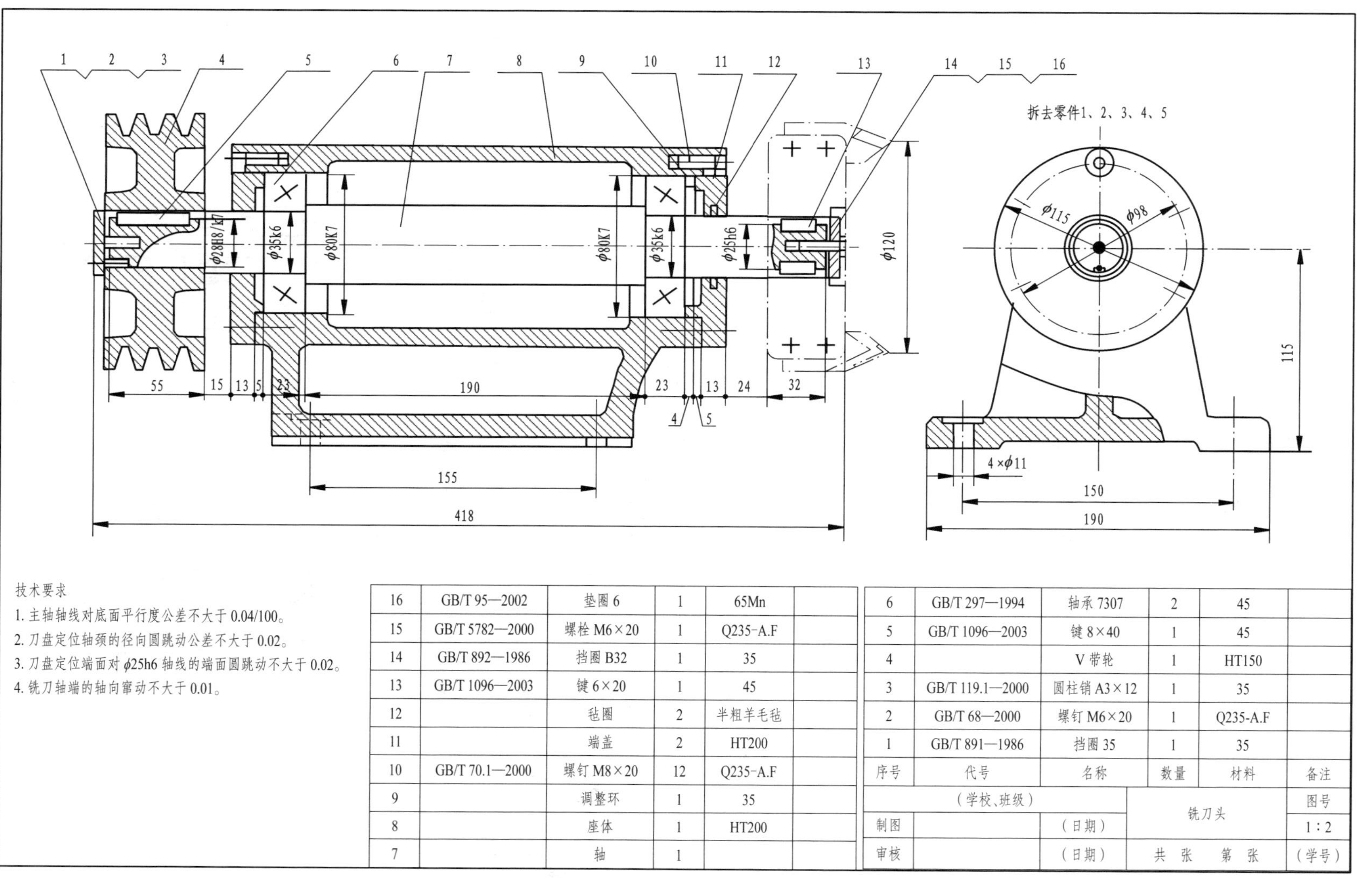

技术要求
1. 主轴轴线对底面平行度公差不大于 0.04/100。
2. 刀盘定位轴颈的径向圆跳动公差不大于 0.02。
3. 刀盘定位端面对 φ25h6 轴线的端面圆跳动不大于 0.02。
4. 铣刀轴端的轴向窜动不大于 0.01。

16	GB/T 95—2002	垫圈 6	1	65Mn	
15	GB/T 5782—2000	螺栓 M6×20	1	Q235-A.F	
14	GB/T 892—1986	挡圈 B32	1	35	
13	GB/T 1096—2003	键 6×20	1	45	
12		毡圈	2	半粗羊毛毡	
11		端盖	2	HT200	
10	GB/T 70.1—2000	螺钉 M8×20	12	Q235-A.F	
9		调整环	1	35	
8		座体	1	HT200	
7		轴	1		

6	GB/T 297—1994	轴承 7307	2	45	
5	GB/T 1096—2003	键 8×40	1	45	
4		V 带轮	1	HT150	
3	GB/T 119.1—2000	圆柱销 A3×12	1	35	
2	GB/T 68—2000	螺钉 M6×20	1	Q235-A.F	
1	GB/T 891—1986	挡圈 35	1	35	
序号	代号	名称	数量	材料	备注

（学校、班级）			铣刀头	图号
制图		（日期）		1：2
审核		（日期）	共　张　第　张	（学号）

图 10-38　铣刀头装配图

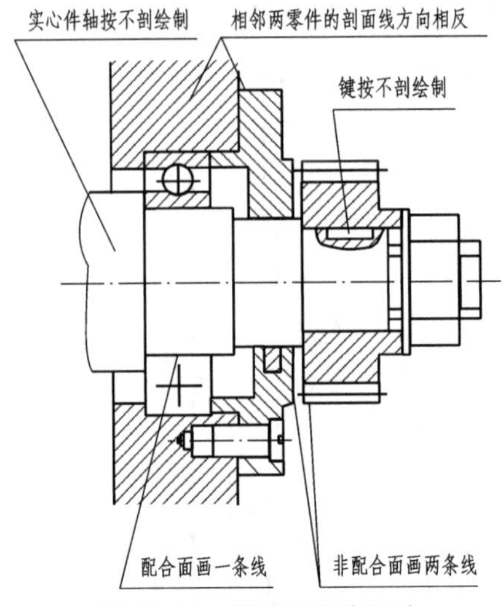

图 10-39 装配图规定画法

2)标准件和实心件的画法

对于标准件(螺栓、螺母、垫圈、销、键)和实心件(轴、手柄、拉杆、球)等零件,若按纵向剖切,即剖切平面通过其轴线或基本对称面,则均按不剖绘制。若需要特别表明零件的结构,如凹槽、键、销孔等,则可采用局部剖表示。

3)剖面符号的画法

在剖视图中,相邻两零件剖面线方向相反,若三个或三个以上的金属零件相邻,则可使剖面线的倾斜方向相反,或者方向一致、间隔不等。当零件厚度在 2 mm 以下时,允许以涂黑代替剖面符号。

3. 装配图的特殊表达方法

1)沿零件的结合面剖切

假想沿某些零件的结合面选取剖切平面剖切,此时在零件结合面上不画剖面线,但被切部分(如螺杆、螺钉等)必须画出剖面线。如图 10-40 中 *A*—*A* 剖视图是沿泵盖结合面剖切画出的。

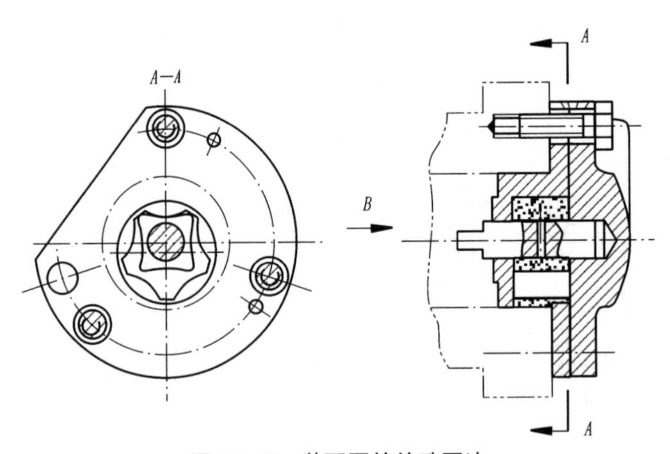

图 10-40 装配图的特殊画法

2)拆卸画法

装配图中某些常见的较大零件,在一个视图上已表达过,在其他视图中可将其拆去不画,并在该视图上方注出“拆去 ××”字样。

3)假想画法

(1)当需要表示某些零件的运动范围和极限位置时,可用双点画线画出其轮廓。

(2)对于与本部件有关,但又不属于本部件的相邻零部件,可用双点画线画出其轮廓线图形,表达与本部件的装配关系,如图 10-41 所示铣刀头。

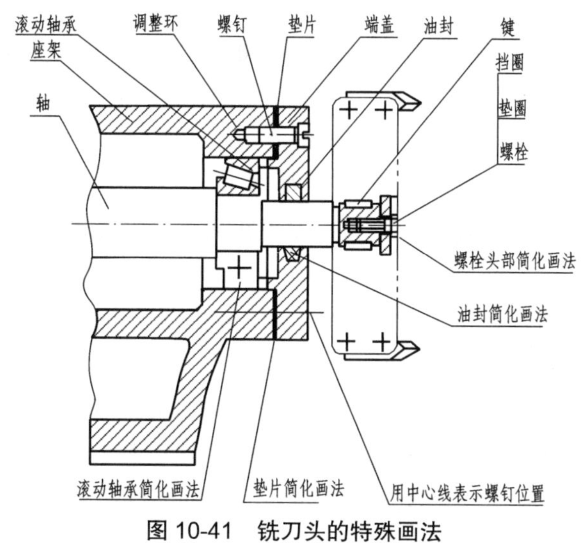

图 10-41　铣刀头的特殊画法

4)展开画法

在传动机构中,为了表达传动路线和零件间的装配关系,可假想按传动顺序沿轴线剖切,然后依次展开,使剖切平面摊平后与选定的投影面平行,再画出其剖视图,这种画法称为展开画法。

5)夸大画法

在装配图中,如绘制直径或厚度小于 2 mm 的孔或薄片以及较小的斜度和锥度,允许该部分不按比例而夸大画出。

6)简化画法

(1)在装配图中,同一规格并均匀分布的螺钉、螺栓等标准件,允许详细地画出一组或几组,其余的用点画线表示出轴线位置。

(2)对于零件的工艺结构,如退刀槽、倒角、倒圆等,可省略不画;螺栓头部、螺母的倒角及因倒角产生的曲线允许省略。

(3)在装配图中,对于带传动中的传动带可用细实线表示;在链传动中,链条可用点画线表示。

7)单独零件的表达

在装配图中,可单独画出某零件的视图,但必须在所画视图上方注出该零件的视图名称,在相应视图的附近用箭头指明投影方向,并注上同样的字母。

10.2.3 装配图的尺寸标注和技术要求

1. 尺寸标注

装配图与零件图不同,不需要标注出每个零件的所有尺寸,只要求标注出与装配体的装配、检验、安装或调试等有关的尺寸即可。装配图中的尺寸可分为以下几类。

(1)性能(规格)尺寸:表示装配体的规格或性能的尺寸,如图 10-38 中铣刀直径 $\phi120$、中心高 115 等。

(2)装配尺寸:保证装配体中各零件之间装配关系的尺寸,包括表示零件间配合性质的配合尺寸和相对位置尺寸,如图 10-38 中带轮与轴为 $\phi28H8/k7$,构成基孔制间隙配合;两个滚动轴承的内径与轴为 $\phi35k6$、外径与座体孔为 $\phi80K7$ 等。

(3)安装尺寸:安装机器时所需要的尺寸,如图 10-38 中铣刀头通过座体底板上的安装孔用螺栓联接在底座上,因此图中注出了座体上安装孔的直径尺寸 $4\times\phi11$ 以及它们的定位尺寸 155、150。

(4)外形尺寸:表示机器外形轮廓大小的尺寸,为机器的包装、运输和安装过程中所占用的空间提供依据,如图 10-38 中的 418、190。

(5)其他重要尺寸:在设计中确定的其他重要尺寸,如齿轮的中心距、为了保证运动零件有足够运动空间的尺寸、安装零件需要有足够操作空间的尺寸等。

上述五类尺寸并不是孤立无关的,实际上有的尺寸往往同时具有多重尺寸的特点,要根据情况具体分析。

2. 技术要求

不同性能的装配体,其技术要求也各不相同。拟订技术要求时,一般可从以下几个方面考虑。

(1)装配要求:装配体在装配过程中需注意的事项及装配后应达到的要求,如精确度、装配间隙、润滑要求等。

(2)检验要求:对装配体基本性能的检验、试验及操作的要求。

(3)使用要求:装配体的规格、参数及维护、保养、使用时的注意事项及要求。

装配图上的技术要求应根据装配体的具体情况而定,并将其用文字注写在明细栏的上方或图样下方的空白处。

10.2.4 装配图的零件编号和明细栏

1. 零件编号

装配图中相同的零件只编一个序号,序号顺时针或逆时针方向整齐排列。零件序号和所指的零件之间用指引线连接,指引线的另一端画出水平细实线或细实线圆。在水平线上或圆内注写序号,序号字高比装配图中所标注尺寸的数字高度大一号或大两号;在指引线附近直接注写序号,序号字高比装配图中所标注尺寸的数字高度大两号,如图 10-42 所示。零件编号的指引线不能互相交叉,不能与图线、剖面线平行。对一组联接件或装配关系清楚的零件组,允许采用公共指引线,如图 10-42 所示。装配图中的标准化零件组件,可视为一个整体,只编写一个序号。但应注意,同一张装配图中编注序号的形式应一致。

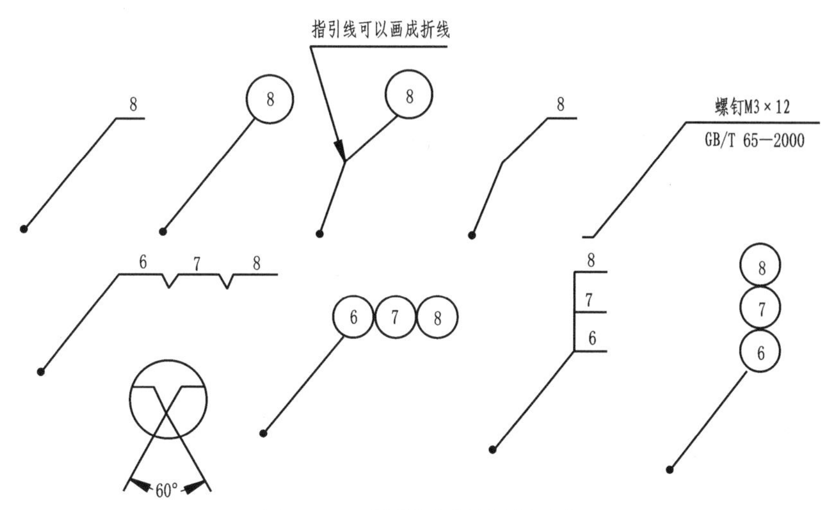

图 10-42　装配图零件编号形式

2. 明细栏

明细栏一般由序号、名称、数量、材料、备注等组成, 格式可按 GB/T 10609.2—2009 的规定绘制, 也可按实际需要设置内容,如图 10-43 所示。

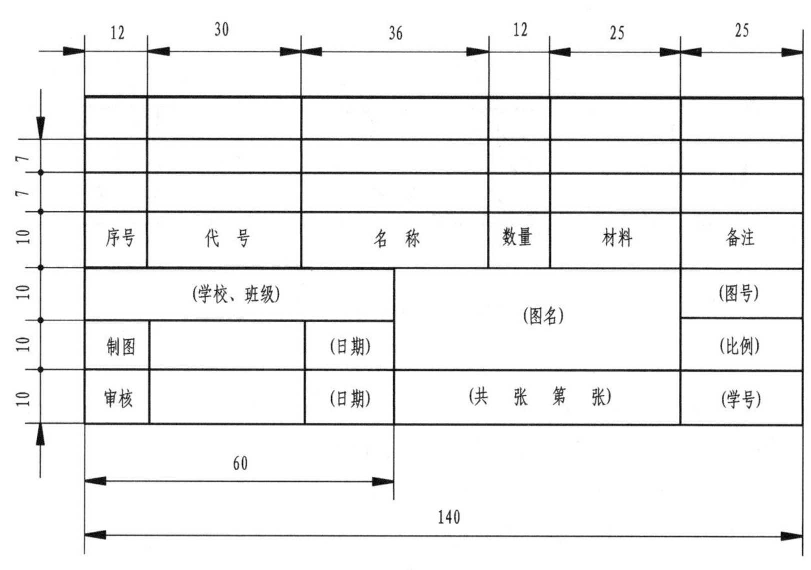

图 10-43　装配图明细栏

10.2.5　常见的装配工艺结构

在设计和绘制装配图过程中,应考虑到装配结构的合理性,以保证机器和部件的性能,方便零件的加工和装拆。下面介绍一些常见的装配结构。

(1)由于装配图一般比较复杂,因而画视图时要按一定的顺序有条不紊地进行。一般顺序为先画对整体起定位作用的大的基准件,后画小的基准件,即先大后小;先画主要结构轮廓,后画次要及细部形状,即先主后次;画出基准件,确定主要装配线后,应按照装配位置关系及内外层次逐一画出其他零件。

(2)画装配图需注意零件间的位置关系和遮挡关系,各零件要装配到位,接触面、配合面处不留空隙;不可见结构一般不画,对剖视图一般从内向外层层“穿衣”,可避免画多余图线。

(3)两零件接触时,在同一方向上只能有一对接触面,应避免有两个面同时接触,这样既可保证零件接触良好,又可降低加工要求,如图 10-44 所示。

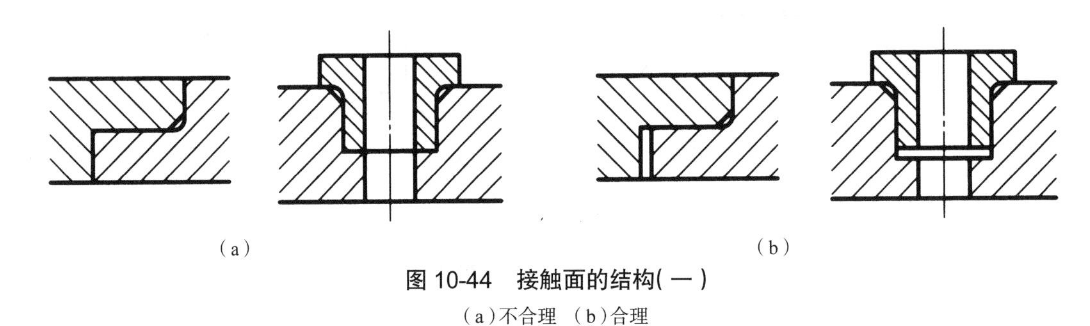

图 10-44 接触面的结构(一)

(a)不合理 (b)合理

(4)当孔和轴配合,且轴肩和孔的端面互相接触时,为保证良好接触,孔应倒角或轴的根部切槽,如图 10-45 所示。

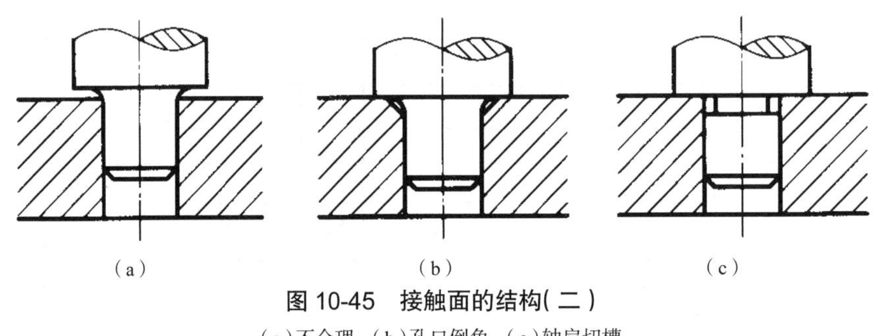

图 10-45 接触面的结构(二)

(a)不合理 (b)孔口倒角 (c)轴肩切槽

(5)在安装滚动轴承时,为防止其轴向窜动,有必要采用一些轴向定位结构来固定其内、外圈。常用的轴向定位结构有轴肩、台肩、圆螺母和各种挡圈,如图 10-46 所示。在安装滚动轴承时,还应考虑到拆卸的方便性,如图 10-47 所示。

(6)为了保证螺纹能顺利旋紧,可考虑在螺纹尾部加工退刀槽或在螺孔端口加工倒角。为保证连接件与被连接件良好接触,应在被连接件上加工出沉孔(图 10-48(a))或凸台(图 10-48(b)),而图 10-48(c)所示方案是不正确的设计。

(7)采用油封装置时,油封材料应紧套在轴颈上,而轴承盖上的通孔与轴颈间应有间隙,以免轴旋转时损坏轴颈,如图 10-49 所示。

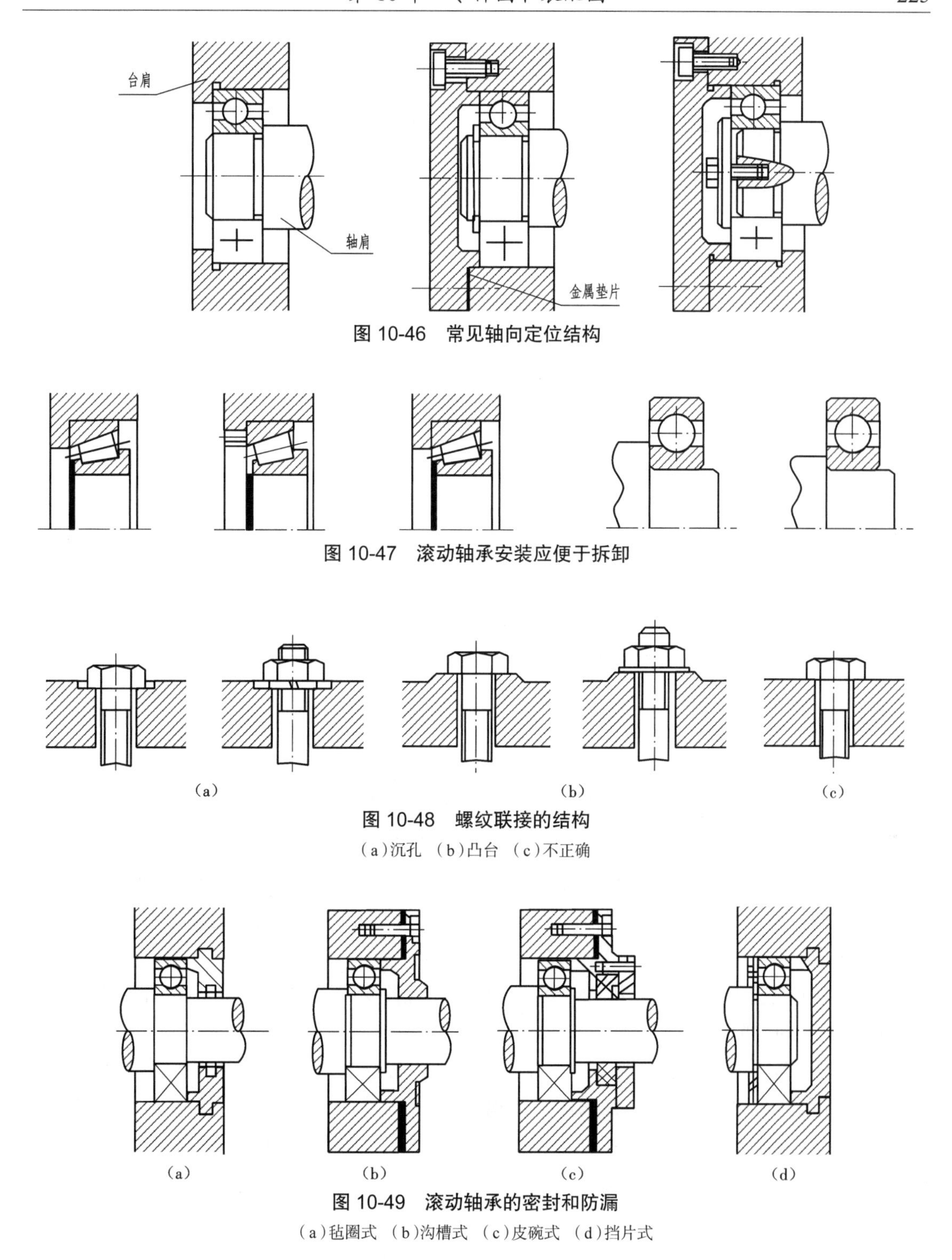

图 10-46　常见轴向定位结构

图 10-47　滚动轴承安装应便于拆卸

图 10-48　螺纹联接的结构

(a)沉孔　(b)凸台　(c)不正确

图 10-49　滚动轴承的密封和防漏

(a)毡圈式　(b)沟槽式　(c)皮碗式　(d)挡片式

(8)大部分机器在工作时常会产生振动或冲击,导致螺纹紧固件松动,影响机器的正常工作,甚至诱发严重事故,因此螺纹联接中一定要设计防松装置。常用的防松装置有双螺母、弹簧垫圈、止退垫圈和开口销等,如图 10-50 所示。

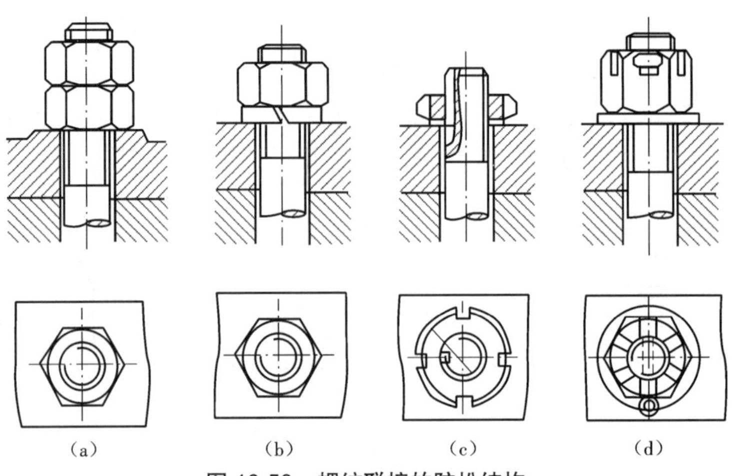

图 10-50 螺纹联接的防松结构

(a)双螺母 (b)弹簧垫圈 (c)止推垫圈 (d)开口销

10.2.6 读装配图

1. 读装配图的要求

读装配图的目的是了解装配体的规格、性能、工作原理和各零件之间的相互位置、装配关系、传动路线及各零件的主要结构和形状等。

2. 读装配图的方法和步骤

以图 10-51 所示装配体为例。

1)概括了解

首先看标题栏,了解装配体名称、画图比例等;看明细栏及零件编号,了解装配体由多少种零部件构成,哪些是标准件;粗看视图,大致了解装配体的结构、形状及大小。

图 10-51 所示装配体名称为齿轮油泵,是一种供油装置。齿轮油泵共有 10 种零件,其中有两种标准件,主要零件有泵体、泵盖、主动齿轮轴、从动齿轮轴等。图样比例为 1 : 2。

2)分析视图

了解装配图选用了哪些视图,哪个是主视图,搞清各视图之间的投影关系、各视图的剖切方法以及表达的主要内容。

齿轮油泵选用了三个基本视图。主视图采用全剖视,表达了齿轮油泵的主要装配关系;左视图沿泵盖与泵体结合面剖开,并采用半剖视,表达了齿轮油泵的工作原理及外形;右视图表达外形轮廓。除基本视图外,还采用 *A—A* 剖视表达了泵体和泵盖间的螺栓联接情况,采用了 *C* 向局部视图表达泵体底板及安装孔的形状和位置。

3)分析工作原理与装配关系

齿轮油泵的工作原理是通过齿轮在泵腔中啮合,将油从进口吸入,从出口压出。当主动齿轮轴 5 在外部动力驱动下按逆时针方向旋转时,从动齿轮轴 4 则按顺时针方向旋转。此时,齿轮啮合区右边压力降低,油池中的油在大气压力作用下,沿吸油口进入泵腔内。随着齿轮的旋转,齿槽中的油不断沿箭头方向送到左边,然后从出口处将油输送出去。

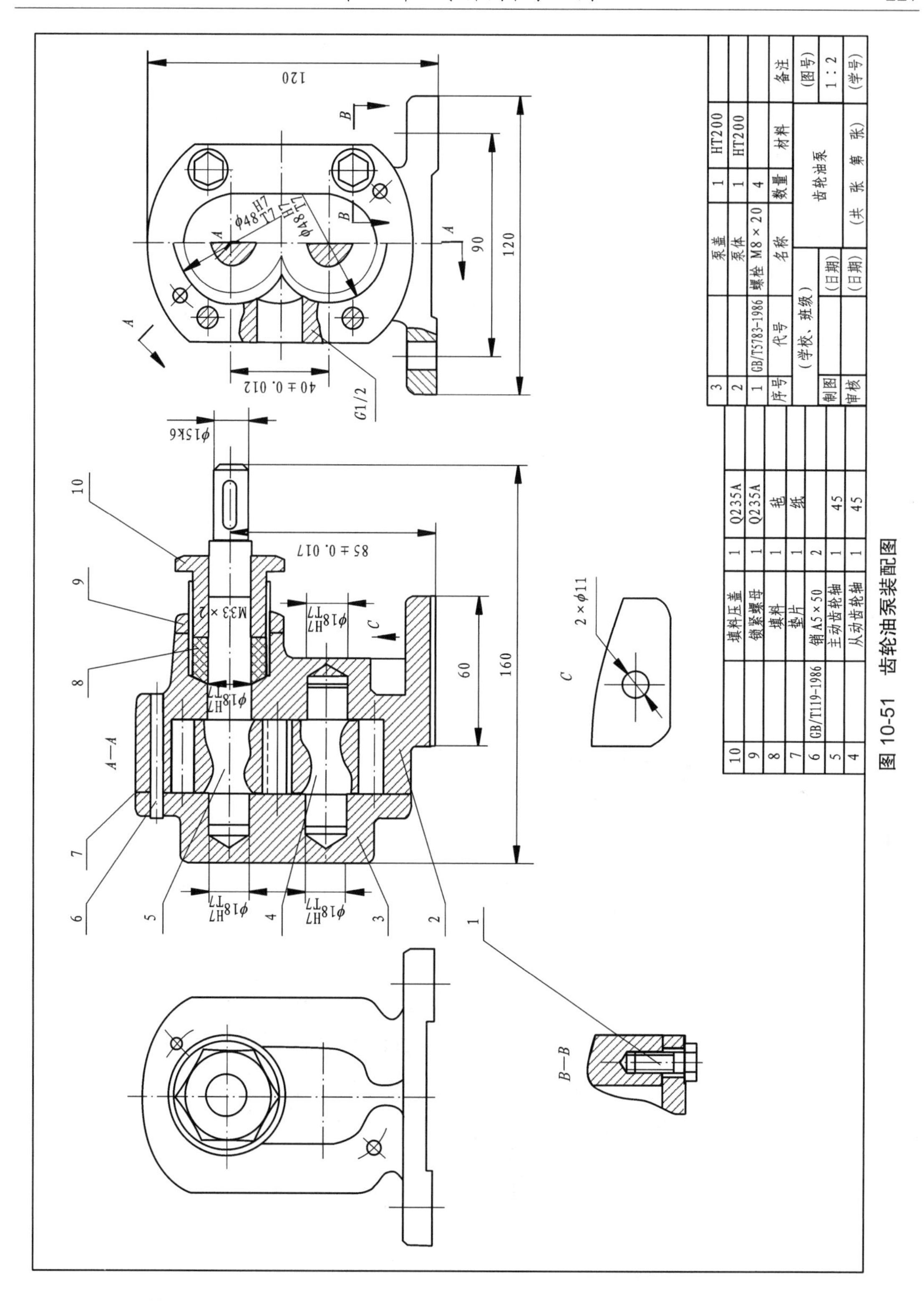

图 10-51　齿轮油泵装配图

分析装配体的装配关系，应搞清各零件间的位置关系，相关联零件间的连接方式和配合关系，并分析出装配体的装拆顺序。如齿轮油泵中，泵体、泵盖在外，齿轮轴在泵腔中；主动轴在上，从动轴在下；泵体和泵盖通过四个螺栓联接和两个圆柱销定位；填料压盖与泵体、锁紧螺母与填料压盖间为螺纹联接；齿轮轴与泵体、泵盖为基孔制间隙配合等。齿轮油泵的拆卸顺序：松开螺栓 1，将泵盖 3 卸下，即可从左边抽出主动齿轮轴 5 及从动齿轮轴 4；松开锁紧螺母 9，拧下填料压盖 10，即可从右边卸下或更换填料 8。

4）分析零件

分析零件时，一般可按零件序号的顺序分析每一零件的结构形状及其在装配体中的作用，主要零件要重点分析。分析某一零件形状时，首先要从装配图的各视图中将该零件的投影正确地分离出来。分离零件的方法：一是根据视图之间的投影关系，二是根据剖面线进行判别。对所分析的零件，通过零部件序号和明细栏联系起来，从中了解零件的名称、数量、材料等。

例如，图 10-51 所示齿轮油泵中的零件 10，在主视图上根据剖面线可把它从装配图中分离出来；再根据投影关系找出右视图中的对应投影，就不难分析出其形状（左端为螺纹，右端为六角头部，中心为孔）；查明细栏可知其名称为填料压盖，材料为 Q235A，它的作用是压紧填料 8。

5）归纳总结

通过以上分析，最后综合起来，对装配体的装配关系、工作原理、各零件的结构形状及作用有一个完整、清晰的认识，并想象出整个装配体的形状和结构。齿轮油泵的结构如图 10-52 所示。

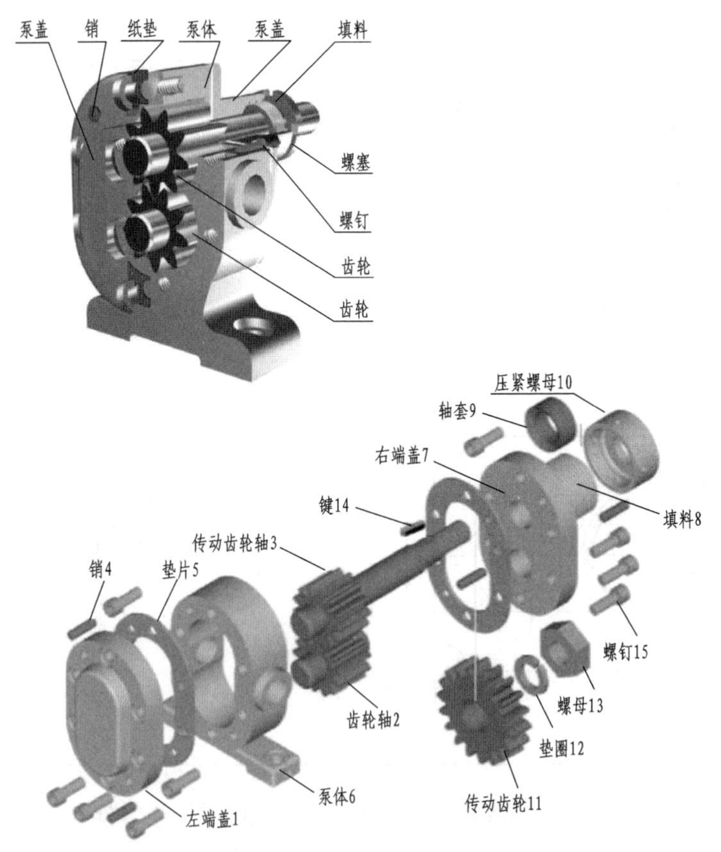

图 10-52　齿轮油泵结构

以上所讲是读装配图的一般方法和步骤，实际上有些步骤不能截然分开，而是交替进行，综合认识，不断深入。

10.2.7 知识扩展

1. 零件图的识读

1）读图的要求

读零件图的要求是了解零件的名称、所用材料和它在机器或部件中的作用，并通过分析视图、尺寸和技术要求，想象出零件各组成部分的结构、形状及相对位置，从而在头脑中建立起一个完整的、具体的零件形象，并对其复杂程度、要求高低和制作方法做到心中有数，以便设计加工过程。

2）读图的方法

读零件图的基本方法仍然是以形体分析法为主，线面分析法为辅。

零件图一般视图数量较多，尺寸及各种代号繁杂，但是对每一个基本体来说，仍然是只要用 2~3 个视图就可以确定它的形状。看图时，只要在视图中找出基本体的形状特征或位置特征明显之处，并从它入手，用“三等”规律在其他视图中找出其对应投影，就可较快地将每个基本体分离出来，这样就可将一个比较复杂的问题分解成几个简单的问题。

3）读图的步骤

（1）读标题栏：了解零件的名称、材料、画图比例、质量等，联系典型零件的分类，对零件有一个初步认识。

（2）纵览全图：了解所有视图的名称、剖切位置、投影方向，明确各视图之间的关系，视图间的方位等。

（3）分析视图，想象形状：在纵览全图的基础上，详细分析视图，想象出零件的形状。要先看主要部分，后看次要部分；先看容易确定、能够看懂的部分，后看难以确定、不易看懂的部分；先看整体轮廓，后看细节形状。即应用形体分析的方法，抓特征部分，分别将组成零件各个形体的形状想象出来；对于局部投影难解之处，要用线面分析的方法仔细分析，辨别清楚；最后将其综合起来，弄清它们之间的相对位置，想象出零件的整体形状。

（4）分析尺寸和技术要求：看尺寸时，要分清楚哪些是设计基准和主要基准，还要从定形尺寸、定位尺寸、总体尺寸三方面入手，分析尺寸标注是否完整；看技术要求时，关键要弄清楚哪些部分的要求比较高，以便考虑在加工时采取什么措施予以保证等。

2. 零件图识读举例

识读如图 10-53 所示零件图。

（1）读标题栏：零件的名称是壳体，属箱体类零件。

（2）分析视图，想象形状：该壳体较为复杂，用主、俯、左三个基本视图和一个局部视图表示。主视图是全剖视图，用单一的正平面剖切，主要表达内部形状。俯视图是全剖视图，用两个平行的剖切平面剖切，表达内形和底板的形状及孔的分布情况。左视图和局部视图除了采用一个局部剖视表达锪平孔外，主要用来表达机件外形及顶面形状。

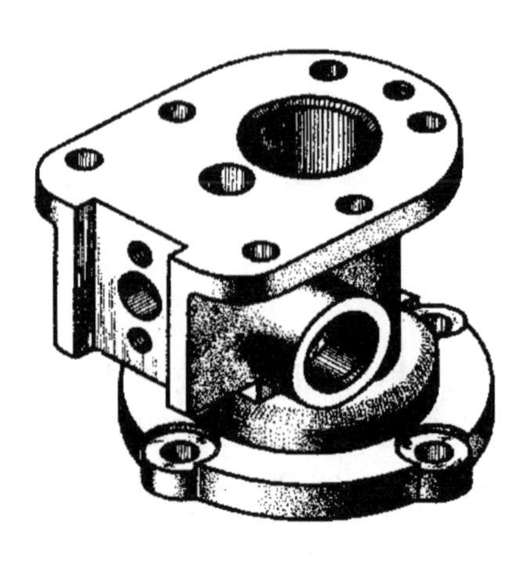

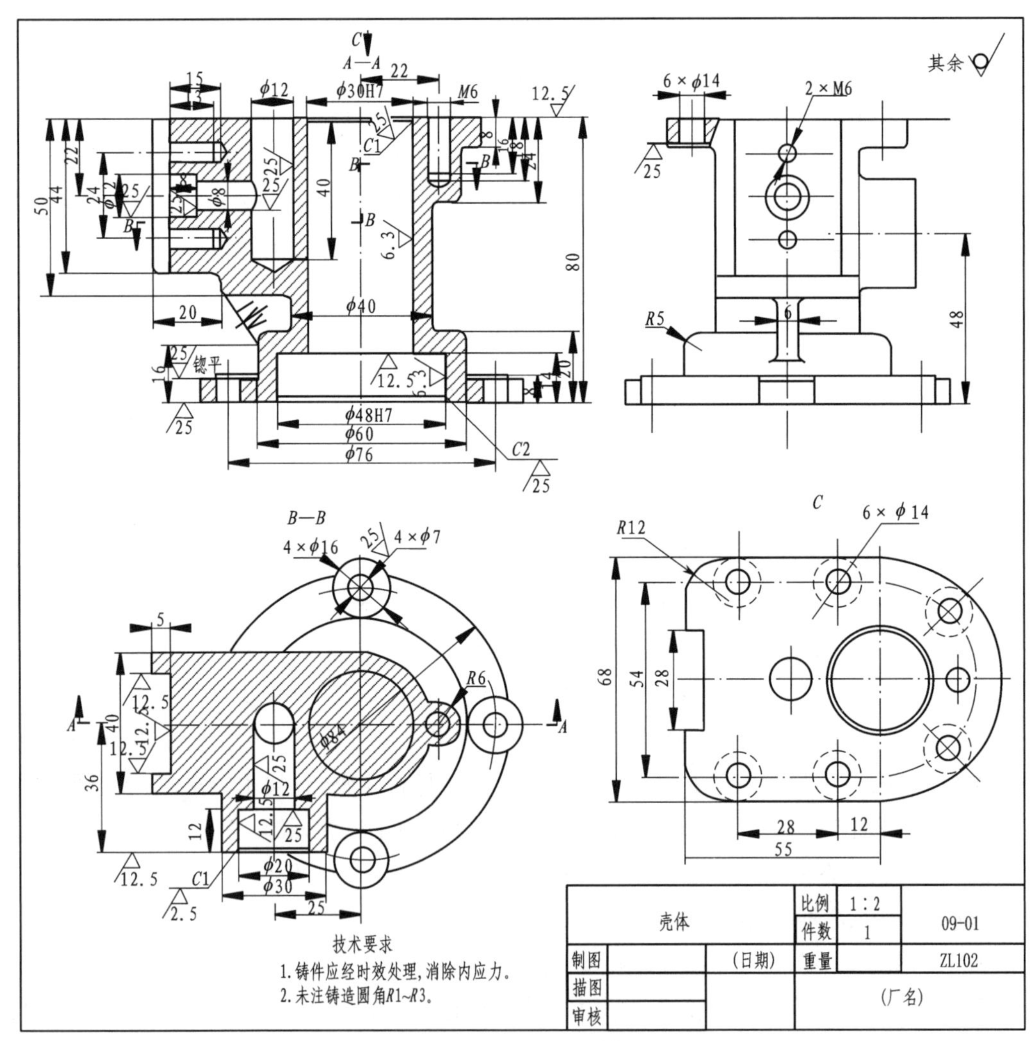

图 10-53 壳体零件图

由形体分析可知，壳体主要由上部的主体、具有多个沉孔的上底板和下底板以及左右凸块组成。除了凸块外,本体及底板基本上是回转体。

(3)分析尺寸和技术要求:分析图上所注尺寸,长度方向尺寸基准是通过主体圆筒轴线的侧平面;宽度方向尺寸基准是通过壳体的主体轴线的正平面;高度方向尺寸基准是底板的底面。从这三个尺寸基准出发,可看出各部分的定形尺寸和定位尺寸,从而可以完全读懂这个壳体的形状和大小。在分析技术要求方面,应该对零件的几何公差和表面粗糙度进行分析,另外还应注意文字叙述的技术要求。

(4)综合考虑:把上述各项内容综合起来,就能得出对于这个壳体的总体概念。

3. 齿轮油泵装配体的测绘及装配图绘制

1)装配体测绘方法及步骤

(1)了解测绘对象。

(2)拆卸零部件。拆卸零部件时应注意以下几个问题:

①在拆卸之前应测量一些必要的原始尺寸,如某些零件之间的相对位置等;

②要制订周密的拆卸计划,合理地选用工具,采用正确的拆卸方法,按照一定的拆卸顺序依次拆卸,严禁胡乱敲打,避免损坏原有零件;

③对于有较高精度的配合或过盈配合,应尽量少拆或不拆,避免降低原有配合精度或损坏零件;

④为避免零件的混乱和丢失,应按照拆卸的顺序对零件进行编号、登记并贴上标签,依次整齐放置,避免碰伤、变形或丢失,从而保证再次装配的顺利进行。

(3)测绘零件并画零件草图。在装配体测绘中,画零件草图应注意以下两点:

①标准件不必画零件草图,但应测量其主要规格尺寸,其他数据可查阅国家标准获取,并在明细表中登记,所有非标准件都必须画出零件草图,并要准确、完整地标注测量尺寸,不得遗漏;

②零件草图可以按照装配关系或拆卸顺序依次画出,以便随时校对和协调各零件之间的相关尺寸。

2)绘制装配图

(1)根据零件草图和装配示意图拟订装配体的视图表达方案。一般按部件的工作位置选择主视图,并使主视图能够尽量反映部件的工作原理、传动路线、装配关系及零件间的相互位置等,且主视图通常取剖视。其他视图的选择应能补充主视图尚未表达清楚的内容。一般情况下,部件中的每一种零件至少应在视图中出现一次。

(2)在拟订好装配体视图表达方案后,便可根据装配体的大小及复杂程度,选用合适的绘图比例,确定图幅,并画出图框及标题栏。

(3)合理布置图面,从各装配干线入手,以点画线或细线布置各视图位置。

(4)由主视图入手,配合其他视图,按照装配干线由里向外逐个画出各个零件,完成装配图底稿。一般先画大的主要零件,定出框架。

(5)进一步进行细节描述,此时要细心,防止遗漏。

(6)仔细检查,确认无误后,便可加深图线,标注尺寸,注写序号,填写技术要求、标题栏和明细表,完成作图。

本章小结

通过本章的学习,使学生了解零件图的作用与内容,正确绘制和阅读零件图,正确、完整、清晰、合理地标注零件图的尺寸,并正确注写尺寸公差、几何公差及表面粗糙度;掌握由装配图拆画零件图的方法,掌握装配图的识读和绘制;能徒手绘制零件草图,掌握正确的零件测绘技能及正确确定表达方案。

技能与素养

在本章内容的学习过程中,帮助学生养成严肃认真对待图纸,一线一字都不能马虎的习惯,从而培养学生的责任感和使命感。对于工程图样的绘制,要从小处开始一步一步来,面对困难要迎难而上,培养学生持之以恒的精神和认真的工作态度。

思考练习题

1. 选择题

(1)下列说法不正确的是(　　)。

A. 零件图和装配图都是机械图样

B. 零件图用于装配体的装配

C. 零件图和装配图都是生产中的重要技术文件

D. 零件图表达零件的大小、形状及技术要求

(2)零件图的内容不包括(　　)。

A. 一组视图

B. 足够的尺寸

C. 必要的技术要求

D. 明细栏

(3)下列说法正确的是(　　)。

A. 装配图中两零件的接触面应画一条线

B. 装配图中两零件的接触面应画两条线

C. 装配图中两零件的接触面可画一条或两条线

D. 以上说法都不正确

(4)关于装配图剖面线,下列说法正确的是(　　)。

A. 相邻零件的剖面线方向必须相反

B. 零件的剖面线间隔必须一致

C. 同一零件不同视图的剖面线必须同向且间隔一致

D. 上述说法都不正确

（5）下列关于装配图的画法，表达错误的是（　　）。

A. 连接件通常按不剖画出

B. 为避免遮挡和重复表达，装配图常采用拆卸画法

C. 沿结合面剖切画法，剖切到的零件均不画剖面线

D. 装配图中可单独画出某一零件的视图

（6）左轴段对右轴段的同轴度公差为 ϕ0.01 mm，下面关于几何公差标注正确的是（　　）。

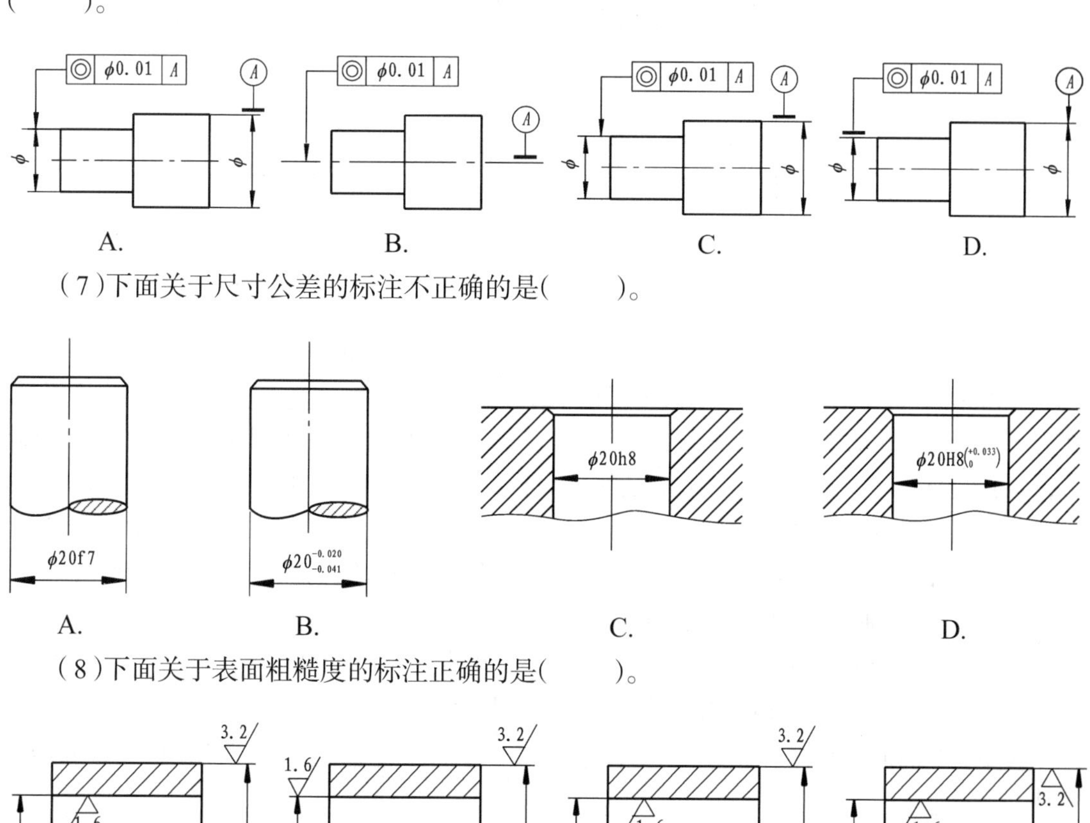

（7）下面关于尺寸公差的标注不正确的是（　　）。

（8）下面关于表面粗糙度的标注正确的是（　　）。

2. 填空题

(1)读懂几何公差,用文字表述。

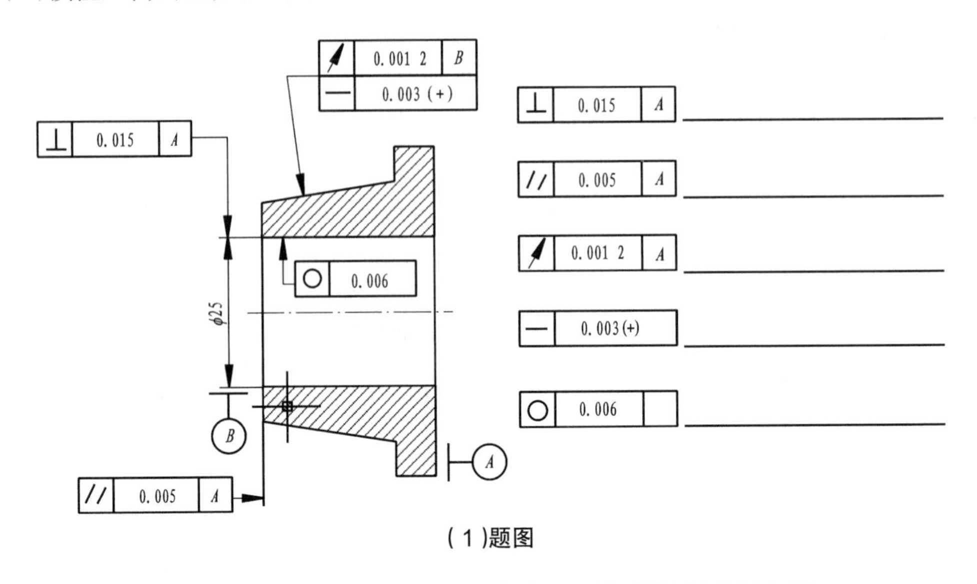

(1)题图

(2)阅读如图 10-51 所示齿轮油泵装配图,完成以下各题及拆画零件图。

①齿轮油泵选用了 ______ 基本视图。主视图中齿轮属于 ________ 画法;左视图左半部为表达出两齿轮的啮合情况采用了 ______________ 画法,表达了齿轮油泵工作原理及外形;右视图表达 ______________;表达泵体底板及安装孔的形状和位置采用的 C 向视图为 _________ 画法;除基本视图外,还采用 $A—A$ 剖视表达了 ______________ 连接情况。

②分析齿轮油泵的工作原理,如果油从前孔吸进,从后孔压出,两齿轮应如何旋转?试用箭头标出进油、出油及两齿轮的旋转方向。

③小轴与从动齿轮为基 ______ 制 ________ 配合,与泵座为基 ____ 制 _______ 配合。当主动齿轮带动从动齿轮旋转时,小轴 _____(是否)一起转动?

④填料(8)的材料是 _________,其作用是 ______________,若要更换填料,应卸下零件 __________。

⑤分析图中所注尺寸,属于性能尺寸的有 ____________,属于装配尺寸的有 ____,属于安装尺寸的有 ______________________,属于外形尺寸的有 ______________。

⑥螺栓规格型号为 ______,螺距为 _______。

⑦拆画齿轮油泵中泵体、泵座零件图。

第 11 章　计算机辅助制图 AutoCAD 基础

本章主要介绍 AutoCAD 2019 的基础知识，包括软件的安装、界面介绍、文件操作技巧、命令调用方法以及绘图环境和图层的设置、辅助功能的使用等，这些内容是使用 AutoCAD 2019 进行绘图的前提和基础。通过学习，可以对 AutoCAD 2019 有一个大体的、全方位的了解，了解 AutoCAD 2019 的基础知识；熟悉图形界限、绘图单位、栅格、捕捉、对象捕捉等的设置。

扫一扫：PPT- 第 11 章

11.1　AutoCAD 的基本操作

11.1.1　AutoCAD 软件的安装与启动

AutoCAD 2019 软件以光盘形式提供，光盘中有名为 SETUP.EXE 的安装文件，执行 SETUP.EXE 文件，根据弹出的窗口选择操作即可。

安装 AutoCAD 2019 后，系统会自动在 Windows 桌面上生成对应的快捷方式。双击该快捷方式，即可启动 AutoCAD 2019。与启动其他应用程序一样，也可以通过 Windows 资源管理器、Windows 任务栏按钮等启动 AutoCAD 2019。

11.1.2　AutoCAD 的界面

第一次启动 AutoCAD 2019 程序后，在“开始”界面中单击“开始绘图”链接或“新图形”按钮，将进入 AutoCAD 2019 默认工作界面，该界面主要由标题栏、功能区、绘图区、十字光标、命令栏和状态栏 6 个主要部分组成，如图 11-1 所示。

扫一扫：AutoCAD 基本介绍

为满足不同用户的需要，AutoCAD 2019 提供了草图与注释、三维基础和三维建模 3 种工作空间模式，用户可以根据需要选择。

“草图与注释”工作空间：默认状态下，启动的工作空间即为“草图与注释”工作空间。该工作空间的功能区提供了大量的绘图、修改、图层、注释以及块等工具。

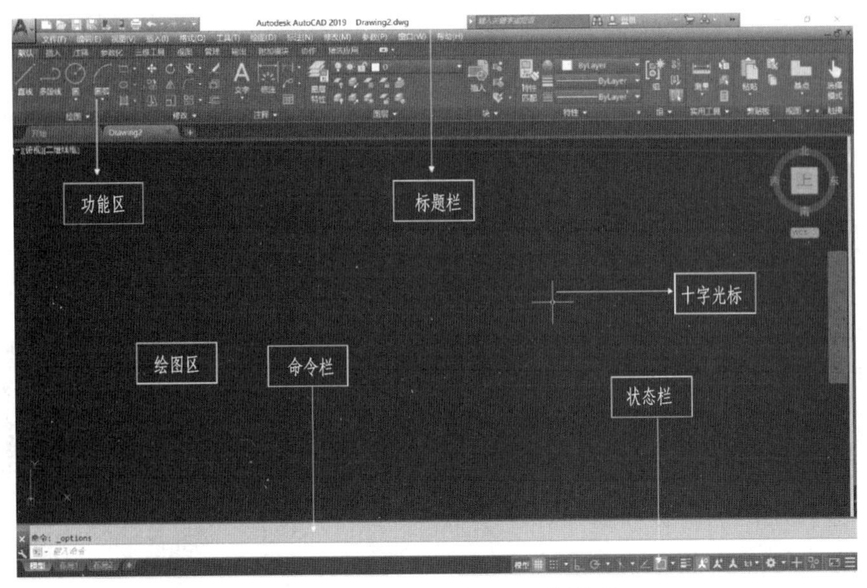

图 11-1　AutoCAD 2019 工作界面

“三维基础”工作空间:在该工作空间中可以方便地绘制基础的三维图形,并且可以通过其中的“修改”面板对图形进行快速修改。

“三维建模”工作空间:在该工作空间的功能区提供了大量的三维建模和编辑工具,可以方便地绘制出更多、更复杂的三维图形,也可以对三维图形进行修改、编辑等操作。

为了方便早期版本的老用户使用, AutoCAD 2019 软件保留经典界面配置,可以通过菜单栏中“工具”→“工具栏”→“AutoCAD”调出,如图 11-2 所示。

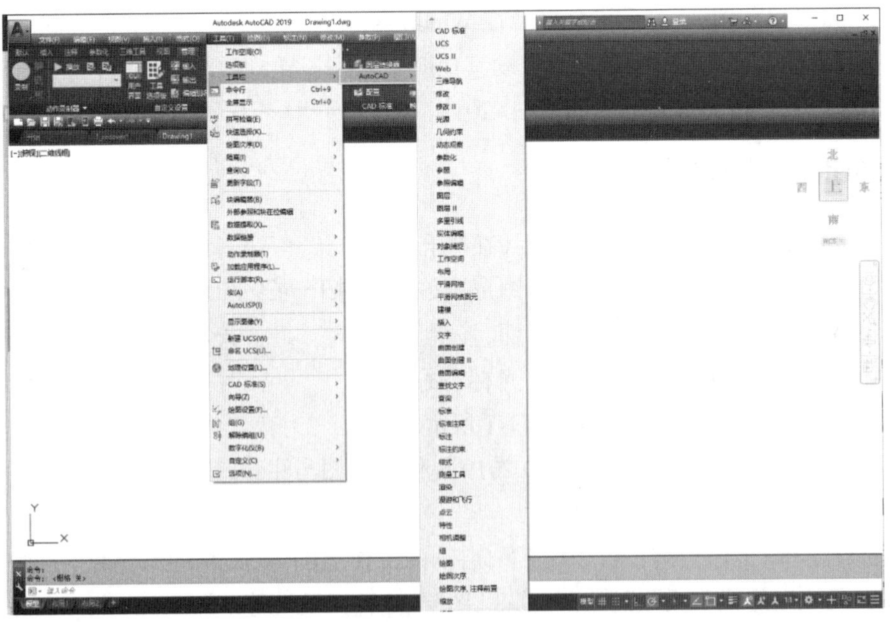

图 11-2　调出 AutoCAD 2019 经典界面

11.1.3　退出 AutoCAD 2019

使用完毕后，用户可以使用以下 3 种常用方法退出 AutoCAD 2019 应用程序。

（1）单击程序图标，在弹出的菜单中选择“退出 Autodesk AutoCAD 2019”命令即可退出 AutoCAD 2019 应用程序，如图 11-3 所示。

（2）单击 AutoCAD 2019 应用程序窗口右上角的“关闭”按钮，退出 AutoCAD 2019 应用程序，如图 11-4 所示。

（3）按“Alt+F4”组合键，退出 AutoCAD 2019 应用程序。

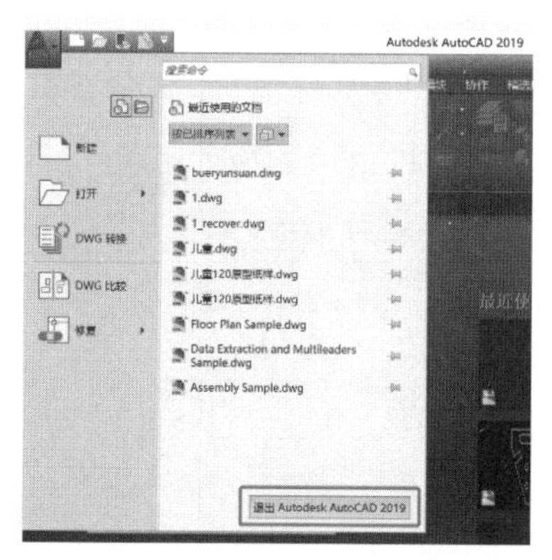

图 11-3　菜单栏关闭程序

图 11-4　窗口关闭程序

11.1.4　AutoCAD 的基本操作

对文件进行管理，是使用 AutoCAD 进行绘图的重要内容。下面将学习使用 AutoCAD 新建文件、保存文件和打开文件等操作方法。

1. 新建文件

新建文件命令使用方法如下：

（1）单击“快速访问”工具栏中的“新建”按钮；

（2）在图形窗口的图形名称选项卡右方单击“新图形”按钮；

（3）显示菜单栏，然后选择“文件”→“新建”命令；

（4）按“Ctrl+O”组合键；

（5）执行“NEW”命令。

操作方法：执行新建文件命令，打开“选择样板”对话框，在其中可以选择并打开“acad”选项创建一个空白文档，如图 11-5 所示；还可以选择其他样板文件作为新图形文件的基础。

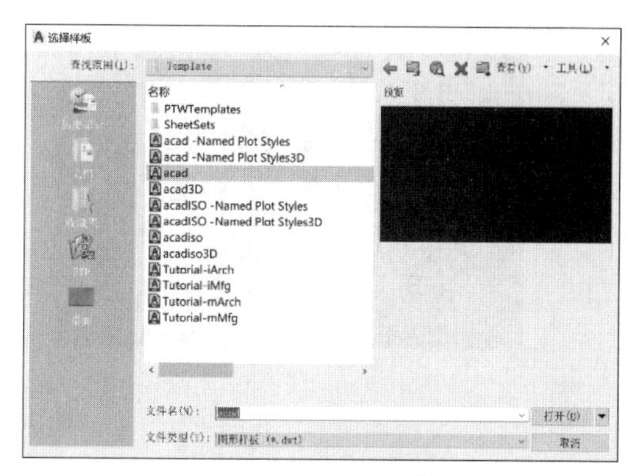

图 11-5　新建文件

2. 保存文件

保存文件命令使用方法如下：

（1）单击“快速访问”工具栏中的“保存”按钮；

（2）显示菜单栏，然后选择“文件”→“保存”命令；

（3）按“Ctrl+S”组合键；

（4）执行“SAVE”命令。

操作方法：执行保存文件命令，打开“图形另存为”对话框，在该对话框中指定相应的保存路径和文件名称，然后单击“保存”按钮，即可保存图形文件，如图 11-6 所示。

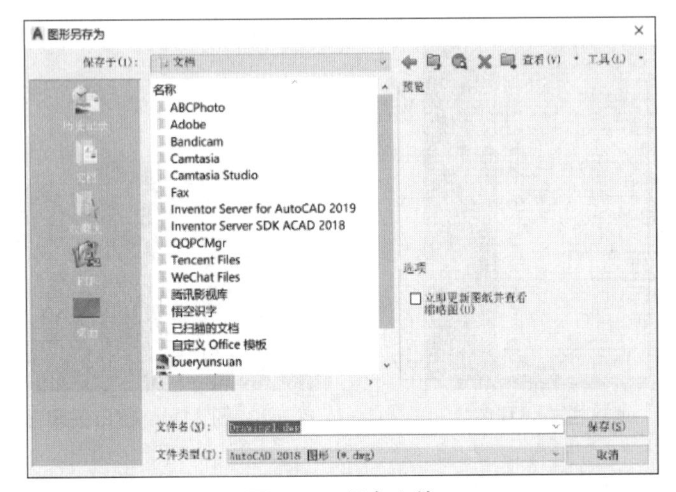

图 11-6 保存文件

3. 打开文件

打开文件命令使用方法如下：

（1）单击“快速访问”工具栏中的“打开”按钮，如图 11-7（a）所示；

（2）显示菜单栏，然后选择“文件”→“打开”命令，如图 11-7（b）所示；

（3）按“Ctrl+O”组合键；

（4）执行“OPEN”命令。

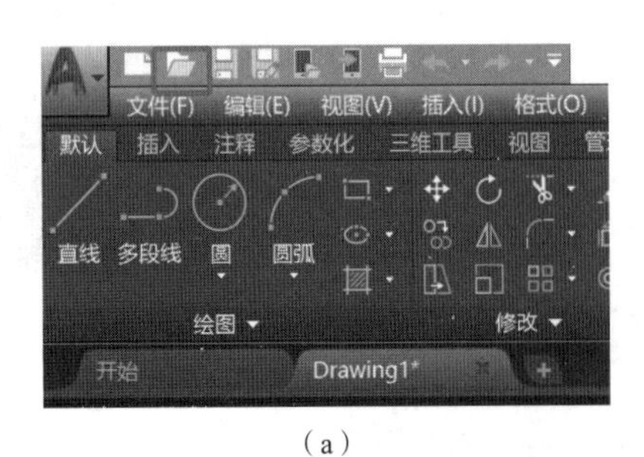

（a）

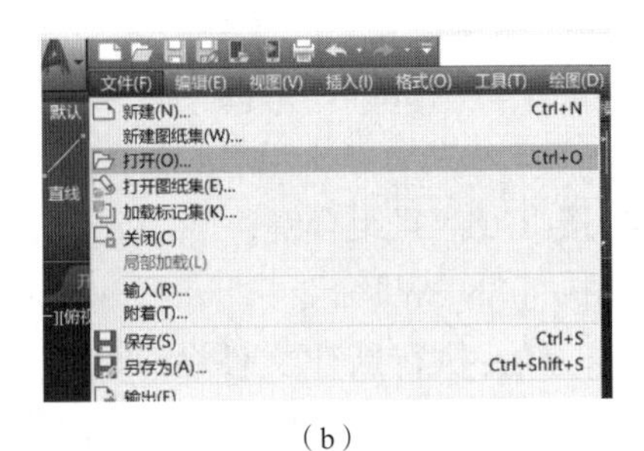

（b）

图 11-7 打开文件

操作方法：执行打开文件命令，打开“选择文件”对话框，在该对话框中可以选择文件的位置并打开指定文件。单击“打开”按钮右侧的三角形按钮,可以选择打开文件的 4 种方式,即“打开”“以只读方式打开”“局部打开”和“以只读方式局部打开”。

4. 关闭文件

单击应用程序窗口右上角的“关闭”按钮,可以退出应用程序,同时系统会自动关闭当前已经保存过的文件。如果要在不退出应用程序的情况下关闭当前编辑好的文件,那么可以选择“文件”→“关闭”命令,或者单击图形文件窗口右上角的“关闭”按钮快速关闭文件。

11.2　绘图环境的设置

在 AutoCAD 中,可以设置图形界限、图形单位、绘图区的颜色、图形显示精度和自动保存时间等。

11.2.1　命令执行的方法

在 AutoCAD 中有多种执行命令的方法,主要包括选择命令、单击工具按钮和在命令行中输入命令等。

1. 鼠标的使用

鼠标有左键、中键和右键,如图 11-8 所示。

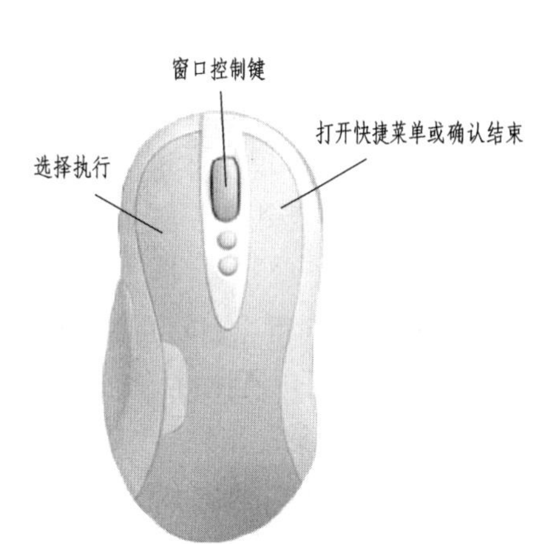

图 11-8　鼠标左键、中键、右键

(1)鼠标左键的作用:选择执行,包括中间步骤选择执行。

(2)鼠标右键的作用:打开快捷菜单或确认结束,包括中间步骤确认结束,可用回车(Enter)键和空格键代替。

(3)鼠标中键的作用。

①单击中键:窗口控制。

②滚动中键:缩放窗口,向上滚动中键放大窗口显示(相当于拉近摄像机镜头);向下滚动中键缩小窗口显示(相当于推远摄像机镜头);光标当前位置就是缩放中心。

③按下中键拖动:平移窗口,相当于同一视角浏览图形。

④同时按下“Shift”键和中键:摇移窗口,方便采用不同角度观察立体图形元素。

⑤双击中键:全屏显示所有图形元素。

2. 命令执行的方法

(1)选择命令:通过选择命令的方式来执行命令。例如,执行“多边形”命令,其方法是显示菜单栏,然后选择“绘图”→“多边形”命令。

(2)单击工具按钮:在“草图与注释”工作空间中单击相应功能面板上的按钮来执行命令。例如,在“绘图”面板中单击“矩形”按钮,即可执行“矩形”命令。

(3)在命令行中输入命令:通过在命令行中输入命令的方式来执行命令。在命令行中输入命令的方法比较快捷、简便。执行命令时，只需在命令行中输入英文命令或缩写后的简化命令，然后按“Enter”键或空格键，即可执行该命令。例如，执行“圆”命令，只需在命令行中输入“Circle”或“C”，然后按“Enter”键或空格键即可。

3. 透明命令

AutoCAD 的透明命令是指在不中断其他命令的情况下被执行的命令。例如，“Zoom”（视图缩放）命令就是一个典型的透明命令。使用透明命令的前提条件是在执行某个命令的过程中需要用到其他命令而又不退出当前执行的命令。透明命令可以单独执行，也可以在执行其他命令的过程中执行。在绘图或编辑过程中，要在命令行中执行透明命令，必须在原命令前面加一个撇号“'”，然后根据相应的提示进行操作即可。

4. 终止命令

在执行 AutoCAD 操作命令的过程中，按“Esc”键，可以随时终止 AutoCAD 命令的执行。注意，在操作中退出命令时，有些命令需要连续按两次“Esc”键。如果要终止正在执行的命令，可以在“命令：”状态下输入“U”（退出）并按空格键进行确定，即可返回上次操作前的状态。

5. 设置自动保存时间

在完成一个命令的操作后，如果要重复执行上一次使用的命令，可以通过以下几种方法快速实现。

（1）按“Enter”键：在一个命令执行完成后，按“Enter”或空格键，即可再次执行上一次执行的命令。

（2）右击：若用户设置了禁用右键快捷菜单，可在前一个命令执行完成后右击继续执行前一个操作命令。

（3）按方向键↑：按键盘上的方向键↑，可依次向上翻阅前面在命令行中所输入的数值或命令，当出现用户所执行的命令后，按“Enter”键即可执行命令。

6. 放弃命令及操作

在 AutoCAD 中，系统提供了图形的恢复功能。使用图形恢复功能，可以取消绘图过程中的操作。

图形恢复功能命令使用方法如下：

（1）选择“编辑”→“放弃”命令；

（2）单击“快速访问”工具栏中的“放弃”按钮，可以取消前一次执行的命令，连续单击该按钮，可以取消多次执行的操作；

（3）执行“U”命令可以取消前一次的命令，或执行“Undo”命令，并根据提示输入要放弃的操作数目，可以取消前面对应次数执行的操作；

（4）执行“Oops”命令，可以取消前一次删除的对象，但使用“Oops”命令只能恢复前一次被删除的对象而不会影响前面所进行的其他操作。

（5）按“Ctrl+Z”组合键。

7. 重做放弃的命令及操作

在 AutoCAD 中，系统提供了图形的重做功能。使用图形重做功能，可以重新执行放弃的操作。

图形重做功能命令使用方法如下：

（1）选择“编辑”→“重做”命令；

（2）单击“快速访问”工具栏中的“重做”按钮，可以恢复已放弃的上一步操作；

（3）在执行放弃命令操作后，紧接着执行“Redo”命令即可恢复已放弃的上一步操作。

11.2.2　数据输入的方法

在执行命令时，用户需要对提示作出回应。例如，在执行“直线”命令时，输入直线的起点坐标数值，或单击指定起点；系统将再提示“指定下一点或 [放弃（U）]：”，表示应指定下一点；直到系统提示为“指定下一点或 [闭合（C）/ 放弃（U）]：”时，按“Enter”键或空格键即可结束该命令，如图 11-9 所示。

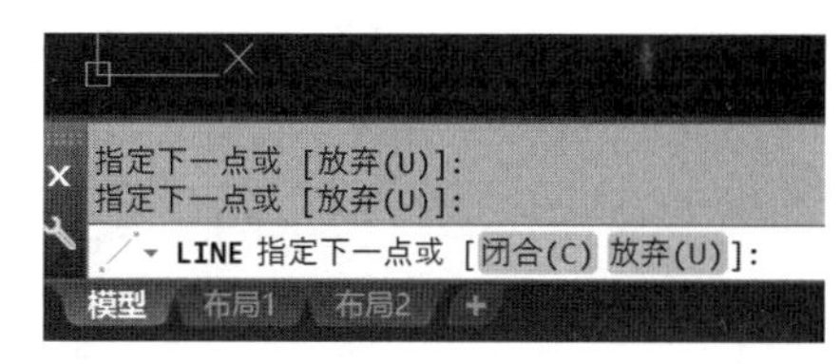

图 11-9　子命令操作

当输入某命令后，AutoCAD 会提示用户输入命令的子命令或必要的参数，当信息输入完毕后，命令功能才能被执行。

11.2.3　图形环境的设置

在 AutoCAD 中，可以设置图形界限、图形单位、图形显示精度、保存选项和系统变量等。

1. 设置图形界限

图形界限是 AutoCAD 绘图空间中的一个假想的矩形绘图区域，相当于用户选择的图纸大小。图形界限确定了栅格和缩放的显示区域。在 AutoCAD 中，与图纸的大小相关的设置就是图形界限，设置图形界限的大小应与选定的图纸相等。

命令使用方法如下：

（1）在命令行中输入“Limits”并确定；

（2）选择“格式”→“图形界限”命令。

2. 设置图形单位

AutoCAD 使用的图形单位包括毫米、厘米、英尺和英寸等十几种单位，以供不同行业绘图的需要。在使用 AutoCAD 绘图前，应该首先进行图形单位的设置。用户可以根据具体工作需要设置单位类型和数据精度。

命令使用方法如下：

（1）输入“Units”（简化命令“UN”）并确定；

（2）选择“格式”→“单位”命令。

执行“UN”(单位)命令后，将打开“图形单位”对话框，如图 11-10 所示。在该对话框中可以为图形设置长度、精度和角度等的单位值。

3. 设置图形显示精度

在 AutoCAD 中，系统为了加快图形的显示速度，圆与圆弧都以多边形来显示。在“选项”对话框的“显示”选项卡中，通过调整“显示精度”区域中的相应值，可以调整图形的显示精度，如图 11-11 所示。

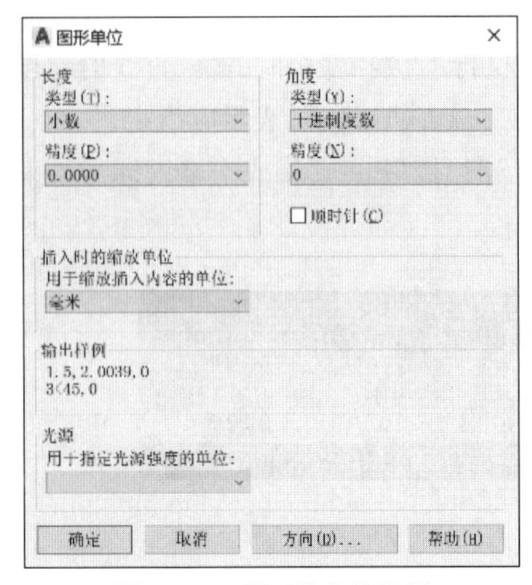

图 11-10 图形单位的设置

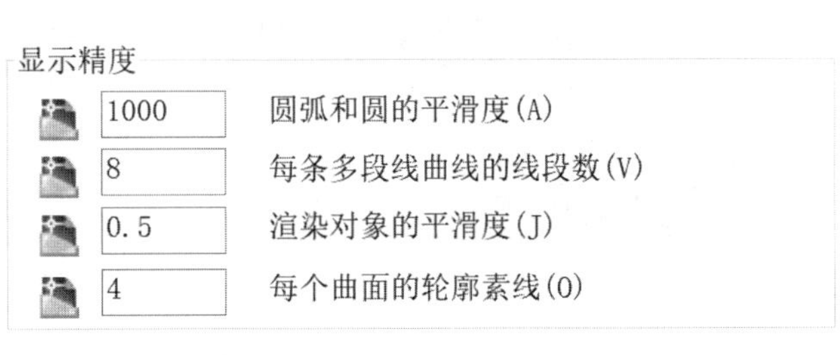

图 11-11 显示精度

4. 设置保存选项

在绘制图形的过程中，开启自动保存文件的功能，可以防止在绘图时因意外因素造成的文件丢失。自动保存后的备份文件的扩展名为“.ac$”，此文件的默认保存位置在系统盘 \Documents and Settings\Default User\Local Settings\Temp 目录下。当需要使用自动保存后的备份文件时，可以在备份文件的默认保存位置下找出该文件，将该文件的扩展名“.ac$”修改为“.dwg”，即可将其打开。

5. 设置系统变量

在 AutoCAD 中，系统变量用于控制某些功能、环境参数以及命令的工作方式。例如，可以使用系统变量打开或关闭捕捉、栅格、正交等模式以及设置默认的填充图案或存储当前图形的相关信息等。

11.2.4 正交和捕捉的设置

1. 捕捉和栅格的设置

在 AutoCAD 中，栅格是一些标定位置的小点，可以提供直观的位置和距离参照；捕捉用于设置光标移动的间距。选择“工具”→“绘图设置”命令，或者右击状态栏中的“捕捉模式”按钮，在弹出的菜单中选择“捕捉设置”命令，即可在打开的“草图设置”对话框中进行捕捉和栅格设置，如图 11-12 所示。

启用或关闭捕捉和栅格命令使用方法如下：

(1)单击状态栏中的“捕捉模式”和“栅格显示”按钮;

(2)按“F9”键可以打开或关闭捕捉模式,按“F7”键可以打开或关闭栅格显示;

(3)在“草图设置”对话框中选中或取消选中“启用捕捉”和“启用栅格”复选框。

设置捕捉参数:在“草图设置”对话框左方区域中可以设置捕捉的相关参数。“捕捉间距”选项栏用于控制捕捉位置不可见的矩形栅格,以限制光标仅在指定的 X 和 Y 轴间距内移动。

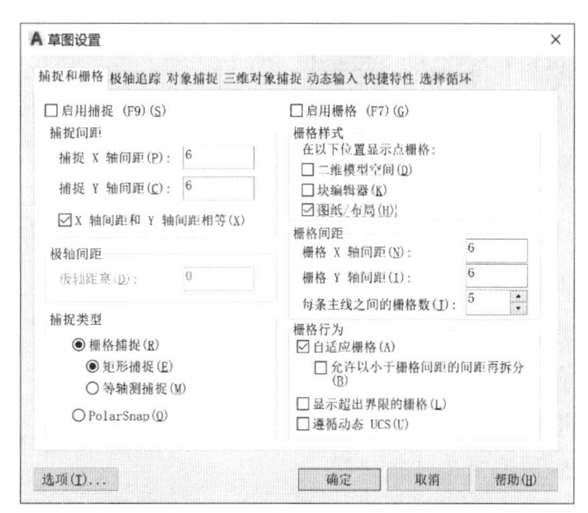

图 11-12　捕捉和栅格设置

设置栅格参数:在“草图设置”对话框右方区域中可以设置栅格的相关参数。“栅格样式”选项栏用于设置显示点栅格的位置。例如,将显示点栅格设置在“二维模型空间”“块编辑器”或“图纸 / 布局”空间中。

2. 正交模式

在 AutoCAD 中绘制图形时,正交模式和对象捕捉具有十分重要的功能,利用该功能可以快速准确地绘制所需图形。

在绘制或编辑图形的过程中,使用正交模式功能可以将光标限制在水平轴或垂直轴方向上,从而方便在水平或垂直方向上绘制或编辑图形。

正交模式命令使用方法如下:

(1)单击状态栏中的“正交限制光标”按钮;

(2)按“F8”键激活正交功能。

开启正交模式功能后,状态栏中的“正交限制光标”按钮处于蓝色高亮状态,如图 11-13 所示。

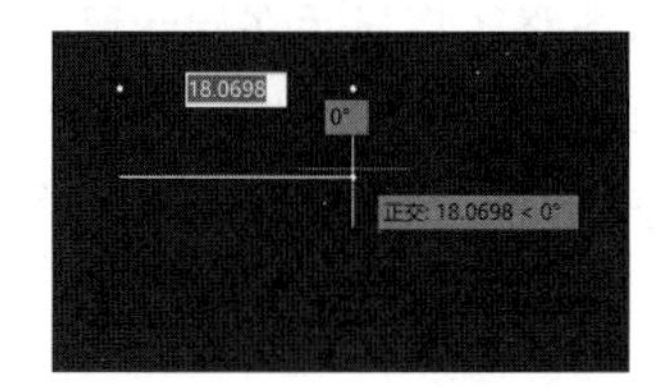

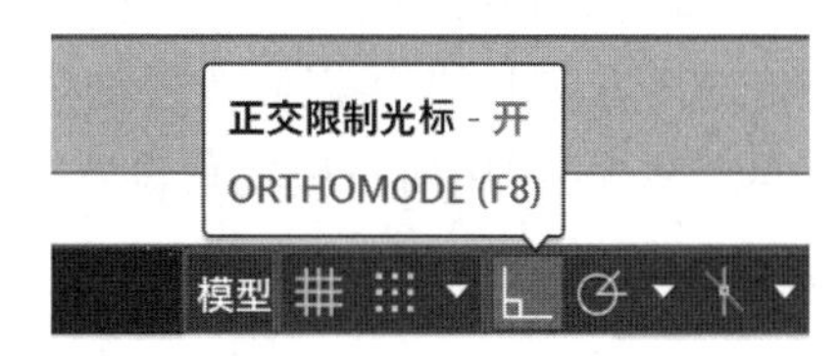

图 11-13　正交模式

图 11-14　对象捕捉的设置

3. 对象捕捉

在 AutoCAD 绘制图形时，经常需要将对象指定到一些特殊点的位置，如端点、圆心、交点等。如果仅凭估测来指定，不可能准确地找到这些点。这时就需要应用到对象捕捉或对象捕捉追踪功能。启用对象捕捉设置后，在绘图过程中，当鼠标光标靠近这些被启用的捕捉特殊点时，将自动对其进行捕捉，如图 11-14 所示。

在绘图过程中，除了需要掌握对象捕捉的设置外，还需要掌握捕捉追踪的相关知识和应用方法，从而提高绘图效率。

4. 使用极轴追踪

极轴追踪是以极轴坐标为基础，先指定极轴角度所定义的临时对齐路径，然后按照指定的距离进行捕捉。

在使用极轴追踪时，需要按照一定的角度增量和极轴距离进行追踪。选择“工具”→“绘图设置”命令，在打开的“草图设置”对话框中选择“极轴追踪”选项卡，在该选项卡中可以启用极轴追踪，如图 11-15 所示。

5. 使用对象捕捉追踪

选择“工具”→“绘图设置”命令，在打开的“草图设置”对话框中打开“对象捕捉”选项卡，在该选项卡中选中“启用对象捕捉追踪”复选框，启用对象捕捉追踪功能后，在命令中指定点时，光标可以沿基于其他对象捕捉点的对齐路径进行追踪。如图 11-16 所示为圆心捕捉追踪效果。

图 11-15　极轴追踪

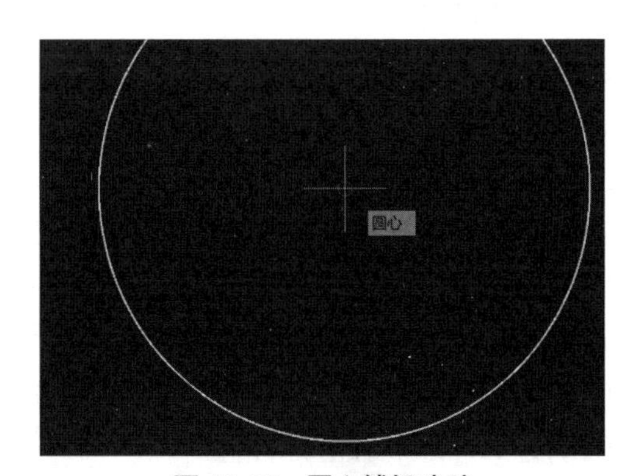

图 11-16　圆心捕捉追踪

6. 修改捕捉追踪设置

默认情况下，对象捕捉追踪设置为正交路径。对齐路径将显示在始于已获取的对象点的 0°、90°、180° 和 270° 方向上，但可以修改极轴角的设置。例如，在“草图设置”对话框中将极轴角的增量设为 45，并选中“用所有极轴角设置追踪”选项，即可修改对象捕捉追踪的角度限制，如图 11-17 所示。

图 11-17　修改捕捉追踪设置

7. 使用临时捕捉追踪

在绘图过程中，如果没有直接可以捕捉的参考点，用户可以通过设置临时追踪点进行对象捕捉追踪。

11.2.5　其他功能的设置规定

在 AutoCAD 中，用户可以根据自己的习惯和爱好设置光标的样式，包括控制十字光标的大小、改变捕捉标记的大小与颜色、改变拾取框的状态和夹点的大小。

1. 设置十字光标大小

十字光标是默认状态下的光标样式，在绘制图形时，用户可以根据操作习惯调整十字光标的大小。

2. 设置自动捕捉标记大小

自动捕捉标记是启用自动捕捉功能后，在捕捉特殊点（如端点、圆心、中点等）时，光标所表现出的对应样式。用户可以根据需要修改自动捕捉标记的大小。

3. 设置拾取框大小

拾取框是指在执行编辑命令时，光标所变成的一个小正方形框。合理地设置拾取框的大小，有助于快速、高效地选取图形。若拾取框过大，在选择实体时很容易将与该实体相邻的其他实体选择在内；若拾取框过小，则不容易准确地选取到实体目标。

4. 设置夹点大小

夹点是选择图形后在图形的节点上显示的图标。为了准确地选择夹点对象，用户可以根据需要设置夹点的大小。在“选项”对话框中选择“选择集”选项卡，然后在“夹点大小”选项栏中拖动滑动块，即可调整夹点的大小。

5. 设置靶框大小

靶框是捕捉对象时出现在十字光标内部的方框，在“选项”对话框中选择“绘图”选项卡，然后在“靶框大小”选项栏中拖动滑动块，即可调整靶框的大小。

在 AutoCAD 中,可以使用动态输入功能在指针位置处显示标注输入和命令提示等信息,从而方便绘图操作。

6. 启用指针输入

在“草图设置”对话框中选择“动态输入”选项卡,然后选中“启用指针输入”复选框,以启用指针输入功能;单击“指针输入”选项栏中的“设置”按钮,可以在打开的“指针输入设置”对话框中设置指针的格式和可见性,如图 11-18 所示。

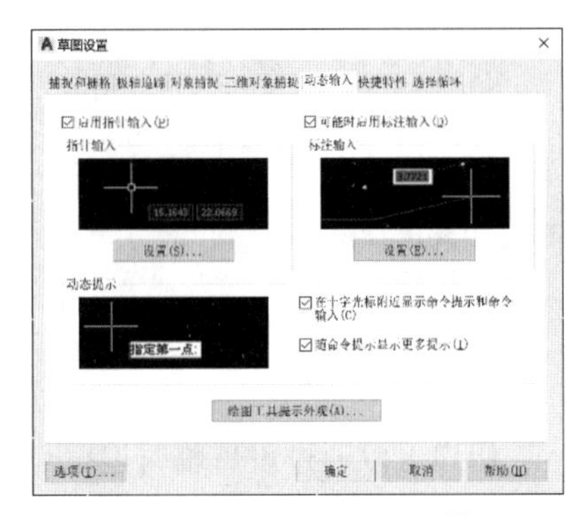

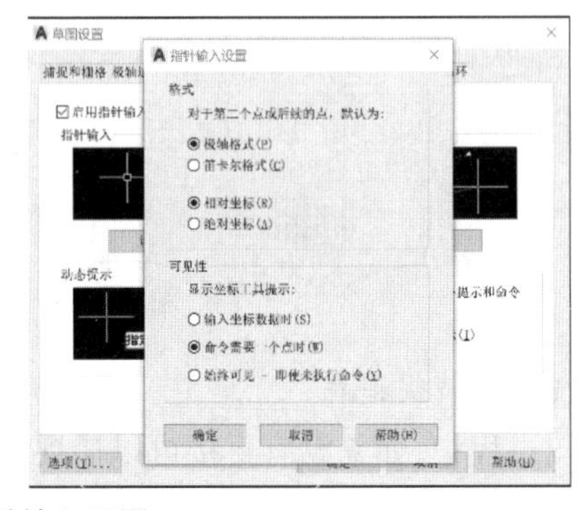

图 11-18 指针输入设置

7. 启用标注输入

打开“草图设置”对话框,选择“动态输入”选项卡,然后选中“可能时启用标注输入”复选框,可以启用标注输入功能;单击“标注输入”选项栏中的“设置”按钮,可以在打开的“标注输入的设置”对话框中设置标注的可见性,如图 11-19 所示。

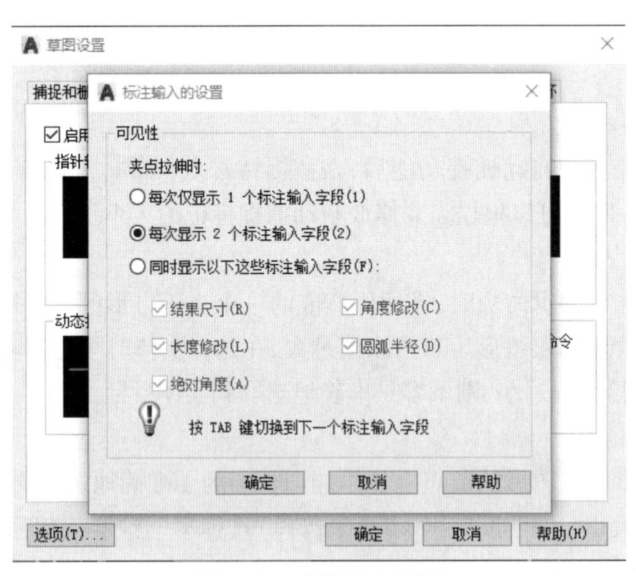

图 11-19 标注输入设置

8. 使用动态提示

打开“草图设置”对话框,选择“动态输入”选项卡,然后选中“动态提示”选项栏中的“在十字光标附近显示命令提示和命令输入”复选框，可以在光标附近显示命令提示。

11.3　绘图显示的控制

在 AutoCAD 中，对视图进行缩放和平移操作，有利于对图形进行绘制和编辑操作。除此之外，用户还可以根据需要对视图进行全屏显示、重画或重生成等操作。

1. 缩放视图

使用“缩放视图”命令可以对视图进行放大或缩小操作，以改变图形显示的大小，从而方便用户对图形进行观察。

缩放视图命令使用方法如下：

（1）选择“视图”→“缩放”命令，然后在子菜单中选择需要的命令；

（2）输入“Zoom”（简化命令“Z”）并确定。

2. 平移视图

平移视图是指对视图中图形的显示位置进行相应的移动，移动前后的视图只是改变图形在视图中的位置，而不会发生大小的变化。如图 11-20 所示为平移视图前后的效果。

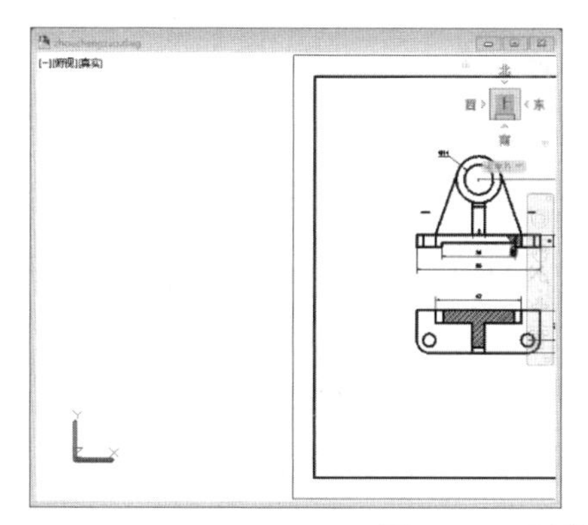
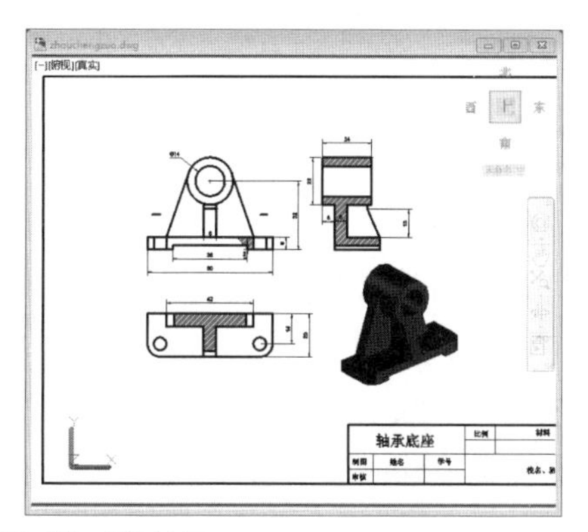

图 11-20　平移视图前后的效果

平移视图命令使用方法如下：

（1）输入“Pan”（简化命令“P”）并确定；

（2）选择“视图”→“平移”命令，然后在子菜单中选择需要的命令。

3. 全屏显示视图

全屏显示视图可以最大化显示绘图区中的图形，窗口中将只显示菜单栏、“模型”选项卡、“布局”选项卡、状态栏和命令提示行。例如，将图形输出为 BMP 位图时，全屏显示视图可以提高位图中图形的清晰度。

全屏显示视图命令使用方法如下：

（1）选择“视图”→“全屏显示”命令；

（2）单击状态栏中的“全屏显示”按钮；

（3）按“Ctrl+O”组合键。

4. 重画与重生成

图形中某一图层被打开、关闭或者栅格被关闭后，系统将自动对图形进行刷新并重新显示。但是栅格的密度会影响刷新的速度，从而影响图形的显示效果。这时，可以通过重画视图或重生成视图解决图形的显示问题。

本章小结

通过本章内容的学习，使读者掌握设置图形界限、绘图单位、栅格、捕捉、对象捕捉、线型、颜色的方法；能运用绝对坐标、相对坐标、极坐标绘制简单的平面图形；能运用简单的绘图命令、编辑命令绘制不太复杂的平面图形。

技能与素养

本章通过介绍 AutoCAD 软件的基础操作，引导读者用唯物辩证法的思想看待和处理问题，掌握正确的思维方法，养成科学的思维习惯，培养逻辑思维与辩证思维能力，以利于形成科学的世界观和方法论，提高职业道德修养和精神境界，促进身心和人格健康发展。

思考练习题

1. 选择题

（1）“极轴追踪”和“对象捕捉追踪”是非常有用的绘图辅助工具，如果事先知道要追踪的方向，则用（　　）。

A. 对象捕捉追踪　　B. 极轴追踪

C. 对象捕捉追踪或极轴追踪　　D. 同时使用

（2）在 AutoCAD 中，打开或关闭捕捉，可按（　　）键。

A. F7　　B. F9　　C. F2　　D. F12

（3）应用对象追踪时，除了按下对象追踪按键外，还需要按下状态条上的（　　）按键。

A. 对象捕捉　　B. 正交　　C. 极轴　　D. 捕捉

2. 填空题

（1）状态栏中“捕捉”按钮的功能是________________。

（2）系统不执行任何命令时，命令提示行提示为____，只有在此状态下才可以输入命令，否则需要先按____键终止正在执行的命令。

第 12 章 绘制二维图形

任何一张工程图都是由基本的二维图形组成的,学习并掌握 AutoCAD 中的圆、圆弧、直线等基本图形对象的绘制方法,并熟练地加以运用,才能绘制出复杂的二维图形。

扫一扫:PPT- 第 12 章

12.1 绘图工具

12.1.1 点的绘制

在使用 AutoCAD 进行图形设计时,点作为一种较为基础的图形对象,在工程制图中常作为其他图形对象的参考点或参照对象。

1. 点的创建

使用 AutoCAD 创建特征点的方式主要有以下几种。

(1)单点:用于单次创建一个特征点,在完成点的绘制后系统将自动退出该命令。

(2)多点:用于连续创建多个特征点,需要用户手动退出该命令。

(3)定数等分点:用于在其他已知图形对象上创建出指定等分数量的特征点。

(4)定距等分点:用于在其他已知图形对象上创建出指定等分距离的特征点。

2. 点样式的设置

在 AutoCAD 的默认点样式中,特征点一般较小且不容易观察和选取,因此在创建特征点之前应首先对点样式进行相应的设置。

操作步骤:①单击下拉菜单“格式”;②选择“点样式”命令;③弹出“点样式”对话框,如图 12-1 所示。

3. 单点和多点

在使用 AutoCAD 制图中,点特征一般作为集合参考对象使用,其常用的创建方式主要有单点和多点两种。

1)单点

单点是使用十字光标在绘图区中直接创建的点特征,一般每次只能创建一个,且在创建完成后系统会直接退出单点命令。

操作步骤:①单击“命令”按钮;②在绘图区域中的任意位置单击鼠标左键;③完成单点创建。

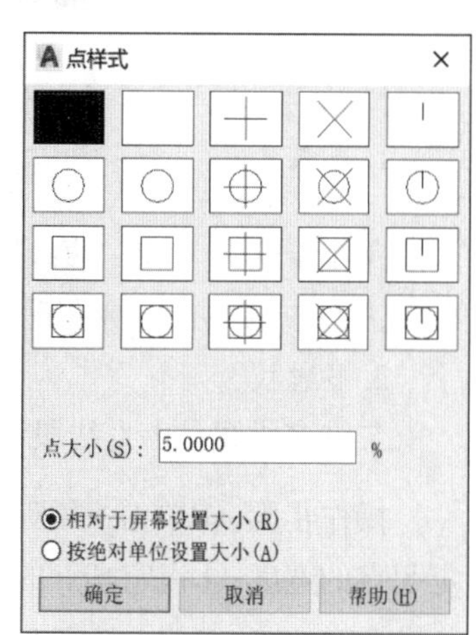

图 12-1 “点样式”对话框

2)多点

多点是使用十字光标在绘图区中连续多次创建的点特征，一般在完成点的创建后需要用户手动退出该命令。

操作步骤:①在“默认”选项卡中找到“绘图”工具组中的“绘图”按钮，在下拉菜单中单击“多点”按钮;②在绘图区域中的任意位置连续单击鼠标左键;③完成多个特征点的创建。

扫一扫:课堂范例——绘制平面图形(定数等分和圆弧结构)

4. 定距和定数等分

在已知的图形对象上创建点特征的方法主要有定距等分和定数等分两种。

1)定距等分点

定距等分点是通过在某个图形对象上使用相对距离来创建一组连续特征点。

操作步骤:①在“绘图”菜单栏中找到“点”→“定距等分”;②选择目标直线或弧线作为定距等分的图形对象;③在命令行中输入长度距离值;④按空格键完成定距等分点的创建。

2)定数等分点

定数等分点是通过在某个图形对象上使用等分段数的方式来创建一组连续特征点。

操作步骤:①在“绘图”菜单栏中找到“点”→“定数等分”;②选择目标直线或弧线作为定数等分的图形对象;③在命令行中输入定数等分数量;④按空格键完成定数等分点的创建。

12.1.2 线的绘制

直线、多段线是 AutoCAD 图形中最基本的元素，绘制线的命令也是最常用的命令，如图 12-2 所示。

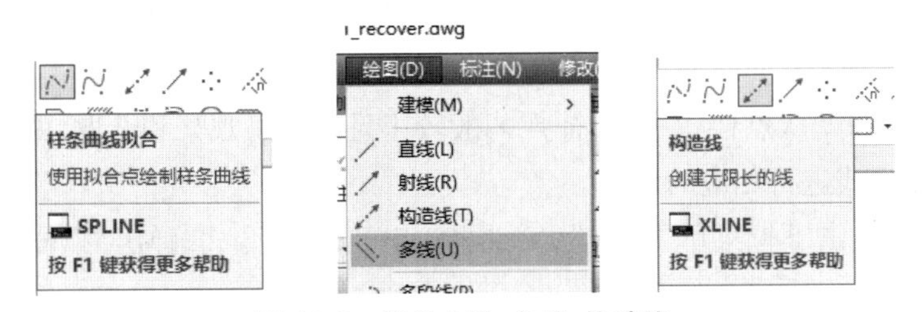

图 12-2 样条曲线、多线、构造线

1. 直线

操作步骤:①单击“直线”命令按钮;②指定线段的起点;③指定线段下一点;④按回车键/空格键，或单击鼠标右键，确认结束绘制(或继续指定下一点画多段折线)。

2. 多段线

二维多段线是由直线段和圆弧段组成的单个对象。

操作步骤:①单击“多段线”命令按钮;②指定多段线起点;③输入“W”后按回车键，指定起点的宽度;④指定端点的宽度，按回车键结束。

3. 样条曲线

样条曲线是通过拟合一系列的数据点而形成的光滑曲线，样条曲线可以用来精确地表示对象的造型，在工程中应用广泛。

操作步骤：①单击“样条曲线”命令按钮；②多次单击定义拟合点；③单击鼠标右键或按回车键，结束样条曲线绘制。

4. 多线

多线又称为复线，是一种特殊类型的直线，它是由多条平行直线组成的图形对象。

操作步骤：①单击“多线”命令按钮；②输入“J”后按回车键，选择对正类型；③输入“S”后按回车键，选择比例；④依次指定多线节点；⑤输入“C”后按回车键，闭合多线。

5. 构造线

用构造线命令绘制的线长度是无限的，使用构造线命令，通过选择的点向两个方向无限延伸。构造线可用来作为对齐参照线。

操作步骤：①单击“构造线”命令按钮；②输入通过点和倾斜角度，按回车键；③可同时画多条不同角度的构造线。

12.1.3　矩形、正多边形的绘制方法

扫一扫：二维绘图、修改工具栏介绍、对象捕捉

1. 矩形

绘制矩形的方法较多，这里介绍一种常用的方法。

操作步骤：①单击“矩形”命令按钮；②指定第一个角点；③指定第二个角点（可选择尺寸选项输入长、宽尺寸），还有面积、旋转等选项。

2. 正多边形

操作步骤：①单击“正多边形”命令按钮；②输入边数，按回车键；③指定正六边形的中心；④选择“内接于圆”或“外切于圆”，输入相关圆的半径，结束绘图。

12.1.4　圆的绘制

1. 圆

圆形菜单栏如图 12-3 所示，各种方式的操作步骤如下。

（1）“圆心，半径”方式：①单击命令按钮；②输入或指定圆心；③输入或指定半径。

（2）“圆心，直径”方式：①单击命令按钮；②输入或指定圆心；③输入或指定直径。

（3）“两点”方式：①单击命令按钮；②输入或指定第一个点；③输入或指定直径方向上的第二点。

（4）“三点”方式：①单击命令按钮；②输入或指定第一个点；

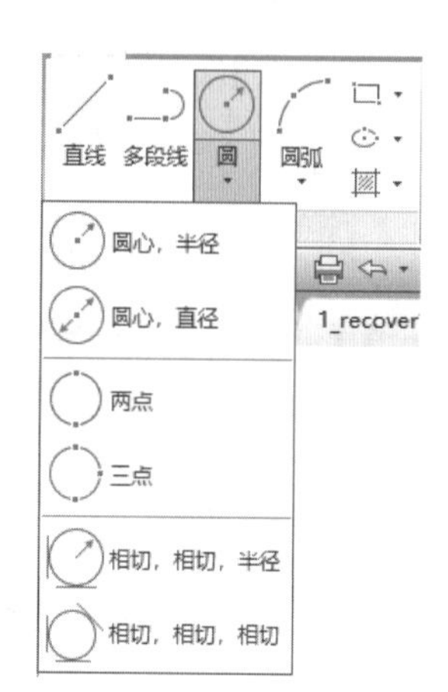

图 12-3　圆形菜单栏

③输入或指定第二点;④输入或指定第三点。

(5)"相切,相切,半径"方式:①单击命令按钮;②在已有图形元素上指定第一个切点;③指定第二个切点;④输入半径。

(6)"相切,相切,相切"方式:①单击命令按钮;②在已有图形元素上指定第一个切点;③指定第二个切点;④指定第三个切点。

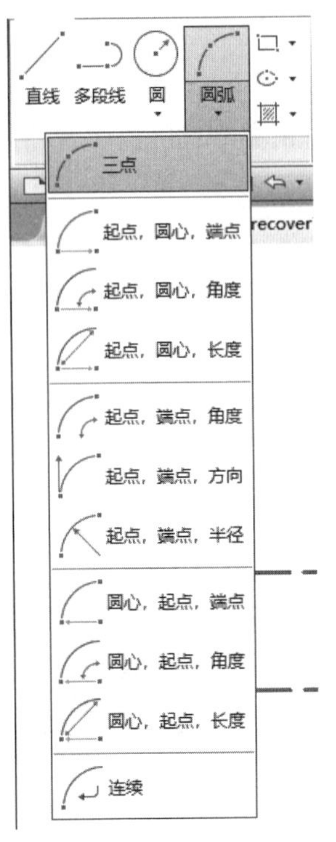

图 12-4 圆弧菜单栏

2. 圆弧

圆弧菜单栏如图12-4所示,各种方式的操作步骤如下。

(1)"三点"方式:①单击命令按钮;②输入或指定第一点;③输入或指定第二点;④输入或指定第三点。

(2)"起点,圆心,端点"方式:①单击命令按钮;②输入或指定起点;③输入或指定圆心;④输入或指定端点。

(3)"起点,圆心,角度"方式:①单击命令按钮;②输入或指定起点;③输入或指定圆心;④输入或指定包含的圆心角。

(4)"起点,圆心,长度"方式:①单击命令按钮;②输入或指定起点;③输入或指定圆心;④输入或指定弦长。

(5)"起点,端点,角度"方式:①单击命令按钮;②输入或指定起点;③输入或指定端点;④输入或指定包含的圆心角。

(6)"起点,端点,方向"方式:①单击命令按钮;②输入或指定起点;③输入或指定端点;④输入或指定起点切线的倾斜方向。

(7)"起点,端点,半径"方式:①单击命令按钮;②输入或指定起点;③输入或指定端点;④输入或指定半径。

(8)"圆心,起点,端点"方式:①单击命令按钮;②输入或指定圆心;③输入或指定起点;④输入或指定端点。

(9)"圆心,起点,角度"方式:①单击命令按钮;②输入或指定圆心;③输入或指定起点;④输入或指定包含的圆心角。

(10)"圆心,起点,长度"方式:①单击命令按钮;②输入或指定圆心;③输入或指定起点;④输入或指定弦长。

(11)"连续"方式:持续与所绘线段端点相切画圆弧。

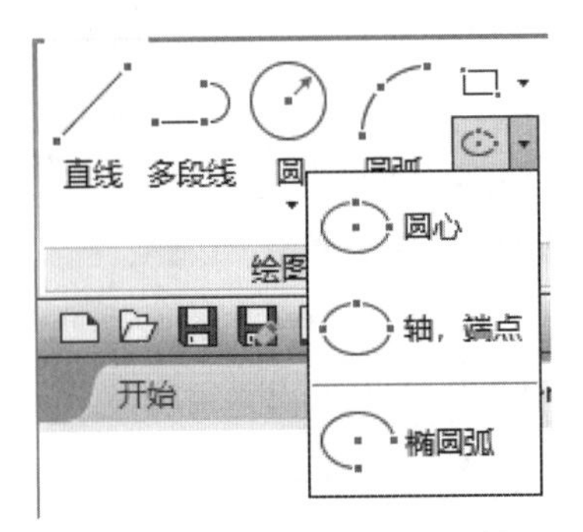

图 12-5 椭圆和椭圆弧菜单栏

3. 椭圆和椭圆弧

椭圆和椭圆弧菜单栏如图12-5所示,各种方式的操作步骤如下。

(1)"圆心"方式:①单击命令按钮;②输入或指定圆心;③输入或指定轴的端点或半径;④输入或指定另一轴的端点或半径。

(2)"轴,端点"方式:①单击命令按钮;②输入或指定轴端点;③输入或指定轴的另一端点;④输入或指定另一轴的半径或端点。

（3）“椭圆弧”方式：①单击命令按钮；②指定椭圆弧圆心；③指定椭圆弧起点角度；④指定椭圆弧端点角度。

12.1.5　图案填充和面域

1. 填充颜色和图案

在 AutoCAD 2019 中，图案填充主要分为实体填充、渐变色填充和图案填充。

图案填充操作步骤：

（1）单击图案填充按钮；

（2）图案选择“SOLID”或其他图案；

（3）单击“拾取点”或“选择边界”；

（4）单击要填充的空白处或单击边界；

（5）按空格键结束命令。

渐变色填充操作步骤：

（1）单击渐变色填充按钮；

（2）选择渐变样式；

（3）选择颜色；

（4）单击“拾取点”或“选择边界”；

（5）单击要填充的空白处或单击边界；

（6）按空格键结束命令。

2. 创建面域

面域是具有物理特性的二维封闭区域，不仅包含边界的信息，还包括边界内闭合区域的信息。可以通过多个弧线或端点连接而成的开放曲线来创建面域，但是不能通过开放对象内部相交构成的闭合区域创建面域（如相交圆弧或自相交曲线）。在进行布尔运算时，必须先创建面域。

创建面域操作步骤：

（1）在“视觉样式”中选择“概念”样式；

（2）单击命令按钮；

（3）选择对象创建面域；

（4）按回车键完成面域创建。

12.2　图形和文字编辑

12.2.1　图形的编辑

熟悉并灵活使用不同的编辑命令，可以改善绘图质量，提高绘图效率。编辑命令可以在命令行输入，也可以选择“修改”功能区中的命令或者通过“修改”菜单栏选择，如图 12-6 所示。

图 12-6 基本编辑命令

1. 复制

操作步骤：①单击命令按钮；②选择对象，单击鼠标右键或按空格键；③指定基点（或位移 / 模式）；④指定目标点（或阵列）。

作用：将对象复制到指定位置或位移；可以选择单个或多个目标，可阵列复制。

2. 镜像

操作步骤：①单击命令按钮；②选择对象，单击鼠标右键；③指定镜像线第一点；④指定镜像线第二点；⑤选择是否删除源对象；⑥按空格键结束。

作用：生成一个轴线对称图形。

3. 偏移

操作步骤：①单击命令按钮；②指定偏移距离（通过 / 删除 / 图层），输入距离值；③选择要偏移的对象；④选择要偏移的方向，可连续执行多次；⑤按空格键结束。

作用：偏移结果轮廓与源对象轮廓法线距离相等，通过（T）即偏移结果轮廓通过指定点，删除（E）即删除源对象，图层（L）即偏移结果更新为当前图层。

4. 阵列

阵列工具可按条件整齐分布多组相同的图形，是使用频次非常高的工具。常用的阵列有矩形阵列、环形阵列、路径阵列三种，如图 12-7 所示。

图 12-7 矩形阵列、环形阵列、路径阵列

1）矩形阵列

操作步骤：①单击命令按钮；②选择对象；③编辑阵列（关联（AS）选择是否关联，基点（B）指定基点，计数（COU）指定行数、列数，间距（S）指定列之间的距离、指定行之间的距离）；④按回车键结束。

作用：矩形整齐排列多个源对象；关联是将阵列对象关联为一体，可整体编辑；指定基点是指定基数对齐点。

2）环形阵列

操作步骤：①单击命令按钮；②选择对象；③指定阵列的中心点（或基点（B）/ 旋转轴（A））；④编辑阵列（项目（I）指定阵列数目，项目间角度（A）指定相邻两个项目之间的夹角，填充角度（F）指定所有项目之间的夹角，行（ROW）指定沿圆周法线方向向外发散的圈数，层（L）指定沿 Z 轴方向阵列的层数，旋转项目（ROT）选择是否旋转源对象）；⑤按回车键结束。

作用：围绕一个中心点，均匀分布多个源对象。

3）路径阵列

操作步骤：①单击命令按钮；②选择对象；③选择路径曲线；④编辑阵列（方法（M）选择定数等分或定距等分，基点（B）指定源对象上与路径的对齐点，切向（T）指定源对象上的两点作为矢量方向，以便与路径相切，对齐项目（A）选择阵列项目是否与路径对齐，Z 方向（Z）选择阵列项目是否保持 Z 轴相对位置不变（适用于三维路径））；⑤按回车键结束。

作用：沿路径均匀分布源对象。

5. 移动

操作步骤：①单击命令按钮；②选择移动对象，单击鼠标右键或按空格键；③指定基点（或位移）；④指定目标点（或输入移动的距离）。

作用：移动到指定点或移动指定位移。

6. 旋转

操作步骤：①单击命令按钮；②选择对象，单击鼠标右键或按空格键；③指定基点；④指定旋转角度（或复制 / 参照）。

作用：围绕基点旋转对象，可变换并复制。

7. 缩放

操作步骤：①单击命令按钮；②选择对象，单击鼠标右键或按空格键；③指定基点；④指定缩放比例（或复制 / 参照）

作用：放大或缩小对象，可根据参照对象变换。

8. 拉伸

操作步骤：①单击命令按钮；②选择边界（双击空格默认全部图形为边界）；③选择修剪模式及条件（栏选 / 窗交 / 投影 / 边 / 删除）；④选择要延伸的线段则完成延伸命令。

作用：将线段延长到边界，按“Shift”键可以执行修剪。

拉伸命令可以同时变形和移动图形组分，通常用来精确修正图形尺寸，是一个非常实用的命令。

操作步骤：①单击命令按钮；②右框选择图形元素（或直线、圆弧拉伸端、多段线、样条线某几段）；③选择基点或位移（D）；④指定目标点，按空格键完成拉伸命令。

注意：拉伸命令右框选择实质，一是被右框包含的图形（或端点、线段、控制点）拉伸结果是位移；二是与右框交叉的线段被拉伸变形。

9. 修剪

操作步骤：①单击命令按钮；②选择边界（双击空格默认全部图形为边界）；③选择修剪模式及条件（栏选 / 窗交 / 投影 / 边 / 删除）；④执行修剪。

作用：减掉多余的边线，按“Shift”键可以执行拉伸。

10. 延长

延长命令可将源对象按照参照点延长到目标对象。

操作步骤:①单击命令按钮;②选择源对象;③指定第一个源点;④指定第一个目标点;⑤指定第二个源点;⑥指定第二个目标点;⑦按空格键略过第三个延长点;⑧选择是否缩放对象,完成延长命令。

11. 打断

操作步骤:①单击命令按钮;②选择对象,同时单击执行打断第一点(此点不捕捉,所以不准确);③指定第二个打断点或可选择精确指定第一点,也可以直接捕捉精确指定第二点,完成打断命令。

作用:在连续的图线上打开一个缺口。

12. 打断于点

操作步骤:①单击命令按钮;②选择对象;③指定断点,完成打断于点命令(完整圆、椭圆不能打断于点)。

作用:将开放的线段分为两段;将封闭的多段线用起点和断点分为两段;将封闭的样条线自起点到断点打开一个缺口。

13. 倒角

操作步骤:①单击命令按钮;②选择第一条直线(附加选项:距离(D)指定两条直线缩短的距离;角度(A)指定第一条直线倒角长度,指定倒角角度;方式(E)选择距离(D)或角度(A)模式);③选择第二条直线,完成倒角命令。

作用:将直线交点倒角;只能是直线角点,曲线角点不能倒角;圆角已有附加选项,不再重复操作。

14. 圆角

操作步骤:①单击命令按钮;②选择第一个对象(附加选项:多段线(P)指多段线上的多个角点可同时进行倒圆角;半径(R)设置圆角半径;修剪(T)可设置是否修剪(延伸)原图线;多个(M)可同时对多个角点倒圆角);③选择第二个对象,完成圆角命令。

作用:将角点圆角化,将曲线之间进行圆弧连接。

15. 合并

操作步骤:①单击命令按钮;②选择源对象并依次选择合并对象;③单击鼠标右键,完成合并命令。

作用:它是打断命令的逆命令。

16. 分解

操作步骤:①单击命令按钮;②选择对象;③单击鼠标右键,完成分解命令。

作用:多段线分解为线段;图块分解为图形;阵列分解为图形;立体分解为面;面分解为线。

12.2.2　图层设置

1. 图形特性

图形特性是指图形元素本身特有的属性和管理属性，可以通过工作面板特性模块、快捷特性或特性工具面板来修改。

1）工作面板特性模块

可通过工作面板特性模块来修改颜色、线宽、线型和透明度等，也可以使用特性匹配工具（格式刷）将源对象属性匹配到目标对象，如图 12-8 所示。

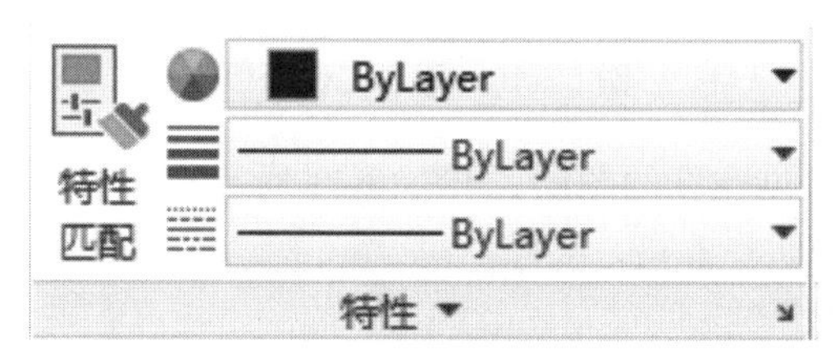

图 12-8　特性工作面板

2）快捷特性

在窗口右下角开启快捷特性，单击图形，弹出快捷特性工具框；双击图形，弹出快捷特性工具栏，在快捷特性工具栏里修改快捷特性，如图 12-9 所示。

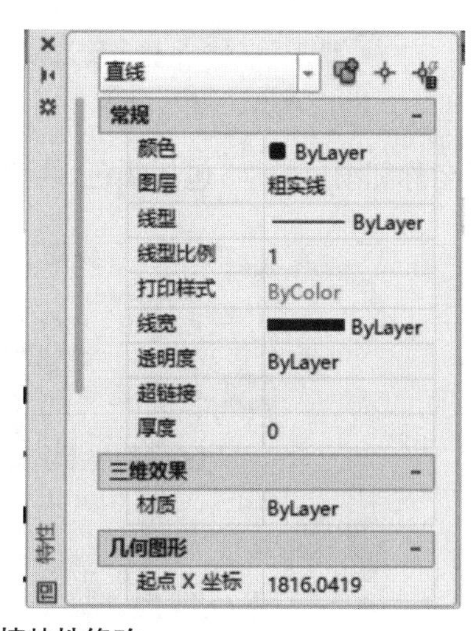

图 12-9　快捷特性修改

3）特性工具面板

按“Ctrl+1”组合键，弹出特性面板；单击工作面板特性模块下方小箭头，弹出特性面板，在特性面板里面，所有特性都可以编辑修改。

2. 创建图层和图层特性

图层是 AutoCAD 提供的强大功能之一，利用图层可以方便地对图形进行管理。

扫一扫：图层的创建和使用、设置文字样式和标注样式

图层相当于重叠的透明图纸，每张图纸上面的图形都具备自己的颜色、线宽、线型等特性，可以根据需要对其进行相应的隐藏或显示，从而为图形的绘制提供便利。

如图 12-10 所示，单击图层工作面板上的“图层特性”按钮，系统弹出“图层特性管理器”对话框，可以在该对话框中创建、冻结、删除图层。

图 12-10　图层工作面板

单击“创建图层”按钮，创建新的图层，如图 12-11 所示。

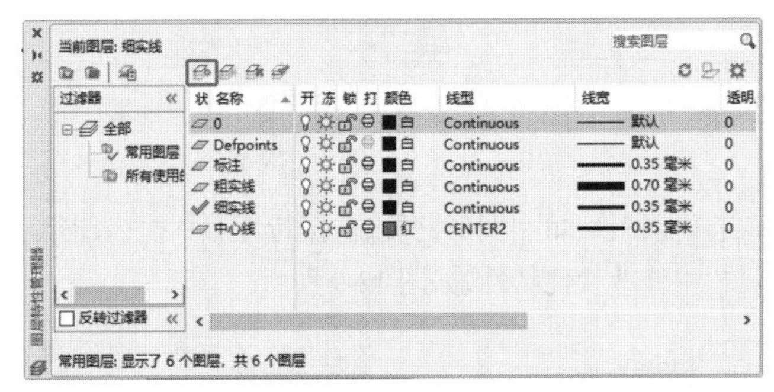

图 12-11　新建图层

修改图层名称和图层特性，包括颜色、线型、线宽等，如图 12-12 所示。

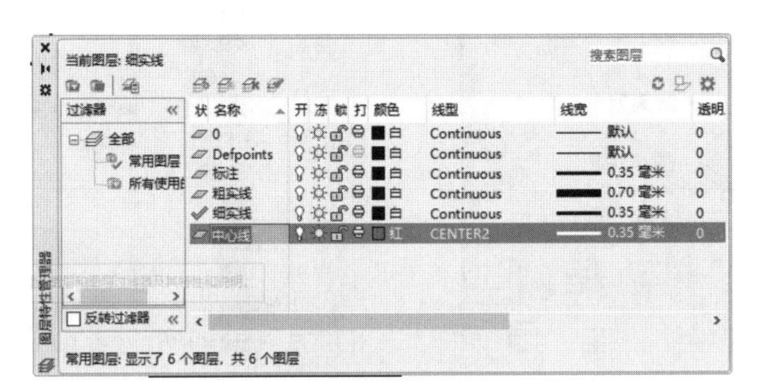

图 12-12　修改图层名称和图层特性

3. 图层状态管理器

在工作面板上单击“图层”按钮，弹出“图层状态管理”下拉工具栏（图 12-13），可以进行隐藏、显示、冻结、解冻、锁定、解锁等操作，也可以将选择图形设置为当前图层，还可以进行“打开 / 关闭”“冻结 / 解冻”“锁定 / 解锁”等编辑，并设置不打印以及在新视口中不更新图层等操作。

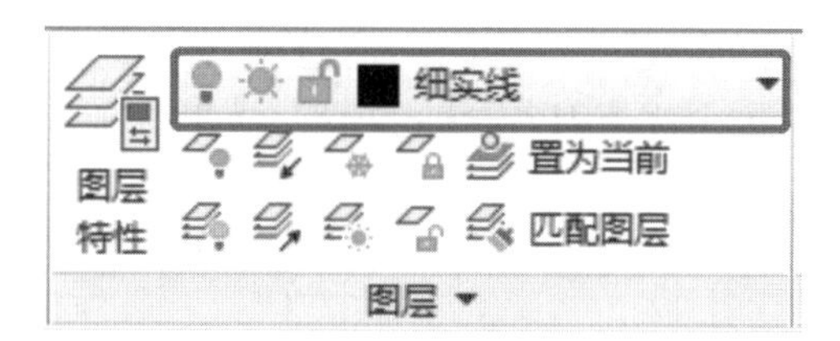

图 12-13　“图层状态管理”下拉工具栏

4. 编辑图层

1)改变对象所在图层

操作步骤:①选中图形;②单击图层下拉框,选择目标图层,则选中图形归纳入新的目标图层。

2)匹配图层

匹配图层即将原图形图层特性匹配到目标图形图层特性。

操作步骤:①单击“匹配图层”命令按钮;②选择目标对象,按空格键确定;③选择要匹配的图形对象,按回车键完成。

3)删除图层

删除图层即将无用的图层删掉,减少所占用的系统资源,如图 12-14 所示。

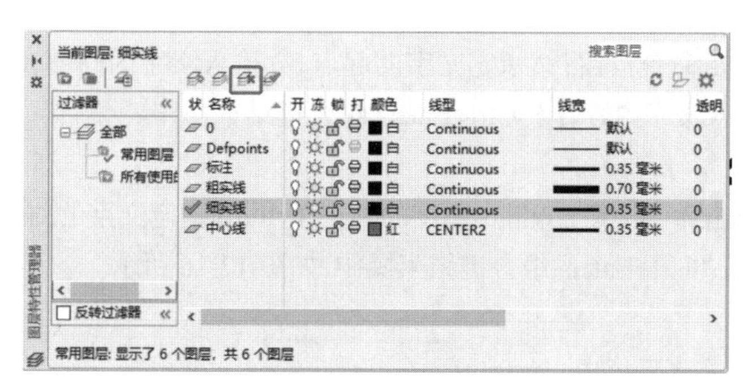

图 12-14　删除图层

删除时只能删除无对象的图层,无法删除包含对象图层、依赖外部参照图形、当前图层和“0”图层。

在绘制工程图时,应先创立图层,将同类型的图形归纳到同一图层中,便于管理图形的基本特征,如显示、隐藏、打印、输出等。

12.2.3　文字样式

在实际绘图中,为了使图形易于阅读,人们经常需要为图形增加一些注释性的说明。下面介绍如何在图中放置文字。

在图中,各处对文字的需要是不同的:有的需使用黑体,有的需使用宋体,有的需使用楷体;有的需要大字号,有的需要小字号;有的需要斜体,有的需要正体;有的需要正置,有的需要倒置等。所有这些都是在“文本样式”对话框中设置的。

操作步骤:①选择菜单栏“格式”→“文字样式”选项,弹出“文字样式”对话框,如图 12-15 所示,②在该对话框中设置样式选项框、字体选项框、效果选项框;③设置好后单击“应用”按钮。

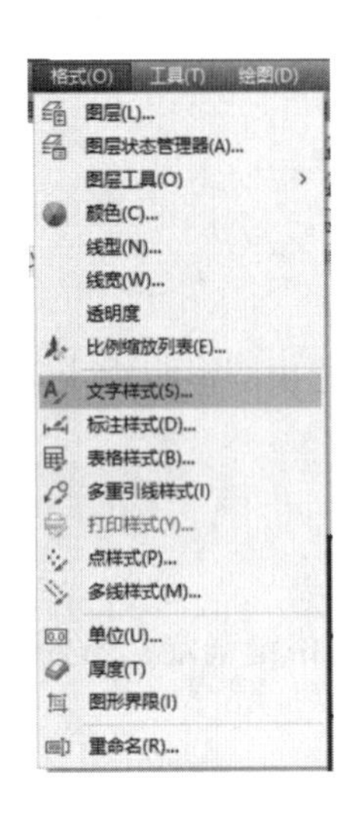

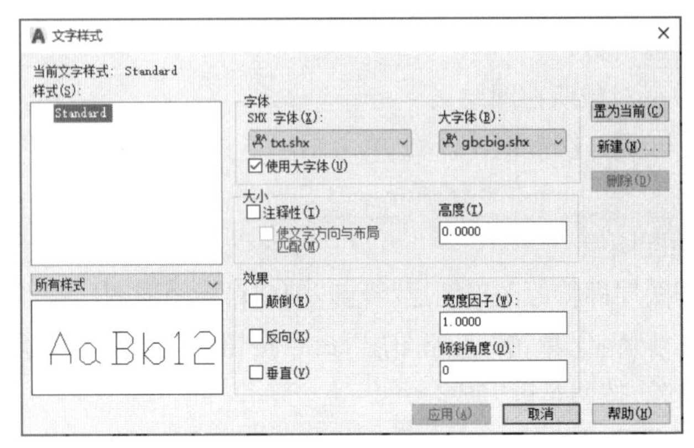

图 12-15 文字样式设置

1. 单行文字

操作步骤:①单击命令按钮;②指定文字的起点;③输入文字的高度;④按回车键,设置文字的旋转角度;⑤输入文字内容,按“Ctrl+Enter”组合键结束操作。

2. 多行文字

操作步骤:①单击命令按钮;②指定文字的第一角点;③指定文字的对角点;④输入文字内容,按回车键分行,按“Ctrl+Enter”组合键结束操作,如图 12-16 所示。

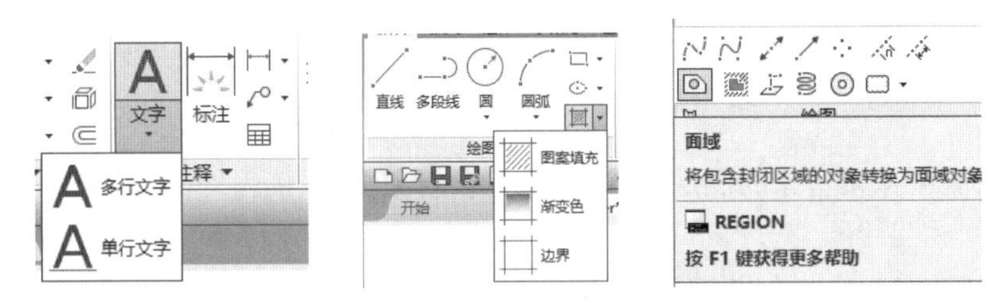

图 12-16 文字、图案填充和面域

12.2.4 创建和修改表格

表格是由单元格构成的矩形矩阵,在 AutoCAD 2019 中,可以使用“创建表格”命令创建表格,还可以从 Microsoft Excel 中直接复制表格,也可以从外部直接导入表格对象,还可以输出来自 AutoCAD 的表格数据,以供在 Microsoft Excel 或其他应用程序中使用。

1. 创建表格

操作步骤:①单击表格命令按钮;②在“插入表格”框中编辑表格样式及尺寸;③在表格中

填入数据；④按“Esc”键退出编辑，如图 12-17 所示。

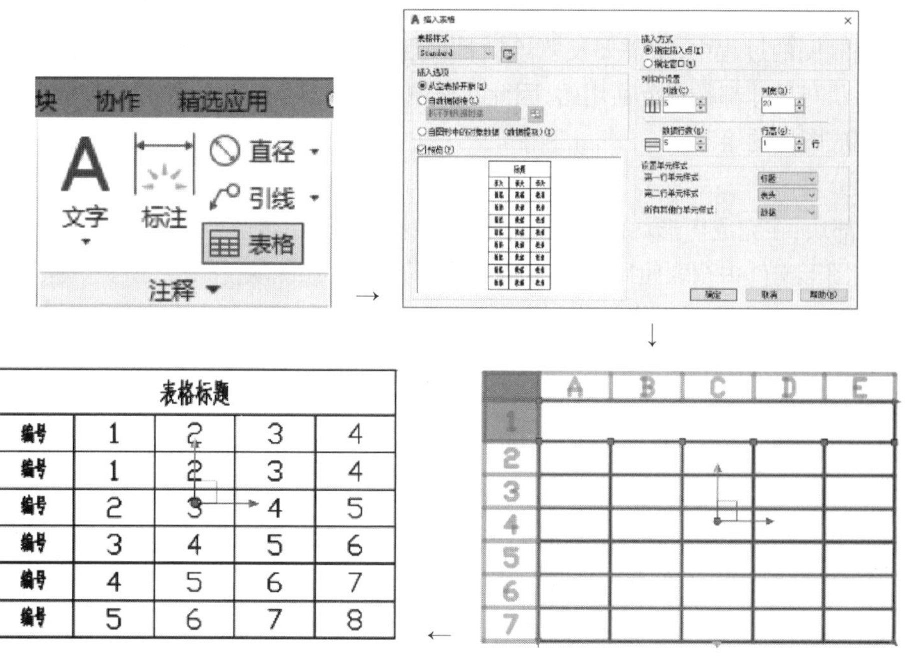

图 12-17 创建表格

2. 修改表格

画框选择，选中整个表格，双击表格或者利用“修改”菜单或按“Ctrl+1”组合键打开“特性”面板，按要求修改“特性”面板中的参数，如图 12-18 所示。

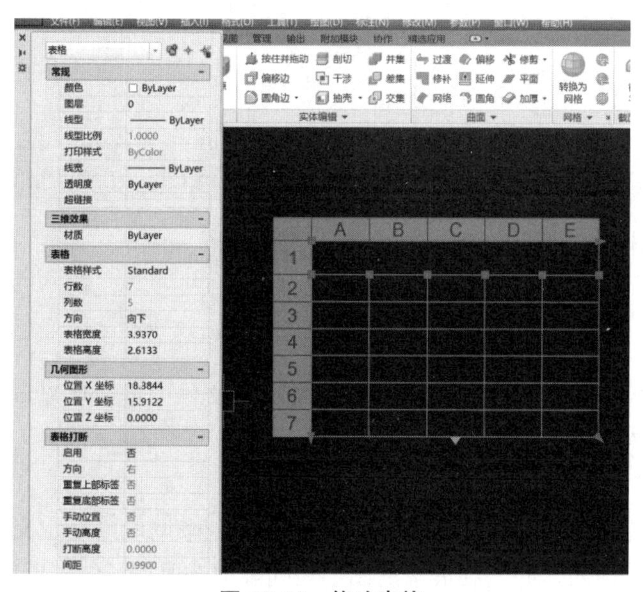

图 12-18 修改表格

12.2.5 块的操作

在工程制图的过程中，常需要反复绘制各种规格的零件视图，如螺栓、螺母、轴承等，这些标准件的形状与尺寸都是规范通用的，因此在作图时可通过创建图块的方式进行反复调用，从而快速地完成图样的绘制。

1. 块的分类

（1）内部块：在完成图形块的绘制后，系统将把此图块存储至当前的图形文件中。该图块只能在当前图形文件中调取使用，其他图形文件不能使用该图块。

（2）外部块：在完成图形块的绘制后，可将此图块通过“写块”命令存储至计算机磁盘上，该图块不仅能在当前图形文件中调取使用，还能在其他图形文件中进行插入块操作。

2. 块的创建

使用 AutoCAD 系统中的“创建块”命令，可以将绘制好的图形创建为一个独立的图形块结构。

操作步骤：①绘制所需的二维平面图形；②在“块”工具中选择“创建块”命令；③弹出“块定义”对话框，在“名称”文本框中输入图形名称；④在“对象”区域中单击“选择对象”按钮，用窗交方式选取绘制的二维平面图形的所有线段；⑤按空格键确定，完成图形块的创建，如图 12-19（a）所示。

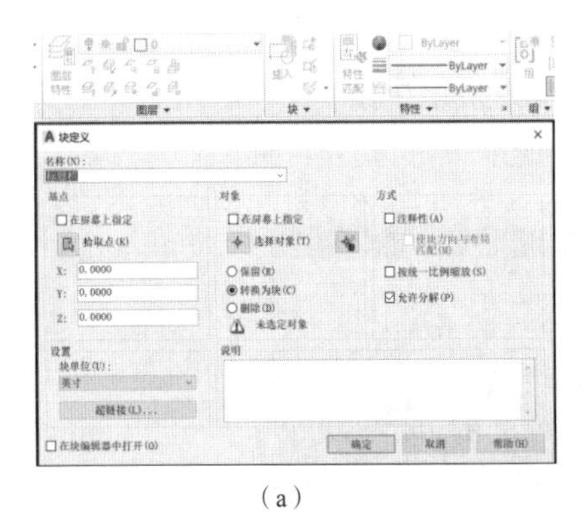

（a）

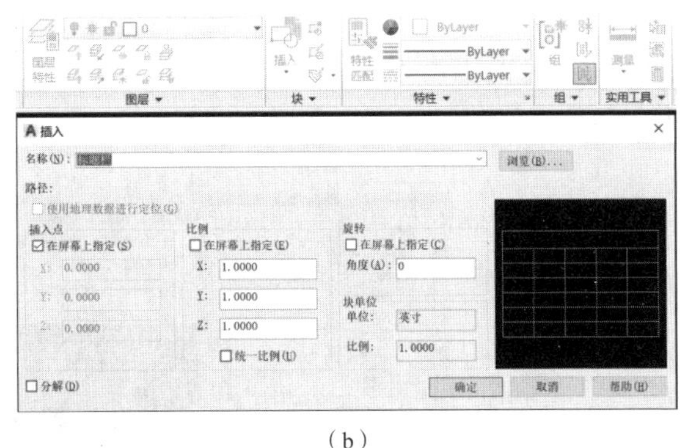

（b）

图 12-19 块的创建与插入

（a）块的创建 （b）块的插入

3. 块的插入

在完成 AutoCAD 图形块的创建后，可在当前图形文件中进行反复调用，从而快速地绘制出结构详图的图形对象。

1）插入内部块

在创建图形块的文件中，不仅可以使用“插入”命令来调取已经定义好的图块，还可以在“块”工具组中单击“插入”命令，在展开的图形块列表中选取需要的图形作为插入对象。

操作步骤：①在“块”工具组中单击“插入”命令；②展开图块列表，选择已经创建好的图块为当前文件中的插入对象；③在绘图区选择一点为图块的插入点；④单击鼠标右键完成图形块的插入,如图 12-19(b)所示。

2)插入外部块

操作步骤:①在“块”工具组中单击“插入”命令;②在展开的图块列表中选择“更多选项”命令;③在“插入”对话框中单击“浏览”按钮,打开“选择图形文件”对话框;④找到磁盘上已经保存好的图块文件;⑤单击“打开”按钮,单击“确定”按钮,完成图形块的插入。

12.3　尺寸标注

绘制图形的根本目的是反映对象的形状,而图形中各个对象的大小和相互位置只有经过尺寸标注才能表现出来。AutoCAD 2019 提供了一套完整的尺寸标注命令,用户利用它们可以完成图纸中的尺寸标注,见表 12-1。

表 12-1　尺寸标注命令

命令名称	作用	图例
线性(L)	线性标注可以水平、垂直放置尺寸	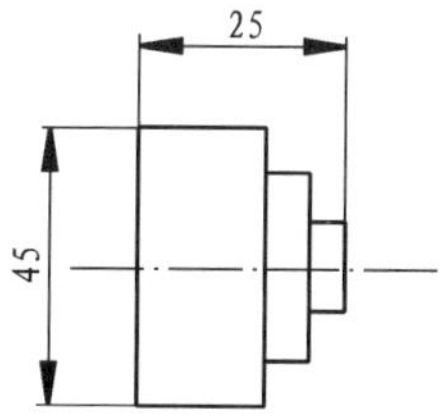
对齐(G)	可以创建指定位置或与对象平行的标注,在对齐标注中,尺寸线平行于尺寸界线原点连成的直线	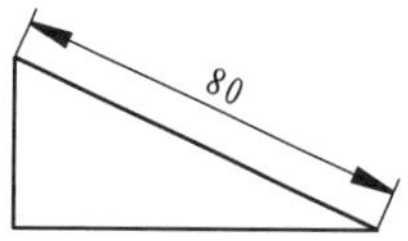
弧长(H)	弧长标注用于测量圆弧或多段线圆弧上的距离,在标注文字的上方或前面将显示圆弧符号	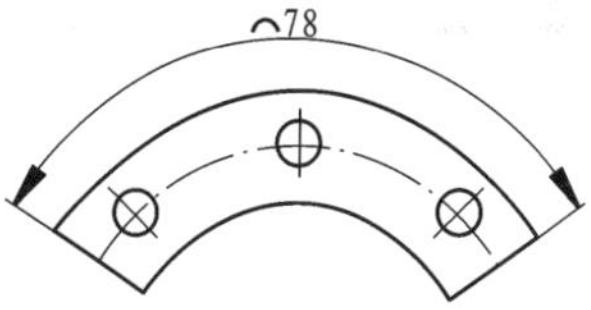
坐标(O)	坐标标注用于测量从原点(称为基准)到要素(如部件上的一个孔)的水平或垂直距离	
半径(R)	测量选定圆或圆弧的半径,并显示前面带有半径符号的标注文字	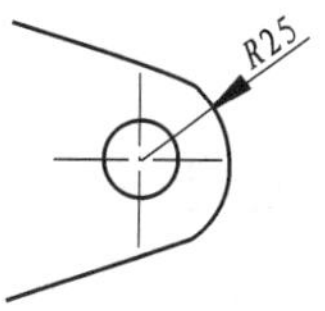
折弯(J)	当圆弧或圆的中心位于布局之外并且无法在其实际位置显示时,将创建折弯半径标注,通常标注的实际测量值小于显示的值	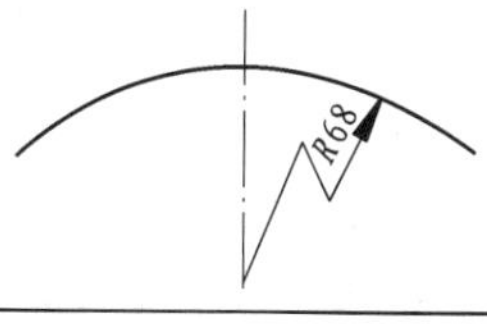

续表

命令名称	作用	图例
直径(D)	测量选定圆或圆弧的直径，并显示前面带有直径符号的标注文字	
角度(A)	测量两条直线或三个点之间的角度	

12.3.1 尺寸标注的创建

1. 常用尺寸标注的创建方法

创建常用尺寸标注的方法有三种：通过“注释”快捷工具区创建；通过“标注”菜单栏创建；通过调取工具栏创建，如图 12-20 所示。

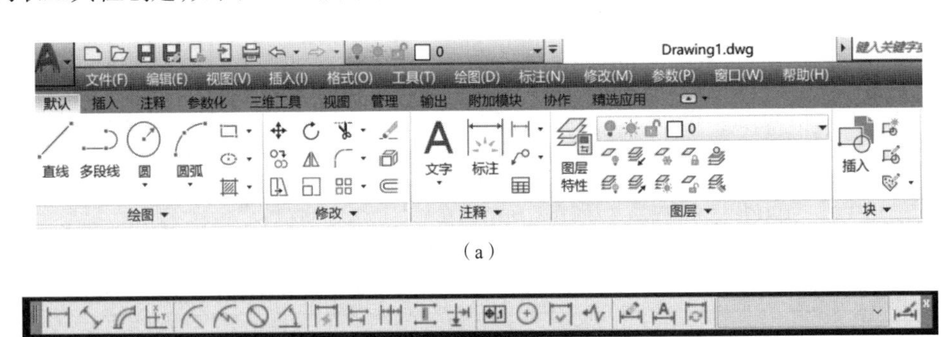

(a)

(b)

图 12-20 创建尺寸标注的方法

(a)“注释”快捷工具区创建标注 (b)调取工具栏创建标注

2. 尺寸公差、几何公差标注

尺寸公差是指允许尺寸的变动量。几何公差包括形状公差和位置公差，主要用来表示形状和位置的允许偏差。

1)尺寸公差

在 AutoCAD 2019 中创建尺寸公差有三种方法：设置标注样式、编辑标注文字和使用“特性”对话框。一般常用“特性”对话框标注尺寸公差，这种方法简单便捷、易于修改，并可以通过“特性匹配”命令将创建的公差匹配给其他需要创建相同公差的尺寸。

操作步骤：①绘制图形并标注；②选中尺寸，单击鼠标右键打开“特性”对话框；③“主单位”中前缀加上直径符号“%%c”；④“公差”中“显示公差”选择“极限偏差”，“公差上偏差”“公差下偏差”中输入数值，如图 12-21 所示。

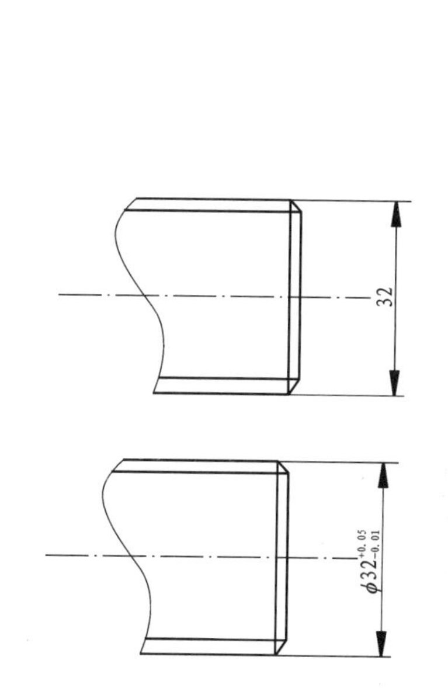

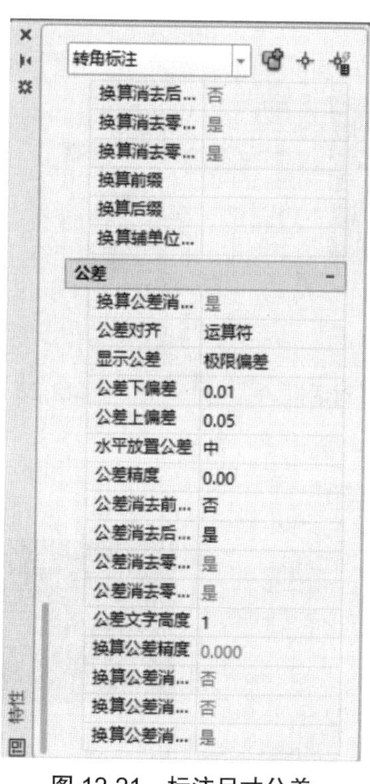

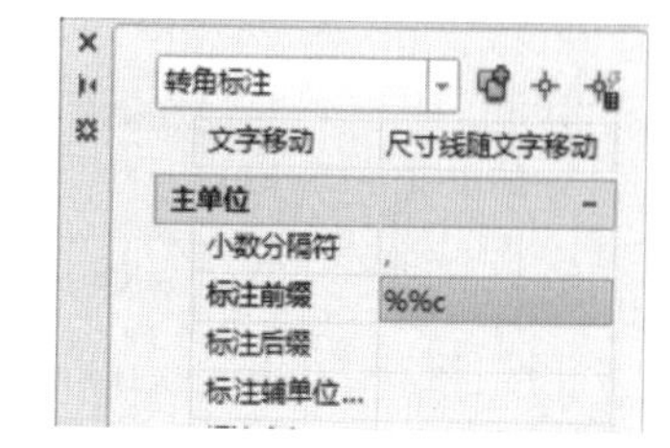

图 12-21　标注尺寸公差

2）几何公差

在 AutoCAD 中，形状公差和位置公差的标注可通过“几何公差”对话框来实现。

操作步骤：①设置几何公差中的基准符号；②下拉菜单“常用”→“注释”；③新建多重引线格式；④符号栏选择实心基准三角形；⑤引线格式选中自动包含基线；⑥内容中源块选择方框，设置完成。

12.3.2　标注样式

根据不同工程图样的标准规定，图样中的注释文字、箭头符号、线型样式也都有固定的标准，因此在使用 AutoCAD 标注图样时，通常要建立新的符合所绘工程图样行业标准的标注样式。

新建标注样式操作步骤：①单击菜单栏“格式”→“标注样式”命令；②系统打开“标注样式管理器”对话框，如图 12-22 所示；③单击“新建”按钮，弹出“创建新标注样式”对话框（图 12-23），创建新名称及基础样式，点击“继续”按钮；④弹出“新建标注样式：zhituyangshi”对话框，如图 12-24 所示；⑤按照工程图样的标准要求依次设置“线”“符号和箭头”“文字”“调整”“主单位”“换算单位”和“公差”等参数。

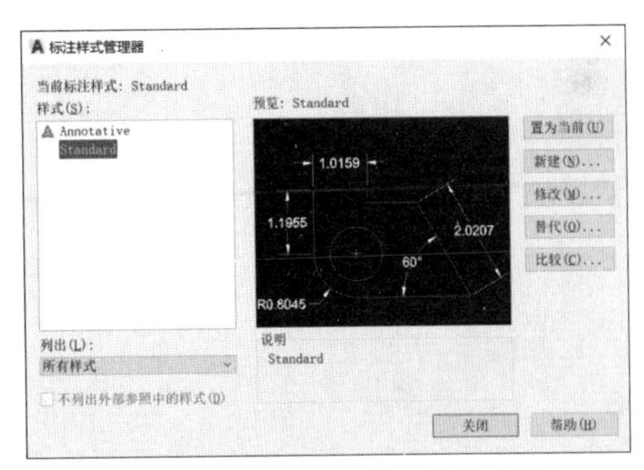

图 12-22 “标注样式管理器”对话框

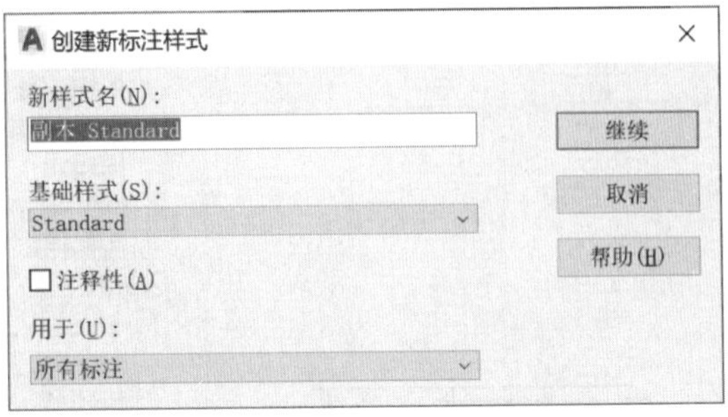

图 12-23 “创建新标注样式”对话框

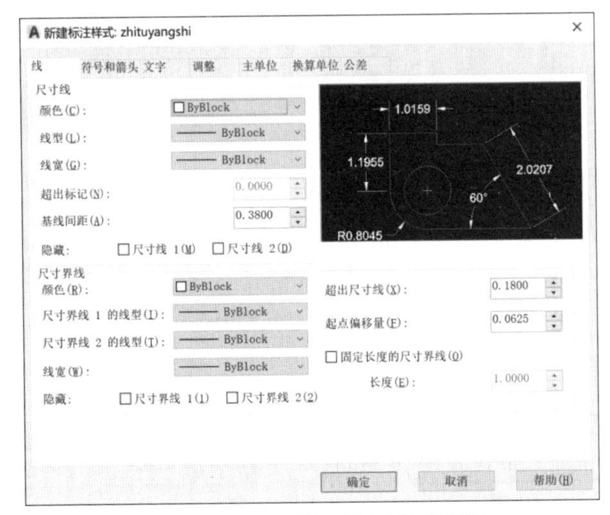

图 12-24 “新建标注样式”对话框

12.3.3 编辑尺寸标注

标注对象创建完成后，可以根据需要对其进行编辑操作，以满足工程图纸的实际标注需求，下面对常规标注对象的编辑方法进行介绍。

1. 编辑折弯线

在线性标注或对齐标注中添加或删除折弯线。标注中的折弯线表示所标注的对象中的折断。标注值表示实际距离，而不是图形中测量的距离。

2. 编辑标注倾斜角度

编辑标注文字的旋转角度和尺寸界限的倾斜角度，如图 12-25 所示。

操作步骤：①绘制等轴测图并标注；②选择菜单栏“标注”→“倾斜”工具；③按提示及要求进行操作。

3. 编辑标注文字

编辑标注文字是对标注文字的对齐方式和角度进行编辑修改，如图 12-26 所示。

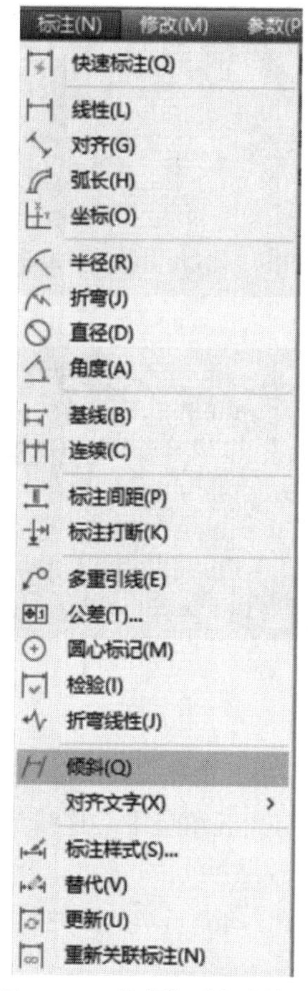

图 12-25　编辑标注倾斜角度

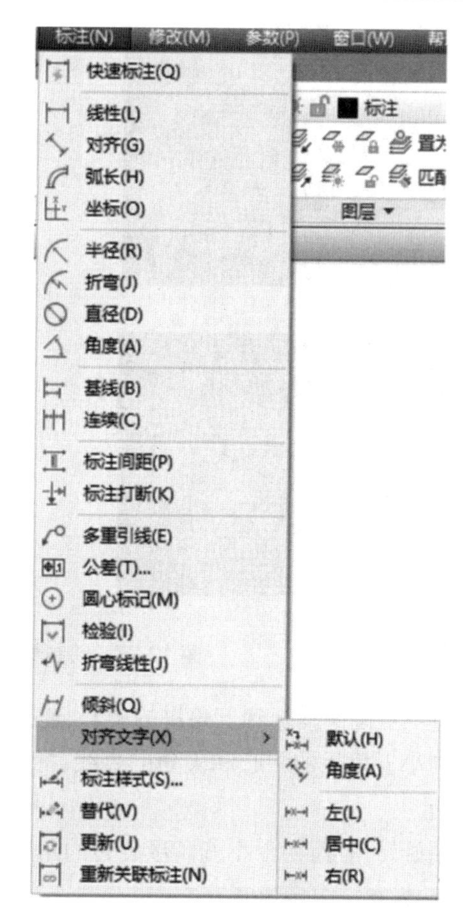

图 12-26　编辑标注文字

操作步骤:①绘图并标注;②选择菜单栏“标注”→“对齐文字”工具;③按提示及要求进行操作。

12.4　绘制二维图形图例

1. 五星红旗的绘制

分析:绘制五星红旗,旗面为红色,长方形,其长高比为 3∶2,旗面左上方缀黄色五角星五颗,其中一星较大,其外接圆直径为旗高的 3/10,居左;四星较小,其外接圆直径为旗高的 1/10,环绕于大星之右。

(1)通过直线指令绘制 660 mm×440 mm 的长方形,如图 12-27(a)所示。

(2)绘制五边形,中心位于(110,-110),外接圆半径为 66,连接五边形的端点绘出五角星,如图 12-27(b)所示。

(3)绘出右边的四个小星,中心点分别为(220,-44)、(264,-88)、(264,-54)、(220,-198),外接圆半径为 22,如图 12-27(c)所示。

(4)修剪掉多余的线段,如图 12-27(d)所示。

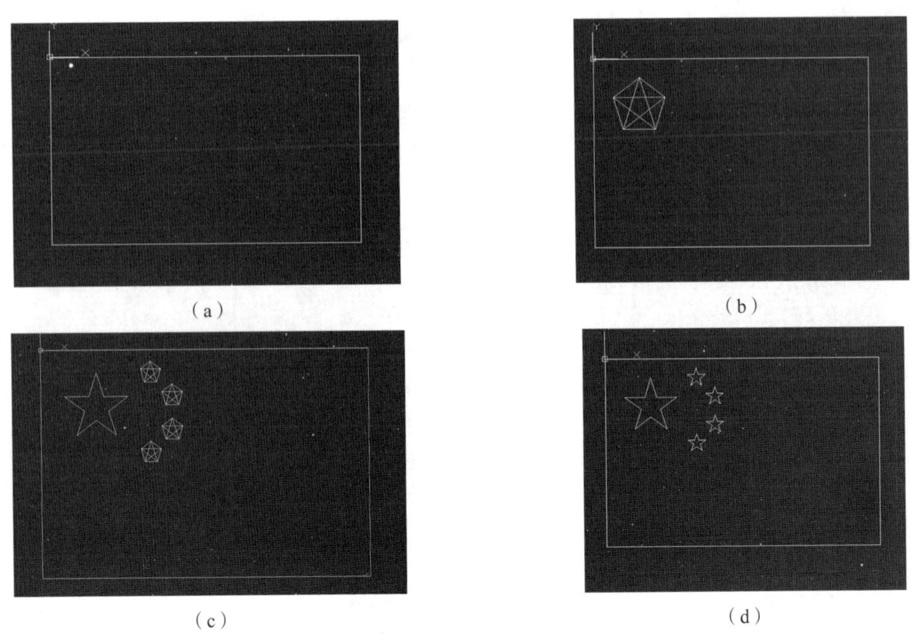

图 12-27 绘制长方形及五角星

（5）通过三点画圆捕捉到五角星的中心，连接大五角星和小五角星，如图 12-28（a）所示。

（6）绘制小五角星的中心和尖角的直线，标注这条直线与大五角星中心连线的角度，如图 12-28（b）所示。

（7）使用旋转角度，四个小五角星旋转的角度分别为 -23°，-46°，-70°，-93°，并删除多余的线段，如图 12-28（c）所示。

（8）使用填充指令，对五星红旗进行填充，如图 12-28（d）所示。

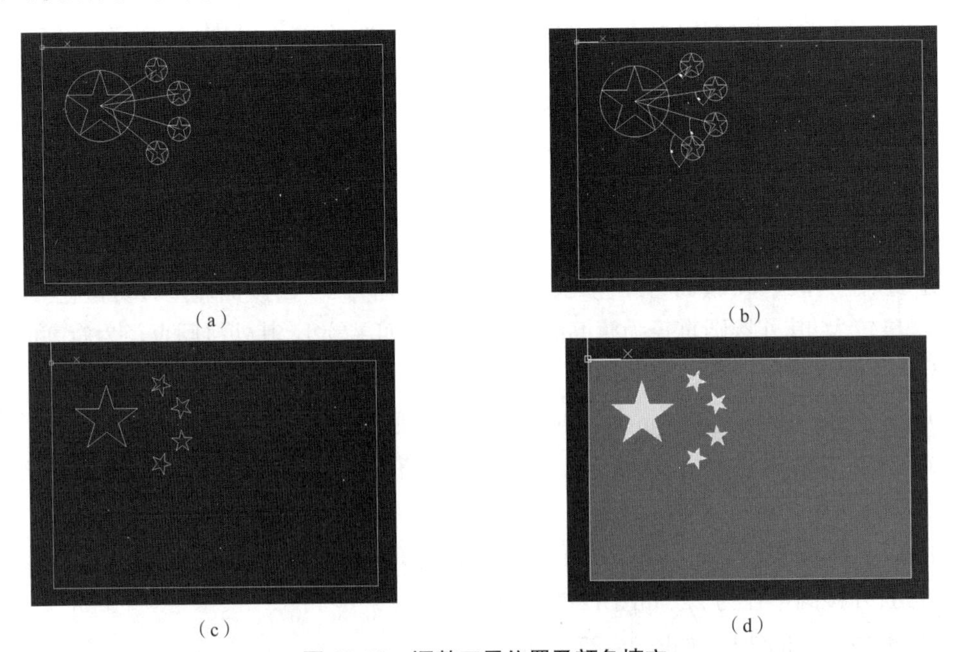

图 12-28 调整五星位置及颜色填充

2. 螺杆的二维图形绘制

分析:绘制如图 12-29 所示螺杆平面图需要进行局部剖切操作,因此要使用样条曲线、图案填充、圆角、倒角等命令。

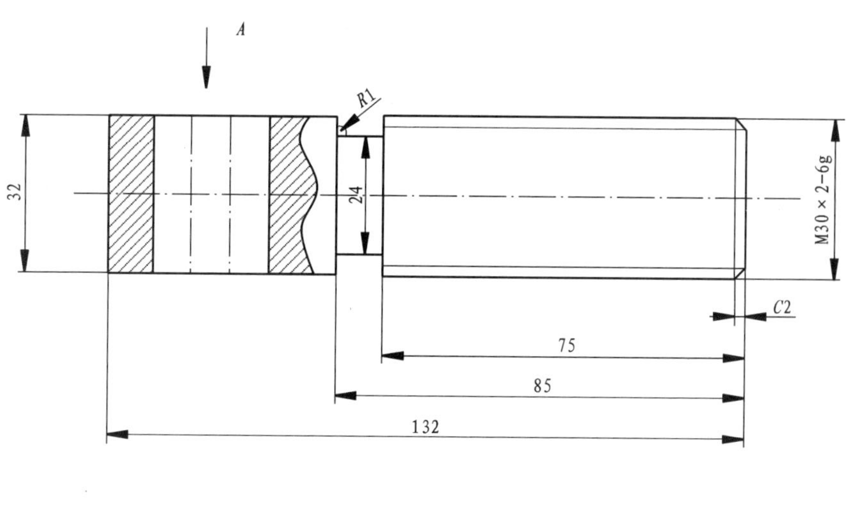

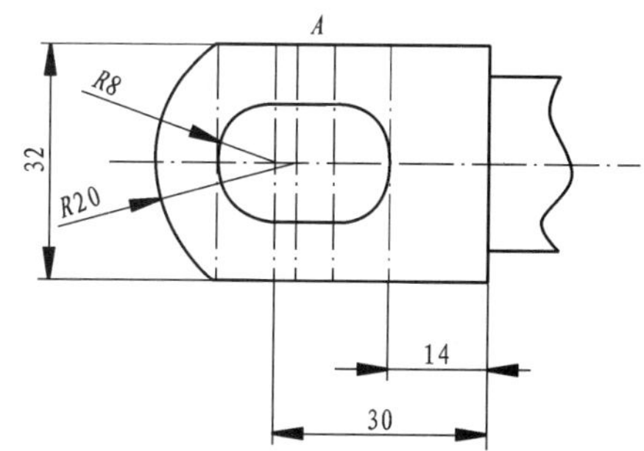

图 12-29　螺杆

(1)利用建立的样板文件,新建文件“螺杆”,设置好图层属性,如图 12-30 所示。

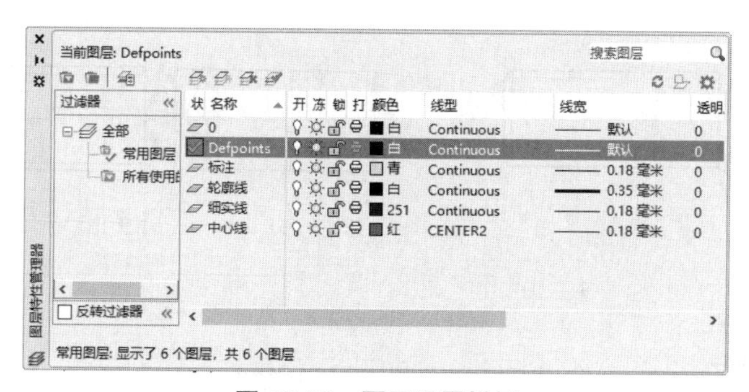

图 12-30　图层设置样例

(2)将中心线图层转换为当前层,绘制水平中心线 150 mm,在水平中心线右侧绘制竖直中心线 50 mm。将竖直中心线向左偏移 75 mm、85 mm 和 132 mm,将水平中心线上、下偏移 16 mm。该部分为螺杆主视图位置。将绘制好的中心线垂直向下复制,距离为 90 mm,作为螺杆向视图位置。删除掉右侧的两条竖直中心线,用“修改”工具中的“拉伸”工具将水平中心线从右侧缩短 75 mm。将右侧竖直中心线向左偏移 14 mm 和 30 mm，如图 12-31（a）所示。

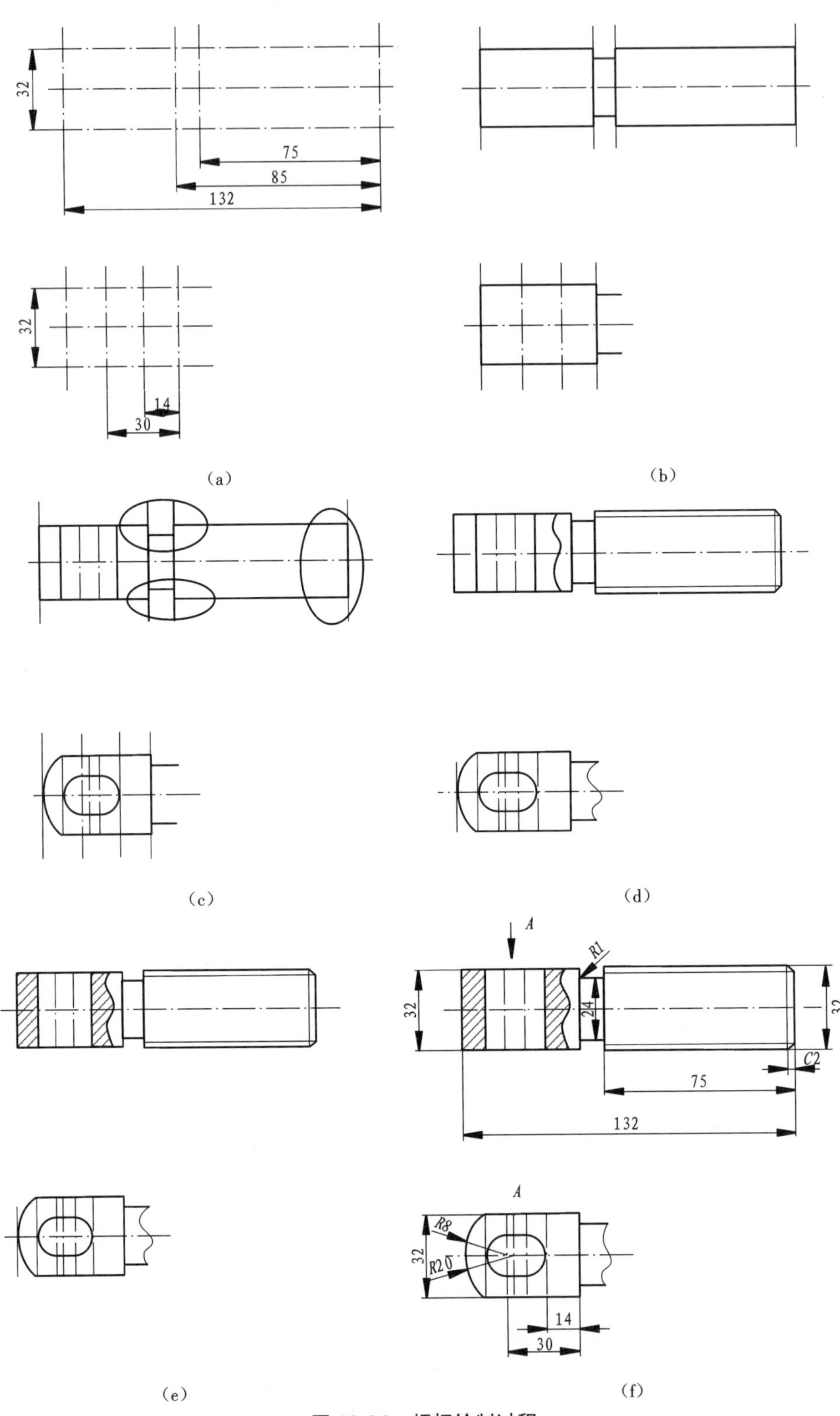

图 12-31　螺杆绘制过程

(3)将轮廓线图层转换为当前图层,以左上角交点为起始点绘制 47 mm × 32 mm 的矩形,在右侧绘制 75 mm × 32 mm 的矩形,在中间空隙处绘制两条长 10 mm 的水平直线,距离为 24 mm,将左侧的矩形和两条水平直线复制到向视图中,如图 12-31(b)所示。

(4)将右侧两个直角进行倒角操作,尺寸为 2 mm × 2 mm;对中间两条水平直线与相邻的两条竖线进行倒圆角,尺寸为 R1 mm。

(5)在向视图中第二个轴线交点的位置绘制一个尺寸为 R8 mm 的圆,选择“复制”工具,单击该圆的右侧象限点,按空格键,再单击第三条竖直轴线中点,按空格键结束;用直线连接两个圆形的上、下象限点,将多余部分修剪掉。将向视图左侧竖线向右偏移 20 mm,以这条线和水平轴线的交点为圆心绘制一个 R20 mm 的圆,将多余部分修剪掉。

(6)在主视图左边矩形中画出两条竖线,与向视图孔洞对齐,如图 12-31(c)所示。

(7)将细实线图层转换为当前图层,在主视图和向视图中用“样条曲线”工具绘制出剖切线,用“直线”工具在主视图中绘制出简易螺纹线,如图 12-31(d)所示。

(8)选择“图案填充”工具,如图 12-32 所示。选择“ANSI31”图案,选择拾取点,按照如图 12-31(e)所示位置进行填充。

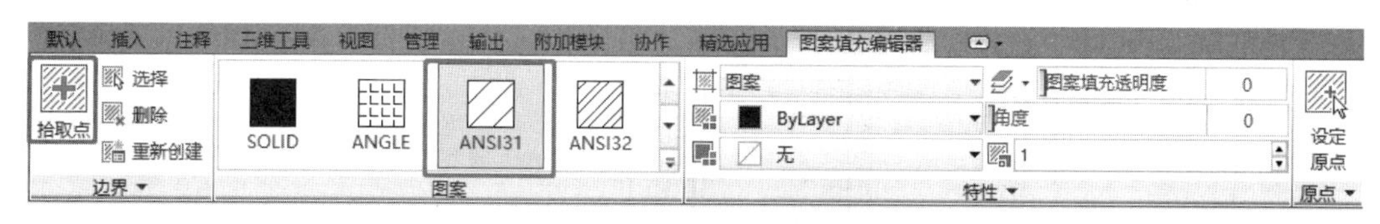

图 12-32　图案填充工具面板

(9)将标注图层转换为当前图层,选择线性标注,按照如图 12-31(f)所示进行标注添加;选择半径标注,对圆弧部分进行标注;选择引线标注,对主视图的视图符号进行标注。

(10)选择工具面板中的“文字”工具,在向视图上方输入“A”,完成绘图。

3. 华表的二维图形绘制

分析:绘制此平面图形需要使用样条曲线、圆角、倒角等命令。

(1)利用建立的样板文件,新建文件“华表”,设置好图层属性,如图 12-33 所示。

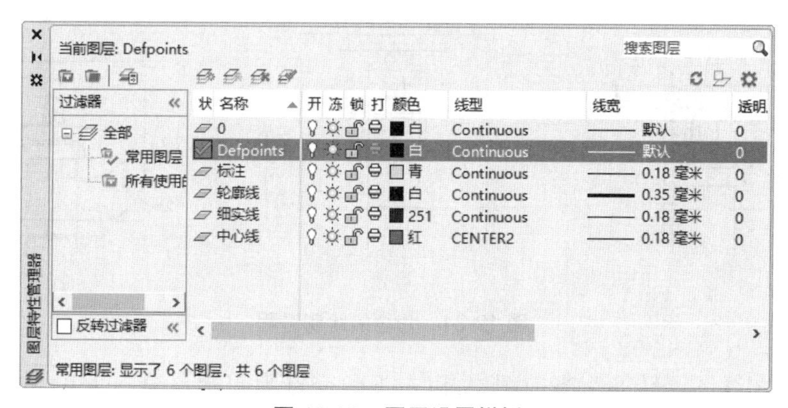

图 12-33　图层设置样例

(2)将中心线图层转换为当前层,绘制水平线 150 mm,在水平中心线中点向上绘制竖直中心线 660 mm,将水平中心线分别向上偏移 20 mm、36 mm、22 mm、370 mm、3 mm、100 mm、45 mm 和 64 mm,将垂直中心线左、右各偏移 75 mm、60 mm、50 mm,该部分为华表的底座位置,如图 12-34(a)所示。

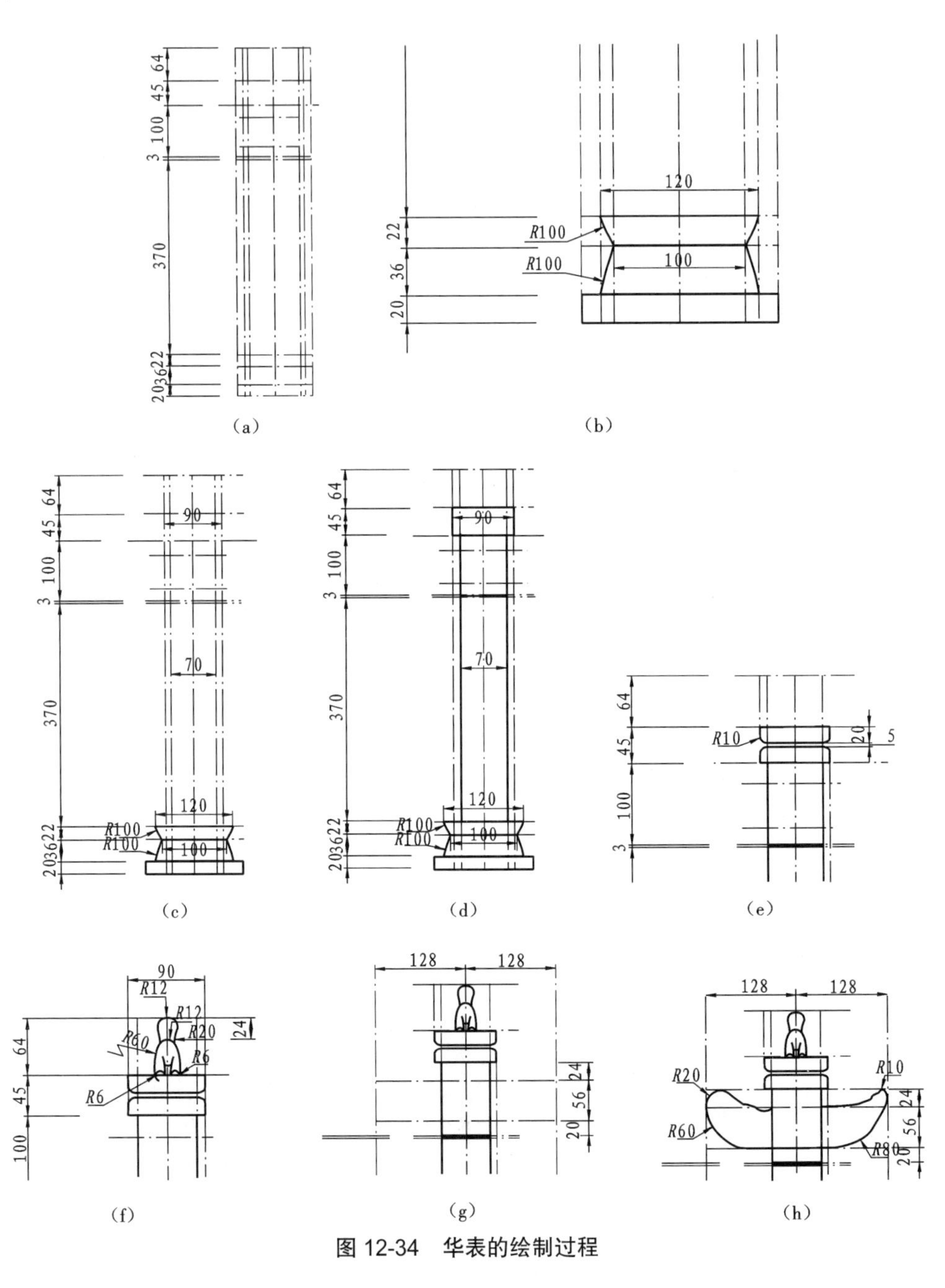

图 12-34 华表的绘制过程

(3)将轮廓线图层转换为当前图层,以左下角交点为起始点绘制 150 mm×20 mm 的矩形;选择“绘图”→“圆弧”→“起点、端点、半径”工具,经过图 12-34(b)中轴线交点绘制四个半径为 100 mm 的圆弧，并连接水平线；保留中间垂直中心线，删除其他垂直中心线。

（4）将中心线图层转换为当前层，将垂直中心线左、右各偏移 35 mm、45 mm，确定华表柱身及顶端宽度，如图 12-34（c）所示。

（5）将轮廓线图层转换为当前图层，如图 12-34（d）所示绘制出华表柱身及顶端莲花座。90 mm 的轮廓线向下偏移 20 mm、5 mm，如图 12-34（e）所示绘制出 4 个半径为 10 mm 的圆角，并连接中间空隙，距离为 70 mm，将莲花座上、下两条 90 mm 的水平线向上、下各偏移 1 mm；在水平轴线相距 3 mm 的位置绘制两条横线。

（6）将顶端的水平轴线向下偏移 24 mm，沿垂直中轴线绘制两个半径为 12 mm 的圆形，两圆为外切关系，并绘制出与两个圆相外切半径为 20 mm 的圆弧，如图 12-34（e）所示绘制出狮子的身体。

（7）将莲花座底端轴线向下偏移 24 mm、56 mm、20 mm，垂直中轴线向左、右各偏移 128 mm，如图 12-34（g）所示。

（8）将（7）中最下面的轴线和左面轴线倒角，半径为 60 mm；最下面的轴线和右面轴线倒角，半径为 80 mm；最上面的轴线和左面轴线倒角，半径为 20 mm；最上面的轴线和右面轴线倒角，半径为 10 mm。

（9）在 24 mm 下方的水平轴线与柱体的两个交点上，用样条曲线绘制出云纹，并与（8）中的圆弧相连接，如图 12-34（h）所示。

本章小结

通过本章的学习，使学生掌握 AutoCAD 2019 用于机械制图的基本操作，了解机械图纸绘制的格式和要求，能够用 AutoCAD 2019 绘制二维工程图纸；熟悉 CAD 的基本操作，在绘图前必须进行图形界限、图层建立等基本操作，只有各项设置合理了，才能为接下来的绘图工作打下良好的基础；掌握绘制、编辑二维图形的一些功能命令，如点、线、圆、多段线、多边形等基本二维图形绘制命令以及复制、偏移、粘贴、倒角等编辑命令，可以运用这些命令绘制二维图形。

技能与素养

通过对五星红旗和华表的绘制增强读者的爱国情怀，激发读者的学习兴趣，为提高我国的科技水平和实现中华民族的伟大复兴，作出自己的贡献。

《管子·七臣七主》中“法律政令者，吏民规矩绳墨也”以及孟子“不以规矩，不能成方圆”等源自绘图的典故告诫我们要遵守规格制度，认真工作。失之毫厘，谬以千里，我们要本着工程实践理念，严谨认真。通过个人动手操作，培养自主学习能力、沟通能力和团队协作的意识。

思考练习题

1. 选择题

(1)在 AutoCAD 中创建文字时,圆的直径的表示方法是(　　)。

A. %%d　　B. %%p　　C. %%c　　D. %%r

(2)在下列命令中,用来创建多行文字的命令是(　　)。

A. Dtext　　B. Mtext　　C. Text　　D. Qtext

(3)下列图层名不会被改名或被删除的是(　　)。

A. STANDAND　　B. 0　　C. UNNAMED　　D. DEFAULT

2. 填空题

(1)在 AutoCAD 中,点对象有四种创建方法,即________、________、________、________。

(2)在 AutoCAD 中,规定每个图层都具有________、________、________、________四个基本属性。

(3)虚线、点画线等非连续线型的疏密受图线大小的影响,用户可以通过设置____来改变这些线型的外观。

3. 操作题

根据所给图样精确绘图,绘图方法和图形编辑方法不限。选取合适的对象捕捉功能;并按要求为不同的绘制对象设置图层;创建符合规范的标注样式,并标注图形。注意图形布局美观、合理。

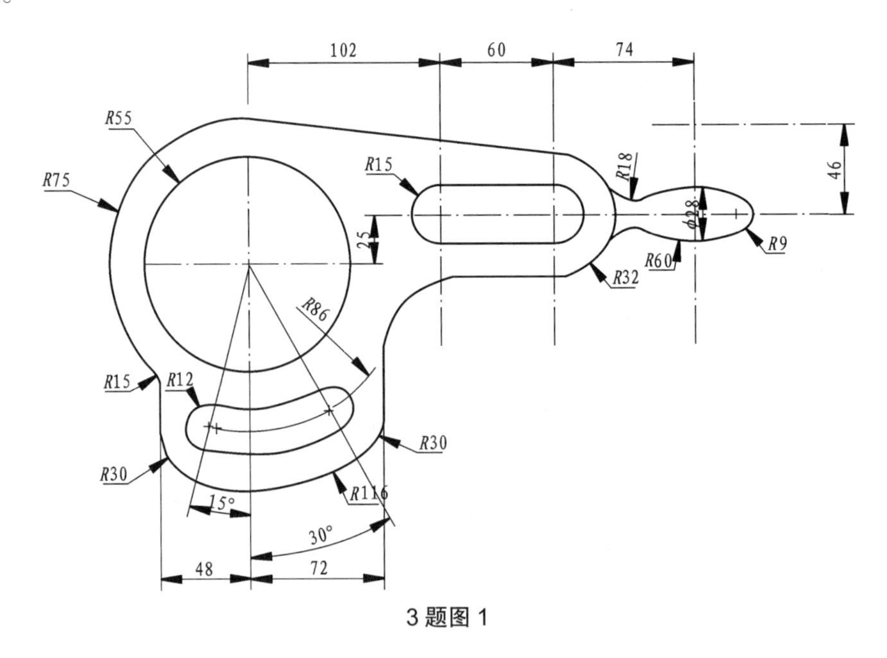

3 题图 1

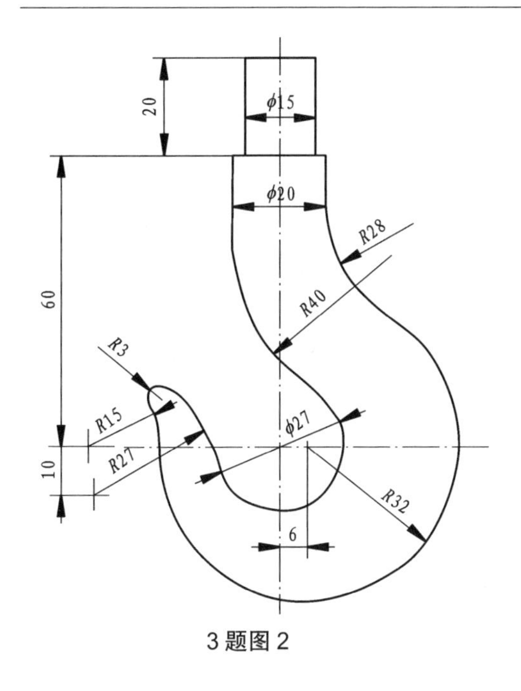

3 题图 2

扫一扫:课堂范例——绘制吊钩轮廓(创建图框、标题栏)

第 13 章　绘制三维图形

扫一扫:PPT- 第 13 章

本章主要介绍 AutoCAD 2019 中实体建模工具的应用,内容包括坐标系的创建、基本实体的创建、一般实体的创建及实体的布尔运算以及实体编辑修改命令。在使用 AutoCAD 2019 创建实体模型的过程中,还需用到二维图形结构的绘制与编辑技巧,包括三维阵列、三维镜像、实体圆角、实体倒角等命令编辑实体结构的基本操作方法与思路。其中需要重点掌握的是二维图形结构在空间平面上的放置方法和空间定位技巧。

13.1　AutoCAD 三维基本知识

1. 三维几何模型分类

在 AutoCAD 中,用户可以创建 3 种类型的三维模型:线框模型、表面模型及实体模型,如图 13-1 和图 13-2 所示。

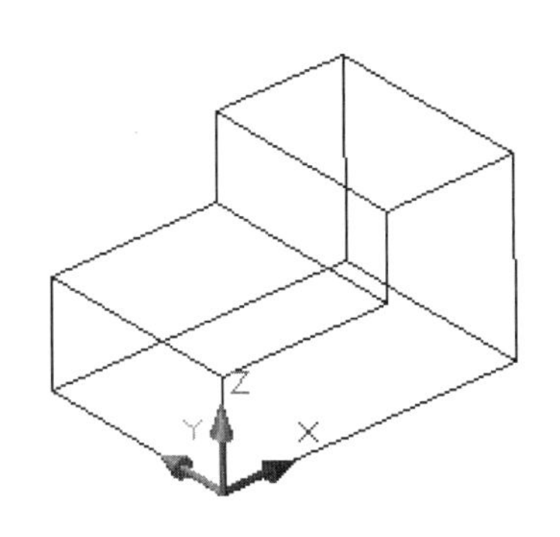

图 13-1　线框模型

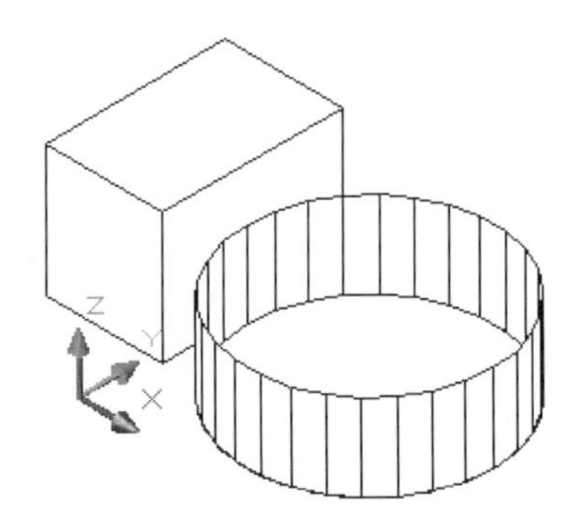

图 13-2　实体模型和表面模型

2. 实体建模概述

任何结构复杂的实体模型都是由各种简单的实体结构组成的,使用 AutoCAD 的三维实体命令进行三维模型的创建不仅能快速、完整地描述出实体对象的几何信息,而且还能对所有的点、线、面进行编辑操作。

使用 AutoCAD 实体命令创建三维机械模型,一般采用实体叠加或减除的方法来完成模型零件的结构造型,如图 13-3 所示。

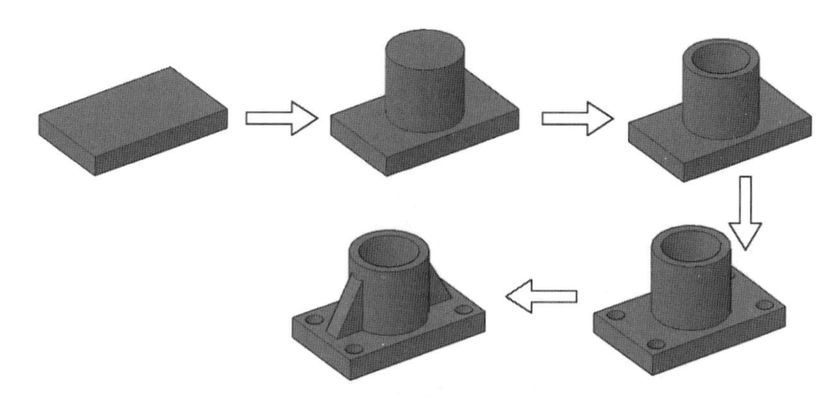

图 13-3　AutoCAD 实体建模基本方法

13.2　AutoCAD 三维建模工具

使用 AutoCAD 绘制三维图形时，通常需要切换至“三维建模”工作空间才能进行绘制，进入“三维建模”工作空间后，系统将在功能选项中提供建模、实体编辑、二维绘图与编辑等工作命令；也可以在“三维建模”工作空间中添加“三维工具”选项卡，在该选项卡中有建模、实体编辑、坐标等命令，如图 13-4 所示。

图 13-4　“三维工具”命令区域

13.3　使用坐标系定义工作面

1. 通过坐标系定义工作平面

在 AutoCAD 中，绘制的二维结构图形都是放置在坐标系的 *XY* 平面内，在图形被移动时，坐标也随之变化。通过拖动默认的坐标系到三维实体平面中，可快速地将 *XY* 平面与实体平面进行重合放置，此后绘制的二维结构图形都将放置在该实体平面上。

2. 创建坐标系

单击菜单栏“工具”→“新建 UCS”命令，在展开的子菜单中选择相应的坐标系创建命令，即可重新定义当前坐标系的空间位置，如图 13-5 所示。

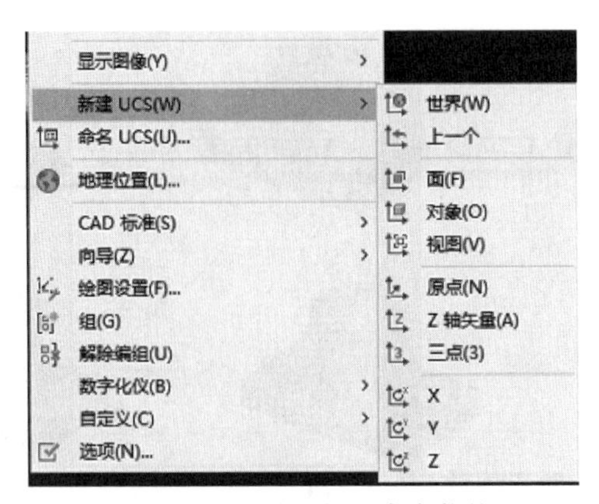

图 13-5 新建坐标系命令菜单

13.4 基本三维实体的创建

使用工具面板中的三维实体命令可以快速地创建指定尺寸的长方体、圆柱体、圆锥体、球体、楔体和圆环体。

1. 长方体

利用“长方体”命令来创建实体，实际是通过定义长方体的长、宽、高的尺寸来确定实体的形状和位置。

操作步骤：①单击“长方体”命令按钮；②分别选取两个特征点作为长方体底面矩形的对角点；③移动十字光标指定长方体的高度方向；④输入高度值，按回车键完成创建操作。

2. 圆柱体

利用“圆柱体”命令来创建实体，实际是通过定义圆柱体的底面圆形大小和圆柱高度来确定实体的形状和位置。

操作步骤：①单击“圆柱体”命令按钮；②捕捉底面圆形的圆心；③输入底面圆形半径数值；④移动十字光标指定圆柱体的延伸方向；⑤输入高度数值，按回车键完成创建操作。

3. 棱锥体

棱锥体的底面是矩形，利用“棱锥体”命令来创建实体，实际是通过定义棱锥体底面矩形的尺寸与实体高度来确定实体的形状和位置。

操作步骤：①单击“棱锥体”命令按钮；②选取一点为棱锥体底面矩形的中心点；③移动十字光标，输入矩形的边长值；④向上移动十字光标，确定棱锥体方向向上；⑤输入高度数值，按回车键完成创建操作。

13.5　基本的实体编辑工具

13.5.1　拉伸实体

使用“拉伸”命令可将二维或三维曲线通过距离的延伸操作，创建出三维实体或曲面对象，如图 13-6 所示。

图 13-6　拉伸工具

操作步骤：①通过二维绘图工具创建一个封闭的二维图形（如果是不规则多边形则需要使用“面域”命令），如图 13-7 所示；②单击“拉伸”命令按钮；③选取所要拉伸的二维图形，按回车键；④输入拉伸对象的高度值，按回车键或单击鼠标右键完成并集操作。

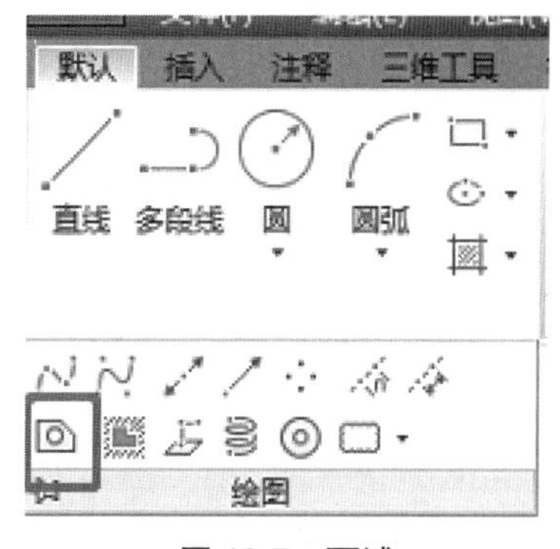

图 13-7　面域

面域是具有物理特性的二维封闭区域，可以将现有面域组合成单个复合面域来计算面积。

面域是使用形成闭合环的对象创建的二维闭合区域。环可以是直线、多段线、圆、圆弧、椭圆、椭圆弧和样条曲线的组合。组成环的对象必须闭合或通过与其他对象共享端点而形成闭合的区域。

操作步骤：①用“直线”命令绘制一个封闭的图形；②单击“面域”命令按钮；③根据提示，选择绘制好的对象；④按回车键或单击鼠标右键完成，提示框中显示“已创建一个面域”。

13.5.2　布尔运算

在 AutoCAD 中，布尔运算是将数学集合中的差集、并集、交集操作推广到实体中的一种运算方式，如图 13-8 所示

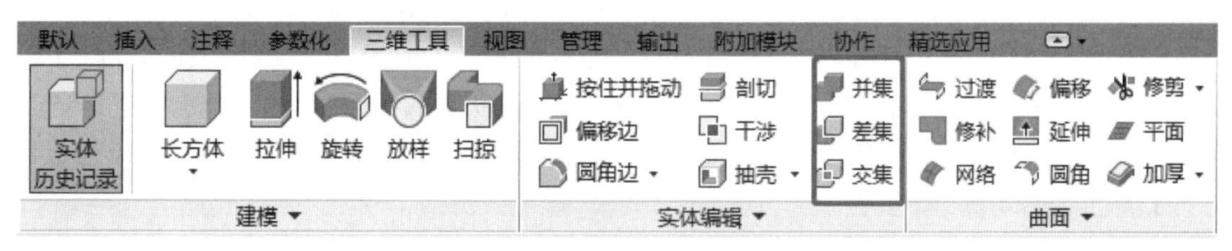

图 13-8　布尔运算工具

扫一扫:三维编辑工具的使用(布尔运算)

1. 并集运算

并集运算可以将选定的两个及两个以上的实体或面域对象合并成为一个新的整体。执行并集操作后,原来各实体相互重合的部分变成一体,使其成为无重合的实体。正是由于这个无重合原则,实体或面域并集运算后体积将小于或等于原来各实体或面域的体积之和。

操作步骤:①单击“并集”命令按钮; ②选取所要合并的对象,按回车键或单击鼠标右键完成并集操作。

2. 差集运算

差集运算是从被减实体中去掉所指定的其他实体以及实体之间的公共部分,从而得到一个新的实体。首先选取的对象是被减的对象,之后选取的对象是减去的对象。

操作步骤:①单击“差集”命令按钮; ②选取被减的对象,按回车键或单击鼠标右键;③选取要减去的对象,按回车键或单击鼠标右键即可完成差集操作。

3. 交集运算

交集运算是由两个或者多个实体或面域的公共部分创建实体或面域,并删除公共部分之外的实体,从而获得新的实体。

操作步骤:①单击“交集”命令按钮; ②选取具有公共部分的两个对象,按回车键或单击鼠标右键即可执行交集操作。

13.5.3 其他实体编辑工具

1. 移动实体

使用“移动”命令可以在不修改实体结构形状的前提下对实体对象进行空间位移操作。

操作步骤:①单击“三维移动”命令按钮;②选择要移动的对象中的参考点;③移动十字光标选择放置点,完成实体移动操作。

2. 旋转实体

使用“三维旋转”命令可以在三维空间中将指定的实体对象进行任意角度的旋转操作。

操作步骤:①单击“三维旋转”命令按钮;②选择要旋转的对象,按空格键或者回车键;③选择要旋转的基准点;④移动十字光标,选择旋转轴,在命令行输入旋转角度值,按空格键完成旋转操作。

3. 矩形阵列实体

使用“三维阵列”命令创建矩形实体阵列需要指定行数、列数、层数和间距值等参数。

操作步骤:①单击“三维阵列”命令按钮;②选择要旋转的对象,按空格键或回车键;③在弹出的“输入阵列类型”对话框中选择“矩形”命令;④依次输入行数、列数、层数,按空格键或回车键确定;⑤在“指定行间距”输入行间距值和列间距值,按回车键完成创建操作。

4. 环形阵列实体

使用“三维阵列”命令创建环形阵列实体需要指定阵列的项目数目、填充角度、旋转轴等参数。

操作步骤:①单击“三维阵列”命令按钮;②选择要旋转的对象,按空格键或回车键;③在弹出的“输入阵列类型”对话框中选择“环形”命令;④按要求输入阵列中的项目数目和指定要填充的角度,按回车键完成创建操作。

5. 镜像实体

使用“三维镜像”命令可将指定的实体对象相对于空间平面做对称复制操作。

操作步骤:①单击“三维镜像”命令按钮;②选择要镜像的立体图形,按空格键完成对象指定;③分别捕捉镜像参照面的三个顶点,完成镜像平面的指定;④在弹出的“是否输出源对象”中选择“否”,完成实体镜像复制操作。

13.6　实体面的编辑

对于已创建的实体模型,可使用“实体编辑”工具组中的面编辑命令来快速修改实体的外形结构,如图 13-9 所示。

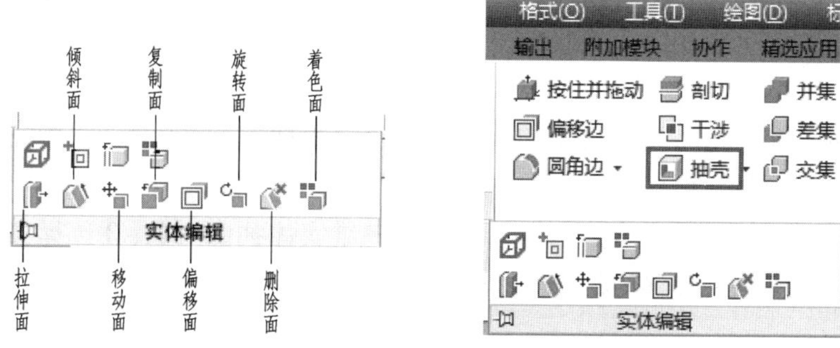

图 13-9　实体面编辑工具

1. 拉伸面

扫一扫:基本三维实体的创建

拉伸实体面与旋转实体面是 AutoCAD 三维模型中最常用的实体面操作命令,通过直接位移实体的表面来快速修改三维模型的外形结构。

使用“拉伸面”命令可将三维实体的选定表平面按指定的距离或路径进行延伸操作。

操作步骤:①单击“拉伸面”命令按钮;②选择要拉伸的实体平面,按空格键;③输入要拉伸的距离,按空格键;④输入拉伸倾斜的角度,如不需要倾斜则输入“0”,按空格键完成实体面的拉伸。

2. 倾斜面

使用“倾斜面”命令可将选定的实体平面按照指定的角度进行倾斜操作。

操作步骤:①单击“倾斜面”命令按钮;②在选定的实体平面上,分别选择上、下边线的中点,按空格键;③在命令行中输入倾斜的角度数值,按空格键完成实体面的倾斜。

3. 偏移面

使用“偏移面”命令可将指定的实体平面按照法线方向进行平行偏移,从而完成对实体模型的增料或减料操作。

操作步骤:①单击“偏移面”命令按钮;②选择实体模型上的曲面,按空格键;③在命令行输入偏移距离的数值,按空格键完成实体的偏移。

4. 旋转面

使用“旋转面”命令可将三维实体的选定表平面按指定的轴线进行旋转,从而完成对实体模型的增料或减料操作。

操作步骤:①单击“旋转面”命令按钮;②选择要旋转的实体平面,按空格键;③在指定实体平面上选择旋转轴的两个端点,按空格键;④在命令行中输入旋转角度,按空格键完成实体面的旋转。

5. 删除面

使用“删除面”命令可对实体模型上的过渡平面进行删除,从而完成对实体对象的修补操作。

操作步骤:①单击“删除面”命令按钮;②选择要旋转的实体平面,按空格键完成实体面的删除。

6. 抽壳

使用“抽壳”命令可将实体模型的一个或多个表平面进行移除操作,掏空实体的内部材料,创建出平均厚度的几何壳体。

操作步骤:①单击“抽壳”命令按钮;②选择三维实体抽壳对象;③选择实体要移除的平面;④在命令行输入抽壳偏移的距离,按空格键完成实体的抽壳。

13.7 实体边的编辑

使用“实体编辑”工具组中的边编辑命令不仅能创建出各种工程特征,如圆角特征、倒角特征,还能快速地对实体模型的边线进行重复利用,如图 13-10 所示。

1. 实体圆角

使用“圆角边”命令可在实体的棱角边线位置上创建一个相切的过渡曲面,其主要包括内圆角和外圆角两种模式,内圆角为增加材料,外圆角为减除材料。

操作步骤:①单击“圆角边”命令按钮;②在命令行中输入“D”,按空格键;③在命令行中输入倒角两个邻边的距离值,按空格键;④选择实体侧平面上的两条棱边线;⑤连续按两次空格键完成圆角特征的创建。

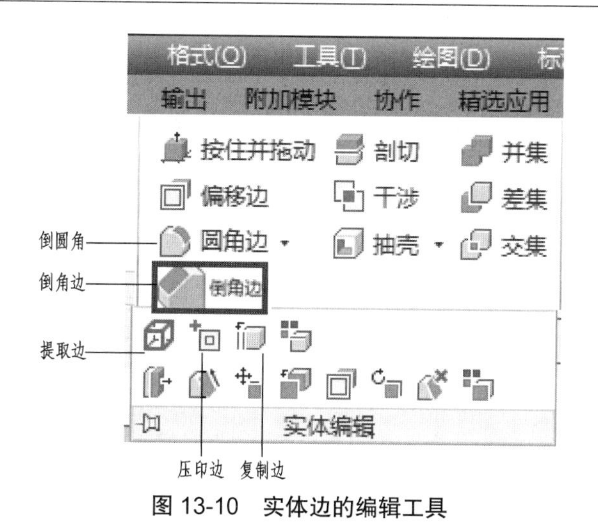

图 13-10　实体边的编辑工具

2. 实体倒角

使用“倒角边”命令可在几何实体的棱角边线位置上创建一个过渡平面。

操作步骤:①单击“倒角边”命令按钮;②在命令行中输入“R”,按空格键;③在命令行中输入半径数值,按空格键;④选择实体模型上要倒角的棱边;⑤连续按两次空格键完成倒角特征的创建。

3. 压印边

使用“压印边”命令可将实体的边线投影至其他相交实体上,从而改变原对象实体的外形结构。

操作步骤:①单击“压印边”命令按钮;②选择要被压印的实体对象;③选择压印的实体对象;④在“是否删除源对象”中输入“Y”或“N”,按空格键完成实体的压印操作。

4. 复制边

使用“复制边”命令可将实体的轮廓边线重复利用,它与二维结构绘图中的复制命令相似。

操作步骤:①单击“复制边”命令按钮;②选择要被复制的实体对象,按空格键;③选择实体对象的复制基点;④移动十字光标,选择放置位置的基点,完成实体的复制边操作。

5. 提取边

使用“提取边”命令可将三维实体、三维曲面、三维网格等对象的所有边线提取为线框几何图形。

操作步骤:①单击“提取边”命令按钮;②选择合并的实体为提取对象,按空格键;③删除实体模型,只保留提取的边线。

13.8　绘制三维图形图例

1. 创建支承座三维模型

支承座三视图及实体造型,如图 13-11 所示。

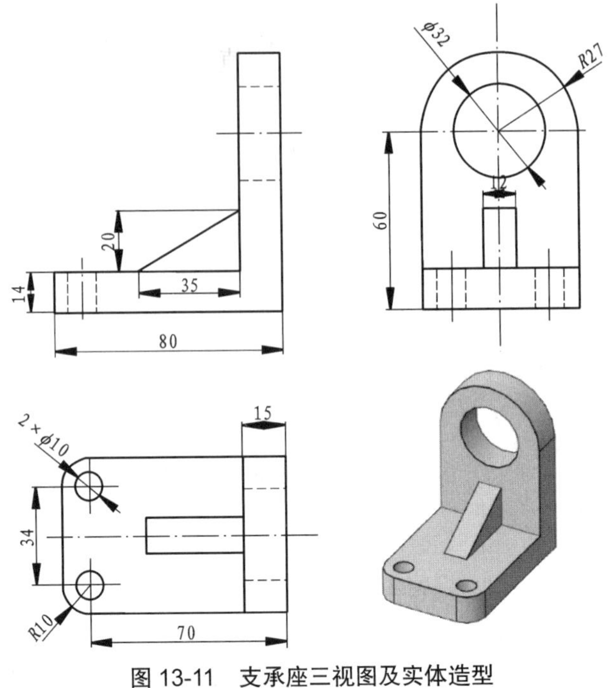

图 13-11 支承座三视图及实体造型

分析:绘制此平面图形需要执行局部剖切,因此要使用样条曲线、图案填充、倒角等命令。

具体绘图步骤如下。

(1)在已绘制好的支承座平面图中,关闭除轮廓线图层的其他所有图层,结果如图 13-12 所示。

(2)修改图形,将原图形进行分割、删除多余线段,绘制成各自独立的封闭图形,如图 13-13 所示。

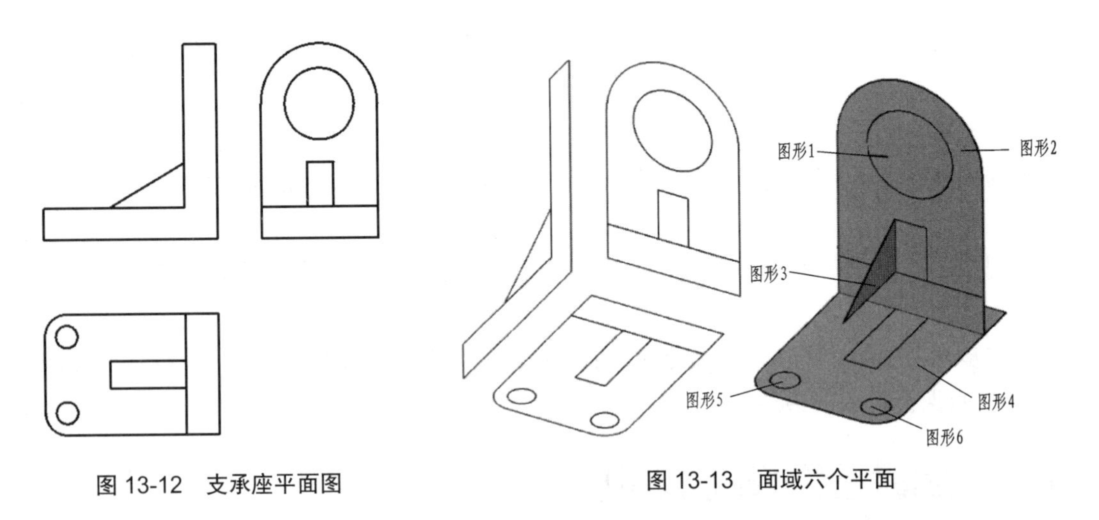

图 13-12 支承座平面图

图 13-13 面域六个平面

(3)生成面域,单击“绘图”工具条上的“面域”按钮,框选所有的图形,按回车键,即可生成 6 个面域。

（4）复制（Ctrl+C）图形 1、2，并粘贴（Ctrl+V）到视图工具栏中的左视图中；单击“建模”工具条上的“拉伸”按钮，选择图形 1、2 向后拉伸，拉伸值为 15 mm，如图 13-14（a）所示。

（5）单击“建模”工具条上的“拉伸”按钮，选择图形 4、5、6 向上拉伸，拉伸值为 14 mm，如图 13-14（b）所示。

（6）复制（Ctrl+C）图形 3，并粘贴（Ctrl+V）到视图工具栏中的前视图中；单击“建模”工具条上的“拉伸”按钮，选择图形 3 向前拉伸，拉伸值为 12 mm，如图 13-14（c）所示。

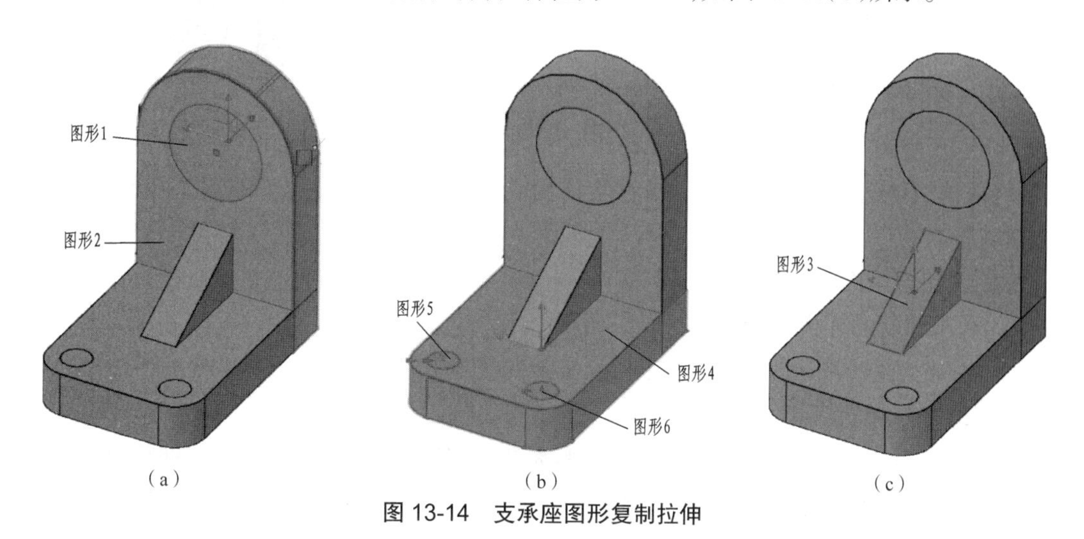

图 13-14　支承座图形复制拉伸

（7）运用“实体编辑”工具栏中的布尔运算对实体板中的图形 2、3、4 进行并集处理。

（8）选中刚处理好的组合图形，选择“实体编辑”工具栏中的“差集”命令，再选择图形 1、5、6，按回车键或单击鼠标右键即可执行差集操作，如图 13-15 所示。

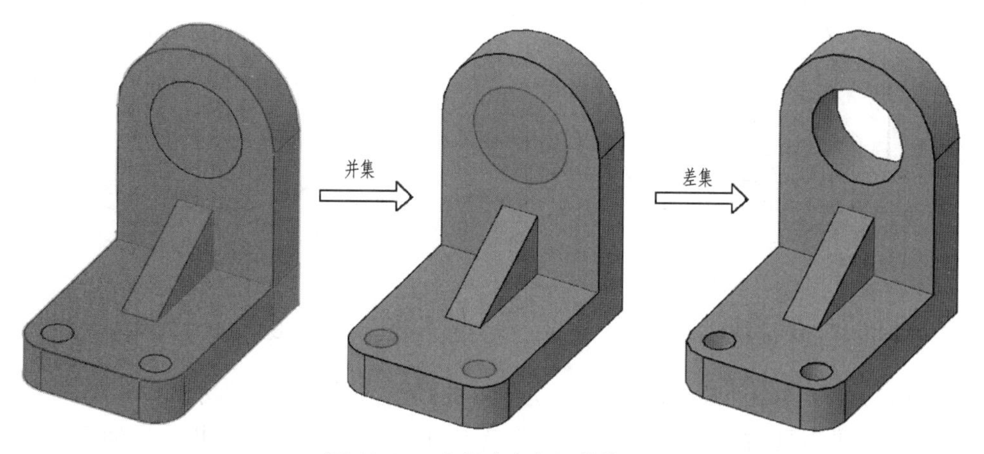

图 13-15　支承座布尔运算的运用

至此，完成支承座零件三维模型的创建。

2. 端盖底座三维模型

端盖实体造型如图 13-16 所示。

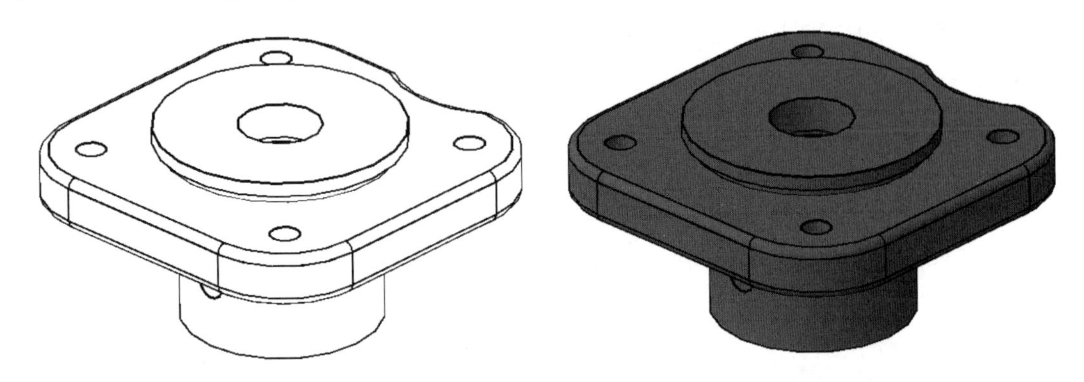

图 13-16 端盖实体造型

分析:该实体造型主要由基本的拉伸实体构成,在拉伸实体的过程中应注意实体界面曲线的选择顺序。

1)创建端盖结构

(1)利用建立的样板文件,新建文件“端盖”,设置好图层属性。

(2)将“轮廓线”图层设置为当前图层,在俯视视角下绘制圆角矩形和中心圆形,并进行面域,如图 13-17 所示。

(3)单击三维工具“拉伸”按钮,选择圆形为拉伸实体的截面曲线,指定拉伸距离为 36,创建出拉伸实体;再次单击“拉伸”按钮,选择圆角矩形为拉伸实体的截面曲线,指定拉伸距离为 30,完成拉伸实体的创建,如图 13-18 所示。

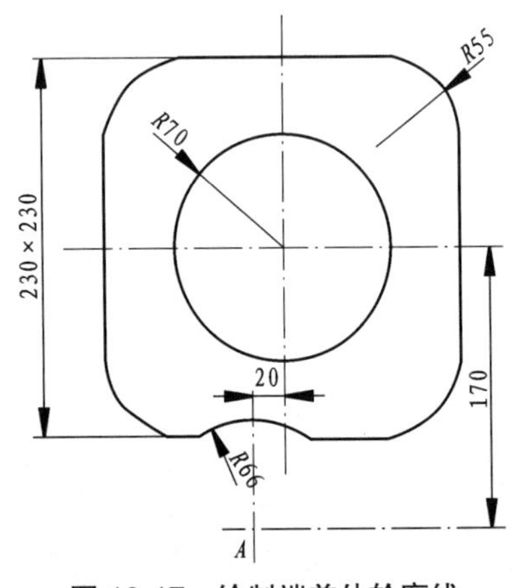

图 13-17 绘制端盖外轮廓线

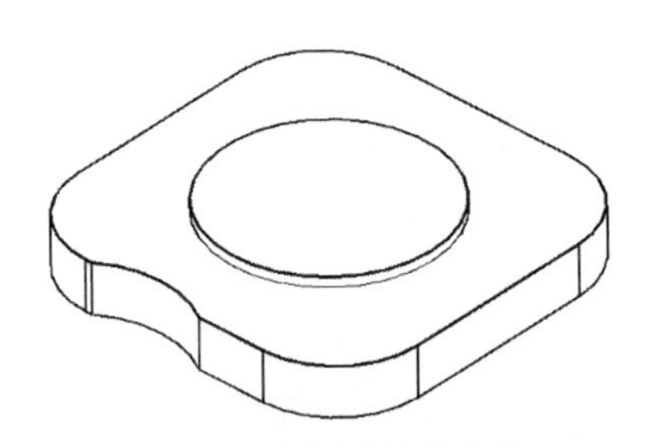

图 13-18 创建拉伸实体

(4)捕捉拉伸实体端面圆心,绘制直径为 150 的圆形,如图 13-19 所示。

(5)单击三维工具“拉伸”按钮,选择圆形为拉伸实体的截面曲线,指定拉伸距离为 8,完成拉伸实体的创建,如图 13-20 所示。

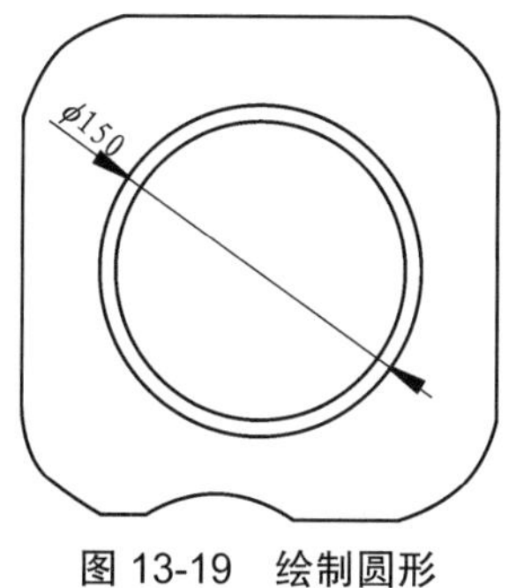

图 13-19　绘制圆形

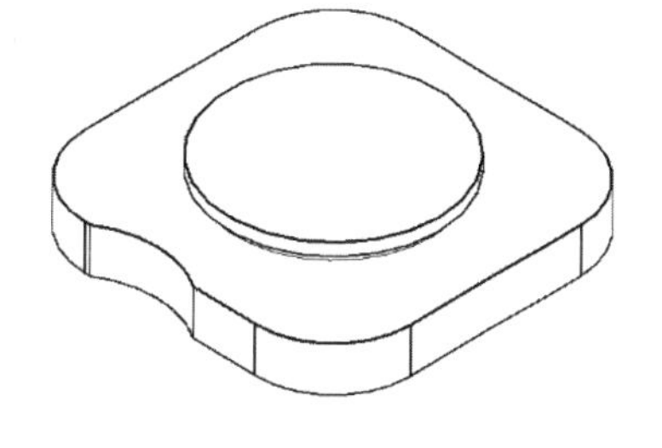

图 13-20　创建拉伸实体

（6）单击“并集”按钮，选择 3 个相交实体为并集运算对象，完成实体的合并操作。

2）创建圆台结构

分析：端盖的圆台结构主要由三个相交的圆形拉伸实体构成，应重点掌握同心圆形在底座实体平面上的定位方法。

（1）在仰视视角下绘制直径为 120 的圆形，如图 13-21 所示。

（2）单击“拉伸”按钮，选择圆形为拉伸实体的截面曲线，指定拉伸距离为 72，完成拉伸实体的创建，如图 13-22 所示。

（3）单击“并集”按钮，选择所有相交的实体为并集运算对象，完成实体的合并操作。

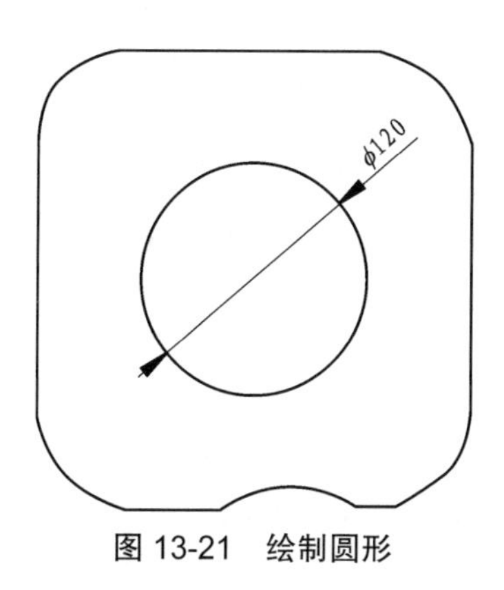

图 13-21　绘制圆形

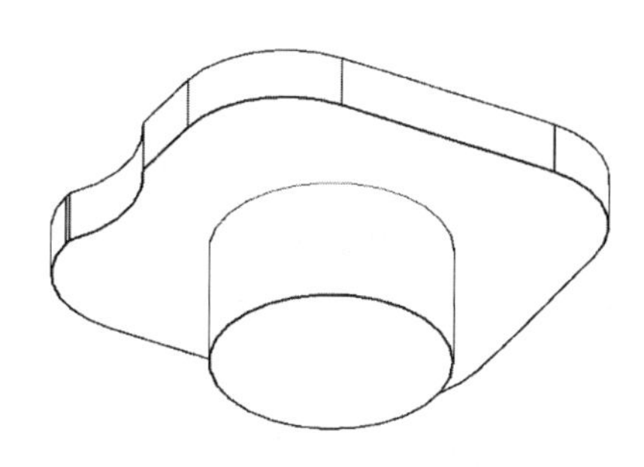

图 13-22　创建 ϕ120 拉伸实体

3）创建凹槽与孔特征

分析：在凹槽和特征孔的绘制过程中，应注意相交实体的拉伸方向以及差集运算对象的选取顺序。

（1）捕捉拉伸实体的端面圆心，绘制一个直径为 50 的圆形；单击“拉伸”按钮，选择圆形为拉伸实体的截面曲线，指定拉伸距离为 150，完成拉伸实体的创建，如图 13-23 所示。

（2）单击“差集”按钮，分别选择相交的实体为差集运算对象，完成实体求差运算，结果如图 13-24 所示。

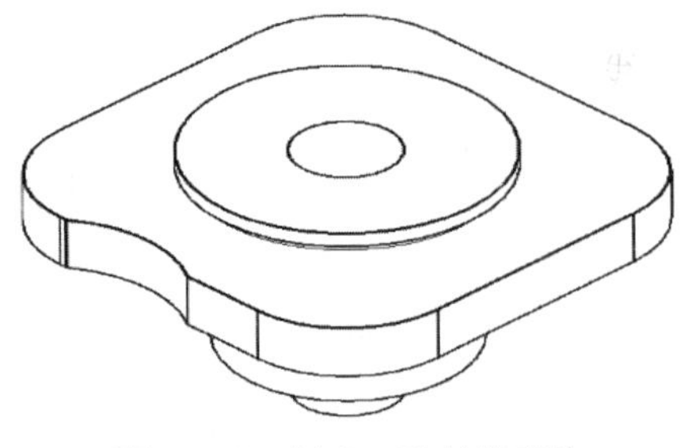

图 13-23　创建 ϕ50 拉伸实体

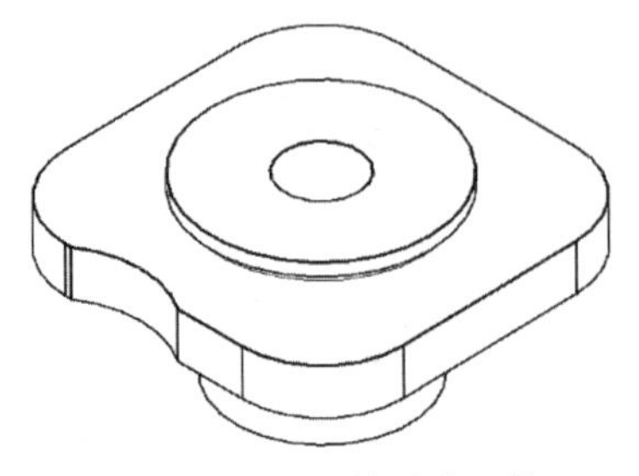

图 13-24　实体差集运算

（3）绘制一个直径为 60 的圆形；单击“拉伸”按钮，选择圆形为拉伸实体的截面曲线，指定拉伸距离为 76；单击“圆角边”按钮，选择实体的两条圆形边线为圆角对象，半径为 5，完成实体的圆角操作，如图 13-25 所示。

（4）单击“移动”按钮，选择创建好的圆柱形，以上表面圆心为参照点移动至组合体中，再选择圆柱体，向下移动 20，完成拉伸实体的放置操作。单击“差集”按钮，分别选择相交的实体为差集运算对象，完成实体求差运算，结果如图 13-26 所示。

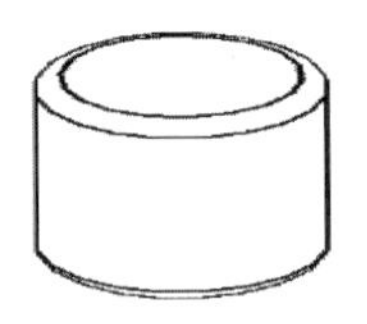

图 13-25　创建 ϕ60 拉伸实体

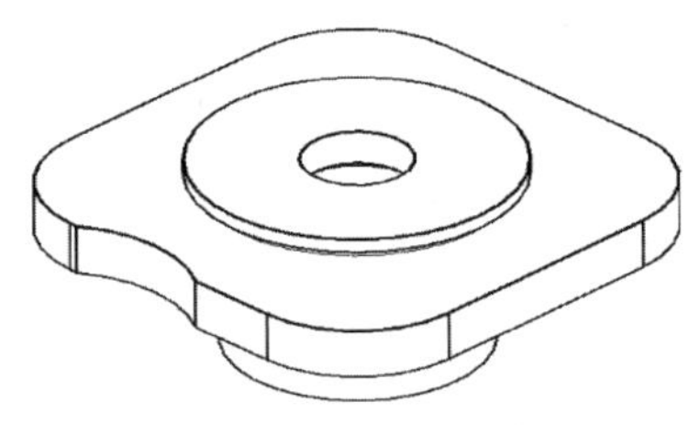

图 13-26　实体差集运算

（5）捕捉拉伸实体的端面圆心，绘制一个直径为 220 的圆形，在这个圆的象限点上绘制一个直径为 18 的圆形；单击“阵列”按钮，将 ϕ18 圆形按 ϕ220 圆为路径环形阵列为 4 个；单击“旋转”按钮，将 4 个 ϕ18 圆形平面旋转 45°；单击“拉伸”按钮，选择 4 个 ϕ18 圆形为拉伸实体的截面曲线，指定拉伸距离为 100，完成拉伸实体的创建，如图 13-27 所示。

（6）单击“删除”按钮，将 ϕ220 的圆形删除；单击“差集”按钮，分别选择 5 个相交的实体为差集运算对象，完成实体求差运算，结果如图 13-28 所示。

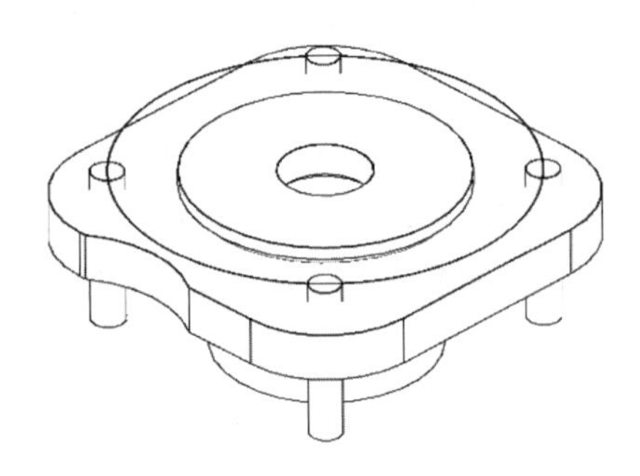

图 13-27　创建 ϕ18 拉伸实体

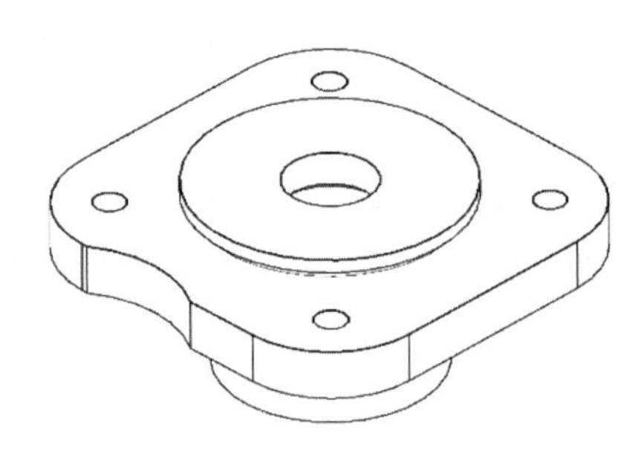

图 13-28　实体差集运算

（7）在仰视视角下，以 4 个 ϕ18 圆形的圆心为圆心，分别绘制 4 个直径为 28 的圆形，单击“拉伸”按钮，选择 4 个圆形为拉伸实体的截面曲线，指定向下拉伸距离为 18，如图 13-29 所示。

（8）单击“差集”按钮，分别选择 5 个相交的实体为差集运算对象，完成实体求差运算，结果如图 13-30 所示。

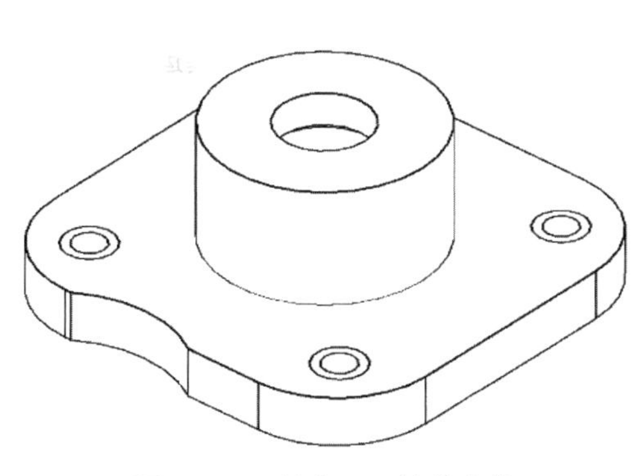

图 13-29　创建 ϕ28 拉伸实体

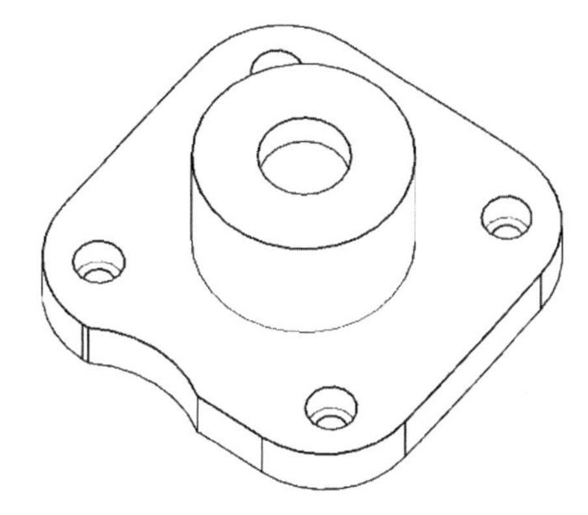

图 13-30　实体差集运算

（9）将坐标系移至底板与缺口相对的一侧，绘制一个直径为 20 的圆形，单击“移动”按钮，将圆形向上移动 62；单击“拉伸”按钮，选择圆形为拉伸实体的截面曲线，指定向下拉伸距离为 79；捕捉拉伸实体的端面圆心，绘制一个直径为 8 的圆形，单击“拉伸”按钮，选择圆形为拉伸实体的截面曲线，指定向下拉伸距离为 115，如图 13-31 所示。

（10）单击“差集”按钮，分别选择 3 个相交的实体为差集运算对象，完成实体求差运算，结果如图 13-32 所示。

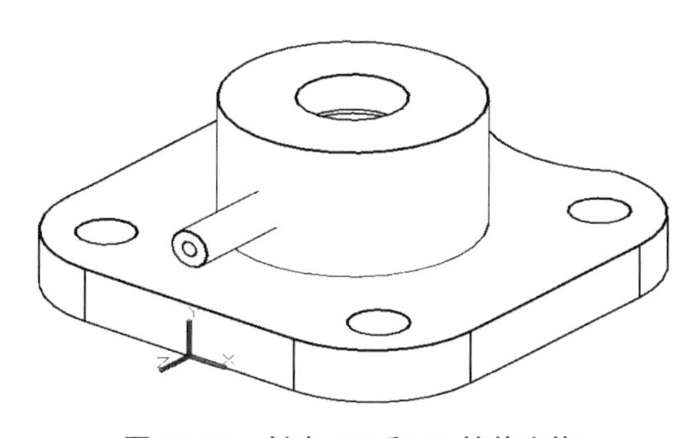

图 13-31　创建 ϕ20 和 ϕ8 拉伸实体

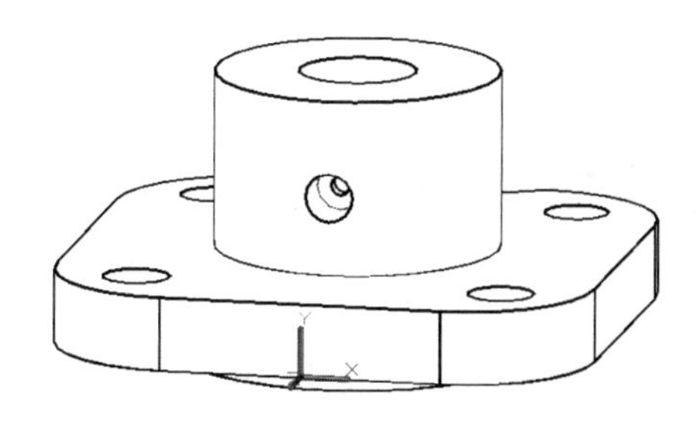

图 13-32　实体差集运算

4）创建倒角与圆角特征

分析：在倒角特征与圆角特征创建的过程中，应注意倒角距离、圆角半径的重定义方法。其中，还应重点掌握链选取方式的应用方法。

（1）单击“圆角边”按钮，设置半径为 5，依次选择圆角方形底座的边为圆角边对象，完成实体圆角特征的创建，如图 13-33 所示。

(2)单击“倒角边”按钮,设置两倒角距离为 2,选择圆孔特征的 2 条圆边作为倒角对象,完成实体倒角特征的创建,如图 13-34 所示。

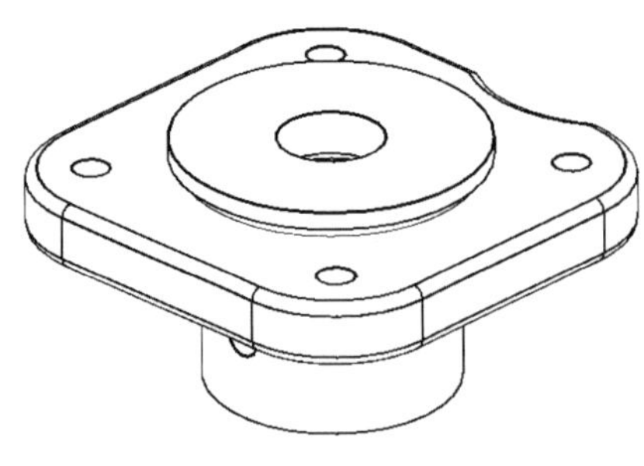

图 13-33 创建实体圆角特征

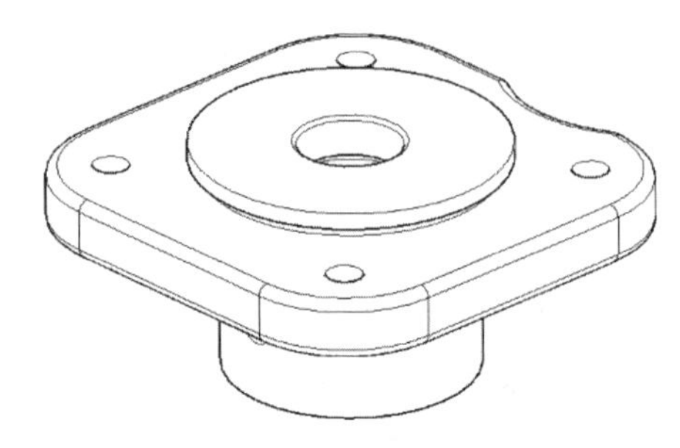

图 13-34 创建实体倒角特征

本章小结

本章通过讲述使用 AutoCAD 2019 绘制三维图形,让读者明白绘图是机械设计过程中设计思想的载体,具备良好的绘图能力是每一个设计人员最基本的素质。

技能与素养

本章通过视频讲解,帮助读者克服畏难情绪,培养读者严于律己、知难而进的意志和毅力以及对技术精益求精的良好职业品质。在绘图过程中,通过对难点问题的分析和解决,使读者学会用联系的、全面的、发展的观点看问题,正确对待人生发展中的顺境与逆境,处理好人生发展中的各种矛盾,培养健康向上的人生态度。在计算机绘图技能的训练中,培养读者敬业、精益、专注、创新等方面的工匠精神以及认真负责、踏实敬业的工作态度和严谨求实、一丝不苟的工作作风。

思考练习题

1. 选择题

(1)机械制图最重要的视图是(　　)。

A. 主视图、左视图、俯视图

B. 主视图、左视图、仰视图

C. 主视图、右视图、俯视图

D. 主视图、右视图、仰视图

(2)执行“倒角边”命令创建实体倒角特征时,应注意(　　)。

A. 所有选取的倒角边都应在同一个实体平面上

B. 不能选取相交的实体边线

C. 所有选取的倒角边不能在同一个实体平面上

D. 只能选取相交的实体边线

（3）下列命令中常用于特征的视图投影的是(　　)。

A. 直线　　B. 样条曲线

C. 构造线　　D. 多段线

2. 填空题

（1）布尔运算主要有_____、_____和_____。

（2）使用二维曲线来创建三维实体的命令有________、________、________、________和________。

3. 操作题

为了强化读者的上机操作能力，将以下三个实体图形作为实训项目，合理地使用图层管理、基本二维曲线、实体建模和实体编辑等工具完成上机操作练习。

（1）实体拉伸生成实体。

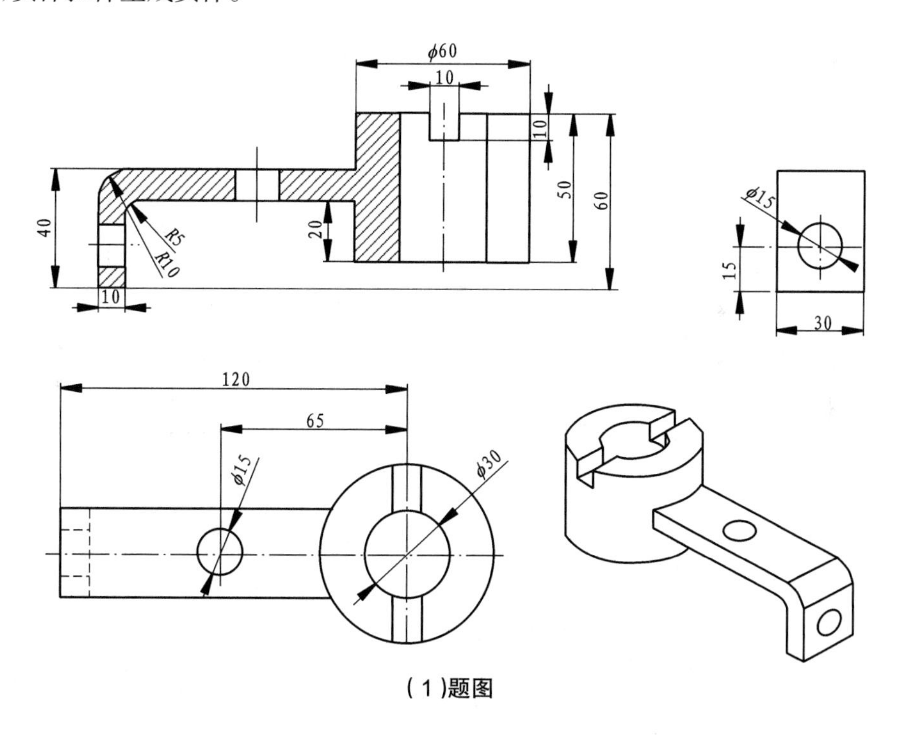

（1）题图

（2）实体旋转建模。

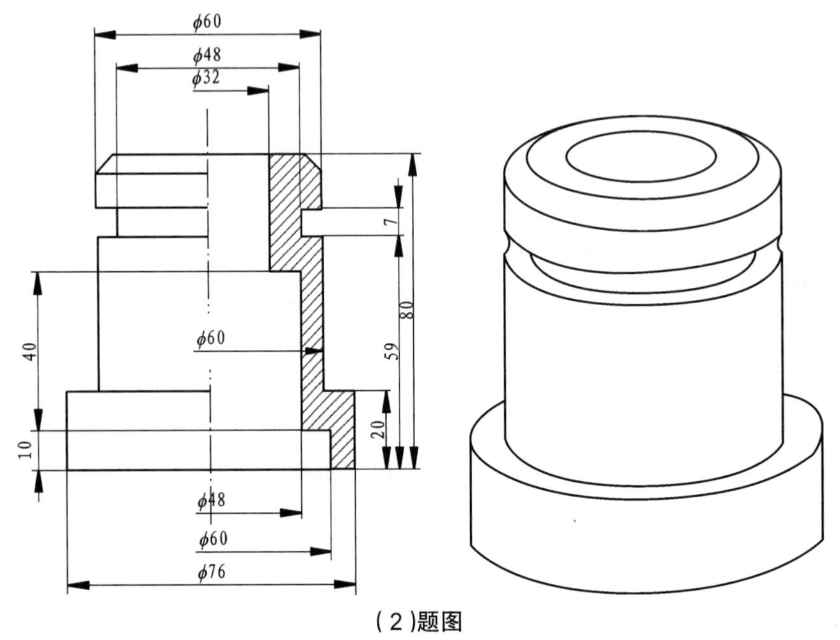

（2）题图

（3）组合体。

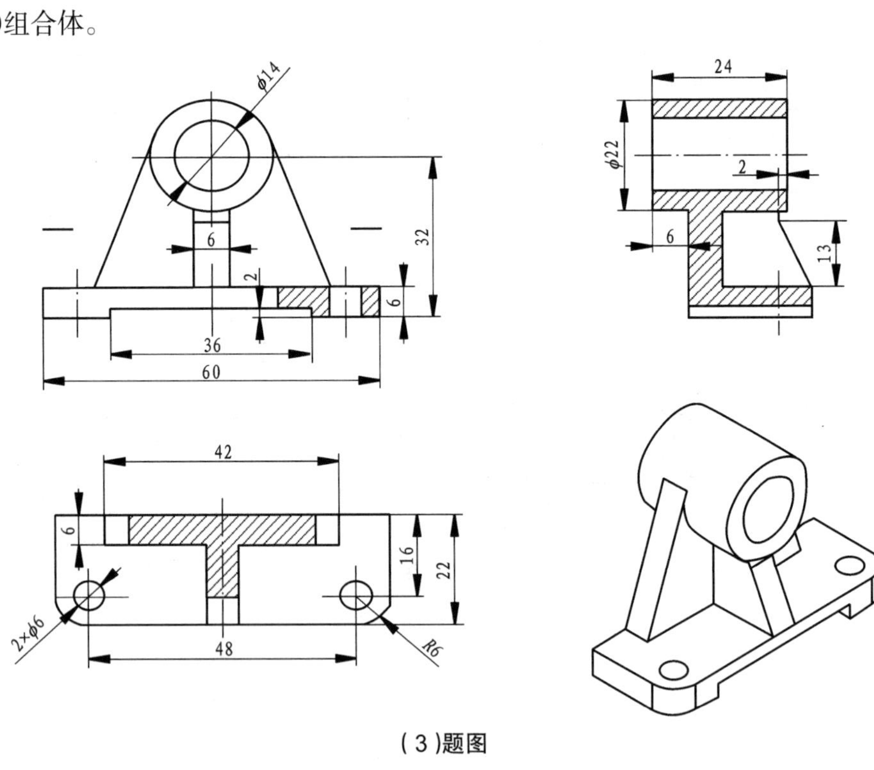

（3）题图

扫一扫：课堂范例——绘制轴承底座立体图

附录

附录 1　CAD 常用快捷键一览表

首字母	快捷键	中文命令	快捷键	中文命令	快捷键	中文命令	快捷键	中文命令
A	A	圆弧	AA	面积	AR	阵列		
B	B	块定义	BR	打断	BO	边界		
C	C	圆	CHA	倒直角	CO/CP	复制	COL	设置颜色
D	D	标注样式	DAL	对齐标注	DAN	角度标注	DBA	基线标注
	DCE	中心标注	DCO	连续标注	DDI	直径标注	DI	距离
	DIV	定数等分	DLI	线性标注	DO	圆环	DOR	点标注
	DRA	半径标注	DT	单行标注				
E	E	删除	ED	修改文本	EL	椭圆	EX	延伸
F	F	倒圆角						
G	G	对正						
H	H	填充	HE	编辑图案填充				
I	I	插入块						
L	LN	交集	LA	图层操作	LEN	拉长	LTS	线型比例
	L	直线	LE	快速引线	LT	线型	LW	线宽
M	M	移动	ME	定距等分	ML	多线	MG	居中
	MA	特性匹配	MI	镜像	MO	对象特性		
O	O	偏移	P	实时平移	PL	多段线	POL	正多边形
	OP	选项	PE	编辑多段线	PO	点	PU	清理垃圾
R	R	刷新当前视图	RE	重生成	REG	面域	RO	旋转
	RA	刷新所有视图	REC	矩形				
S	S	拉伸	SPL	样条曲线	SC	比例	ST	文字样式
	SU	差集						
T	T	多行文字	TO	工具栏	TOL	形位公差	TR	修剪
U	UN	图形单位	UNI	并集				
W	W	定义块文件						
X	X	分解	XL	构造线				

续表

首字母	快捷键	中文命令	快捷键	中文命令	快捷键	中文命令	快捷键	中文命令
Z	Z	缩放	Z+E	最大范围显示	Z+P	返回上一视图	Z+W	窗口缩放
	Z+A	显示全图						
F(x)	F1	帮助	F2	文本窗口	F3	对象捕捉	F8	正交
	F10	极轴	F11	对象追踪				
Ctrl+(x)	Ctrl+1	对象特性	Ctrl+2	设计中心	Ctrl+N	新建	Ctrl+O	打开
	Ctrl+S	保存	Ctrl+X	剪切	Ctrl+V	粘贴	Ctrl+Y	重做
	Ctrl+P	打印	Ctrl+C	复制	Ctrl+Z	放弃		

附录 2　样板图层设计

图层	颜色	线型	线宽	说明
轮廓线	白色（White）	Continuous 实线	0.35 mm	绘制可见轮廓结构线
细实线	白色（White）	Continuous 实线	0.18 mm	绘制断裂分割线
中心线	红色（Red）	Center 2 点画线	0.18 mm	绘制中心线、轴线
虚线	洋红（Magenta）	Dashed 虚线	0.18 mm	绘制不可见轮廓线
剖面线	白色（White）	Continuous 实线	0.18 mm	区域填充、断面线
图块	白色（White）	Continuous 实线	0.18 mm	用于插入图块
图框	白色（White）	Continuous 实线	0.35 mm	绘制边框直线
尺寸标注线	蓝色（Blue）	Continuous 实线	0.18 mm	定位及尺寸标注
文字	蓝色（Blue）	Continuous 实线	0.18 mm	注释及文字说明

参 考 文 献

[1] 张忠洁,吴明元,刘久逸,等. 课程思政的教学案例设计与实践策略:以“工程制图与 AutoCAD”为例 [J]. 合肥学院学报(综合版),2020,37(5):115-119.

[2] 赵琳,张瑾. 论“三全育人”对加强和改进高校思想政治教育的重要作用 [J]. 汉江师范学院学报,2021,4(1):135-139.

[3] 刘祖其,谭静. 汽车工程制图与 CAD[M]. 北京:机械工业出版社,2020.

[4] 刘俐华,卜秋祥. 工程制图 [M]. 北京:电子工业出版社,2017.

[5] 李茗. 汽车机械制图及识图(修订版)[M]. 北京. 化学工业出版社,2019.

[6] 天工在线. 中文版 AutoCAD 2020 机械设计:从入门到精通 实战案例版 [M]. 北京:中国水利水电出版社,2020.

[7] 凤凰高新教育. 中文版 AutoCAD 2016 机械制图基础教程 [M]. 北京:北京大学出版社,2016.